KB043365

한반도 메가리전 발전 구상 II:

# 서해-경기만 접경권 남북공동경제특구 조성

한반도 메가리전 발전 구상 Ⅱ

# 서해-경기만 접경권 남북공동경제특구 조성

**이정훈** 외 지음

**경기연구원** 엮음

푸른길

차례



MEGA

# 표 차례

그림 차례

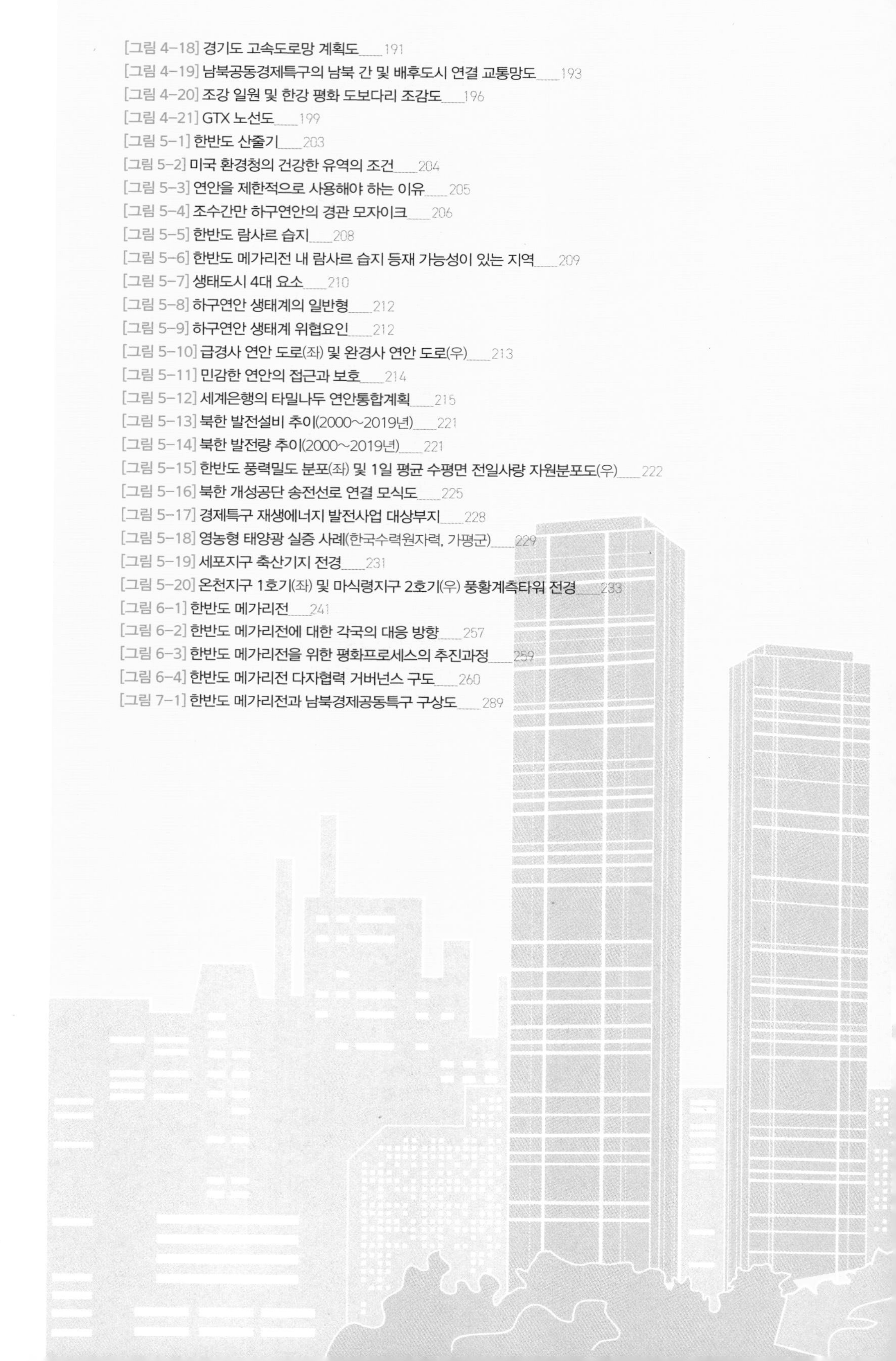

# 제 1 장

## 왜 한반도 메가리전과 남북공동경제특구인가

# I

**이정훈**(경기연구원 선임연구위원)

남북 간 신뢰와 평화적 관계를 구축하고 궁극적으로 비핵화와 남북의 점진적 통합을 바탕으로 통일의 길로 나아가는 것은 국가적, 국민적 염원이다. 1953년 휴전 이후 지금까지 남북한과 주변 열강들은 한반도의 평화 정착을 위한 논의를 이어 왔다. 그 과정에서 남북정상회담, 고위급회담과 정상들의 선언을 통한 남북평화협력 프로젝트들의 제안과 합의가 있었다. 그럼에도 결정적인 순간에 모든 합의가 원점으로 되돌려지고 남북관계의 긴장과 대화의 교착상태에 이르기를 반복해 왔다.

이렇게 오랫동안 남북 간의 평화·협력 vs. 냉전·긴장 상황이 반복되는 가운데에서도 남북한 당국이 지속적으로 제안하고 실행하고자 했던 사안 중 하나는 접경지역에서의 경제협력 기반 구축 프로젝트이다.

1990년대를 전후하여 한국 정부는 DMZ 평화 시, 남북공동출자 합자공장 설치 등 DMZ에서의 경제사회 협력 프로젝트를 제시하였다. 2000년대에 들어서 남북정상회담과 함께 개성공단과 금강산 관광 사업이 논의되고 실행에 옮겨짐으로 해서 남북관계에 새로운 국면을 맞이하기도 하였다.

1990년부터 한강하구의 모래채취사업을 시작한 이래 한강하구의 평화적 활용에 대한 관심이 이어져 왔다. 2007년 10월 남북정상회담에서 서해평화협력특별지대 구상의 일환으로 한강하구의 공동이용에 합의하고 인천–해주 직항로 개설, 해주경제특구 개발 등의 내용이 포함되었다. 2008년 대선에서는 한강하구에 퇴적된 모래톱을 개발해 여의도 면적의 10배에 달하는 남북합작 공단을 조성하겠다는 공약이 제시되기도 하였다. 2018년 9·19 선언에서도 서해경제공동특구와 한강하구의 평화적 이용에 관한 남북 당국 간 합의가 포함되었고, 같은 해 남북공동 수로조사가 이루어지기도 하였다.

이와 같이 서해에서의 협력은 NLL이라는 예민한 문제가 내포되어 있어서 진전되기 어려웠으나 한강하구의 평화적 이용의 경우 정전협정상으로도 장애가 없고 남북 간 이해관계도 맞는 측면이 있어 논의와 작은 실행들이 이어져 왔다.

한강하구의 평화적 이용과 서해에서 남북공동경제특구가 남북 간 합의로 다루어졌다는 점은 향후 남북협력과 통합, 남북 공동의 이익과 발전을 이루어 가는 중요한 어젠다로서의 요건을 갖추고 있기 때문으로 볼 수 있다. 그동안 남북관계의 상징으로 여겨져 왔던 개성공단과 금강산 관광이 원활하게 이루어지지 못하고 있는 상황에서 남북 간 이해관계가 보다 긴밀하게 고려된 것이 9·19 선언에서 제시된 한강하구의 평화적 활용과 서해와 동해의 경제 및 관광 공동특구 개발로 발전된 것으로 볼 수 있다.

이러한 맥락 속에서 우리는 남북 간 평화협력과 남북공동의 번영을 달성하기 위한 보다 근본적이고 일보 진전된 발전 대안을 만들어 나갈 필요가 있다. 본고에서는 서해-경기만 접경권을 중심으로 한 남북공동경제특구와 한반도 메가리전, 그 토대로서 한강하구의 평화적 남북 공동이용을 기존 남북협력의 흐름을 잇고 한발 더 내디딜 수 있는 전략적 과제로서 보다 구체적으로 제안하고자 하였다.

이 책은 경기연구원(이정훈 외, 2020b)에서 이루어진 '한반도 메가리전 발전구상: 경기만 남북 초광역 도시경제권 비전과 전략' 연구를 보다 구체화하는 후속 연구로서의 성격을 지닌다. 2020년의 연구가 남북 경제통합의 중장기적 비전과 틀이라고 할 수 있는 한반도 메가리전의 커다란 틀을 제시한 것이라면 본 연구는 한반도 메가리전의 중추 거점 역할을 하는 한강하구-경기만 접경권역에 '남북공동경제특구'를 조성하며 그 전제로서 한강하구를 평화적으로 활용하는 방안에 초점을 두고 있다.

본 연구에서 한반도 메가리전은 남북한이 인프라를 공유하고 경제적으로 긴밀한 연계를 가지며 인적자원과 자본이 집적되는 대도시권역을 지칭한다. 한반도 메가리전은 남북한의 공동번영의 중심이자 성장 엔진이다. 한반도 메가리전의 공간 범위는 남북한의 수도권과 접경지역이며, 그중 본 연구에서 핵심적으로 다루고 있는 서해-경기만·한강하구 연안권역을 중추지대로 설정하고자 한다[그림 1-1].

한반도 메가리전은 남북 간 신뢰와 교류협력의 축적을 바탕으로 완성해 가야 하는 장기 프로젝트이다. 남북관계를 고려할 때 한반도 메가리전의 초기 단계로 접경지역에 '공동경제특구'를 조성하여 남북 경제통합의 실험장으로 육성할 필요가 있다. 북한이 주민의 삶의 수준을 향상시키기 위해서는 중국, 베트남의 경우처럼 시장경제체제로 전환이 필요하다. 이를 위해 북한은 중국 사례와 같이 접경지역과 연안 등 국가 중심지와 멀리 떨어진 곳을 택해 제한된 구역에 경제특구를 설정하고 외국투자와 기업을 유치하려는 구상을 추진하고 있다.

[그림 1-1] **한반도 메가리전**

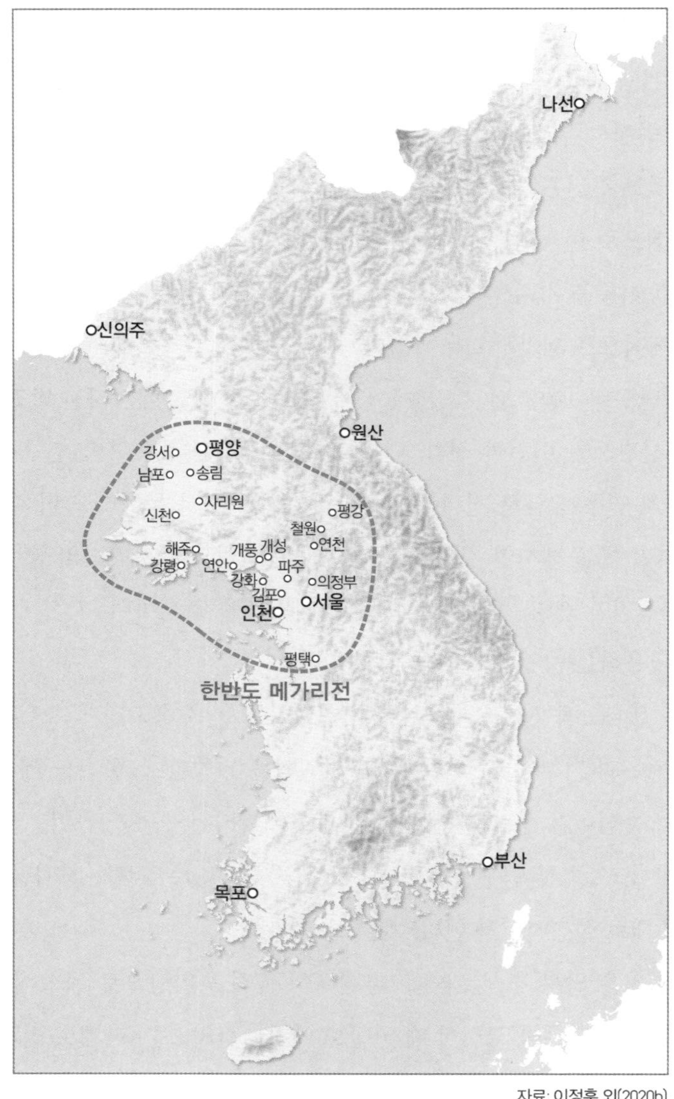


자료: 이정훈 외(2020b)

북한이 해외 투자 유치를 위해 설치한 국가급 경제특구는 나진선봉 자유경제지대와 신의주 국제경제지대, 황금평·위화도 경제특구, 개성공단과 금강산 지구를 들 수 있다. 이 다섯 곳 모두 남북 혹은 북중 접경지대에 입지하고 있으며, 주로 중국과 한국 기업을 대상으로 투자 유치를 추진하였다. 도로·철도 인프라, 전력, 원재료 등은 대부분 중국이나 한국으로부터 공급이 이루어졌거나 그러할 상황에 놓여 있다. 이를 통해 볼 때 향후 남북관계 개선에 따라 이루어질 첫 번째 단계의 사업은 접경지역에 남북이 공동 운영하는 경제특구를 만드는 것이다.

본 연구에서 제기하고자 하는 '한강하구-경기만 접경권 남북공동경제특구'는 기존의 개성공단과는 여건이나 단지의 성격, 개념에서 차별화된다. 특구 입지의 측면에서 해양지대가 갖는 개방성, 역할과 위상의 측면에서 한반도 경제권 형성의 전략적 위상, 산업생태계의 측면에서 북한의 산업과 연관성 등 세 가지 측면에서 각각 주요한 차별성을 찾아볼 수 있다.

우선 '한강하구-경기만 접경권'의 해양 연안 입지로부터 남북공동경제특구는 국제협력에 쉽게 개방될 수 있다. 남북한 당국 간 합의를 통해 이 지역을 국제자본의 투자 유치를 위해 개방할 수 있으며 수륙 양측면에서 대외 접근성이 양호하다. 개성공단이 항구 접근성의 한계를 지녔다면 한강하구-경기만 접경권의 남북공동경제특구는 항구를 통해 바로 국제 지역으로 연계될 수 있다.

다음으로 특구의 기능과 위상의 측면에서 개성공단은 남북협력 산업단지의 첫 사례로서 중요성을 가지고는 있지만 향후 남북 통합 경제권 형성에서 개성공단의 위상이나 역할, 북한 경제의 발전에서 개성공단이 갖는 의미는 한정되어 있었다. 이에 비해 한강하구-경기만 접경권 남북공동경제특구는 규모, 국제적 개방성, 북한 산업과의 생태계적 연결성, 도입산업의 기술 수준 등에서 한 단계 진화된 기능으로 설계될 필요가 있다. 나아가 접경지역에 국한된 산업단지로서 의미를 넘어 배후의 수도권-평양권으로 협력이 확산되어 한반도 성장의 핵심으로서 메가리전을 형성하는 비전을 갖도록 함으로써 한반도 통합 전략의 관점에서 중요하다.

본 연구에서는 이와 같은 맥락 속에서 한반도 메가리전의 중추 거점인 서해-경기만·한강하구 남북경제공동특구 조성 구상을 제시하는 것을 주요 목적으로 한다. 본 연구는 한반도 메가리전과 남북공동경제특구의 조성이라는 동일한 어젠다의 각 측면을 여러 전문가들이 공동으로 설계하고 구상하는 방식으로 진행했기 때문에 각자의 생각을 공유하고 작업에 반영하기 위한 워크숍, 협의 등을 수시로 개최하였다. 이와 같은 협의의 과정을 통해 다수의 전문가가 참여함으로써 생길 수 있는 원고의 상충이나 중복을 방지하여 연구의 일관성을 유지하고자 하였다.

본 연구의 각 장과 절은 다음과 같은 내용으로 구성되었다.

제2장은 한반도 메가리전과 남북공동경제특구의 배경과 맥락, 사례를 제시하고자 하였다.

경기연구원 김동성 선임연구위원이 작성한 제1절에서는 그동안 남북한이 서로 제안하고 합의한 남북경제협력의 여정을 전체적으로 살펴보고 있다. 이를 통해 한반도 메가리전과 남북공동경제특구가 그동안 다양한 남북협력의 시도를 바탕으로 하되 한층 진화된 제안임을 확인할 수 있을 것이다.

경기연구원 이정훈 선임연구위원이 작성한 제2절에서는 미국-멕시코 접경지역, 홍콩-선전, 북중 접경지역 등의 사례 연구를 토대로 접경지역 트윈시티와 메가리전의 형성 기제와 공간구조를 분석하고 있다. 이를 통해 남북공동특구가 왜 서해-경기만 연안의 접경지역에 입지해야 하는지, 그리고 남북한의 경제협력에서 어떠한 기능과 역할을 해야 하는지에 관한 시사점을 제시하고 있다.

르몽드디플로마티크 강태호 편집장이 작성한 제3절에서는 김정일, 김정은과 후진타오, 시진핑 등 북중 지도자 간의 정상회담에서 논의된 북중 경제협력과 북중접경지역의 공동관리모델에 대해 상세하게 살펴보고 남북접경지역에서 남북협력의 방식과 공동관리모델에 대한 시사점을 제시하고 있다.

제3장은 서해-경기만 한강하구 접경권역을 중심으로 하는 남북공동경제특구의 콘셉트, 유치할 산업, 입지선정, 산업지구 및 도시개발 구상을 제시하고 있다.

경기연구원 이정훈 선임연구위원, 이상대 선임연구위원, 김영롱 연구위원, 서울시립대 우명제 교수가 공동으로 작성한 제1절에서는 남북공동경제특구가 왜 서해-경기만 접경지역에 입지해야 하는지, 남북한 수도권의 산업생태계와 협력 여건은 어떠한지, 남북공동경제특구 개발의 방향과 콘셉트는 어떠해야 하는지에 대해 논리적, 실증적 근거를 제시하고 있다.

경기연구원 조성택 연구위원이 작성한 제2절에서는 북한의 산업 경제구조를 분석하고 그중 남북공동경제특구에 유치하여 남측의 기업과 협력함으로써 시너지를 얻을 수 있는 산업 부문에 대해 제시하고 있다.

경기연구원 이상대 선임연구위원이 작성한 제3절에서는 남북경제공동특구의 입지 조건을 검토하고 최적의 입지 후보지를 제안하고 있다.

서울시립대 우명제 교수가 작성한 제4절에서는 남북공동경제특구의 산업지구와 도시의 도입 기능, 입지 유형 및 지구별 개발 규모와 콘셉트 등 남북공동경제특구의 모습을 보다 구체적으로 제시하고 있다.

제4장은 제3장에서 제안하고 있는 남북경제공동특구와 한반도 메가리전의 대동맥으로서 항만물류와 육상교통인프라 구축 방안을 제시하고 있다.

한국해양수산개발원 이성우 선임연구위원이 작성한 제1절에서는 남북공동경제특구의 남북한 주요 지점에서 발생하는 물류 수요를 원활하게 해결하고 나아가 수도권의 공해 유발 물류 교통체증 문제를 해결하기 위해 한강하구-경기만 연안에 남북 공동 항만 물류 시스템을 구축하는 방안을 제시하고 있다.

한국교통연구원 서종원 동북아·북한교통연구센터장이 작성한 제2절에서는 남북한의 도로 및 철도교통 인프라에 대한 분석을 바탕으로 남북공동경제특구 입지후보지를 효과적으로 연결할 수 있는 도로와 철도 인프라 구축 방안을 제시하고 있다.

제5장은 환경적으로 민감한 한강하구-경기만 연안을 입지 후보지로 설정하고 있는 남북공동특구의 환경적 지속가능성을 유지하기 위한 방안을 제시하고 있다.

경기연구원 이양주 선임연구위원이 작성한 제1절에서는 남북공동경제특구를 생태친화적 도시로 조성하기 위해 특구의 산업단지와 도로, 교량 등 관련 인프라를 연안에서 일정한 거리를 두고 조성하도록 하는 원칙을 정리하여 연안 환경에 대한 영향을 최소화하도록 제시하고 있다.

남북풍력사업단 임송택 사무국장과 경기연구원 고재경 선임연구위원이 작성한 제2절에서는 남북공동경제특구에 필요한 에너지를 신재생에너지로 공급하여 에너지 자립을 달성하는 방안을 제시하고 있다. 서해-경기만 남북접경지역은 풍부한 태양 및 풍력에너지 자원을 가지고 있으며 발전시설을 설치할 토지 등 공간도 풍부한 것으로 파악하고 있다.

구체적 방안으로 농지를 활용하는 영농형 태양광, 댐 등 수면을 활용하는 수상 태양광, 연안 및 해상 풍력에너지 발전시설 설치를 통해 남북공동경제특구의 에너지 자립을 달성하는 계획을 제시하고 있다.

제6장은 남북공동경제특구와 북한의 국제협력 및 국제경제 편입의 필요성과 방안, 협력을 위한 인력양성 프로그램을 제시하고 있다. 또한 남북공동경제특구의 조성으로 인한 남북한에 대한 경제파급효과를 분석하고 있다.

경기연구원 이성우 선임연구위원이 작성한 제1절에서는 남북공동경제특구에 대한 미국, 일본, 중국, 러시아 등 주변 국가들의 입장과 태도를 분석하고, 특구의 조성과 운영을 위한 동북아 다자협력체계 구축 방안을 제시하고 있다.

경기연구원 조성택 연구위원이 작성한 제2절에서는 남북한 공동번영과 경제협력의 전제조건으로서 북한경제의 국제체제 편입을 위한 WTO 가입 등의 제도적 접근의 필요성과 준비 사항을 제시하고 있다.

경기연구원 박진아 연구위원이 작성한 제3절에서는 한반도 메가리전과 남북공동경제특구의 효율적 운영을 위해서는 ICT, 기계산업 등 핵심 산업분야와 경제특구의 운영을 위한 인력 양성 방안을 제시하고 있다. 또한 오랜 기간 분단으로 인해 형성된 남북 간 정서적 간극을 극복하기 위한 문화통합 프로그램 운영 방안을 제시하고 있다.

조성택 연구위원이 작성한 제4절에서는 본서의 연구에 따라 향후 10년에 걸쳐 남북공동경제특구가 조성된다는 가정하에 특구의 조성과 운영이 남북한 경제에 미치는 파급효과를 산업연관분석으로 도출하였다. 이러한 분석은 남북 경제협력의 효과를 정량적으로 나타냄으로써 그동안 추상적 논의에 그쳤던 남북협력의 필요성과 성과를 한층 구체적으로 제시하였다는 점에서 의미를 갖는다.

경기연구원 이정훈 선임연구위원이 작성한 제7장은 결론부에 해당한다. 남북관계가 경직되어 있는 상황 속에서 이러한 비전과 전략 프로젝트를 실행하기 위해서는 당장 어떠한 일을 해야하는지에 대해 대안 한반도 메가리전과 남북공동경제특구의 종합구상도를 제시하고 있다.

# 제 2 장

## 접경지역 경제협력단지 조성 관련 사례 및 이론

## 제1절
# 남북경제협력의 여정

김동성(경기연구원 선임연구위원)

## 1. 남북경제협력의 시작

한반도는 분단 지역이다. 한반도는 1945년 태평양전쟁의 종전과 함께 일본 제국주의로부터 해방되었으나, 곧이은 미군과 소련군의 한반도 진주로 북위 38도선을 경계로 남북이 나뉘었고, 1950년에 발발하여 3년간 지속된 한국전쟁의 비극을 겪으면서 남쪽의 '대한민국'(이하 한국 또는 남한)과 북쪽의 '조선민주주주의인민공화국'(이하 북한)으로 상호 단절되었다. 한국과 북한은 이후 수십 년간 적대적 대치와 극한적 대립을 보여 왔으나, 1972년 7월 4일 남북한의 양 당국이 동시에 발표한 「7·4 남북공동성명」을 계기로 남북교류와 남북협력의 길을 모색하기 시작하였다. 「7·4 남북공동성명」은 조국 통일로 나아가기 위한 3대 원칙으로서 '자주, 평화, 민족대단결'을 표방하면서, 남북교류의 상호 추진도 약속하였다(「7·4 남북공동성명」 제3항: 쌍방은 끊어졌던 민족적 연계를 회복하며 서로의 이해를 증진시키고 자주적 평화통일을 촉진시키기 위하여 남북 사이에 다방면적인 제반교류를 실시하기로 합의하였다). 그러나 한국의 유신체제 수립, 북한의 김일성 1인 지배체제 강화, 남베트남 패망, 미소 냉전 격화 등의 국내외적 요인들로 인해 「7·4 남북공동성명」은 구체적이고 실제적인 결과를 담보할 수 있는 후속 작업들로 이어지지 못하였으며, 이에 따라 '남북교류협력' 그리고 '남북경제협력'도 공식적으로는 이루어질 수 없었다. 남북한 간에 일어났던 일부 교류 행위들도 남북한 당국의 별다른 제도적 뒷받침 없이 비공식적으로 진행될 수밖에 없었다. 남북한 당국이 공식적으로 승인하는 교류협력, 특히 경제협력은 이후 16년을 더 기다려야 했다.

한국과 북한 간의 경제협력, 즉 남북경제협력의 공식적인 첫 출발점은 한국의 노태우 정부가 1988년 7월 7일에 대내외적으로 천명한 「민족자존과 통일번영을 위한 대통령 특별선언」(7·7 선언)이라고 할 수 있다. 본 선언은 노태우 정부가 출범한 이후 처음으로 발표

[표 2-1] **7·7 선언의 6개 대북정책 방향**

| |
|---|
| 1. 남북동포 간의 상호교류를 적극 추진하고 해외동포들의 남북 자유 왕래를 위한 문호를 개방 |
| 2. 남북이산가족들 간 생사, 주소 확인, 서신 거래, 상호방문 등을 적극 주선 및 지원 |
| 3. 남북 간 교역의 문호를 개방하고 남북 간 교역을 민간 내부 교역으로 간주 |
| 4. 민족경제의 균형적 발전을 희망하며, 비군사 물자에 대해 우방국들과 북한과의 교역을 용인 |
| 5. 남북 간의 대결 외교를 종결하고, 국제사회에서 남북이 상호협력할 것을 희망 |
| 6. 북한이 미국·일본 등과 관계를 개선하는 데 협조할 용의가 있으며, 한국은 소련·중국 등과의 관계 개선을 추구 |

한 대북 및 통일정책으로서, '남북한 간의 적대적 관계를 청산하고 남과 북이 화해와 협력 그리고 상호교류를 통해 함께 번영을 이루는 민족공동체로 나아가자는 것'을 목적으로 하였다. 본 선언은 이를 위해 모두 6개 항의 대북정책 방향을 제시하였고 여기에는 남북경제협력의 '공식적 인정'도 포함되었다(7·7 선언 제3항).

노태우 정부는 본 선언의 이행을 위한 남북경제협력(남북교역) 분야 후속 작업으로서 1988년 10월 「대북경제개방조치」의 발표를 통해 남북한 간 교역을 허용하기 시작하였으며 1989년 6월 「남북교류협력에 관한 기본지침」을 제정하여 남북한 간 교역과 교류에 필요한 초기적·기본적 제도들을 마련해 나갔다. 한국 정부의 이와 같은 조치와 지침을 발판으로 1988년 11월 ㈜대우가 북한산 도자기 519점에 대해 최초로 반입승인을 받았으며, 1989년 2월 현대상사가 북한으로 향하는 잠바 5,000벌에 대해 최초로 반출승인을 받았다. 1990년 8월 1일 노태우 정부는 「남북교류협력에 관한 법률」과 「남북협력기금법」을 제정함으로써 남북교류협력과 남북경제협력의 법적·제도적 기반을 구축하였다.

한국과 북한 간에 남북교류협력과 남북경제협력이 공식적으로 진행되기 위해서는 남한의 정책선언 그리고 법적·제도적 장치 마련뿐만 아니라 북한의 화답과 호응이 따라야 했다. 남북 양 당국이 1991년 12월 13일에 합의하고 1992년 2월 18일에 공동 서명한 「남북 사이의 화해와 불가침 및 교류·협력에 관한 합의서」(남북기본합의서)가 바로 이러한 역할을 수행하였다.

남북기본합의서는 전문에 "남과 북은 분단된 조국의 평화적 통일을 염원하는 온 겨레의 뜻에 따라 7·4 남북공동성명에서 천명된 조국통일 3대 원칙을 재확인하고, 정치군사적 대결 상태를 해소하여 민족적 화해를 이룩하고, 무력에 의한 침략과 충돌을 막고 긴장 완화와 평화를 보장하며, 다각적인 교류·협력을 실현하여 민족공동의 이익과 번영을 도모하며, 쌍방 사이의 관계가 나라와 나라 사이의 관계가 아닌 통일을 지향하는 과정에서 잠정적으로 형성되는 특수관계라는 것을 인정하고 평화통일을 성취하기 위한 공동의 노력을 경주할 것을 다짐"한다는 문구를 담아 합의서의 목적과 성격을 명확히 하였다. 남북기본합의서는 전문 외에 4개 장 25개조로 구성되었다. 제1장은 남북화해를 주제로 8개조, 제2장은 남북불가침을 주제로 6개조, 제3장은 남북교류·협력을 주제로 9개조로 구성되었으며, 제4장은 남북기본합의서의 수정 및 발효에 관한 사항을 2개조에 담았다.

남북기본합의서의 제3장은 남북교류협력과 남북경제협력에 관한 내용들로서 남북 간의 교류와 교역을 본격 제안한 남한에 북한이 동의하고 합의했다는 것이 핵심이자 가장 큰 의의라고 할 수 있다. 이제 한국과 북한은 남북기본합의서를 통해 남북교류협력과 남

[표 2-2] **남북기본합의서 제3장 남북교류·협력 9개조**

제15조 남과 북은 민족경제의 통일적이며 균형적인 발전과 민족전체의 복리 향상을 도모하기 위하여 자원의 공동개발, 민족 내부 교류로서의 물자교류, 합작투자 등 경제교류와 협력을 실시한다.

제16조 남과 북은 과학·기술, 교육, 문학, 예술, 보건, 체육, 환경과 신문, 라디오, 텔레비전 및 출판물을 비롯한 출판·보도 등 여러 분야에서 교류와 협력을 실시한다.

제17조 남과 북은 민족구성원들의 자유로운 왕래와 접촉을 실현한다.

제18조 남과 북은 흩어진 가족·친척들의 자유로운 서신거래와 왕래와 상봉 및 방문을 실시하고 자유의사에 의한 재결합을 실현하며, 기타 인도적으로 해결할 문제에 대한 대책을 강구한다.

제19조 남과 북은 끊어진 철도와 도로를 연결하고 해로, 항로를 개설한다.

제20조 남과 북은 우편과 전기통신 교류에 필요한 시설을 설치·연결하며, 우편·전기통신 교류의 비밀을 보장한다.

제21조 남과 북은 국제무대에서 경제와 문화 등 여러 분야에서 서로 협력하며 대외에 공동으로 진출한다.

제22조 남과 북은 경제와 문화 등 각 분야의 교류와 협력을 실현하기 위한 합의의 이행을 위하여 이 합의서 발효후 3개월 안에 남북 경제교류·협력공동위원회를 비롯한 부문별 공동위원회들을 구성·운영한다.

제23조 남과 북은 이 합의서 발효 후 1개월 안에 본회담 테두리 안에서 남북 교류·협력분과위원회를 구성하여 남북교류·협력에 관한 합의의 이행과 준수를 위한 구체적 대책을 협의한다.

북경제협력을 공식적으로 상호 승인 및 인정하기 시작했다.

노태우 정부의 7·7 선언으로 시작된 남북 교류와 교역의 물꼬 트기는 남북한 양 당국의 남북기본합의서 체결로 공식적으로는 완성되었다. 한국 정부는 앞서 기술한 1988년 「대북경제개방조치」 발표, 1989년 「남북교류협력에 관한 기본지침」 발표, 1990년 「남북교류협력에 관한 법률」과 「남북협력기금법」 제정 등을 통해 남북교류협력을 뒷받침하기 위한 제반 장치들을 마련하였으며, 1994년 11월 「남북경협 활성화 조치(1차)」와 1998년 4월 「남북경협 활성화 조치(2차)」 등을 연이어 발표하면서 남북교류 및 남북경제협력의 활성화를 적극적으로 도모하고 지원하였다.

1990년대의 남북경제협력은 북한 특산품의 반입이나 가방, 의류, 봉제품 등 상대적으로 단순한 제품들에 대한 대북 위탁가공이 주종을 이루었다. 물론 북한과의 위탁가공 경험이 쌓임에 따라, 보다 수준 높은 품목들에 대한 임가공이 추진되고, 북한지역에 대한 직접투자가 일부 진행되기도 하였다. 또한 1998년 6월과 10월 현대그룹 정주영 회장이 이끄는 소떼 방북은 남북교류에 대한 국내외의 관심을 크게 불러일으켰고, 같은 해 11월에 시작된 북한 내 금강산 관광도 세간의 이목을 모았다. 그러나 이 시기의 남북교류와 남북경제협력은 전반적으로 초기적 상태에 머물렀으며, 남북한 간의 보다 본격적인 교류와 교역은 2000년 6월 제1차 남북정상회담 개최 이후부터 이루어졌다.

## 2. 남북경제협력의 전개

남북교류와 교역은 2000년대 들어 본격적으로 활성화되었다. 2000년 6월 13일부터 15일까지 평양에서 개최된 제1차 남북정상회담은 그 기폭제였으며, 2007년 10월 2일부터 4일까지 역시 평양에서 개최된 제2차 남북정상회담은 그 정점이었다.

2000년 6월의 제1차 남북정상회담은 1945년 한반도 분단 이후 최초로 이루어진 남북 정상들 간의 회담이었고, 남한의 김대중 대통령과 북한의 김정일 국방위원장이 직접 합의하고 공동으로 서명한 「6·15 남북공동선언」은 이후 남북관계 전반에 걸쳐 남북 상호 관리와 조정의 대들보로 기능하였다. 특히, 본 선언의 제4항에서는 남북 양국 정상들이 남북경제협력과 남북교류협력을 다짐함으로써 남북한 간 교류와 교역의 굳건한 기초와 토대

[표 2-3] 6·15 남북공동선언의 5개 합의사항

| |
|---|
| 1. 남과 북은 나라의 통일 문제를 그 주인인 우리 민족끼리 서로 힘을 합쳐 자주적으로 해결해 나가기로 하였다.<br>2. 남과 북은 나라의 통일을 위한 남측의 연합제안과 북측의 낮은 단계의 연방제안이 서로 공통성이 있다고 인정하고, 앞으로 이 방향에서 통일을 지향시켜 나가기로 하였다.<br>3. 남과 북은 올해 8·15에 즈음하여 흩어진 가족, 친척 방문단을 교환하며 비전향 장기수 문제를 해결하는 등 인도적 문제를 조속히 풀어 나가기로 하였다.<br>4. 남과 북은 경제 협력을 통하여 민족 경제를 균형적으로 발전시키고 사회·문화·체육·보건·환경 등 제반 분야의 협력과 교류를 활성화하여 서로의 신뢰를 다져 나가기로 하였다.<br>5. 남과 북은 이상과 같은 합의 사항을 조속히 실천에 옮기기 위하여 빠른 시일 안에 당국 사이의 대화를 개최하기로 하였다.<br>(김대중 대통령은 김정일 국방위원장이 서울을 방문하도록 정중히 초청하였으며 김정일 국방위원장은 앞으로 적절한 시기에 서울을 방문하기로 하였다.) |

가 마련되었다. 제1차 남북정상회담 이후 남북한 간의 인적·물적 교류와 교역이 크게 늘어나고, 경의선·동해선 철도·도로 연결 사업이 개시되고, 개성공단 사업이 새롭게 시작되고, 금강산 관광사업이 본격화된 것에는 본 합의사항이 큰 역할을 하였다. 또한 본 선언의 제5항에 따른 후속 조치로서 2000년 12월 남북 당국이 공식 합의한 4대 경협 합의서(<남북 사이의 투자보장에 관한 합의서>, <남북 사이의 소득에 대한 이중과세방지 합의서>, <남북 사이의 상사분쟁 해결절차에 관한 합의서>, <남북 사이의 청산결제에 관한 합의서>)는 남북교역 일반에 대한 제도적 장치로 기능하였다.

2007년 10월의 제2차 남북정상회담에서는 2000년 6월 제1차 남북정상회담 이후 크게 활성화된 남북교류협력과 남북경제협력을 한 단계 더 진전시키기 위한 노력이 시도되었다. 즉, 남과 북의 양 당국은 지금까지의 성과를 바탕으로 남북교류와 교역을 더욱 확대하고 심화하고자 하였다. 한국의 노무현 대통령과 북한의 김정일 국방위원장은 제2차 남북정상회담의 결과물인 「남북관계 발전과 평화번영을 위한 선언」(10·4 선언)의 전문을 통해 "남북관계 발전과 한반도 평화, 민족공동의 번영과 통일을 실현하는 데 따른 제반 문제들을 허심탄회하게 협의하였다"고 밝히고, "6·15 공동선언에 기초하여 남북관계를 확대·발전시켜 나가기 위하여" 본 선언을 작성하였음을 분명히 하였다. 10·4 선언은 전문 외에

'6·15 공동선언 적극 구현', '남북관계를 상호존중과 신뢰관계로 전환', '군사적 적대관계의 종식과 긴장완화를 위한 협력', '항구적인 평화체제의 구축과 종전선언 추진', '민족경제의 균형적 발전과 공동 번영을 위한 경제협력사업 확대 발전', '사회문화 분야의 교류와 협력 발전', '인도주의 협력사업 적극 추진', '국제무대 협력 강화' 등 총 8개 항의 합의 내용들을 담았다.

10·4 선언에서 남북경제협력과 관련된 부분은 제5항이다. 제5항은 '남북 간 투자 장려와 상호 우대', '"서해평화협력특별지대" 설치', '개성공업지구 2단계 건설 추진', '철도화물수송 개시 및 통행·통신·통관 문제 완비', '개성–신의주 철도와 개성–평양 고속도로 개보수 협의·추진', '안변과 남포 조선협력단지 건설', '농업, 보건의료, 환경보호 등 협력사업 진행', '기존의 "남북경제협력추진위원회"를 부총리급 "남북경제협력공동위원회"로 격상' 등의 내용을 담고 있다.

제5항의 합의 내용들은 모두 남북경제협력의 확대와 심화를 위한 것으로서 특히 '"서해평화협력특별지대" 설치', '개성공업지구 2단계 건설 추진', '안변과 남포 조선협력단지 건설'은 매우 획기적인 합의 사항들이라고 할 수 있다. '"서해평화협력특별지대" 설치' 사업은 서해 해역에 공동어로구역과 평화수역 설정, 해주 경제특구 건설과 해주항 활용, 민간선박의 해주직항로 통과, 한강하구 공동이용 등을 구성사업들로 하는 것으로서, 남과 북

[표 2-4] **10·4 선언의 주요 내용**

1. 남과 북은 6·15 공동선언을 고수하고 적극 구현
2. 사상과 제도의 차이를 초월하여 남북관계를 상호존중과 신뢰관계로 확고히 전환
3. 군사적 적대관계를 종식시키고 한반도에서 긴장완화와 평화를 보장하기 위해 긴밀히 협력
4. 현 정치체제를 종식시키고 항구적인 평화체제를 구축해 나가야 한다는 데 인식을 같이하고 직접 관련된 3자 또는 4자 정상들이 한반도지역에서 만나 종전을 선언하는 문제를 추진하기 위해 협력
5. 민족경제의 균형적 발전과 공동의 번영을 위해 경제협력사업을 공리공영과 유무상통의 원칙에서 적극 활성화하고 지속적으로 확대 발전
6. 민족의 유구한 역사와 우수한 문화를 빛내기 위해 역사, 언어, 교육, 과학기술, 문화예술, 체육 등 사회문화 분야의 교류와 협력을 발전
7. 인도주의 협력사업을 적극 추진
8. 국제무대에서 민족의 이익과 해외 동포들의 권리와 이익을 위한 협력을 강화

[표 2-5] **10·4 선언 제5항의 세부 내용**

- 남과 북은 경제협력을 위한 투자를 장려하고 기반시설 확충과 자원개발을 적극 추진하며 민족 내부 협력사업의 특수성에 맞게 각종 우대조건과 특혜를 우선적으로 부여
- 해주지역과 주변 해역을 포괄하는 "서해평화협력특별지대"를 설치하고 공동어로구역과 평화수역 설정, 경제특구건설과 해주항 활용, 민간선박의 해주직항로 통과, 한강하구 공동이용 등을 적극 추진
- 개성공업지구 1단계 건설을 빠른 시일 안에 완공하고 2단계 개발에 착수하며 문산-봉동 간 철도화물수송을 시작하고, 통행·통신·통관 문제를 비롯한 제반 제도적 보장조치들을 조속히 완비
- 개성-신의주 철도와 개성-평양 고속도로를 공동으로 이용하기 위해 개보수 문제를 협의·추진
- 안변과 남포에 조선협력단지를 건설하며 농업, 보건의료, 환경보호 등 여러 분야에서의 협력사업을 진행
- 남북 경제협력사업의 원활한 추진을 위해 현재의 "남북경제협력추진위원회"를 부총리급 "남북경제협력공동위원회"로 격상

이 서해 일대에 걸쳐 대규모 협력사업을 전개하는 것이 요체이다. '개성공업지구 2단계 건설 추진'은 개성공단에서의 남북경제협력 사업을 한층 심화·발전시키는 것이고, '안변과 남포 조선협력단지 건설'은 남북한의 경제협력 영역을 기존의 경공업에서 중공업으로까지 확대하는 것을 의미한다. 한편 10·4 선언에서 남북한 사회문화 교류협력을 다룬 제6항에서는 "남과 북은 백두산 관광을 실시하며 이를 위해 백두산-서울 직항로를 개설하기로 하였다"는 내용을 담고 있어, 남측이 접할 수 있는 북측의 관광지가 기존의 금강산과 개성 외에 백두산으로까지 확대됨으로써 남북관광사업이 크게 활성화될 것으로 기대를 모았다.

김대중 정부와 노무현 정부 시기에 본격화 및 활성화되었던 남북경제협력은 크게 남북간 일반 교역·위탁가공 교역·직접 투자, 개성공단사업, 남북관광사업(금강산, 개성), 그리고 남북 도로·철도 연결사업 등으로 구분할 수 있다.

일반 교역은 가장 기본적인 형태의 교역으로서 국가 간에 물자가 서로 오고 가는 것을 지칭하나, 남북한의 경우에는 주로 북측의 물자가 남측에 반입되는 모습을 보이고 있다. 위탁가공 교역은 남측이 원부자재를 북측에 반출하여 생산을 위탁하고 북측은 소정의 임가공료를 받고 완성된 물자를 생산하며 남측은 이를 다시 국내로 반입하는 것을 말한다.

[표 2-6] **연도별 남북교역액 현황표**

(단위 : 백만 달러)

| 구분 | 1989~2002 | 2003 | 2004 | 2005 | 2006 | 2007 | 2008 |
|---|---|---|---|---|---|---|---|
| 반입 | 2,066 | 289 | 258 | 340 | 520 | 765 | 932 |
| 반출 | 1,505 | 435 | 439 | 715 | 830 | 1,033 | 888 |
| 계 | 3,571 | 724 | 697 | 1,056 | 1,350 | 1,798 | 1,820 |

| 구분 | 2009 | 2010 | 2011 | 2012 | 2013 | 2014 | 2015 |
|---|---|---|---|---|---|---|---|
| 반입 | 934 | 1,044 | 914 | 1,074 | 615 | 1,206 | 1,452 |
| 반출 | 745 | 868 | 800 | 897 | 521 | 1,136 | 1,262 |
| 계 | 1,679 | 1,912 | 1,714 | 1,971 | 1,136 | 2,343 | 2,714 |

| 구분 | 2016 | 2017 | 2018 | 2019 | 2020 | 계 | |
|---|---|---|---|---|---|---|---|
| 반입 | 186 | 0 | 11 | 0 | 0 | 12,607 | |
| 반출 | 147 | 1 | 21 | 7 | 4 | 12,254 | |
| 계 | 333 | 1 | 31 | 7 | 4 | 24,861 | |

주: 반올림에 의해 연도별 반입·반출의 합계와 전체 금액의 합계가 다를 수 있음.

자료: 통일부 홈페이지

직접 투자는 말 그대로 북한지역에 직접 투자하는 것을 의미하는데 개성공단 사업과 금강산·개성 관광사업에 대한 남측의 직접투자는 별도로 구분하여 집계한다.

개성공단 사업은 남한의 자본과 기술, 북한의 노동력과 토지를 결합하여 남북이 모두 이익을 얻고자 추진된 남북경제협력 사업이다. 개성공단 사업은 2000년 8월 22일 현대아산과 북한 당국과의 합의로 시작되어 남북 사업자 및 남북 당국 간 협의 과정을 거쳐 2003년 6월 30일 1단계 330만 $m^2$(100만 평) 개발에 착공하였다. 개성공단 사업은 2007년 12월 말 기반시설 준공·분양 등 1단계 개발이 완료됨으로 본격 운영 단계에 진입하였다.

개성공단은 2015년 말 기준 125개 기업이 입주했으며 그 가운데 섬유 업종이 압도적인 비중을 차지하였다. 개성공단의 2015년 생산액은 약 5억 6000만 달러였으며 2005년 3월부터 2015년 말까지 누적 총생산액은 약 32억 3000만 달러였다. 개성공단 북측 근로자는 2015년 말 기준 약 5만 5000명이었으며 남측 근로자는 800여 명으로 집계되었다.

남북관광사업은 금강산 관광사업과 개성 관광사업으로 구성되었다. 금강산 관광사업은 1998년 10월 한국의 현대그룹과 북한 당국이 합의서를 체결하고, 동년 11월 18일 관광선 '현대금강호'가 남측의 동해항을 떠나 북측의 장전항으로 향함으로써 시작되었다. 금강산 관광사업은 초기에는 해로를 이용하여 진행되었으나, 금강산을 찾는 남측 관광객이 증가함에 따라 2003년부터는 남북한 군사분계선을 넘나드는 육로 관광이 개시되었다.

[표 2-7] **유형별 남북 교역액 현황표**

(단위 : 백만 달러)

| 구분 | 남북교역 유형 | 2005 | 2006 | 2007 | 2008 | 2009 | 2010 | 2011 | 2012 |
|---|---|---|---|---|---|---|---|---|---|
| 반입 | 일반교역 · 위탁가공 | 320 | 441 | 646 | 624 | 499 | 334 | 4 | 1 |
| | 경제협력 (개성공단 · 금강산관광 · 기타 · 경공업협력) | 20 | 77 | 120 | 308 | 435 | 710 | 909 | 1,073 |
| | 비상업적 거래 (정부 · 민간 지원/ 사회문화협력/경수로 사업) | 0 | 1 | 0 | 0 | 0 | 0 | 1 | - |
| | 반입 합계 | 340 | 520 | 765 | 932 | 934 | 1,044 | 914 | 1,074 |

| 구분 | 남북교역 유형 | 2013 | 2014 | 2015 | 2016 | 2017 | 2018 | 2019 | 2020 |
|---|---|---|---|---|---|---|---|---|---|
| 반입 | 일반교역 · 위탁가공 | 1 | 0 | 0 | 0 | - | - | - | - |
| | 경제협력 (개성공단 · 금강산관광 · 기타 · 경공업협력) | 615 | 1,206 | 1,452 | 185 | - | - | - | - |
| | 비상업적 거래 (정부 · 민간 지원/ 사회문화협력/경수로 사업) | - | 0 | 0 | 0 | 0 | 11 | 0 | 0 |
| | 반입 합계 | 615 | 1,206 | 1,452 | 186 | 0 | 11 | 0 | 0 |

| 구분 | 남북교역 유형 | 2005 | 2006 | 2007 | 2008 | 2009 | 2010 | 2011 | 2012 |
|---|---|---|---|---|---|---|---|---|---|
| 반출 | 일반교역 · 위탁가공 | 99 | 116 | 146 | 184 | 167 | 101 | - | - |
| | 경제협력 (개성공단 · 금강산관광 · 기타 · 경공업협력) | 250 | 294 | 520 | 596 | 541 | 744 | 789 | 888 |
| | 비상업적 거래 (정부 · 민간 지원/ 사회문화협력/경수로 사업) | 366 | 421 | 367 | 108 | 37 | 23 | 11 | 9 |
| | 반출 합계 | 715 | 830 | 1,033 | 888 | 745 | 868 | 800 | 897 |

| 구분 | 남북교역 유형 | 2013 | 2014 | 2015 | 2016 | 2017 | 2018 | 2019 | 2020 |
|---|---|---|---|---|---|---|---|---|---|
| 반출 | 일반교역 · 위탁가공 | - | - | - | - | - | - | - | - |
| | 경제협력 (개성공단 · 금강산관광 · 기타 · 경공업협력) | 518 | 1,132 | 1,252 | 145 | - | - | - | - |
| | 비상업적 거래 (정부 · 민간 지원/ 사회문화협력/경수로 사업) | 3 | 4 | 10 | 2 | 1 | 21 | 7 | 4 |
| | 반출 합계 | 521 | 1,136 | 1,262 | 147 | 1 | 21 | 7 | 4 |

주: 반올림으로 연도별 반입 · 반출 유형별 소계와 반입 · 반출 합계가 다를 수 있음.
교역액 100만 달러 미만은 '0'으로, 없을 경우 '-'로 표시

자료: 통일부 홈페이지

2007년에는 금강산 관광사업의 대상지역이 기존의 외금강뿐만 아니라 내금강으로까지 확대되었다. 금강산 관광사업의 누적 관광객 수는 193만여 명으로 나타났다.

개성 관광사업은 2000년 한국의 현대아산과 북한 당국이 개성 관광을 추진하기로 합

[표 2-8] **개성공단 사업계획**

| | |
|---|---|
| 총계획 | • **면적**: 총 2000만 평(65.7km²) – 공단 800만 평, 배후도시 1200만 평<br>• **단계별 개발계획**: 3단계에 걸쳐 개발<br>– **1단계**: 100만 평 규모의 노동집약적 중소기업 공단<br>– **2단계**: 수도권과 연계된 산업단지로 개발<br>– **3단계**: 중화학공업과 산업설비 분야의 유망업종을 유치, 복합 공업단지로 조성 |
| 1단계<br>개발 개요<br>(100만 평) | • **위치**: 개성시 봉동리 일원<br>• **사업기간**: 2002~2007년(준비기간 포함)<br>• **사업비**: 2205억 원<br>• **시행자**: 현대아산·토지공사<br>• **수행방식**: 북측으로부터 토지를 50년간 임차, 공업단지로 개발 후 국내외 기업에 분양 |

[표 2-9] **개성공단 입주기업수 및 생산액 현황**

(단위 : 개, 만 달러)

| 구분 | 2005 | 2006 | 2007 | 2008 | 2009 | 2010 |
|---|---|---|---|---|---|---|
| 입주기업수 | 18 | 30 | 65 | 93 | 117 | 121 |
| 생산액 | 1,491 | 7,373 | 18,478 | 25,142 | 25,648 | 32,332 |

| 구분 | 2011 | 2012 | 2013 | 2014 | 2015 | 합계 |
|---|---|---|---|---|---|---|
| 입주기업수 | 123 | 123 | 123 | 125 | 125 | – |
| 생산액 | 40,185 | 46,950 | 22,378 | 46,997 | 56,330 | 323,304 |

자료: 통일부 홈페이지

[표 2-10] **개성공단 근로자 현황**

(단위 : 명)

| 구분 | 2005 | 2006 | 2007 | 2008 | 2009 | 2010 |
|---|---|---|---|---|---|---|
| 북측 근로자 | 6,013 | 11,160 | 22,538 | 38,931 | 42,561 | 46,284 |
| 남측 근로자 | 507 | 791 | 785 | 1,055 | 935 | 804 |
| 합계 | 6,520 | 11,951 | 23,323 | 39,986 | 43,496 | 47,088 |

| 구분 | 2011 | 2012 | 2013 | 2014 | 2015 | |
|---|---|---|---|---|---|---|
| 북측 근로자 | 49,866 | 53,448 | 52,329 | 53,947 | 54,988 | |
| 남측 근로자 | 776 | 786 | 757 | 815 | 820 | |
| 합계 | 50,642 | 54,234 | 53,086 | 54,762 | 55,808 | |

주: 각 기업에 소속된 근로자 수로 실제 근무하는 근로자 현황과는 다소 차이가 날 수 있음

자료: 통일부 홈페이지

의하고, 2005년 시범 관광 합의, 2007년 개성 관광 사업권 부여 합의 등을 거쳐 2007년 12월 정식으로 시작되었다. 개성 관광사업은 2008년 11월 종료될 때까지 누적 관광객 11만여 명을 기록했다.

남북 도로·철도 연결사업은 앞서 기술한 1991년의 남북기본합의서 제19조(남과 북은 끊어진 철도와 도로를 연결하고 해로, 항로를 개설)에 바탕을 둔 것으로서 2000년의 제1차 남북정상회담을 계기로 본격적으로 추진되었다. 2002년 9월에는 경의선과 동해선의 철도와 도로를 연결하는 남북 동시 착공식이 열렸으며, 2007년 5월에는 열차시험 운행도 진행되었다. 2007년 12월부터 다음 해 11월까지는 화물열차가 경의선의 남측 도라산역에서 북측 봉동역까지 매일 운행되기도 하였다.[1]

김대중 정부와 노무현 정부 시기에 크게 활성화되었던 남북교류협력과 남북경제협력은 2008년 2월 이명박 정부가 들어서면서 침체 및 중단 국면에 접어들기 시작하였다.

이명박 정부는 대북정책의 새로운 지침으로 '비핵·개방·3000'을 내세우면서, 남북교류협력과 남북경제협력의 확대와 심화를 위해서는 북한의 비핵화 노력이 선결 요건임을 강조하였다. 이에 따라, 2007년 10월 노무현 정부가 북한 당국과 체결한 10·4 선언의 제

[표 2-11] **남북 관광협력사업 현황 – 관광객 현황표**

(단위 : 명)

| 구분 | | 1998~2000 | 2001 | 2002 | 2003 | 2004 | 2005 |
|---|---|---|---|---|---|---|---|
| 금강산 관광 | 해로 | 371,637 | 57,879 | 84,727 | 38,306 | 449 | - |
| | 육로 | - | - | - | 36,028 | 267,971 | 298,247 |
| | 합계 | 371,637 | 57,879 | 84,727 | 74,334 | 268,420 | 298,247 |
| 개성 관광 | | - | - | - | - | - | 1,484 |
| 평양 관광 | | - | - | - | 1,019 | - | 1,280 |

| 구분 | | 2006 | 2007 | 2008 | 2009~2020 | 계 |
|---|---|---|---|---|---|---|
| 금강산 관광 | 해로 | - | - | - | - | 552,998 |
| | 육로 | 234,446 | 345,006 | 199,966 | - | 1,381,664 |
| | 합계 | 234,446 | 345,006 | 199,966 | - | 1,934,662 |
| 개성 관광 | | - | 7,427 | 103,122 | - | 112,033 |
| 평양 관광 | | - | - | - | - | 2,299 |

자료: 통일부 홈페이지

1_ 통일부 홈페이지, 남북교류협력-교역 및 경협-개관.
www.unikorea.go.kr/unikorea/business/cooperation/status/overview(검색일: 2021.9.14.)

[표 2-12] **남북 철도차량 왕래 현황**(편도기준)

(단위 : 회)

| 구분 | 2001 | 2002 | 2003 | 2004 | 2005 | 2006 | 2007 | 2008 | 2009 | 2010 | 2011 |
|---|---|---|---|---|---|---|---|---|---|---|---|
| 철도차량 | - | - | - | - | - | - | 28 | 420 | - | - | - |
| 구분 | 2012 | 2013 | 2014 | 2015 | 2016 | 2017 | 2018 | 2019 | 2020 | 계 | |
| 철도차량 | - | - | - | - | - | - | 6 | - | - | 454 | |

주: 2007.12.~2008.11. 문산-봉동 간 화물열차 운행)2008.12.1. 북한, '일방적 운행' 중단),
2007.5.17 시험운행 횟수(4회) 포함

자료: 통일부 홈페이지

반 합의 사항들은 재검토되었고, 북한 비핵화의 진전 및 구체적 성과 도출이라는 조건과 연동되면서 그 실행과 실천이 대부분 보류되었다. 10·4 선언에서 남북경제협력의 확대 및 심화 방안으로 제시되었던 '"서해평화협력특별지대" 설치', '개성공업지구 2단계 건설 추진', '안변과 남포 조선협력단지 건설' 등도 무산되었다.

남북 간에 발생한 비상사태들도 남북경제협력에 악영향을 가져왔다. 2008년 7월 11일 발생한 '금강산 (남측)관광객 피격 사망사건'은 곧바로 금강산 관광사업의 전면 중단이라는 결과를 초래했으며, 개성 관광사업도 그 여파로 같은 해 11월 막을 내렸다. 2010년 3월의 '천안함 피격사건'은 이명박 정부의 강경 대응을 불러와 대북 제재를 핵심으로 하는 「5·24 조치」가 발효되었다. 5·24 조치는 '남북 교역 중단(개성공단은 예외)', '대북 신규투자 금지', '대북 지원사업의 원칙적 보류', '국민의 방북 불허', '북한 선박의 남측 해역 운항 전면 불허' 등이 주요 내용이었다. 5·24 조치로 인해 남북교류협력과 남북경제협력은 대부분 중단되었다. 2010년 11월 북한군의 '연평도 포격'은 가뜩이나 경색된 남북관계를 아예 얼어붙게 하였다.

남북관계의 경색과 대치는 2013년 2월 출범한 박근혜 정부에서도 계속되었다. 박근혜 정부는 당초 '한반도 신뢰 프로세스'를 대북정책의 새로운 기조로 삼고 북한과의 대화 재개와 신뢰 회복을 통해 남북관계의 정상화를 도모하고자 하였다. 그러나, 동년 3월의 한미 연합훈련 실시에 불만을 표한 북한이 4월 9일 개성공단 가동을 일시 중단하면서 박근혜 정부의 남북관계는 시작부터 어그러졌다. 이후 한국과 북한은 서로 간의 접점을 찾기 위한 노력을 계속하였으나 결실을 끝내 맺지 못하다가 2016년 초 남북관계는 마침내 파국을 맞이하였다. 북한은 2016년 1월 6일 제4차 핵실험을 하였고 2월 7일 장거리탄도미사일 시험발사를 하였다. 박근혜 정부는 이에 반발하여 2월 10일 개성공단 전면 중단 및 전격 철수 조치를 내렸다. 이제 남북교류와 교역은 완전히 중단되었으며 남북관계는 최악의 나락으로 떨어졌다. 2000년대 들어 활성화되기 시작하였던 남북교류협력과 남북경제협력은 이명박 정부와 박근혜 정부를 거치면서 그 활기와 동력을 모두 잃었다.

## 3. 남북경제협력의 오늘

문재인 정부는 2017년 5월 출범하면서 남북관계의 회복과 개선을 주요 국정목표로 삼았다. 문재인 정부는 '한반도 신경제지도 구상 및 경제통일 구현' 등을 국정과제로 내세우면서 남북평화협력의 새 시대를 열겠다는 의지를 대내외적으로 천명했다. 한반도 신경제지도 구상은 한반도에서 남북 단일의 경제공동체를 상정하고 남북경제협력을 서해안 산업·물류·교통 벨트, 동해권 에너지·자원 벨트, 그리고 DMZ 환경·관광 벨트의 3개 권역으로 나누어 추진하는 것이 주요 내용이었다. 서해안 산업·물류·교통 벨트는 수도권, 개성공단, 평양·남포, 신의주를 연결하는 경협 벨트를 건설하는 것이고, 동해권 에너지·자원 벨트는 금강산, 원산·단천, 청진·나선을 남북이 공동개발하여 남측의 동해안 그리고 러시아의 연해주와 연결하는 것이고, DMZ 환경·관광 벨트는 설악산, 금강산, 원산, 백두산을 잇는 관광 벨트를 구축하고 DMZ를 생태·평화안보 관광지구로 개발하는 것이었다.

남북평화협력시대의 구축을 향한 문재인 정부의 노력은 2017년 북한발 핵 위기가 엄습하면서 절체절명의 순간에 봉착했었다. 북한은 2017년 7월 두 차례에 걸쳐 '화성 14형' 대륙간탄도미사일을 시험발사하여 한국과 미국 그리고 주변국들의 우려를 자아냈고, 9월에는 6차 핵실험을 감행했으며, 11월에는 미국 동부지역까지 도달할 수 있는 '화성 15형' 대륙간탄도미사일을 시험발사하면서 북한의 핵·미사일 도발은 정점으로 치달았다. 미국의 도널드 트럼프 행정부는 북한의 계속되는 도발에 대응하기 위해 선제적 무력수단사용도 고려하겠다는 강경 입장을 드러내면서 한반도에서 '제2의 한국전쟁'이 발발할 수도 있다는 위기감이 크게 고조되었다.

그러나 2018년 2월 평창 동계올림픽 개최를 계기로 남북한 당국 간 상호 대화가 재개되고 북한 대표단·선수단의 올림픽 참가가 성사되면서 한반도의 위기 상황은 진정 국면에 들어서게 되었다. 그리고 남북 및 북미 대화가 연이어 이루어졌다. 남북관계의 회복과 개선의 기회가 다시 열린 것이다.

한국의 문재인 대통령과 북한의 김정은 위원장은 2018년 4월 27일과 5월 26일 판문점에서 제3차와 제4차 남북정상회담을 가졌다. 문재인 대통령과 김정은 위원장의 잇단 만남은 2000년 6월의 제1차 남북정상회담(김대중-김정일)과 2007년 10월의 제2차 남북정상회담(노무현-김정일)에 이어 11년 만에 이루어진 남북정상회담이었다. 제3차 남북정상회담은 결과물로서 「한반도의 평화와 번영, 통일을 위한 판문점 선언」(이하 판문점 선언)을 산출하고 이를 남북 정상들이 공동 서명 및 발표하였다. 판문점 선언은 '남북관계 개선', '군사적 긴장 완화', '한반도 항구적 평화체제 구축'을 순서로 3개 조 13개 항으로 구성되었다. 남북 정상들은 판문점 선언을 통해 남북경제협력의 재개도 다짐했다. 즉, 본 선언의 제1조에서 '남북 각계각층의 다방면적인 협력과 교류 왕래와 접촉 활성화', '10·4 합의사업 추진', '동해선·경의선 철도와 도로 연결 및 현대화' 등을 합의함으로써 한동안 중단되었던 남북경제협력을 다시 복원하고자 하였다. (제4차 남북정상회담에서는 양국 정상이 한반도의 완전한 비핵화 의지를 재확인하고 판문점 선언의 조속한 이행을 다짐하였다. 그러나 제4차 남북정상회담은 이미 예정된 6월의 북미정상회담이 순조롭게 개최될 수 있도록 남북 정상들이 상호 협의하는 자리이기도 했다.)

2018년 6월에는 미국과 북한이 싱가포르에서 역사상 최초로 양국 정상 간 만남을 가졌다. 미국의 도널드 트럼프 대통령과 북한의 김정은 위원장은 6월 12일 첫 북미정상회담을 갖고 새로운 북미관계 수립 및 한반도에서의 지속적이고 견고한 평화체제 구축을 위해 공동으로 노력할 것을 합의하였으며 김정은 위원장은 한반도의 완전한 비핵화를 위해 노력하겠다는 약속을 재확인하였다. 본 북미정상회담의 공동성명 내용은 비록 원칙적이고 추상적인 수준에 머물렀지만 북미관계 수립과 한반도 비핵화 지속 노력을 선언함으로써 남북관계의 개선과 남북경제협력 재개에 유리한 환경과 여건을 제공해 주었다.

2018년 9월에는 평양에서 제5차 남북정상회담이 열렸다. 문재인 대통령과 김정은 위원장은 9월 18일 오후와 9월 19일 오전 두 차례에 걸쳐 정상회담을 갖고 남북관계 개선·발전, 비핵화와 북미 대화 중재, 군사적 위협 종식 및 긴장 완화 등을 주요 의제로 논의 후, 「9월 평양공동선언」(이하 평양공동선언)에 합의하였다. 또한, 부속합의서로서 「판문점 선언 이행을 위한 군사분야 합의서」(이하 군사분야 합의서)를 남북 정상의 배석하에 한국의 국방장관과 북한의 인민무력상이 체결하였다.

[표 2-13] **한반도의 평화와 번영, 통일을 위한 판문점 선언**(2018.4.27.)

| |
|---|
| 제1조 남북관계 개선<br>**민족 자주 원칙 확인, 남북 고위급 회담 개최, 남북공동연락사무소 개성 설치, 남북 각계각층의 다방면적인 협력과 교류 왕래와 접촉 활성화**(민족공동행사 적극 추진 및 2018 아시아경기대회 공동진출 등), **8·15 이산가족·친척 상봉, 10·4 합의사업 추진 및 동해선·경의선 철도와 도로 연결 및 현대화**<br><br>제2조 군사적 긴장 완화<br>**일체 적대행위 전면 중지**(5월 1일부터 확성기 방송 및 전단 살포 중지와 수단 철폐), **서해 북방한계선 평화수역 조성, 남북 상호협력과 교류 활성화를 위한 군사적 보장 대책 추진**(5월 장성급 군사회담 및 국방부장관 회담 자주 개최)<br><br>제3조 한반도 항구적 평화체제 구축<br>**남북 불가침 합의 재확인, 단계적 군축 실현, 올해 안 종전을 선언하고 정전협정의 평화협정 전환 및 평화체제 구축을 위한 남북미 3자 또는 남북미중 4자 회담 적극 추진, 완전한 비핵화를 통해 핵 없는 한반도를 실현한다는 공동의 목표 확인, 남북 양 정상의 정기적 회담과 직통전화 통한 수시 논의, 문재인 대통령 올 가을 평양 방문** |

평양공동선언은 '전쟁위험 제거', '남북균형발전', '이산가족', '남북교류협력', '한반도 비핵화', '김정은 서울 방문' 등 6개 조 14개 항으로 구성되었다. 주요 내용은 '상호군사적 적대관계 종식', '연내 동·서해선 철도·도로 연결 착공식 추진', '개성공단·금강산 관광사업

[표 2-14] **북미정상회담 공동성명 합의사항**(2018.6.12.)

| |
|---|
| 1. 조선민주주의인민공화국과 미합중국은 평화와 번영을 바라는 두 나라 인민들의 염원에 맞게 새로운 조미관계를 수립해 나가기로 하였다.<br>2. 조선민주주의인민공화국과 미합중국은 조선반도에서 항구적이며 공고한 평화체제를 구축하기 위하여 공동으로 노력할 것이다.<br>3. 조선민주주의인민공화국은 2018년 4월 27일에 채택된 판문점 선언을 재확인하면서 조선반도의 완전한 비핵화를 향하여 노력할 것을 확약하였다.<br>4. 조선민주주의인민공화국과 미합중국은 전쟁포로 및 행방불명자들의 유골발굴을 진행하며 이미 발굴확인된 유골들을 즉시 송환할 것을 확약하였다. |

자료: 노동신문(2018.6.13.), 북미정상회담 공동성명 전문에서 발췌

정상화(조건 전제)', '서해경제공동특구·동해관광공동특구 조성 협의', '금강산 이산가족 상설면회소 개소' 등이며, 한반도 비핵화 노력의 일환으로 '동창리 엔진시험장·미사일 발사대 영구 폐기', '미국 상응조치 시 영변 핵시설 영구적 폐기' 등이 포함되고 김정은 위원장의 연내 서울 답방 약속도 담았다. 평양공동선언의 부속합의서인 군사분야 합의서는 판문점 선언을 군사적으로 이행하기 위한 것으로서 6개조 22개 항으로 구성되었다. 주요 내용은 '지상·해상·공중에서 일체의 적대행위 중지', '비행금지 구역 확장', '우발충돌방지 공동절차 수립', '비무장지대 내 근접 GP 철수', 'JSA 비무장화', '남북공동유해발굴', '서해 NLL 일대 공동어로구역 및 평화수역 조성', '한강(임진강)하구 공동이용', '남북군사공동위원회 구성·운영 협의' 등이다.

평양공동선언은 남북경제협력과 관련하여 제2조(민족경제 균형발전)에서 '금년 내 동·서해선 철도 및 도로 연결을 위한 착공식 추진', '조건이 마련되는 데 따라 개성공단과 금강산 관광사업을 우선 정상화', '서해경제공동특구 및 동해관광공동특구 조성 협의', '자연생태계의 보호 및 복원을 위한 남북 환경협력 적극 추진', '산림분야 협력의 실천적 성과를 위해 노력', '전염성 질병의 유입 및 확산 방지를 위한 긴급조치를 비롯한 방역 및 보건·의료 분야 협력 강화' 등을 담아 남북경제협력의 지속적 추진을 재확인하고, 다양한 분야에서의 남북교류협력을 바탕으로 한반도 경제공동체의 구현 토대를 마련하고자 하였다. 군사분야 합의서는 '한강(임진강)하구 공동이용에 따른 군사적 보장대책을 강구하기로' 함으로써 남북(경제)협력의 장(場)에 남북 접경 수역인 한강과 임진강을 포함시켰다.

문재인 정부에서의 남북경제협력 회복작업은 판문점 선언, 북미공동성명, 평양공동선언 그리고 군사분야 합의서 등에 힘입어 2018년 중순부터 2019년 초까지 순탄하게 진행되어, 남북경제협력이 다시금 본 궤도를 되찾을 것이라는 기대가 커졌다. 2008년 이후 중단되었던 남북 철도협력은 '동해선·경의선 철도와 도로 연결 및 현대화'에 합의한 판문점 선언에 따라 2018년 7월 경의선·동해선 남북 철도 연결구간에 대한 공동점검이 이루어졌으며, '금년 내 동·서해선 철도 및 도로 연결을 위한 착공식 추진'을 약속한 평양공동선언에 따라 2018년 12월 개성 판문역에서 남북 철도·도로 연결 착공식을 남북 공동으로 개최하였다. 또한, '한강(임진강)하구 공동이용'을 담은 군사분야 합의서에 따라 2018년 11월 초부터 한 달여 간 남북이 공동으로 한강하구 중립 수역에 대한 수로 조사를 실시하였

[표 2-15] **9월 평양공동선언**(2018.9.19.)

제1조 한반도 전쟁위험 제거와 적대관계 해소

**남과 북은 비무장지대를 비롯한 대치지역에서의 군사적 적대관계 종식을 한반도 전 지역에서의 실질적인 전쟁위험 제거와 근본적인 적대관계 해소로 연결 및 확대**: '판문점 선언 이행을 위한 군사분야 합의서' 채택, 한반도를 항구적인 평화지대로 만들기 위한 실천적 조치 적극 추진, 남북군사공동위원회를 조속히 가동, 우발적 무력충돌 방지를 위한 상시적 소통과 긴밀한 협의

제2조 민족경제 균형발전

**남과 북은 상호호혜와 공리공영의 바탕 위에서 교류와 협력을 더욱 증대시키고, 민족경제를 균형적으로 발전시키기 위한 실질적인 대책들을 강구**: 금년 내 동·서해선 철도 및 도로 연결을 위한 착공식 추진, 조건이 마련되는 데 따라 개성공단과 금강산 관광사업을 우선 정상화, 서해경제공동특구 및 동해관광공동특구 조성 협의, 자연생태계의 보호 및 복원을 위한 남북 환경협력 적극 추진, 우선적으로 산림분야 협력의 실천적 성과를 위해 노력, 전염성 질병의 유입 및 확산 방지를 위한 긴급조치를 비롯한 방역 및 보건·의료 분야 협력 강화

제3조 이산가족 문제 근본적 해결

**남과 북은 이산가족 문제를 근본적으로 해결하기 위한 인도적 협력을 더욱 강화**: 금강산 지역 이산가족 상설면회소의 빠른 시일 내 개소, 이산가족의 화상상봉과 영상편지 교환 문제를 우선적으로 해결

제4조 다양한 분야 교류협력 적극 추진

**남과 북은 화해와 단합의 분위기를 고조시키고 우리 민족의 기개를 내외에 과시하기 위해 다양한 분야의 협력과 교류를 적극 추진**: 문화 및 예술분야 교류 증진, 10월 중에 평양예술단의 서울공연 진행, 2020년 하계올림픽경기대회를 비롯한 국제경기들에 공동으로 적극 진출, 2032년 하계올림픽의 남북공동개최를 유치하는 데 협력, 10·4 선언 11주년 기념행사 개최, 3·1 운동 100주년 남북 공동 기념 추진 협의

제5조 한반도 비핵화 추진

**남과 북은 한반도를 핵무기와 핵위협이 없는 평화의 터전으로 만들어나가야 하며 이를 위해 필요한 실질적인 진전을 조속히 이루어나가야 한다는 데 인식을 공유**: 북측은 동창리 엔진시험장과 미사일 발사대를 유관국 전문가들의 참관하에 우선 영구적으로 폐기, 북측은 미국이 6·12 북미공동성명의 정신에 따라 상응조치를 취하면 영변 핵시설의 영구적 폐기와 같은 추가적인 조치를 계속 취해나갈 용의가 있음을 표명, 남과 북은 한반도의 완전한 비핵화를 추진해나가는 과정에서 함께 긴밀히 협력

제6조 김정은 서울 방문

김정은 국무위원장은 문재인 대통령의 초청에 따라 가까운 시일 내로 서울을 방문(특별한 사정이 없을 시 연내 추진)

다. 또한 2018년 중순부터 산림 및 보건의료 분야에서의 남북협력방안을 논의하기 위해 남북 당국 간의 접촉과 대화도 이루어졌다.

그러나 2019년 2월 베트남 하노이에서 개최된 제2차 북미정상회담이 아무런 합의 없이 결렬로 막을 내리면서 남북관계도 급속히 냉각되었다. 2018년 판문점 선언 이후 조금씩 활기를 찾아가던 남북교류협력과 남북경제협력은 다시 중단되었고 한국의 문재인 정부에 대한 북한 당국의 비난은 재개되었다. 2020년 6월 16일 개성공단에 있는 남북공동연락사무소를 북한이 폭파함으로써 남북관계는 판문점 선언 이전의 상태로 되돌아갔고, 남북경제협력도 또다시 깊은 어둠 속에 잠겼다.

## 4. 새로운 출발과 담대한 구상

남북경제협력은 재개되어야 한다. 한반도의 평화와 안정 그리고 남북 공동의 번영을 위하고 나아가 한반도 통합시대를 열어나가기 위해서는 남북 간의 교류와 협력이 필수적인바, 특히 남북경제협력은 남북교류협력의 핵심이자 한반도 공동체 건설의 토대라고 할 수 있다. 이제 남북경제협력은 지난 30여 년의 경험을 바탕으로 새롭게 출발해야 한다. 다시 시작하는 남북경제협력은 이전의 논의들보다 더 담대한 구상에 기초해야 할 것이다. 더 크게, 더 멀리, 그리고 더 깊이 내다보는 시각과 자세가 담겨 있어야 한다. 그래야만 한국의 힘찬 도약과 북한의 적극적 합류 그리고 한반도에서의 남북공동번영을 이끌어 낼 수 있다.

본 연구의 주제이자 남북경제협력의 새로운 목표인 '한반도 메가리전'(The Korean Mega Region)은 한반도의 평화와 번영을 구현하기 위한 중장기 구상이자 종합적 설계안으로서, 한반도의 남북한 경제를 이끌고 선도해 나가는 핵심 지대이자 성장 거점을 지칭한다. 한반도 메가리전은 공간적으로는 남한의 수도권(서울·경기·인천·충청북부·강원서부), 북한의 평양권(평양·남포)과 황해남북도, 그리고 한강하구와 한반도 중서부 인근 서해를 주요 구성지역들로 하면서 한반도 경제의 중추를 담당하는 거대 복합 산업·경제·문화·관광지대로 기능하는 것을 목표로 한다(이정훈 외, 2020b: 95 재인용).

한반도 메가리전은 지금껏 남북한 당국이 상호 합의하였지만 아직 실현되지 못하고 있는 '서해평화협력특별지대' 설치, '한강하구' 남북 공동활용, '한반도 신경제지도 구상' 구현, '서해경제공동특구'와 '동해관광공동특구' 설치 운영 등의 남북협력사업들을 모두 담아내고 나아가 이를 한반도 중서부 일대로 확대하여 실현하고자 하는 구상을 담은 것이다. '서해평화협력특별지대', '한강하구', '서해경제공동특구', '동해관광공동특구' 등은 남북 간의 협력이 이루어지는 '지역/점'이라고 할 수 있다. 한반도 신경제지도 구상의 '서해안 산업·물류·교통 벨트', '동해안 에너지·자원 벨트', 그리고 'DMZ 환경·관광 벨트'는 남북 간의 협력이 이루어지는 '선'이라고 할 수 있다. 한반도 메가리전은 이러한 남북협력의 '지역/점'과 '선'을 연결하고 그 사이의 공간을 메워서 남북협력의 거대한 '면'을 조성하는 것이라고 할 수 있다. 즉, 남북협력의 확장과 심화를 위해 '점→선→면 확대 전략'을 따른다면 한반도 메가리전은 보다 완성된 형태의, 보다 높은 단계의 남북협력이라고 할 수 있다(이정훈 외, 2020b: 101 재인용). 당연히 한반도 메가리전은 남북경제협력의 새로운 출발이자 담대한 구상이 아닐 수 없다.

## 제2절
# 접경지역 초국경 협력 사례와 발전 모델

**이정훈**(경기연구원 선임연구위원)

접경지역은 인접국가 간의 관계에 따라 상호 협력과 긴장관계가 달라지게 된다. 정치외교적 관계가 안정된 접경지역의 경우 국가 간 사회경제 및 문화적 차별성이 교류 협력을 촉진하는 중요한 요소가 되기도 한다.

남북접경지역은 남북 간 관계가 안정적이지 못하고 체제의 이질성도 심하다는 점에서 저발전 상태로 남아 있어 상생하는 관계로 나아가지 못하고 있다. 그럼에도 남북 간 관계가 긍정적으로 변화할 수 있는 가능성을 열어두고 그 시기에 대비한 접경지역 발전 전략을 마련할 필요성이 있다.

남북접경지역 발전전략 수립의 논리적 근거를 마련하기 위해 경기연구원의 선행연구(이정훈 외, 2019a; 2020b) 등에서 홍콩–선전, 미국–멕시코 접경지역의 상호 협력 발전 사례를 세밀하게 검토한 바 있다. 본절에서는 선행연구를 바탕으로 접경지역의 초국경 협력의 주요 과정과 그것으로부터 발생한 사회경제적, 공간적 변화를 살펴보고자 한다. 나아가 북한이 북중러접경지역에서 중국·러시아와의 협력을 통하여 조성하고자 하는 경제특구 현황을 통해 실제 북한이 접경지역에서 원하는 국제협력의 구체적 내용을 확인하고자 한다. 이러한 내용은 남북한이 접경지역에서 공동으로 협력하여 실행하고자 하는 사업 계획을 구체적이고 실질적으로 수립하기 위한 중요한 근거로 활용될 수 있을 것이다. 물론 이 사례들이 서로 다른 맥락하에 있다는 점에서 절대적 기준에서 동일하게 남북접경지역에 적용될 수는 없다. 그럼에도 경제가 작동되는 일반적 원리와 사회 문화의 작용 등 보편적으로 작용할 수 있는 요소도 동시에 가지고 있다는 점에서 남북접경지역의 발전 방향을 전망하고 설계하는 데 유용한 준거를 제공할 수 있을 것이다.[2]

2_ 물론 이 사례들이 서로 다른 맥락하에 있다는 점에서 절대적 기준에서 동일하게 남북접경지역에 적용될 수는 없다. 그럼에도 경제가 작동되는 일반적 원리와 사회 문화의 작용 등 보편적으로 작용할 수 있는 요소도 동시에 가지고 있다는 점에서 남북접경지역의 발전 방향을 전망하고 설계하는 데 유용한 준거를 제공할 수 있을 것이다.

본 절에서는 미국–멕시코, 웨강아오 대만구, 북중접경지역의 사례를 바탕으로 다음 세 가지에 대해 살펴볼 것이다.

첫째, 접경지역 초국경 협력의 형성요인과 전개과정에 대해 살펴본다.
둘째, 접경지역 초국경 협력에 의해 인구, 산업 등 사회경제적 변화가 어떻게 이루어졌는지 살펴본다.
셋째, 접경지역 초국경 협력으로 인해 형성된 접경지역의 새로운 형태의 공간구조에 대해 살펴본다.

## 1. 접경지역 초국경 협력의 형성요인과 전개과정

보통 국경에는 서로 긴밀한 교류와 관계를 맺는 트윈시티(이정훈 외, 2019a)가 발전하는 경향이 있다. 국가 간 교류 정도와 관계에 따라 트윈시티의 발전 정도가 결정되며, 트윈시티 간 협력이 확산되면서 메가리전으로 발전한다.

'메가리전'은 인프라, 정주 여건, 문화 및 역사를 공유하고, 긴밀한 경제적 연계 속에 인적자원과 자본이 집적되는 대도시권 네트워크를 말한다. 메가리전은 서로 긴밀하게 연결된 여러 개의 도시로 이루어져 있으며 글로벌 시대에 경제와 인구의 성장, 혁신이 집중되고 있는 지역이다(Florida et al., 2008). 메가리전의 인구규모를 특정하기는 어렵지만 통상적으로 인구 1000만 명 이상의 지역으로 이루어지는 것이 보통이다.

세계의 주요 성장지역 메가리전 사례로는 미국의 경우 남부 캘리포니아, 애리조나 선 회랑(Sun Corridor) 등 11개가 확인되고 있으며 중국 광둥–홍콩–마카오의 '웨강아오 대만구(粵港澳大灣區)'가 있다. 미국의 11개 메가리전에는 국가 전체 인구의 약 70%가 거주하고 있으며 주요 혁신과 경제활동이 집중되어 있다. 홍콩–선전 간 경제특구를 기반으로 성장한 '웨강아오 대만구(粵港澳大灣區)'는 중국 GDP의 약 12%를 차지하는 거대한 경제권으로, 중국 정부는 2000년대 초부터 이 지역을 통합된 글로벌 경제지역으로 발전시키기 위한 국가 차원의 프로젝트를 추진하고 있다.

접경지역의 초국경 협력은 양측 지역이 서로 다른 국가이기 때문에 가지고 있는 상이

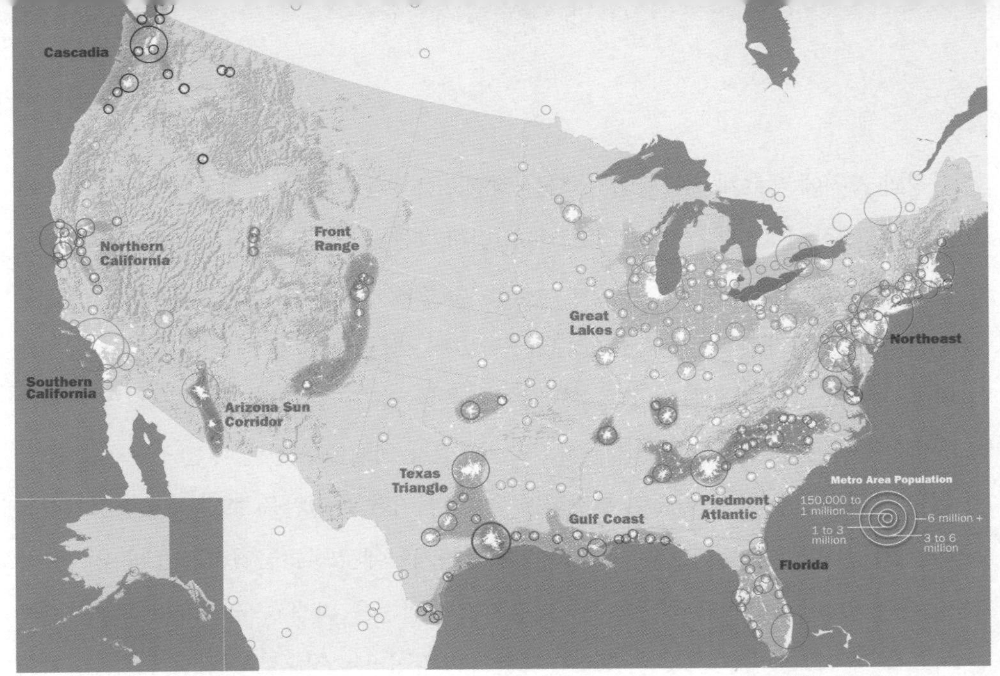


[그림 2-1] 미국의 11개 메가리전

자료: Regional Plan Association

[그림 2-2] 웨강아오 대만구

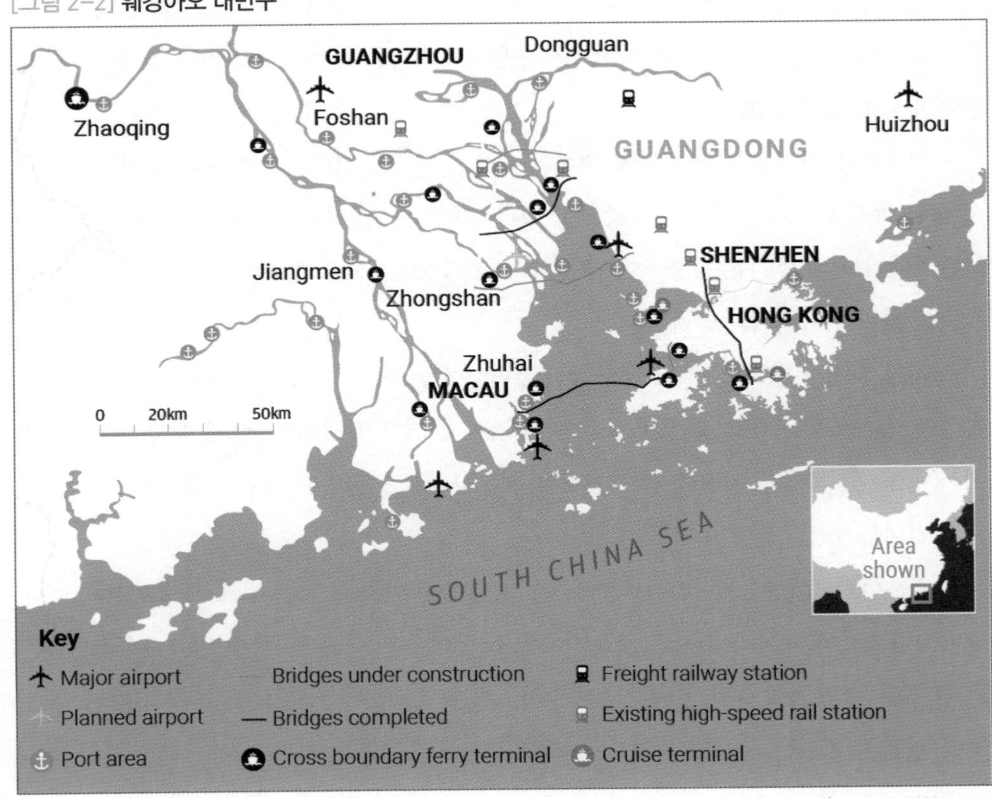


자료: Asia Fund Managers

한 환경과 자원에 빠르게 접근할 수 있다는 장점으로부터 촉발된다. 접경지역에서 마주하고 있는 지역은 서로 다른 국가로서 물가, 인건비, 지가, 산업구조, 문화, 언어 등이 다른 경우가 보통이다. 이 경우 기업, 주민은 국경을 넘어가면 자국보다 저렴하고 질 높으며, 구하기 어려운 인력, 재화와 서비스를 구매할 수 있다는 장점을 활용하고자 한다.

미국–멕시코, 홍콩–선전 초국경 협력은 저개발국가인 멕시코나 중국 선전의 저임금 노동력과 저렴한 부지를 활용하고자 하였다. 또 점차 새로운 시장에 대한 접근성도 초국경 협력을 하는 중요한 요인으로 부각되어 왔다. 이러한 요인만을 보면 북중접경지역의 초국경 협력은 미국–멕시코, 홍콩–선전, 남북접경지역에서의 초국경 협력보다 유리하다고 할 수는 없다. 그럼에도 북한이 북중접경지역의 발전을 위해 중국과 개방구를 설치하는 목표를 가지고 있다면 그것은 중국이 북한의 우방이라는 점으로부터 생겨나는 정치외교적, 관계적 이점과 함께 지리적으로 근접해 있다는 점에 기인할 것이다. 실제 북중접경지역의 경우 실질 인건비의 차이는 4배 내외로 미국–멕시코, 남북한 간 격차에 비하면 작은 수준이다. 즉 중국기업이 북한의 경제개발구에 투자할 요인으로 인건비는 아주 중요한 변수가 되지 않을 수도 있다.

또한 사회문화적 요인도 초국경 협력에서 중요 역할을 한다. 실제 홍콩–선전의 협력에서 광둥 출신 화교자본의 투자가 중요한 역할을 한 것으로 알려져 있다. 대만과 중국의 양안관계에서도 대만 자본이 중국에 대한 투자를 결정하는 데도 마찬가지의 문화적 요인이 작동한 것이라는 분석도 많다.

이러한 점에서 남북접경지역에서의 교류협력에 남북이 하나의 민족이라는 사회문화적 속성이 이점으로 작용할 수 있을지에 대해 검토가 필요할 것이다. 실제 개성공단의 경험에서 알 수 있는 것은 동일한 언어를 사용하는 양질의 노동력이 기업의 생산성 향상에 중요한 기여를 하였다는 점이다.

사회문화적 요인이 초국경 협력에 긍정적 영향을 미치고 있는 주요 사례로 미국 애리조나주의 노갈레스시와 멕시코 소노라주의 노갈레스시 사례를 들 수 있다. 미국과 멕시코 간 높은 장벽으로 갈라진 국경을 마주하고 있는 두 도시는 명칭으로부터 짐작할 수 있듯이 원래의 뿌리는 하나의 지역으로 멕시코 땅이었으나 미국과 멕시코 간 개즈던 협정

[표 2-16] **주요 국경지대 트윈시티 형성 요인과 시사점**

| 트윈시티 형성 요인 및 트윈시티화 현상 | 요인 1: 기능적 측면 | | 요인 2: 제도적 측면 | 요인 3: 관념적 측면 | 현상 1: 인구 집중 | 현상 2: 초국경 메가리전화 |
|---|---|---|---|---|---|---|
| | 임금 격차 | 해외 재화 및 서비스 접근성 | 국가 간 관계 및 국경 개방 정도 | 사회문화적 통합성 및 수용성 | 개발도상국 접경지역으로 인구 유입 | 초국경 교류협력의 공간적 확장 |
| 미국-멕시코 접경지역 사례:<br>**경제적 통합, 사회·인종적 분리** | 미국이 멕시코 임금의 10배<br>→ **미국 제조업 공장 멕시코로 이전** | 미국은 공산품, 멕시코는 농산품, 수공예품, 서비스 분야에서 비교우위<br>→ **쇼핑 목적 월경자 발생** | 미국 접경지역은 과거 멕시코 영토였으므로 문화, 역사, 언어 유사 | NAFTA 등 높은 경제 개방 수준<br>↔ **불법 이민, 마약 범죄 등으로 국경 통제 강화** | 트윈시티화로 멕시코 접경지역 취업기회 확대 등 거주 여건 개선<br>→ **타 지역에서 접경지역으로 인구 이동** | 로스앤젤레스-샌디에이고-티후아나-바하 캘리포니아 초국경 메가리전 형성, 트윈시티 관문도시화 |
| 홍콩-선전접경지역 사례:<br>**경제·민족적 통합, 정치적 독립 추구** | 개혁 개방 초기 홍콩이 선전 임금의 10배 이상<br>→ **홍콩 제조업 선전으로 이전** | 홍콩은 공산품, 디자인제품, 선전은 주택, 토지 등 지가 측면에서 비교우위<br>→ **쇼핑·관광 목적 월경자 발생, 주거 이전 유발** | GBA 프로젝트 등 초국경 통합도 상승<br>↔ **홍콩의 정치적 자율성 추구, 중국 중앙정부와 갈등** | 광둥성이 고향인 홍콩, 마카오, 동남아 화교자본 투자 유입 | 트윈시티화로 선전 접경지역 취업기회 확대 등 거주 여건 개선<br>→ **타 지역에서 접경지역으로 인구 이동** | 홍콩-마카오-광둥성 초국경 메가리전 형성 추진(GBA 프로젝트)<br>교통·물류기반시설 구축, 출입국 관문의 역할 확대 및 강화 |
| 남북한 접경지역에 대한 시사점:<br>**사회경제적 통합은 용이, 제도적 통합 진전이 관건** | 2017년 한국 1인당 GDP 북한의 약 23배<br>→ **임금, 지가 격차도 비슷할 것으로 추정**<br>→ **남북한 경제적 교류협력의 유인 요소로 작용** | | 남북한 간 관계, 북한 제도의 불확실성 등 초국경 교류협력의 방해 요소로 작용 | (설문조사)<br>한국인의 북한에 대한 인식 전반적으로 긍정적, 언어, 문화, 역사 동일 | 경기북부와 북한 접경지역으로 인구 집중 예상 | 경기, 서울, 인천, 북한의 황해남북도, 평양을 포괄하는 한반도 메가리전 형성 전망 |

자료: 이정훈 외(2019a)

(1853~1854)[3]에서 미국이 현재 애리조나와 뉴멕시코의 일부 지역을 1000만 달러에 매입하면서 미국영토가 되었다. 미국의 애리조나 노갈레스와 멕시코의 소노라 노갈레스 지역은 개즈던 협정 이후에도 한동안 서로 자유롭게 왕래하면서 하나의 지역으로서 정체성을 유지하였다.

홍콩-선전 간의 개방 실험과정에서도 이러한 사회문화적 관계망이 작동하였다. 광둥에서 홍콩 등 외부로 이주한 화교자본이 본토에 투자하기 시작하면서 발전이 가속화되었다. 이들은 개방 이후에도 인척관계, 혼인 등의 사회적 관계망을 통하여 경제활동뿐만 아니라 일상생활 공간이 국경을 넘어 광범위하게 형성되도록 하였다.

북중 간 교류에서도 중국의 조선족과 북한에 남아 있는 친지 간 네트워크, 북한의 화교와 중국 내 인척 간 네트워크가 작동하여 현물, 현금이 비공식·공식적 루트로 오가는 현상이 다기하게 나타나고 있다.[4]

남북접경지역의 한강하구 북한 측 연안지역도 분단 이전에는 원래 경기도 지역으로 한강을 건너 서로 왕래하던 곳이었다. 미국-멕시코, 홍콩-선전 사례를 볼 때 분단 이후 70년 남짓한 시간이 흘렀지만 사회문화적인 연계는 여전히 남아 있고 작동할 수 있을 것으로 판단할 수 있다. 남북한 간 체제의 장벽이 높은 상황이기는 하지만 일단 왕래와 교류가 시작되면 사회문화적 관계망과 정서가 작동하면서 교류협력의 기초로 작용하고 향후 더 확장될 수 있는 기반이 될 것이다.

## 2. 접경지역 초국경 협력에 따른 사회경제적 변화

남북한 접경지역에서 경계선을 넘어 상호 교류를 하는 것은 경제적 편익과 사회문화적 교류를 통한 상호 이해의 향상, 신뢰의 형성 등의 결과를 가져올 수 있을 것이다. 실제 접경지역에서의 교류가 이러한 예상에 부합한 결과를 가져왔는지에 대해 살펴보자. 지역에 따라, 상호관계와 교류의 방식, 내용에 따라 그 결과는 다르게 나타날 수 있다.

접경지역의 동조화를 기반으로 한 트윈시티 형성의 사회경제적 효과는 미국-멕시코

3_ Office of the Historian. history.state.gov/milestones/1830-1860/gadsden-purchase(검색일: 2021.9.1.)

4_ 중국 접경지역 단둥, 옌볜의 관계자 인터뷰 결과

국경지대의 인구성장률이 국가 전체에 비해 높은 수준을 보이고 있다는 점으로부터 확인할 수 있다. 특히 2000~2010년 사이 미국과 멕시코 국경 주의 인구성장률은 각각 1.49%, 1.95%로 국가 전체 인구성장률 0.94%, 1.52%에 비해 뚜렷하게 높은 수치를 보이고 있었다[표 2-17]. 2010~2015년 사이에는 그 차이가 줄어들고 있지만 여전히 국경주의 성장률이 국가 전체에 비해 높았다.

[표 2-17] **미국-멕시코 국경지대의 인구수 및 인구성장률**

| 구분 | | 2010년 인구수 | 2000-2010 연평균 인구성장률 | 2015년 인구수 | 2010-2015 연평균 인구성장률 |
|---|---|---|---|---|---|
| 미국 | 국가 | 308,745,538 | 0.94 | 321,039,839 | 0.78 |
| | 국경 주 | 70,850,713 | 1.49 | 75,371,850 | 1.24 |
| 멕시코 | 국가 | 112,336,538 | 1.52 | 119,530,753 | 1.25 |
| | 국경 주 | 19,894,418 | 1.95 | 21,238,787 | 1.32 |

자료: US Census Bureau, Instituto Nacional de Estadistica Geografia e Informatica

접경도시 산업별 연평균 고용성장률을 보면 접경도시의 경제산업이 어떻게 변화하는지를 보여 준다. 미국 접경도시의 1990~2006년 산업별 고용 변화를 살펴보면 건설, 수송, 금융보험부동산(FIRE), 개인사업서비스 부문이 전국에 비해 두드러지게 성장하고 있으며, 도소매 무역 부문도 꾸준한 성장세를 보였다. 이에 비해 대부분의 미국 측 국경도시에서 제조업 고용이 큰 폭으로 감소하고 있었다. 이 데이터가 함의하는 것은 1994년 NAFTA로 국경의 개방이 확대되면서 미국-멕시코 간 경제적 연계가 강화되었으며, 국경지역에서 취업 기회가 많아지면서 미국 멕시코 국경도시의 인구가 큰 폭으로 증가하였다. 제조업이 멕시코의 노동력과 부지 등 이점을 활용하기 위해서 미국에서 멕시코로 이전하는 경향을 보임에 따라 미국 측 국경도시의 제조업 고용은 전반적으로 감소한 반면 수송, 건설, 금융, 서비스업, 무역업 등은 전국에 비해 높은 증가율을 보였다. 이것은 국경을 사이에 두고 서로 유리한 산업이 입지하여 재편되는 과정에서 나타난 현상으로 해석할 수 있다.

홍콩-선전의 서로 다른 체제 간 초국경 협력사례는 남북관계에 더욱 직접적인 시사점을 줄 수 있다. 사회주의 폐쇄경제체제에서 개혁개방 노선을 택한 중국이 개방 모델을 실험하기 위해 선전을 홍콩의 화교자본에 개방하였다. 당시 홍콩과 선전은 체제는 다르지만

[표 2-18] **미국 접경도시 산업별 연평균 고용성장률**(1990~2006)

(단위 : %)

| | 건설 | 제조업 | 도매무역 | 소매무역 | 수송 | FIRE | 개인·사업 서비스 |
|---|---|---|---|---|---|---|---|
| 미국 | 2.40 | -1.45 | 0.80 | 0.86 | 1.79 | 1.15 | 2.49 |
| 애리조나 | 6.45 | 0.27 | 3.17 | 3.00 | 3.72 | 3.74 | 4.42 |
| 노갈레스 | 3.37 | -3.93 | 1.57 | -1.15 | -0.30 | -0.97 | 1.82 |
| 시에라비스타 | 7.30 | 2.02 | 0.45 | 2.81 | 3.88 | 1.78 | 4.08 |
| 캘리포니아 | 1.85 | -2.03 | 0.70 | 0.64 | 1.28 | 0.39 | 2.12 |
| 샌디에이고 | 2.45 | -1.28 | 1.4 | 1.37 | 1.52 | 1.35 | 2.69 |
| 엘센트로 | 1.08 | 2.69 | -0.76 | 2.45 | 3.26 | 1.34 | 3.01 |
| 텍사스 | 3.39 | -0.24 | 1.84 | 1.42 | 2.88 | 2.09 | 3.39 |
| 엘패소 | 2.35 | -3.97 | 0.11 | 1.18 | 5.77 | 1.36 | 3.33 |
| 델리오 | 2.43 | 11.49 | -0.38 | 2.03 | 6.62 | 3.79 | 5.43 |
| 이글패스 | 4.12 | -6.70 | 0.59 | 1.76 | 5.97 | 3.69 | 4.58 |
| 러레이도 | 4.34 | 0.05 | 2.12 | 1.65 | 5.49 | 5.61 | 5.25 |
| 맥앨런 | 4.11 | -3.05 | 2.66 | 2.44 | 8.04 | 3.80 | 7.49 |
| 브라운스빌 | 3.92 | -2.30 | 0.45 | 1.88 | 5.26 | 1.17 | 4.80 |

자료: Jesus Cañas et al(2011), 이정훈 외(2019a) 재인용

민족과 문화의 동질성을 가지고 있다는 점이 미국-멕시코나 유럽의 초국경 협력모델과 다르고, 남북 접경지역의 협력모델과 더 가깝다고 할 수 있다.

홍콩-선전의 협력모델은 발전된 기술과 자본, 무역, 서비스업을 보유한 개방경제 국가가 저개발국가와 협력을 통해 상생 발전을 이루어 내는 과정을 잘 보여 주었다는 점에서 남북 간 협력 방향 설정에서도 중요한 교훈을 주는 사례이다. 특히 저발전국가의 입장에서는 기존의 초국경협력이 저임 노동력에 대한 '착취'의 관점에서 이루어진 경우가 많다는 점에서 발전의 확산과 기술성장의 내재화가 제대로 이루어지지 않았던 점을 경계할 수 있다. 그러나 홍콩과 선전의 협력사례는 양자가 보유하고 있는 자원의 효용을 극대화하여 상호발전을 이루었다는 점에서 긍정적 사례로 볼 수 있는 것이다.

물론 개방 초기에는 홍콩의 자본과 기업이 선전과 광둥지역의 값싼 노동력을 활용하기 위한 투자가 많았지만 점차 광둥과 선전의 기술인력이 발전하고 산업의 첨단화로 연계되면서 두 지역 모두에 긍정적 영향을 미쳤다.

홍콩과 선전의 업종별 취업자 수 변동에서 이러한 영향을 확인할 수 있다[표 2-19].

[표 2-19] 홍콩과 선전 취업자 수 변동 추이

(단위 : 만 명, 달러)

| 홍콩 | | | | | | | | |
|---|---|---|---|---|---|---|---|---|
| | | 1981 | 1986 | 1990 | 1997 | 2003 | 2011 | 2015 |
| 취업자 수 | | 250.4 | 270.2 | 274.8 | 314.5 | 321.9 | 357.6 | 378.1 |
| | | (100.0%) | (100.0%) | (100.0%) | (100.0%) | (100.0%) | (100.0%) | (100.0%) |
| 제조업 | 취업자 수 | 102.5 | 94.1 | 76.1 | 44.4 | 27.2 | 13.3 | 11.4 |
| | | (40.9%) | (34.8%) | (27.7%) | (14.1%) | (8.4%) | (3.7%) | (3.0%) |
| | 월 평균 임금 | 300 | 436 | 732 | 1,234 | 1,219 | 1,447 | 1,755 |
| 수출입 무역 | | 47.6 | 62.1 | 71.3 | 95.2 | 99.2 | 53.9 | 48.2 |
| 도소매·숙박·음식점 | | | | | | | 57.8 | 62.5 |
| | | (19.0%) | (23.0%) | (25.9%) | (30.3%) | (30.8%) | (31.2%) | (29.3%) |
| 금융·보험·부동산·사업 서비스 | | 11.7 | 16.5 | 21.0 | 40.0 | 47.0 | 67.6 | 75.1 |
| | | (4.7%) | (6.1%) | (7.6%) | (12.7%) | (14.6%) | (18.9%) | (19.9%) |
| 기타 서비스 | | 38.2 | 46.8 | 51.5 | 66.7 | 85.0 | 91.5 | 101.5 |
| | | (15.3%) | (17.3%) | (18.7%) | (21.2%) | (26.4%) | (25.6%) | (26.8%) |

| 선전 | | | | | | |
|---|---|---|---|---|---|---|
| | | 2009 | 2011 | 2013 | 2015 | 2017 |
| 취업자 수 | | 692.5 | 764.5 | 899.2 | 906.1 | 943.3 |
| | | (100.0%) | (100.0%) | (100.0%) | (100.0%) | (100.0%) |
| 제조업 | 취업자 수 | 354.6 | 358.3 | 390.0 | 384.0 | 377.5 |
| | | (51.2%) | (46.9%) | (43.4%) | (42.4%) | (40.0%) |
| | 월 평균 임금 | 408 | 531 | 690 | 931 | 1,030 |
| 도소매 무역 | | 114.7 | 151.0 | 177.8 | 179.9 | 186.7 |
| | | (16.6%) | (19.7%) | (19.8%) | (19.8%) | (19.8%) |
| 금융·보험·부동산·사업 서비스 | | 65.9 | 82.4 | 92.0 | 102.6 | 115.3 |
| | | (9.5%) | (10.8%) | (10.2%) | (11.3%) | (12.2%) |
| 정보통신 | | 14.6 | 18.3 | 33.6 | 34.3 | 41.6 |
| | | (2.1%) | (2.4%) | (3.7%) | (3.8%) | (4.4%) |
| 연구 및 기술서비스 | | 9.5 | 14.8 | 18.1 | 19.2 | 21.5 |
| | | (1.4%) | (1.9%) | (2.0%) | (2.1%) | (2.3%) |

자료: Shenzhen Statistical Yearbook, Hong Kong Census and Statistic Department

홍콩의 경우 선전과 교류협력을 하는 과정에서 제조업 취업자 수가 1981년 102.5만 명에서 2015년 11.4만 명으로 큰 폭으로 감소한 반면 금융·보험·부동산·사업서비스업 종사자가 11.7만 명에서 75.1만 명으로, 기타 서비스업이 38.2만 명에서 101.5만 명으로 크게 늘었다. 이것은 홍콩이 제조업 기능을 선전으로 이전시키고 고부가가치 서비스업을 중심으로 산업구조를 재편했다는 것을 의미한다. 산업구조의 서비스화는 개발도상국이 선진국으로 발전하면서 보편적으로 나타나는 현상이다. 홍콩은 지리적으로 가까운 선전과의 공간적 분업을 통해서 매우 효율적으로 산업구조 개편을 이루어냄으로써 시대의 변화에 맞는 경제구조를 유지할 수 있게되었다는 점에서 초국경 교류협력이 매우 유익한 결과를 가져다주었다고 할 수 있다.

이러한 경제적 측면 외에도 홍콩 시민들은 선전과 광둥지역에서 주말주택 구입, 혼인, 쇼핑, 여행 등의 일상적 활동을 하고 있어 초국경 교류협력이 시민의 삶의 선택지를 다양하게 해 주고 있는 것으로 나타난다.[5]

## 3. 접경지역 초국경 협력에 따른 공간적 변화

접경지역의 초국경 협력은 사회경제, 문화적 측면 뿐만아니라 공간적 측면에서도 적지 않은 영향을 미친다.

우선 물리적으로 국경을 통과하여 양 지역을 연결하는 철도, 도로와 관문이 구축된다. 관문을 통과하는 유동인구와 물동량이 늘어남에 따라서 관문의 주변 지역에 물류시설, 산업단지, 관광, 쇼핑, 서비스, 주택단지 등 필요한 기능들이 집적된다. 물론 정책에 따라서 관문과 바로 인접하지 않고 일정하게 거리를 두어 완충지대로서 역할을 하도록 하는 경우도 있다. 홍콩은 중국과 접경지대에 완충지대를 두고 교류기능을 배치하고 있으며, 선전은 접경과 관문지역에 바로 인접하여 관련 기능을 배치하고 있다. 미국은 국경 트윈시티를 제외한 광활한 멕시코 접경지역이 사막으로 완충지대 역할을 하고 있다. 북한과 중국은 특별한 완충지대 개념 없이 단둥-신의주, 훈춘-나진선봉 등 지안-만포 등 국경도시들이 형성되어 있다.

홍콩-선전의 경우 지도에 표시된 것처럼 최초의 도보 통관 지점 로후와 로후의 혼잡으로 신설한 푸티엔-록마차우 철도역, 화물전용인 만캄도, 서커우, 자동차 통관지점 황강 등의 국경 관문이 운영되고 있다.

5_ Hong Kong Census and Statistic Department(2017). Cross-boundary Travel Survey 2015. 이정훈 외(2019a) 재인용.

[그림 2-3] **홍콩-선전 지역과 접경지대 통관지점(CIQ)**

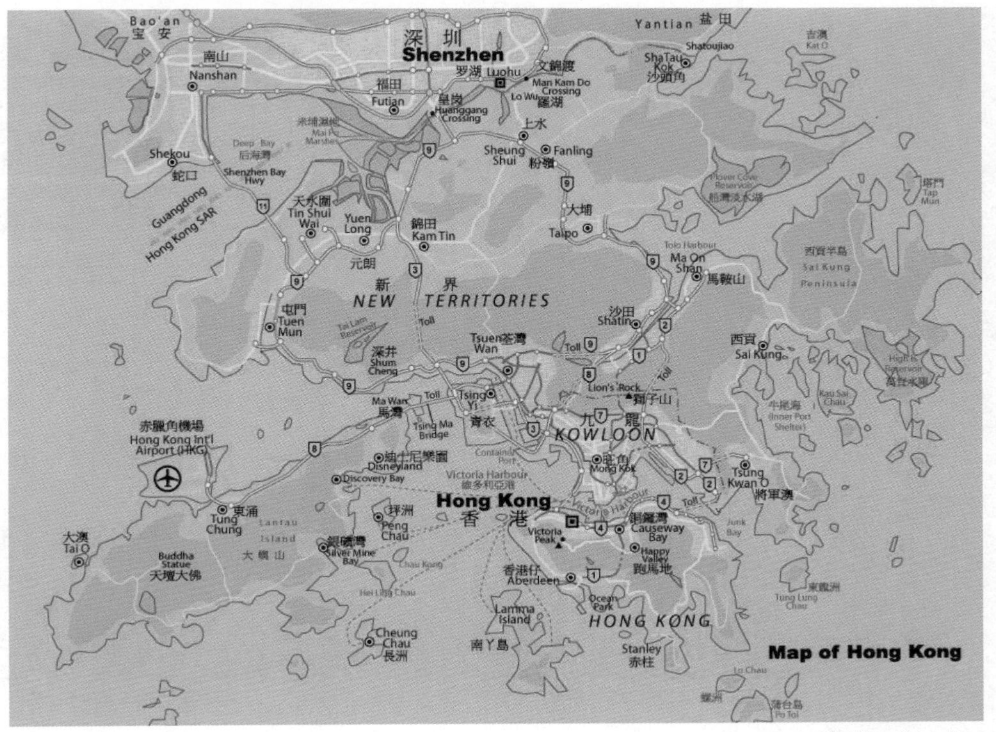


자료: Map of Hong Kong

중국 당국은 개혁개방 초기 선전을 경제특구로 지정하고 시내에 홍콩 등 해외자본 기업이 운영할 수 있는 산업단지를 조성하였다. 그러나 선전의 도시화가 진행되고 서비스업과 첨단기술산업으로의 전환이 이루어지고 있는 상황에서 선전시 내의 제조업 공장들은 선전에서 가까운 광둥성의 주요 도시로 이동하기 시작한다. 즉 개방 초기에 국경지대에 제한되었던 초국경 협력이 주변의 대도시로 확산되기 시작하는 것이다.

이는 미국과 멕시코 국경지대에서도 동일한 패턴으로 나타났다. 개방 초기에 미국과 인접한 국경지대에 국한해서 마킬라도라 투자가 이루어지던 것이 일정 시기가 지나면서 멕시코 중부권으로 확대되었다. 그것은 멕시코 정부가 국경지대뿐만 아니라 전국의 노동력을 활용할 수 있도록 수출을 위한 제조용 물자에 관세 면제 지역을 전국적으로 확대하면서 이루어졌다.

또한 미국의 경우 멕시코로부터 유입되는 물자와 사람의 흐름이 미국 전역과 캐나다에

[그림 2-4] 미국-멕시코 국경지대의 초국경 메가리전

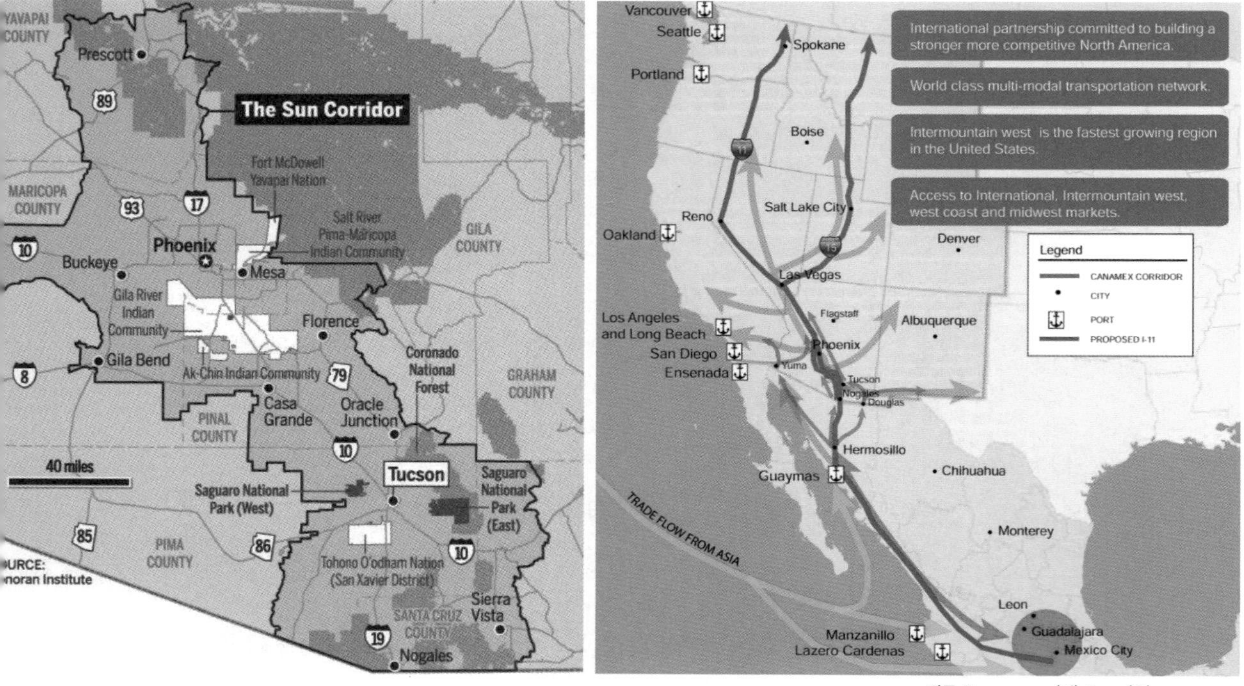


자료: Stopcanamex(좌), Tusan(우)

도 이르게 되어 거대한 지역이 하나의 지역으로 네트워킹되는 현상이 나타났다. 이것을 메가리전화라고 한다.

## 4. 북중 접경지역 초국경 협력 계획 사례

북중 접경지역의 신의주, 황금평·위화도와 나선 경제특구 계획과 추진과정을 살펴보면 아직 큰 진척을 보이고 있지는 않지만 해외투자 유치에 관한 북한의 생각을 읽을 수 있다. 나선, 신의주, 개성공단 등 북한의 국가급 5대 경제특구는 모두 북중, 남북 접경지역에 있다.

[표 2-20]에 나타낸 바와 같이 나선경제무역지대의 경우 원자재, 장비, 첨단기술, 경공업, 봉사업, 현대적 농업 등 6대 산업 육성을 계획하고 있다. 또한 지역이 갖추고 있는 항구 인프라와 접경지대의 특징을 살려 국제물류 보세구역으로 발전시키고자 한다. 신의주

국제경제지대의 경우 첨단기술산업, 무역, 관광, 금융, 보세가공 등 복합경제개발구를 지향하고 있다. 압록강 하구의 입지를 살려 유원지 등 관광유람구를 조성하고 창고 및 물류, 부두를 조성하고자 한다.

북한 당국은 나선경제특구에는 물류와 원자재, 자동차 조선 등 장비 관련 공업, 금속공업 등 중공업 중심의 전통산업과 항만물류 육성에 방점을 두었다. 반면 신의주 국제경제지대에는 첨단기술, 관광, 금융, 무역 등 소프트한 측면을 강조하고 있다. 이러한 차이는 나선과 신의주의 산업구조, 국경을 마주하고 있는 중국, 러시아 등 협력 대상지역의 입지 특성 등이 복합적으로 고려된 것으로 보인다.

북한은 접경지역의 경제특구를 통해 식품, 현대화 농업 등 북한의 내수 산업과 IT 등 첨단기술 산업, 기계, 화학 등 국가기반산업, 관광, 마이스 등 서비스 산업 투자 유치를 희망하고 있다. 이것은 북한이 특구를 통해 폐쇄 상태에서는 기술, 부품, 원재료 수급 등이 원활하지 못해 침체되어 온 전통 제조업 부문과 IT, 바이오 등 신산업 육성을 동시에 지향하고 있다는 것을 시사한다. 개성공단 입주 기업이 수출 임가공 중심의 경공업 위주였다는 점은 북한이 원하는 국가급 경제특구의 모습과는 거리가 있다. 북한의 중앙급 경제특구는 종합형의 특수경제지대를 지향한다(리명숙, 2019)라는 공통점이 있다. 이곳은 북한 개혁과 개방의 실험실이자 선도지역으로서 홍콩-선전을 모델로 하고 있다. 북한 당국이 나선경제무역지대의 입지여건으로 부각시키고 있는 요소는 접경지역이라는 특성과 중국, 러시아로 연결되는 교통로와 부동항 인프라이다. 또한 신의주 국제경제지대 투자설명서는 투자의 매력 중 하나로 국경지대로서 지리적 위치를 꼽고 있다.

즉 북한이 두 경제특구 입지의 매력으로 공통적으로 내세우고 있는 점은 국경지역으로서 대외 접근성, 도로, 철도, 교량, 항구, 공항 등 인프라이다. 이러한 여건이 제조업과 물류, 금융, 관광 등의 산업 육성에 적지라는 것을 강조하고 있다. 북한 내륙으로 연결하는 교통로가 부족하기 때문에 중국, 러시아의 국경지대에 특구를 설치한다면 단거리의 도로, 철도선 연결만으로도 특구의 운영을 할 수 있다는 점이 중요하게 고려된 것으로 보인다.

[표 2-20] 나선경제무역지대 및 신의주국제경제지대 개발계획 개요

| 항목 | 나선경제무역지대 | 신의주국제경제지대<br>/황금평·위화도 경제지대 |
|---|---|---|
| 위치, 면적, 투자규모 | • 함경북도 나선특별시<br>• 면적 : 470km²<br>• 투자규모 : 100억 달러 (약 11.3조 원) | • 평안북도 신의주시 132km²(40km²)<br>• 평안북도 신의주시 신도군<br>- 황금평 14.49km²<br>- 위화도 38km² |
| 조성 배경 및 주요 추진경과 | • 북한은 1991년에 최초의 경제특구로 '나진·선봉 자유경제무역지대'를 선포하고 대외 개방<br>• 개방한 이후 지금까지 큰 발전은 없음<br>• 2010년 1월 나선특별시로 승격시키고 「나선경제무역지대법」을 개정<br>• 2011년 북한과 중국은 협정을 맺고 '조·중 나선경제무역지대와 황금평경제지대 공동개발 총계획요강' 작성, 기본방향 설정 | • 2002년 9월 홍콩-선전특구의 장점을 결합해 신의주를 국제 항구도시이자 21세기 환경친화형 도시로 개발하기 위해 특별행정구역으로 지정<br>• 「신의주 특별행정구 기본법」(제6장 101조) 제정 |
| 육성 분야 | • 6대 산업 육성<br>- 원자재공업(원유, 화학, 야금, 건재)<br>- 장비공업(조선, 자동차, 선박수리)<br>- 첨단기술산업(컴퓨터, 통신, 전기전자)<br>- 경공업(농식품, 일용품, 피복)<br>- 봉사업(물류, 관광)<br>- 현대적 고효율 농업(새품종, 새장비 도입)<br>• 4개 지역에 배치<br>- 나진: 첨단기술, 장비제조, 창고보관, 물류, 피복, 식료가공 등 4대 공업단지 건설<br>- 선봉: 장비제조, 원자재공업, 방직, 농수산물 가공<br>- 웅상지역: 목재가공단지<br>- 굴포지역: 고효율농업 | • 신의주<br>- 첨단기술산업, 무역, 관광, 금융, 보세가공 등을 결합한 복합경제개발구<br>• 황금평·위화도<br>- 정보산업, 경공업, 농업, 상업, 관광업 |
| 주요 도입기능 및 인프라 | • 동아시아의 선진제조업기지, 물류중심, 관광중심<br>• 중계무역, 수출가공, 금융, 봉사 등 4대 기둥 중심 연해산업지대<br>• 전력, 급수, 정보통신 등 기초인프라 추진<br>• 훈춘-원정-나진 고속도로 추진, 원정교 완공(2012), 중국 권하-나진 철도 신설 추진<br>• 공항: 청진 심해리에 민용비행장 신설<br>• 나진항 부두 확장(1선석 → 4선석)<br>• 선봉항: 2000만 톤 공업항<br>• 웅상항: 500만 톤 목재, 석탄 전용항<br>• 전력: 단기 - 석탄발전소 건설<br>중장기 - 풍력, 태양열 발전 연구 | • 금융, 상업, 호텔, 체육, 건강문화오락, 관광, 보건, 교육, 창고 및 물류, 부두<br>• 압록강지역에 유원지 등 관광유람구 조성<br>• 국제비행장, 국제항구, 도로망, 철도망 신규 건설<br>• 최신정보기술산업구, 경쟁력 있는 생산산업구, 물류구역, 무역 및 금융구역, 공공봉사구역, 관광구역, 보세항구가 배치되는 종합 경제구, 국제도시 |

자료: 조중공동지도위원회 계획분과위원회(2011), KDB미래전략연구소(2015) 60-62 재인용, 조선민주주의인민공화국·외국문출판사(2018)

[그림 2-5] 북중 접경지역의 나선 경제무역지대 및 신의주 국제경제지대

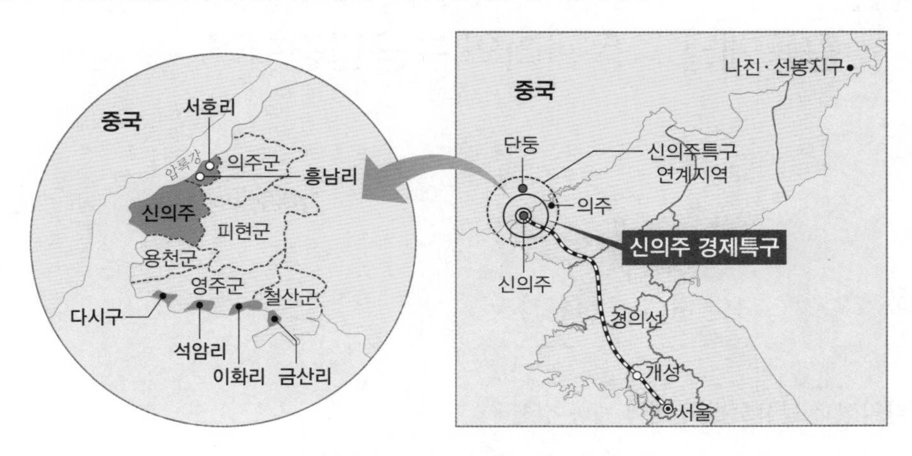


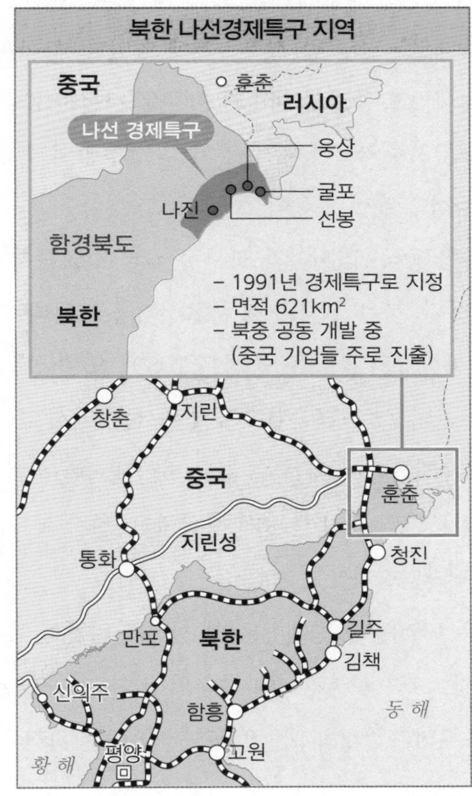


자료: 동아일보(2002.9.19.), 연합뉴스(2013.6.7.).

## 제3절
# 공동개발 공동관리의 북중접경협력

**강태호**(르몽드 디플로마티크 편집장)

## 1. 북중접경협력의 시대별 변천과정

### 1) 김일성과 덩샤오핑의 개혁 개방 정책

역사적으로 북중러의 이른바 북방 3각관계는 사회주의체제라는 이념적 대의 속에 묶여 있었지만 경쟁과 견제, 때로는 심각한 갈등관계에 있었다. 북한은 중러가 이념분쟁과 갈등을 보일 때 주체를 내세웠고 중소의 대립과 갈등을 적절히 활용하기도 했다. 외교의 영역에서 보면 예컨대 독립 자주외교를 내세워 어느 한쪽에 서지 않은 채 중러의 틈바구니에서 양쪽으로부터 경쟁적으로 협력을 이끌어 내기도 했다.

그러나 1990년대 초반 중국, 러시아가 모두 한국과 수교를 하는 과정에서 북중, 북러 간 균열이 생기기 시작했다. 북은 고립된 채 홀로서기를 모색해야 했다. 중러의 갈등이 크지 않은데다 러시아는 공산당의 몰락을, 중국은 1989년의 천안문 사건으로 모두 내부 문제에 직면했다. 북은 남한의 소련과의 수교에 대해서는 '배신'이라며 크게 반감을 표출했으나, 중국과는 협력을 유지하면서 어쩔 수 없는 현실에 적응하며 변화를 모색했다. 이 시기 북한이 취한 미국, 일본과의 과감한 관계 정상화, 나진 선봉자유무역지대 선포와 같은 개혁 개방조처는 이를 뒷받침한다.

중국의 개혁개방은 1978년 홍콩에 인접한 선전을 비롯해, 주하이, 산터우, 샤먼 등 4대 경제특구로 시작됐다. 그러나 본격적인 중국의 변화는 1992년 1월 당시 최고 실권자 덩샤오핑의 남순강화로부터다.[6] 개혁 개방의 확대심화라는 관점에서 본다면, 중국이 1992

6_ 덩샤오핑이 1992년 1월 18일부터 2월 22일까지 1978년부터 개혁 개방을 추진했던 '우한(武漢), 선전(深圳), 주하이(珠海), 상하이(上海) 등 남부지역을 둘러보며(南巡)' '중요한 담화를 발표(講話)'한 것을 말한다. 그의 담화 가운데 "자본주의에도 계획이 있고 사회주의에도 시장이 있다"는 말은 유명하다. 1989년 텐안먼 사건과 1991년 말 소련의 붕괴로 인해 자본주의의 위협, 시장 자유화에 대한 보수파의 반발이 거세지는 가운데 덩샤오핑은 오히려 개혁개방의 가속을 강조하며 사영기업 육성, 400여 가지의 규제완화 등 경제 개혁과 개방정책을 밀어붙였다.

년 한중 수교라든가, 1국 2체제론 등으로 대만과의 적극적 협력을 추진한 것은 이런 개혁 개방을 위한 동력과 그에 필요한 외적환경을 확보하기 위한 조처였다고 할 수 있을 것이다.

북한도 이때부터 새로운 변화를 모색했다. 1991년 10월 김일성 주석은 중국을 방문해 덩샤오핑과 비공식 회담을 했다. 두 원로 지도자는 소련 및 동유럽 사회주의 국가의 붕괴를 예견[7]하면서 그 어느 때보다 개혁 개방과 대외관계 개선을 위한 과감한 정책을 펼쳤다. 그런 점에서 본다면 중국이 덩샤오핑의 남순강화로 개혁 개방의 심화로 나선 1991~1992년 초의 시점에 북한도 같은 방향을 갔다고 할 수 있다. 이 시기 북이 보여 준 남북 기본합의서 체결 및 한반도 비핵화공동선언, 국제사회가 요구해 온 국제원자력기구의 핵안전조처 협정 가입과 핵사찰 수용(1991년 12월), 김용순 노동당 비서와 아놀드 캔터 미 국무차관과의 북미 첫고위급 회담(1992년 1월)과 같은 북미 관계 개선 등 대외관계 개선을 위한 파격적 조처와 1991년 12월 나진·선봉 경제특구 설치 등의 개혁 개방 정책은 이를 뒷받침한다. 그러나 개혁개방 정책은 1993년부터 본격화한 1차 핵위기에 흔들렸고 1994년 7월 첫 남북정상회담을 앞둔 김일성의 사망으로 인한 유훈통치와 연이어 불어닥친 엄청난 자연재해에 대응한 '고난의 행군' 속에 실종되고 말았다.

### 2) 2010년 8월 창춘에서 시작된 북중 접경협력의 새로운 단계

2002년 김정일 위원장은 2000년 역사적인 남북정상회담을 계기로 김일성 주석이 1991년에 취했던 초기의 나진-선봉 자유무역지대 설치와 같은 제한되고 실험적인 특구식 개방에서 경의선 동해선 연결을 바탕으로 한 신의주, 개성, 금강산 특구 설치와 같은 개방의 확대와 7·1 경제관리개선 조처와 같은 내부적 개혁을 추진했다.

그러나 이는 또 다시 2002년 말 2차 핵위기의 격랑 속에서 좌초하고 말았다.

---

7_ 당시 외교부 관리였던 우젠민(吳建民) 전 중국 외교학원 원장은 1989년 천안문 사건을 마무리한 덩샤오핑이 그해 초부터 일절 외빈을 만나지 않는다는 방침이었으나 1991년 10월 김일성 주석이 친구이자 동지로서 만남을 요청했고 덩이 수락했으며, 10월 5일 그가 마지막 만난 비공개 외빈이 김일성이었다고 전했다. 당시 덩샤오핑은 김일성에게 개혁 개방을 권유한 것으로 전해지고 있으나, 이 두 사람이 나눈 대화 가운데 김 주석이 건넨 '광장의 붉은 기는 언제까지 나부낄 것인가'라는 말은 두 사람이 인식을 공유하고 있었다는 걸 보여 준다. 여기서 광장은 모스크바를, 붉은 기는 공산당을 상징한다. 두 사람이 만나기 두 달 전인 1991년 8월 모스크바의 보수파 쿠데타가 실패하자 두 지도자는 소련의 몰락은 이제 시간 문제인 것으로 봤다. 사회주의 건설에 일생을 투신한 두 지도자가 그 뒤 보여 준 행보는 생의 마지막 시점에서 이제 적극적인 변화가 불가피하다는 것이었다(홍콩 봉황TV, 2013.5.8., "우젠민 원장 대담 프로그램". 연합뉴스, 2004.10.12., "김일성-덩샤오핑 최후의 만남 뒷얘기").

그 뒤 북중 협력의 새로운 변화는 2010년 8월 창춘에서 열린 북중 정상회담에서 나타났다. 이 정상회담은 베이징이 아닌 지린성의 성도인 창춘이라는 곳에서 열렸다는 점에서도 그렇지만, 김정일 위원장이 2008년 뇌졸중으로 쓰러지고 1년여 기간 동안 몸을 추스린 다음 후계체제의 구축과 북한의 미래를 위한 새로운 북중 협력을 추진하는 자리였다는 점에서 특별하다. 이 정상회담에서 두 정상이 합의한 것은 '공동개발 공동운영' 방식의 특구 모델에 입각한 접경협력이었다. 2010년 8월 26일부터 5일간 진행된 김정일의 중국 방문 행로(行路)는 지린(吉林)－창춘(長春)－투먼(圖們)으로 이어졌다. 창춘은 창춘－지린－투먼의 일체화 사업인 이른바 창지투 개발 개방 선도구 사업의 중심이었다. 이는 2010년 5월에 방중한 뒤 불과 3개월 만에 이루어진 것이라는 점에서도 파격이었다.

8월 27일 창춘시 난후(南湖)호텔에서 열린 김정일 조선노동당 총비서 겸 국방위원장은 후진타오(胡錦濤) 중국 국가주석 겸 중국공산당 총서기 회담에서 자신의 이번 방문에 관해 이렇게 말했다.

"중국의 동북(東北)지역은 조·중(朝·中) 우의의 발원지이다.[8] 이번 방문을 통해 우리는 또다시 두 나라 선배 혁명가들이 쌓아올린 전통적인 우의가 귀중한 것이라는 점을 깨달았다. 앞으로 각 부문 간의 협력과 함께 변경(邊境) 지방 간의 우호와 교류협력을 강화해 조·중 간의 전통적인 우의를 부단히 발전시켜 나갈 것이다."

또 김 위원장은 당시 이동 경로에 동행한 지린성과 헤이룽장성의 책임자들에게 "동북지역은 중국과 조선 땅이 맞닿아 있는 곳이고, 산천의 모습이 비슷하며, 공업 구조도 비슷하니, 앞으로 조선이 동북 지역과 교류협력하기 위해 중국 측의 경험을 열심히 연구해야겠다"고 말했다.

이 회담에서 후진타오 주석은 다음과 같이 발언을 한 것으로 요약되고 있다. "경제건설에서의 협력을 긴밀히 하자. 사회주의 현대화와 민생개선 노력에 끊임없어야 한다. 중국은 개혁개방 30년이 하나의 기본 경험이다. 이로써 오로지 자력갱생하였고 외국의 협조

---

8_ 김정일 위원장이 말한 "중국의 동북지방은 조·중 우의의 발원지"라는 말은 1930~1940년대에 중국 동북 지방에 구성돼 있던 동북항일연군(東北抗日聯軍)의 지휘관이던 저우바오중(周保中)의 소수민족 연대공작의 일환으로 김일성이 포섭돼 이 지역에서 조선인 청년 몇 명과 함께 활동했던 것을 가리킨다. 저우바오중은 홍군의 최고지휘관이던 마오쩌둥(毛澤東)의 지휘를 받던 군인으로, 당시 동북지방에서 활동하던 상황을 기록한 '동북항일연군 일지(日誌)'라는 귀중한 기록을 남겼으며, 이 일지에 김일성과 김책이 처음으로 등장한다.

[그림 2-6] 2010년 8월 김정일의 4박 5일 방중 행로

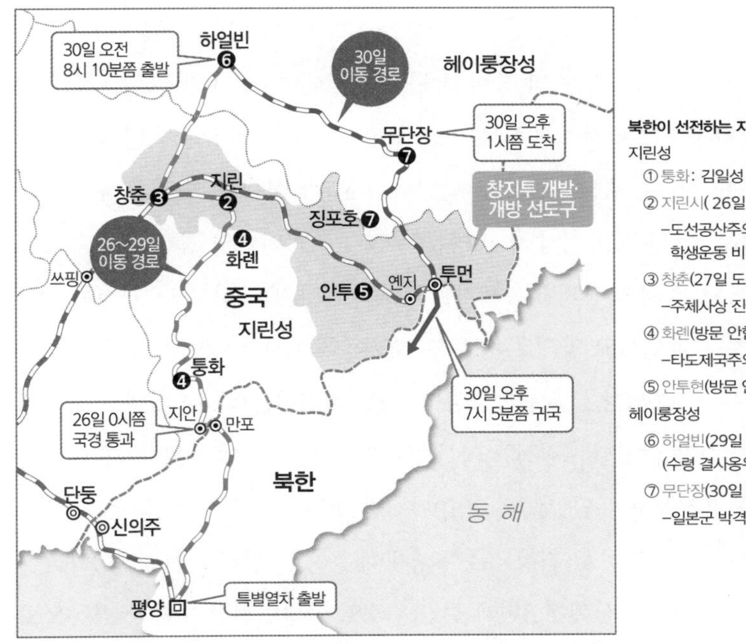


북한이 선전하는 지린성·헤이룽장성의 김일성 유적지

지린성
- ① 통화: 김일성 유격대 첫 원정지
- ② 지린시( 26일 도착): 위원중
  –도선공산주의청년동맹 결성(청년절)–베이산 공원–학생운동 비밀회합 장소
- ③ 창춘(27일 도착): 시 인근 카룬 마을(방문 안함)
  –주체사상 진원지
- ④ 화렌(방문 안함): 화성의숙
  –타도제국주의 동맹 결성
- ⑤ 안투현(방문 안함): 반일인민유격대 창건(건군절)

헤이룽장성
- ⑥ 하얼빈(29일 방문): 김일성의 동지 김혁 자실 시도 (수령 결사옹위 성지)
- ⑦ 무단장(30일 방문) 근처 징포호
  –일본군 박격포 빼앗아 대승

자료: 조선일보(2010.8.31)

없이는 경제발전을 할수 없는데 이는 시대의 흐름이니 빨리 국가발전의 길을 모색해야 한다. 중국은 북한을 존중하며 북한의 안정성 유지와 경제발전, 민생개선의 대책마련 등을 지원하겠다."

김정일 위원장은 이 '창춘 정상회담'을 계기로 중국의 동북3성 가운데 지린성이 야심차게 추진하고 있던 개혁 개방프로그램인 창지투 프로젝트에 힘을 실어 줌으로써 북중 경협을 통한 새로운 변화의 길을 택했다.

### 3) 북중 경협의 새로운 협력모델 –'공동개발, 공동관리'

홍콩에서 발행되는 〈아주주간(亞州週刊)〉은 이 창춘에서 열린 북중 정상회담에서 "창지투 프로젝트, 나진·청진항 개방, 북·중·러 운수협력, 중국 12차 경제개발 5개년 계획과의 연계 방안 등 북한의 경제 개방의 청사진이 확정됐다"고 말했다.[9] 그리고 김정일 위원

9_ 중앙일보, 2010.9.6., "김정일, '중국 개혁·개방 경험 배우겠다'" 재인용.

장은 1년도 채 안돼 2011년 5월 다시 베이징을 찾았으며, 북중은 나진선봉 특구와 황금평 위화도 특구 공동개발을 위한 착공식을 열었다. 그러나 불과 7개월 뒤인 12월 17일 김 위원장이 돌연 사망했으니 이는 그의 마지막 중국 방문이었던 셈이다. 이 2011년 5월의 중국 방문에서 그는 이틀 밤을 특별열차에서 보내며 2000여 km를 달려 장쑤성 양저우를 찾아 1991년 10월 아버지가 갔던 여정을 그대로 밟았다. 이뿐만 아니라, 공교롭게도 이는 두 사람 다 20년을 사이에 둔 생의 마지막 중국 방문이 됐다.[10] 1991년의 경우 79세의 고령으로 중국을 찾았던 김일성은 당시 장쩌민 총서기를 후계자로 내세운 덩샤오핑과 베이징에서 만나 '대를 잇는 친선'을 다짐했고 양저우 방문은 그곳이 후계자 장쩌민의 고향으로 장 총서기를 직접 만나기 위한 것이었다.[11] 그는 방중 뒤인 12월 김정일을 최고사령관으로 추대해 후계체제의 마무리 수순을 밟았다.[12] 김정일 역시 2008년 여름 뇌졸중으로 쓰러진 뒤 김정은으로의 후계체제를 본격화하고 있었으며, 2010년 8월 창춘에서의 북중 정상회담에서 이미 내부적으로 후계자로 지명된 아들 김정은을 동행해 대를 잇는 친선을 다짐했었다.[13]

2010년 5월~2011년 5월의 1년 사이에 3번에 걸친 김정일 국방위원장의 중국 방문으로 북한은 독자적인 특구 계획(1991년 나진 자유무역경제지대, 2002년 신의주 특구 등)과는 다른 차

10_ 김일성은 1991년 10월 중국 방문(마지막 방문으로 덩샤오핑을 만남)을 마치고 온 뒤인 10월 16일 정치국 회의를 열어 '중국적 특성에 맞는 사회주의의 변형·발전을 높이 평가'하는 성명을 발표하고, 12월 나진-선봉을 자유무역지대로 선포했으며, 이에 앞서 1990년 10월 당시 연형묵 정무원 총리로 하여금 중국의 경제특구인 선전, 주하이, 톈진, 광저우등을 시찰하도록 했다. 이 나진·선봉 경제특구 개발계획은 나진·선봉지대를 2010년까지 중계무역, 수출가공, 관광 및 금융중개 등 기능을 종합적으로 수행하는 국제 교류의 거점으로 육성한다는 게 목표였다.

11_ 1991년 10월 김일성은 양저우에서 장 총서기의 영접을 받았으며, 서우시후(瘦西湖) 유람과 문화유적 산업시설 등을 둘러봤다. 장 총서기는 김 주석에게 오찬을 베풀었다. 또 이 김 주석의 양저우 일정에는 당시 공산당 판공청 주임이었으며, 2009년 총리로 북한을 방문해 김정일 위원장과의 회담에서 대대적인 북중 경협 방침에 합의했던 원자바오가 내내 수행했다. 중앙일보, 2011.5.24., "20년 전 김일성·장쩌민 회동처럼 남북 대화 분수령 될까".

12_ 김정일 위원장은 아버지 김일성이 중국 방문 뒤 정치국 회의를 열어 중국식 개혁을 높이 평가하고 나진 선봉 등의 개혁 개방조처를 취했듯이 20년 뒤 중국 방문에서 똑같은 여정을 마치고 귀국한 뒤인 2011년 6월 6일 정치국 확대 회의를 열어 황금평 위화도를 경제특구로 지정하는 등 개혁 개방조처를 결정했다. 노동당 정치국 확대 회의가 열린 것은 30여 년 만에 처음이었다.

13_ 김정은은 내부적으로 2009년 1월 후계자로 내정된 이래 2010년 9월 27일 인민군 대장으로 군사칭호를 받았으며, 이 사실을 9월 30일 〈노동신문〉 1면에 사진과 함께 보도함으로써 후계구도 절차를 공식화하였다. 이는 창춘 북중 정상회담 한 달여 뒤였다는 점에서 과거 1991년 10월 김일성 주석이 중국 방문 뒤 그해 12월(노동당 6기 19차 전원회의) 김정일을 최고사령관에 추대하면서 후계구도를 마무리한 것과 비슷한 궤적을 보였다. 이후 1984년생으로 20대 후반이었던 김정은은 2011년 12월 17일 전혀 예기치 못했던 김정일 사망과 장례식 직후인 2011년 12월 30일 군 최고사령관에 임명되고, 2012년 4월 11일 당 대표자회에서 제1비서, 그리고 4월 13일에 국방위원회 제1위원장직에 추대됨으로써 초고속으로 공식적인 권력승계를 마무리하였다.

원에서 중국과의 접경 협력을 강화하는 발전 전략으로 선회했다.[14]

북중 협력 모델의 특질을 보여주는 것이 2010년 12월 체결된 나선·황금평 경제지대 공동개발·공동관리 협정이었다. 그 실행 계획 요강은 2011년 작성됐다. 이에 바탕해 김 위원장의 마지막 중국 방문 뒤인 2011년 6월 8~9일 황금평에 이어 '나선 경제지대 조·중 공동개발 및 공동관리 대상 착공식'으로 이어졌다.

무엇보다도 이 '공동개발, 공동관리'의 새로운 협력모델은 단순히 접경지역에서의 협력만이 아니라 북중관계 전반의 성격 변화를 반영하는 것이다. 그런 점에서 2010년 8월 창춘 정상회담에서 당시 후진타오 국가주석이 내놓은 '정부주도·기업위주·시장운작(運作 운영)·상호공영'의 새로운 '16자 원칙'은 시대의 변화에 대응하는 새로운 북중 경제협력 관계에 대한 기본 원칙을 담은 것이다. 이는 과거 북중 두 나라 '친선'의 특수관계를 대변해 온 '전통계승, 미래지향, 선린우호, 협조강화'의 다분히 원론적이고 추상적인 16자 방침과는 근본적으로 다른 것이다.

특히 여기서 중요한 것은 시장원리에 입각한 정부와 기업의 역할 분담이었다. 즉 두 나라 정부 간 협조 지도 체계와 공동 관리 체계, 개발경영 체계를 바탕으로 기업들이 시장경제 원칙에 따라 공동 번영에 나서도록 한다는 것이다. '정부주도의 공동개발 공동관리, 기업중심의 시장중시, 그리고 공동번영의' 3원칙에 입각한 북중협력 시대의 개막이다(우영자, 2011).[15]

'공동개발, 공동관리'를 위해 중앙정부 차원에서는 개발협력 연합지도위원회(중국 천더밍 상무부 부장, 북한 장성택 국방위원회 부위원장 겸 조선노동당 행정부장)가, 지방정부 차원에서는 나선특구의 경우 지린성과 나선특별시간 관리위원회가 설립됐다.[16]

---

14_ 중국 학자 우영자는 지정학적으로 랴오닝성과 지린성은 북한과 접하고 있어 이 두 성의 경제개발전략은 북한과 밀접한 관계가 있다면서, 중국 동북지역의 전면적 발전을 위해서는 북한과의 경제협력이 필수적이라고 분석하고 있다. 정은이 앞의 글, p76.

15_ 우영자는 2010년 8월 후진타오 주석이 창춘 정상회담에서 제기한 "정부가 주도하고 기업을 위주로 시장원리에 따라 공동의 이익을 추구"하는 중북 경협의 새로운 방침에 김정일 위원장이 동의했으며 이 중북 경제관계의 새로운 방침의 확립은 중·북 경협이 기존의 전통방식에서 벗어나 공동발전의 새로운 시대에 들어섰음을 의미한다고 평가했다.

16_ 북중의 1차 '개발합작 연합지도위원회(경제공동위)' 회의는 2010년 10월 평양에서 열렸다. 이를 바탕으로 북중은 2010년 12월 나선·황금평경제지대 공동개발·공동관리 협정 체결을 체결했다. 3차 회의는 2011년 12월 김정일 위원장의 급작스런 죽음 뒤 8개월여 만인 2012년 8월 장성택 노동당 행정부장이 경제공동위(개발합작연합지도위원회) 북쪽 위원장으로 중국을 방문해 천더밍(陳德銘) 중국 상무부장과 8월 14일 황금평과 위화도, 나선지구 공동 개발을 위해 진전된 합의안을 내놨다. 중국 〈중앙 TV〉가 보도한 이 발표문 요지를 보면 "양국 정부와 기업의 공동 노력으로 두 개의 경제지구 개발 협력이 눈에 띄는 성과를 가져와 이미 실질적 개발 단계에 접어들었다"고 평가한 뒤 나선지구 관리위원회와 황금평·위화도지구 관리위원

그리하여 이제 '2개 경제지구(나선시, 황금평)'를 중심으로 한 개발 협력은 지방 간 경제 무역협력 체제가 구축되는 형태로 진행됐다. 이에 발맞춰 압록강 두만강에 면해 있는 북중 간 국경지역의 15개 통상구의 협력이 확대됐으며, 이를 이어주는 교량 도로 건설도 본격화했다고 할 수 있다.

이런 공통된 인식을 바탕으로 북중은 랴오닝성의 랴오닝 연해경제벨트와 연계된 황금평 위화도 그리고 지린성의 창지투 개발개방 선도구와 연계된 나진·선봉 지역특구의 공동 개발 공동관리의 발전 전략으로 나아갔다. 그 첫걸음이 2010년 12월 착공한 신압록강 대교를 통한 단둥과 신의주를 연계한 6월 8일의 황금평 위화도 경제지대 착공식[17]이었으며, 다음날인 6월 9일 나선에서 열린 훈춘-나진까지의 도로 보수공사 착공식이었다. 이 황금평·위화도 착공식에서 연설자들은 "두 나라가 공동 개발하고 공동으로 관리하는 황금평, 위화도 경제지대가 조중 친선의 새로운 상징으로 건설돼 두 나라의 더 큰 번영과 인민들의 행복을 마련하는 데 이바지하게 될 것"이라고 강조했다. 이 도로공사와 황금평 위화도 착공식은 김 위원장의 중국 방문이 마무리된 지 12여 일 만에 이뤄진 것이었다. 또한 이를 뒷받침하기 위해 북한은 김 위원장의 방중 직후인 6월 6일 노동당 정치국 확대회의를 열고 방중 결과를 보고·평가했으며, 이에 바탕해 최고인민회의 상임위원회는 같은 날 정령을 통해 압록강 하구에 있는 황금평과 위화도를 특구로 지정해 개발한다고 발표했다.

나선 착공식에서는 북중 양국이 적극 협력해 전력문제를 시급히 해결하고 나진항 현대화와 함께 북중 공동개발 1차 대상으로 설정한 나진항-원정리 도로 보수 이외에 아태 나선 시멘트공장, 나선시-지린성 고효율 농업시범구의 착공식이 열렸으며, 나진항을 통한 중국의 국내화물수송 출항식과 승용차를 이용한 관광 시작행사도 있었다.

그러나 앞서 2000~2002년 북중, 남북, 북일, 북러와의 관계 개선과 협력을 배경으로

---

회 설립을 선포했으며, 관리위원회 설립을 위한 협정과 경제기술협력 협의에 서명했다. 이 밖에 농업협력·나선 전기 공급·공단건설 등에 대한 협의에도 서명한 것으로 돼 있다. 또한 "쌍방은 경제지구 안의 기초시설 건설의 속도를 높이고 더욱 많은 기업이 투자할 수 있게 함으로써 향후 두 개의 경제지구를 북중 무역 시범구역, 나아가 세계 각국이 경협을 할 수 있는 플랫폼이 되게 한다"고 밝히고 있다. 연합뉴스, 2012.8.14., "2012년 8월 장성택-천더밍 합의, 나선·황금평 개발 북중 합의 주요내용".

17_ 이 행사에는 북한의 장성택 노동당 행정부장과 중국의 천더밍(陳德銘) 상무부장 등 북중 인사 200여 명이 참석해 성황을 이뤘다. 북한 〈중앙통신〉에 따르면 두 착공식에는 북쪽에서 장성택 국방위원회 부위원장과 리수용 합영투자위원회 위원장, 리만건 평안북도 책임비서, 림경만 나선시 책임비서, 최종건 평북도 인민위원장, 조정호 나선시 인민위원장 등이 참석했다. 중국쪽에서는 천더밍(陳德銘) 상무부장과 왕민(王岷) 랴오닝성 당서기, 쑨정차이(孫政才) 지린성 당서기, 류훙차이(劉洪才) 북한주재 중국대사, 천정가오(陳政高) 랴오닝성장 등 핵심 인사들이 망라됐다.

[표 2-21] **북중 접경지역 개발 현황**

<table>
<tr><th></th><th>중국</th><th>북한</th></tr>
<tr><td>개발 의도</td><td>낙후된 동북3성 진흥<br>동해 출로권 확보</td><td>접경지역 중심 경제특구 지정으로<br>외자유치를 통한 경제 회생 모색</td></tr>
<tr><td>집중 개발</td><td>접경지역 인프라 개발에 집중</td><td>신의주, 나선 등 기존 특구 활성화에 집중</td></tr>
<tr><td rowspan="2">압록강 유역</td><td>• 2009.7. 랴오닝연해경제발전계획<br>• 해경제벨트 개발계획(2009~2020)<br>• 동변도 철도 건설계획(2006~2020)</td><td>• 2002.9. 신의주특별행정구</td></tr>
<tr><td colspan="2">• 신압록강대교 건설 추진(2010.12.31. 착공)<br>• 압록강 유역 발전소 건설 사업 추진(2010.3.31. 착공)<br>• 황금평·위화도 개발 착공식 거행 (2011.6.8)</td></tr>
<tr><td rowspan="2">두만강 유역</td><td>• 2009.8. 창지투 개발계획</td><td>• 1991.12. 나진선봉자유경제무역지대</td></tr>
<tr><td colspan="2">• 나진항 개보수 및 독점사용권 합의(2009.10)<br>• 두만강대교 보수(2010.6.1) 및 나선-훈춘 간 도로 착공(2011.6)<br>• 노후 철도 및 고속도로 보수(진행 중)<br>• 북중 나선 경제무역지대 공동개발 총계획 요강 마련(2011.5)</td></tr>
</table>

자료: 홍순직(2011)

추진됐던 신의주 특별행정구, 7·1경제 관리개선조처 등 개혁 개방 조처들이 2차 핵위기로 좌초했다면, 2010~2011년 김정일 위원장이 추진했던 새로운 단계의 북중 경협 모델은 김 위원장의 사망에 따른 북한 내 권력의 공백 가능성과 북미, 남북 협상의 불확실성 등으로 좌초의 위기에 직면했다고 할 수 있을 것이다. 무엇보다도 이번에는 김정은 당시 제1비서가 2013년 12월 북중 경제공동위(경제구 개발 합작 연합지도위원회)의 북쪽 위원장인 장성택 행정부장을 처형하는 사태가 발생했다.[18] 이는 북중 접경협력의 관점에서 본다면 2002년 신의주 특구 추진에 대해 중국이 양빈 신의주 특별행정구 장관을 구속함으로써 타격을 가했던 것에 버금가는 악재라 할 수 있었다.

18_ 장성택 처형 사태는 장성택을 창구로 삼아 온 중국의 영향력 저하는 물론이고 북중 경협에도 심각한 영향을 끼치는 것으로 분석됐다. 1기 오바마 미 행정부에서 백악관 국가안보회의(NSC) 대량살상무기(WMD) 조정관을 역임한 북한 전문가 게리 세이모어는 2013년 12월 11일 전략국제문제연구소 세미나에서 "중국으로서는 북한 지도층 내에서 유일하게 믿을 만한 인물이 돌연 제거된 것이어서 매우 불쾌할 것"이라고 관측했다. 실제로 북이 장성택을 처형하면서 나온 판결문에는 장성택이 주도했던 중국과의 경협을 문제 삼았다. '석탄 등 지하자원을 팔아먹었다'라든가 '나선(나진·선봉) 경제무역지대의 토지를 50년 기한으로 외국에 팔아먹는 매국(賣國) 행위' 등을 범죄행위로 지목하는 대목들이 나온다.

### 4) 2013년 장성택 처형과 김정은의 핵무력 경제건설의 '병진 노선'

2013년 2월 3차 핵실험에서 시작해 12월 장성택 처형 등으로 인해 2015년 하반기까지 북중관계는 심각한 긴장과 갈등을 보였다. 이런 흐름은 2016년 5월 말 리수용 국무위(외교담당) 부위원장이 이끄는 북한 대표단의 방중을 계기로 반전됐으며, 이후 뚜렷한 관계 복원과 협력강화의 흐름을 보였다고 할 수 있다.

이 시기 김정일 사후 불과 1년여 만에 당 제1비서로서 후계자의 지위에 올라선 김정은은 2013년 3월 31일 노동당 중앙위 전원회의를 통해서 국가전략 차원의 중요한 결정을 내렸다. 이른바 경제 건설 및 핵무력 강화의 '병진 노선'이라는 기본 방침이다. 3차 핵실험과 함께 나온 이 '병진 노선'에 대해서는 핵무력 강화만이 두드러지고 그로 인한 경제 협력은 사실상 불가능하다는 인식으로 인해 경제협력을 위한 조처들은 무시된 측면이 있다. 그러나 김정은 지도부는 경제개발구 법을 포함해 시장경제의 확대 등 개혁 조처를 취함으로써 김정일 위원장이 추진했던 특구를 통한 개방과 내부적 시장경제의 확대를 위한 개혁 정책을 더욱 확대하겠다는 방침 또한 분명히 보여 줬다(쉬밍치, 2017).[19]

실제로 김정일 위원장의 사망 이후에도 북한의 개혁 개방을 위한 법적·제도적 정비는 계속됐다. 김정일 국방위원장은 사망(2011년 12월 17일)을 불과 20여 일 앞두고 11월 29일에 최고인민회의 상임위원회 정령 제1191~1195호를 통해 「외국인투자법」, 「합영법」, 「합작법」, 「외국인기업법」, 「토지임대법」을 수정했으며, 12월 3일에는 「나선경제무역지대법」과 「황금평·위화도 경제지대법」을 고쳤다. 또한 김정일 사망 직후인 12월 21일에는 「외국투자은행법」, 「외국투자기업 및 외국인 세금법」, 「외국투자기업노동법」, 「외국투자기업 파산법」 등 외국인 투자와 관련된 법령 7개를 정비했다.

김정은 제1비서는 이런 흐름의 연장선에서 2013년 3월 당 중앙위 전원회의에서 채택한 병진 노선에 입각해 5월에는 「경제개발구법」을 제정하고 이어 2013년 10월에는 이 경

19_ 중국 역시 1980년 중국 제5기 전국인민대표대회 상임위 15차 회의에서 처음으로 선전 등 4대 경제특구를 설치한 뒤 이 특구의 성공을 토대로 경제기술개발구, 고신(첨단)기술개발구, 금융무역구, 수출가공구, 보세구 등 특수 기능을 지닌 다양한 대외개방 지역과 경제발전 지역을 설치해 나갔다. 경제기술개발구는 1984년 다롄, 톈진 등 14개 연해 항구도시를 개방하고 이곳에 설치했다. 또한 첨단기술 금융무역 수출가공 등 특수 기능을 부여한 개발구는 다른 지역에 비해 특정 기능 혹은 영역에서 대외개방 정도가 상대적으로 높도록 했다. 또한 2013년 9월 29일에는 국무원의 승인을 받아 중국 대륙 내에 최초의 자유무역시범구인 중국 상하이 자유무역시범구를 지정함으로써 개혁 개방을 더욱 심화시키는 조처를 취했다. 김정은의 경제개발구 설치는 이런 중국식 개혁 개방 모델을 따라가고 있는 셈이다.

[그림 2-7] **북한 경제개발구·특구 지정현황**(2013-2017년)

자료: 매일경제(2018.5.14.)

제 개발구를 규모와 위치에 따라 중앙급 경제특구와 지방급 경제개발구로 이원화해 확대하면서 "국가 경제개발총국을 국가경제개발위원회로 변경"하는 내용의 최고인민회의 상임위원회 정령을 발표했다(2013년 5월 29일 재정된 북한 최고인민회의 상임위원회가 2013년 5월 29일 제정한 「경제개발구법」은 총 7장 62조, 부칙 2조로 구성). 또한 경제특구(개발구) 개발을 위한 민간단체인 조선경제개발협회를 출범시켰다.[20] 경제개발구의 경우 기존의 경제특구와 달리 지역을 특정하지 않고 중앙 또는 지방정부가 필요에 따라 지역을 정하여 경제 '특구'를 창설한다는 점에서 경제특구의 전국적 확산이었다고 할 수 있다.[21] 또한 경제개발구를 유형별로 공업개발구, 농업개발구, 관광개발구, 수출가공구, 첨단기술개발구 등을 제시했으며, 북은 이 「경제개발구법」을 채택한 이후 2018년 5월 말까지 22개의 경제개발구를 지

20_ 이는 김정일 위원장 당시인 2010년 북중 경협의 본격화를 앞두고 1월에 대풍국제투자그룹, 국가개발은행을 차례로 설립하고, 같은 해 7월 '합영투자지도국'을 '합영투자위원회'로 개편했으며, 12월에는 '국가자원개발지도국'을 '국가자원개발성'으로 승격시킨 일련의 대외 경제협력을 위한 조직 개편과 흐름을 같이하는 것이다. 당시 김정일 위원장은 이를 바탕으로 2011년 1월 15일 '국가 경제개발 10개년 전략계획'을 통해 기초시설 건설, 농업, 전력, 석탄, 석유, 금속 등 기초공업 및 지역개발 전략목표를 확정했으며, 이 계획을 추진하기 위한 국가경제개발 총국도 설립했다.

21_ 잇따른 핵실험과 북중관계의 악화로 인해 이 「경제개발구법」은 크게 주목받지 못했다. 그러나 북한은 「경제개발구법」에 두 가지 중요한 변화를 줬다. 첫째, 여태까지 나선 자유경제무역지대(특구)에서만 제공되던 14%의 법인세나 50년 토지 임대권과 같은 인센티브가 다른 지역에서도 유효하도록 했다. 둘째, 외국인 투자자가 지역 파트너와 함께 일하며 그 지역을 경제개발구로 신청할 수 있게 했다. 이는 어떠한 규모의 공식적인 투자라도 경제개발구로 인정받을 가능성이 있다는 것이다. 한 도시의 작은 구역이나 공장이 '작은(spot) 경제개발구'로 지정되는 것이 현실이 될 수도 있다는 의미다.

정했다.[22]

또한 김정은은 병진 노선의 경제 건설 추진의 방향으로 제시한 인민생활 개선에 맞춰 경제정책 실험을 지속적으로 추진했다. 2013년 6월 28일 이른바 '6·28 방침'이라 불리는 '새로운 경제관리체계'를 도입해 농업생산 집단에 필요한 인원을 6인 이하까지 줄일 수 있게 했고, 또한 농민이 생산물을 더 가져갈 수 있게 분배율을 재편해 농업 생산을 제고시키

[표 2-22] **북한의 중앙급 경제특구**(2018년 5월 말 기준)

(단위 : %)

| | 나선 | 신의주 | 개성 | 원산·금강산 | 황금평·위화도 |
|---|---|---|---|---|---|
| 위치 | 함경북도 | 평안북도 | 황해남도 | 강원도 | 평안북도 |
| 면적 | 470$km^2$ | 132$km^2$ | 66$km^2$ | 100$km^2$ | 황금평 16.0$km^2$<br>위화도 12.2$km^2$ |
| 지정일 | 1991.12<br>(2010.1.<br>특수경제지대) | 2002.9<br>(2013.11.<br>특수경제지대.<br>2014.7. 국제경제<br>지대) | 2002.11 | 2002.11 | 2010.1 |
| 유형 | 경제무역지대 | 홍콩식 특별행정구 | 공업단지 | 관광특구 | 경제무역지대 |
| 관련법 | 나선 경제무역지<br>대법 | 신의주 특별행정구<br>기본법 | 개성공업지구법 | 금강산국제관광특<br>구법(2011.5) | 황금평·위화도 경<br>제지대법 |
| 주요기능 | 첨단기술산업,<br>국제물류업,<br>장비제조업,<br>무역 및 중계수송,<br>금융 | 금융, 무역, 상업,<br>공업, 첨단과학,<br>오락, 관광지 개발 | 공업, 무역, 상업,<br>금융, 관광지 개발 | 국제관광지 | 정보, 관광문화,<br>현대농업, 경공업 |
| 자치권 | 행정 | 입법, 행정, 사법 | 독자적 지도·관리 | 독자적 지도·관리 | 행정 |
| 토지<br>임차기간 | 50년 | | | | |
| 토지<br>소유주체 | 국가 | | | | |
| 토지<br>개발주체 | 개발업자 | | | | |
| 비자여부 | 무비자<br>(출입증명서) | 비자발급 | 무비자<br>(출입증명서) | 무비자<br>(출입증명서) | 무비자<br>(출입증명서) |

자료: 조선민주주의인민공화국·외국문출판사(2018)

22_ 2013년 11월 지방 주도로 각 지역에 걸쳐 13개 경제개발구를 발표하는 등 일련의 조처들은 중국이 추진하는 동북진흥 계획에 따른 북중 간의 협력을 성장의 동력이자 모델로 삼아 북한 전체의 경제개발 전략으로 확대시키는 과정이었다.

는 조처를 취했다. 또 이 '새로운 경제관리체계'는 기업에 더 큰 자치권을 주도록 했다.

그러나 이러한 병진 노선은 미국과의 '신형 대국' 관계 구축과 남한과의 전략적 협력관계를 강화하려던 중국의 정책 방향과는 충돌할 수밖에 없었다. 병진 노선을 결정한 당 중앙위 전원회의 등의 결과를 논의하기 위해 2013년 5월 중국에 보낸 최룡해 특사는 냉대를 받았고, 시진핑 지도부의 중국은 오히려 대북 제재에 동참하고 이런 경제개발구 정책에 협력하지 않았다.

### 5) 북중 대화채널의 복원과 중국의 정책 전환

2016년 5월 31일에는 리수용 노동당 중앙위원회 정무국 부위원장을 단장으로 한 조선노동당 대표단이 중국을 방문했다. 36년 만에 열린 조선노동당 제7차 당대회 뒤였다. 2013년 최룡해 특사의 방중 뒤 꼭 3년 만이었는데 냉랭하게 대했던 그때에 달리 시진핑 중국 지도부는 적극적인 협력의지를 보였다. 리 부위원장은 6월 1일 베이징 인민대회당에서 시진핑 중국 국가주석을 만나 김 위원장의 '구두친서'와 함께 7차 당대회 결과를 알렸다. 시진핑 주석의 이런 변화된 태도에는 미중관계가 대결구도로 전환된데다 북이 3년 전 최룡해 특사의 방중 당시 결정했던 핵 경제건설의 병진 노선의 강조점을 2016년 노동당대회에서는 핵무력 강화가 아닌 경제 건설로 바꿨기 때문이라는 평가가 있다.[23] 이에 대해 세종연구소의 이성현 연구위원(통일전략연구실)은 시진핑 지도부가 북핵 문제와 북한에 대한 대응에서 정책을 바꿨다는 데 초점을 맞췄다. 그에 따르면 "아시아에서 중국을 에워싸려는 미국의 포위전략(오바마 정부의 재균형 전략)에 맞서 중국은 북한을 미국과의 갈등구조에 활용하는 지정학적 본능으로 응수했다"는 것이다. 이 연구위원은 한국 정부가 리수용 방중의 중요성을 '관례'적이라고 '폄하'하자, 오히려 "중국이 국내 언론의 입을 빌려 이번 방문의 의의가 실은 '당과 당의 관계를 초월'(超越党与党的关系)하여 '지정학 문제'(地缘

23_ 미국의 권위 있는 북한 문제 전문가인 로버트 칼린 미국 스탠퍼드대 국제안보협력센터 객원연구원은 2016년 5월 31일 이 센터가 운영하는 북한 전문 누리집 〈38 노스〉에 기고한 글에서 "김정은 위원장은 이번 당대회를 통해 '경제건설과 핵무력 건설 병진 노선'의 성공으로, 북한이 핵 억지력을 구축하는 데 성공했다고 밝혔다"면서 이제는 군사에 투자되는 비용을 줄여 경제 발전에 집중할 수 있다는 것을 시사한 것이라고 분석했다. 히라이와 순지 일본 시즈오카 현립대 교수도 김정은 정권에서 "다음 과제는 경제일 것"이라면서 이 당대회에서 북한이 국가경제 5개년 전략을 채택한 것을 지적했다. 교토통신, 2016.5.14., "당 대회 이후 北 과제는 경제와 외교"

[그림 2-8] **1980년 6차 당대회 이후 16년 만에 열린 제7차 당대회**(2016년 5월 6~9일)

자료: 통일뉴스(2016.5.13.)

政治问题)를 다룬 것이라고 바로 잡아주는 '해설자'의 수고를 자청하였다"고 지적했다(이성현, 2016).[24]

### 6) 2015년 하반기부터 불기 시작한 변화의 바람

얼어붙었던 북중 간 경협은 2015년부터 두만강 등 국경지역 협력이 되살아나면서 2016년 말이 되면 활기를 보였다. 예컨대 그동안 지지부진했던 북한 접경지역인 지안과 허룽(인근 난핑에서 무산 철광과 연결)에 새 경제합작구를 조성한다는 계획이 2016년 하반기부터 도로, 전력 송전, 철도 등 경제합작구 주변의 기반시설 건설로 나타났다. 허룽시 정부는 오래전부터 난핑과 무산을 연결하는 철도뿐만 아니라 무산과 청진을 잇는 철로를 확충·개선하는 사업을 장기 계획에 포함시켜 왔다.[25] 이들 계획은 지난 2009년 9월 원자바오 총리의 북한 방문에서 신압록강대교 건설 합의 이래 1년여 동안 김정일 국방위원장의 세 번에 걸친 중국 방문을 거쳐 황금평 위화도, 나진선봉 경제특구의 공동개발 공동운영 방식의 경제협력이 합의됐을 당시부터 이미 수립돼 있었던 것이었다.

24_ 실제로 이 연구위원에 따르면 중국은 리수용 방중을 '성공'적인 것으로 만들기 위해 '공'을 들였다. 중국 언론들은 리수용 부위원장이 이끈 대표단이 무려 10대에 이르는 의전용 차량에 타고 모터케이드의 극진한 호위를 받으며 시내로 이동하는 모습을 고스란히 화면에 담았다. 또 북한이 리수용 방중을 몇 시간 앞두고 또 무수단 미사일 발사 실험을 했음에도 〈인민일보〉는 시 주석과 리 부위원장의 회담 사진을 〈인민일보〉 1면 최상단에 배치하는 예우를 해주었다. 중국 텔레비전들은 북한 평양과 중국 지난(济南)을 연결하는 새로운 항공노선 개통 소식을 크게 보도하며 북중 간의 교류가 더욱 확대되고 있다고 분위기를 돋우었다.

25_ VOA, 2017.1.7., "중국 훈춘·허룽, 새해 대북사업 적극 추진".

[그림 2-9] 2015년 11월 발표한 나선특구 종합개발계획

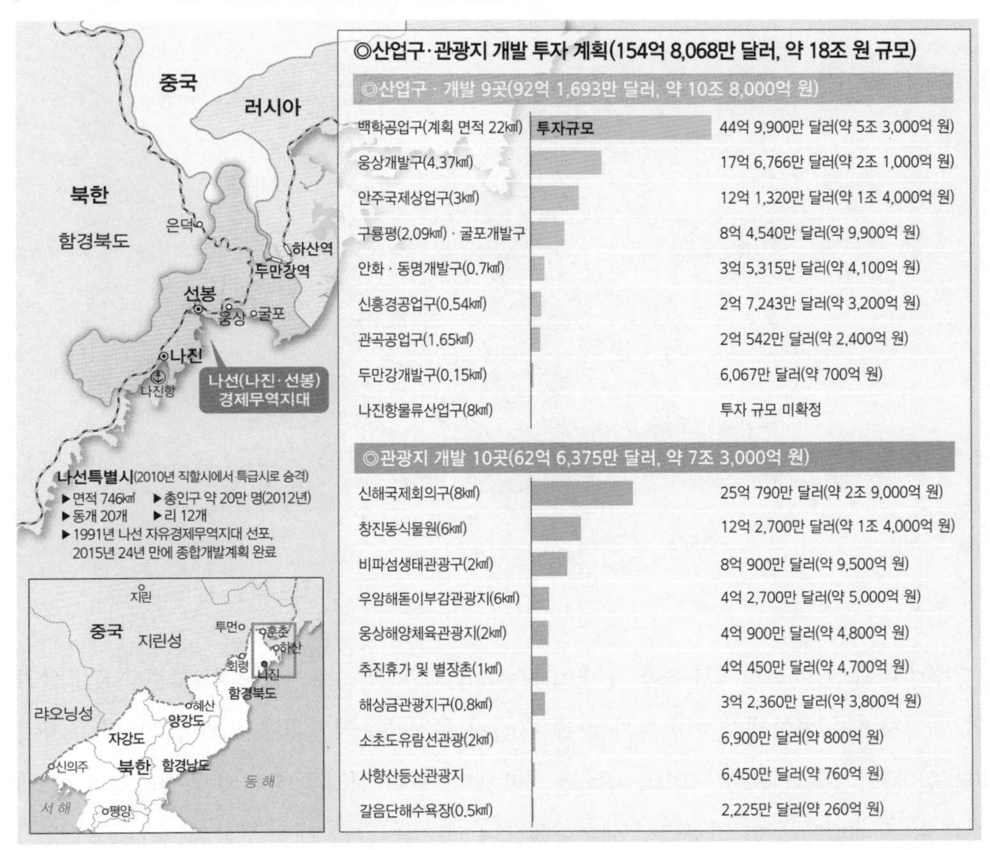


자료: 연합뉴스(2015.11.18.)

그리고 2015년 11월 북한은 다시 북중 경협의 관건이자, 외자유치를 위한 개혁 개방의 핵심이라 할 수 있는 나진 선봉특구 개발을 구체화하기 위한 '나선특구 종합개발계획'이라는 조처를 내놓았다. 2015년 11월 18일 대외용 누리집인 '내나라'에 실린 이 계획은 50여 개의 나선경제무역지대 투자 관련 법규와 함께 관광지개발대상, 산업구 개발대상, 국내기업 투자대상, 투자항목 , 세금정책, 투자정책, 기업창설 절차 등 7개 분야에 대한 구체적인 계획도 제시했다. 그동안 나선특구와 관련한 법령 제도 등을 발표하기는 했지만 관광과 물류 등을 망라한 종합적인 개발계획을 확정해 공개한 것은 처음이었다.[26]

26_ 연합뉴스, 2015.11.18., "북한 '나선특구 종합개발계획' 확정… '홍콩식 모델 지향'".

[그림 2-10] **북한의 시장경제 활성화 지역 현황**

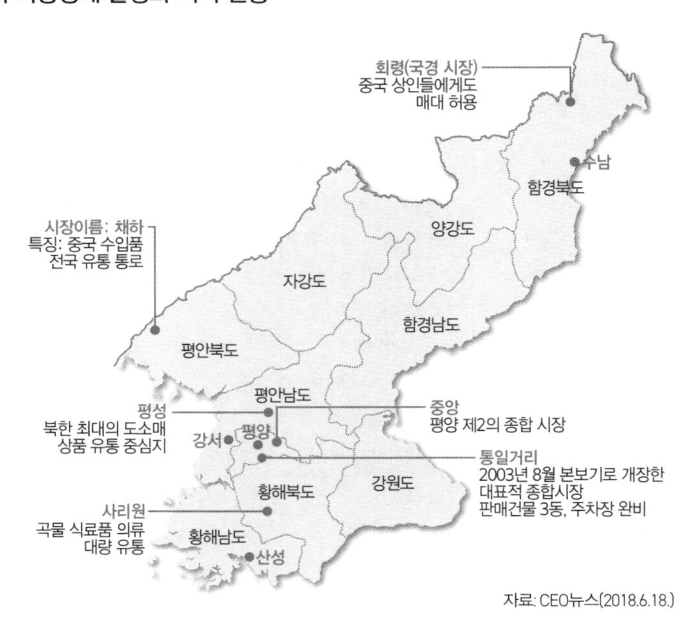


자료: CEO뉴스(2018.6.18.)

이에 따르면 나선경제특구를 마이스(MICE, 기업회의·인센티브 관광·국제회의·전시사업) 산업의 중심지로 육성하겠다는 방침과 함께 나선 자유경제무역지대에서 외국자본의 투자가 가능한 북한기업과 관련 사업의 이름도 공개됐다. 또한 김정은 시대의 특징으로서 이 계획은 특구 개발을 보다 지구별로 세분화했으며, 과거와 달리 관광 시설 및 국제회의 유치에 강조점을 두고 있다.

특기할 만한 점은 투자유치를 희망하는 나선특구 내 8개 기업 및 프로젝트를 해당 기업의 이름까지 들어 나선 종합식료공장, 나진 영예군인 일용품공장, 나진 음료공장, 선봉 온실농장, 선봉 피복공장, 나선 영선 종합가공공장, 남산호텔 개건확장, 남산호텔 광장재건 등으로 공개한 것이다. 조봉현 IBK기업은행 경제연구소 수석연구위원은 "그동안 북한이 나선경제특구와 관련한 청사진은 내놓았지만 외국 투자자들이 궁금해하는 구체적인 내용이 공개된 것은 처음"이라며 "관광지 개발, 국내기업 투자대상 명단 발표 등은 특히 놀랄 만한 내용들"이라고 평가했다.

이같은 나선특구 종합개발 계획 발표에서 드러난 개혁 개방의 방향은 2016년 5월 7차 당대회에서 "강성 국가 건설의 전성기를 이루기 위해 온힘을 집중하여 국가 경제발전 및 인민생활수준 개선을 실현할 것"이라는 방침에서 재확인되고, 5월 말~6월 초 리수용 노동당 중앙위 부위원장의 중국 방문을 통해 북중관계의 복원으로 이어진 것으로 볼 수 있다.

물론 경제개발구 설치 등 김정은의 이러한 개혁개방 정책은 핵무장 강화를 추진하는 병진 노선에 따라 2016년에만 1월과 9월 각각 4차, 5차 핵실험을 거듭하면서 필연적으로 중국 러시아도 동의한 대북제재의 강화를 초래했으며, 이로 인해 실질적인 성과를 낼 수 없었던 게 사실이다.

### 7) 경제협력 중시의 새로운 전략 노선과 북중의 전략적 협력

2018년 평창 동계올림픽을 계기로 정세는 급변했다. 김정은 위원장은 중국을 가장 중시하는 자세를 보였다. 2018년 3월 25~28일 처음으로 중국을 방문하고 나서 김정은 위원장은 4월 27일의 판문점 남북정상회담을 1주일여 앞둔 시점인 4월 21일 당 중앙위 7기 3차 전원회의를 열었다. 앞서의 김일성, 김정일 선대의 지도자들이 중국 방문 뒤 중요한 정책결정을 했던 것과 마찬가지로 김정은 또한 이 중앙위 전원회의에서 기존의 '경제건설과 핵무력 건설 병진 노선'의 완성을 선언하고 '사회주의 경제건설'의 새로운 전략적 노선을 채택했다. 이 사회주의 경제건설의 새로운 전략적 노선은 북중의 전면적 협력 그리고 문재인 정부의 한반도 신경제지도 구상에 호응하는 남북 협력을 기대하고 내다본 것이었다고 할 수 있다. 또한 이는 1991~1992년 김일성 주석, 2000~2002년 김정일 위원장이 추진했던 정책이 북핵 문제를 비롯해 남북, 북미관계 개선과 동시에 추진됐듯이 당시의 정세, 즉 평창 동계 올림픽을 계기로 한 한반도 평화 프로세스로서 남북, 북미 정상회담을 통한 핵 문제 해결과 북미, 남북관계의 극적인 전환이라는 정세 속에서 이뤄진 것이었다.

중앙위 전원회의가 만장일치로 채택한 '경제 건설과 핵무력 건설 병진 노선의 위대한 승리를 선포함에 대하여'라는 결정서는 "주체 107년 4월 21일부터 핵실험과 대륙 간 탄도로켓 시험발사를 중지할 것"이라는 내용을 명시했으며, "사회주의 경제 건설을 위한 유리한 국제적 환경을 마련하면서 조선반도와 세계의 평화와 휴식을 수호하기 위하여 주변국들과 국제사회와의 긴밀한 연계와 대화를 적극화해 나갈 것"이라고 밝혔다.

이 중앙위 전원회의 결정은 핵무력 건설을 중지하고 핵 협상에 임하겠다는 뜻으로 핵 폐기 내지 포기의 문제는 미국의 대북 적대시 정책과 한반도 정세와 관련된 것이며, 북이 추진하고자 하는 정책의 방향이 핵 무장의 강화가 아니라 경제 건설에 두고 있다는 방침을 분명히 한 것이다. 게다가 중앙위 전원회의의 결정은 당대회의 결정을 가늠할 뿐만 아니라, 역사적으로도 중대한 결정은 이 중앙위 전원회의에서 내려졌다는 점에서 이 7기 3차 당 중앙위 결정은 새로운 국면을 열어가기 위한 중대한 결단으로 봐야 할 것이다.

병진 노선을 크게 수정한 이러한 내부적 결정과 함께 김정은 위원장은 2018년 3월의 첫 중국 방문을 시작으로 2019년 1월까지 네 번에 걸쳐 중국을 방문했으며 2019년 6월에는 시진핑 주석의 첫 북한 방문을 성사시켰다. 이로써 두 나라는 과거 '혈맹'으로 일컫던 시기를 연상시키는 '신 밀월관계'를 만들어 냈다.[27]

우선 2018년 3월부터 6월까지 진행된 3번의 정상회담만으로도 김정은-시진핑 두 지도자는 북중관계의 극적인 전환을 과시했다. 3개월 동안 베이징(3월), 다롄(5월), 베이징(6월) 등 세 번에 걸쳐 열린 북중 정상회담은 69년의 북중 교류사에서 유례를 찾아볼 수 없는 일이었다.[28] 특히 싱가포르 북미정상회담을 마친 뒤 이뤄진 베이징 3차 정상회담의 만찬장에서 김 위원장이 한 연설은 각별한 의미를 담고 있다(이성현, 2020).[29]

"조선반도(한반도) 지역의 새로운 미래를 열어나가는 역사적인 여정에서 중국 동지들과 한 '참모부'[30]에서 긴밀히 협력하고 협동할 것이며 오늘 조중(북중)이 한 집안 식구처럼 고락을 같이하며 진심으로 도와주고 협력하는 모습은 조중 두 당(黨), 두 나라 관계가 전통적

27_ SPN 서울평양뉴스, 2019.1.9., "김정은-시진핑 제4차 정상회담과 북중 '新밀월'이 주는 함의".

28_ 김정은 국무위원장의 이 시기 남북, 북미 정상회담을 포함해 북중 정상회담의 시점 선택에는 치밀한 계산들이 작동했다. 우선 하나는 중국과의 정상회담이 남북정상회담(4월 27일)을 전후(베이징 3월 25~28일, 다롄 5월 7~8일)해, 그리고 북미정상회담(싱가포르 6월 12일)을 전후(다롄 5월 7~8일, 베이징 6월 19~20일)해 이뤄지고 있다는 것이다. 즉 남북, 북미 정상회담을 사이에 두고 김정은 위원장은 북중이 긴밀히 협의하는 모양을 갖춤으로써 중국을 철저히 배려하고 있다. 다른 하나는 김정은 위원장의 첫 번째, 두 번째 방중 모두 트럼프 대통령의 특사격인 폼페이오 미 국무장관의 방북 직전에 이뤄지고 있다는 것인데 불과 한 달여 시간을 사이에 두고 김정은 위원장의 중국 방문에 이어 폼페이오 장관이 북한을 찾는 패턴이 반복되고 있다. 김 위원장의 첫 방중은 3월 25～28일이었고, 국무장관 지명자 신분이었던 폼페이오 당시 중앙정보국(CIA) 국장은 '부활절 주말'(3월 31～4월 1일)에 방북했으며, 김 위원장의 5월 7～8일 다롄 방문 다음 날인 5월 9일 폼페이오 국무장관이 전격적으로 방북했다.

29_ "34살의 젊은 지도자가 처음으로 해외에 나가서 치른 정상회담에서 본인보다 31살이 많은 아버지뻘 사회주의 지도자로부터 15개월 동안 다섯 차례의 밀도 높은 회동을 통해 어떤 사상적·심리적 영향을 받았는지에 대해서는 추가적 연구가 필요할 것이다."

30_ 중국군과 북한군은 6·25전쟁 당시 미국에 대한 전투공조와 효율성을 향상시키기 위해 함께 '조중연합사령부'를 창설하였다. (김정은 위원장은) 중국과 북한이 서로 간의 동맹관계를 "혈맹관계(血凝成的友谊)"로 지칭하던 냉전 시기의 용어를 쓴 것이다. SPN 서울평양뉴스, 2019.1.9., "김정은-시진핑 제4차 정상회담과 북중 '新밀월'이 주는 함의".

[그림 2-11] **김정은-시진핑 정상회담**(1~4차 현황 및 5차 전망)

| | 1차 베이징 | 2차 다롄 | 3차 베이징 | 4차 베이징 | 5차 평양 |
|---|---|---|---|---|---|
| 기간 | 2018년 3월 25~28일 | 2018년 5월 7~8일 | 2018년 6월 19~20일 | 2019년 1월 7~10일 | 2019년 6월 20~21일 |
| 의제 | • 비핵화 등 한반도 정세 의견 교환<br>• 전통적 북중 친선 관계 확인<br>• 시진핑 방북 초청 | • 비핵화 등 최근 한반도 정세 평가<br>• 전통적 북중 친선 관계 확인 | • 비핵화 등 최근 한반도 정세 평가<br>• 전통적 북중 친선 관계 확인<br>• 중국의 개혁개방 | • 한반도 정세 관리, 비핵화 협상 의견 교환<br>• 수교 70주년 계기 교류 확대<br>• 시진핑 방북 초청 | • 북중 결속, 전략적 의사소통·교류 강화<br>• 한반도 문제 대화·협상 진전 기대 |
| 북한 측 수행 | 최룡해, 박광호, 리수용, 김영철, 리용호, 조용원, 김성남, 김병호 | 리수용, 김영철, 리용호, 김여정, 최선희 | 최룡해, 박봉주, 리수용, 김영철, 박태성, 리용호, 노광철 | 김영철, 리수용, 박태성, 리용호, 노광철 | |
| 중국 측 수행 | 리커창(국무총리), 왕치산(부주석), 황쿤밍(선전부장), 왕후닝(상무위원), 딩쉐샹(판공청주임), 양제츠(정치국위원), 왕이(외교부장), 쑹타오(대외연락부장) 등 | 왕후닝(상무위원), 딩쉐샹(판공청주임), 양제츠(정치국위원), 왕이(외교부장), 쑹타오(대외연락부장) 등 | 리커창(국무총리), 왕후닝(상무위원), 왕치산(부주석), 딩쉐샹(판공청주임), 양제츠(정치국위원), 궈성쿤(중앙정법위서기), 황쿤밍(선전부장), 차이치(베이징시위원회서기), 왕이(외교부장), 쑹타오(대외연락부장) 등 | 왕후닝(상무위원), 딩쉐샹(판공청주임), 양제츠(정치국위원), 왕이(외교부장), 쑹타오(대외연락부장), 궈성쿤(중앙정법위서기), 황쿤밍(선전부장), 차이치(베이징시위원회서기) 등 | |

자료: 연합뉴스(2019.6.19.)

인 관계를 초월하여 동서고금에 유례가 없는 특별한 관계로 발전하고 있음을 내외에 뚜렷이 과시하고 있다."

이는 북의 젊은 지도자가 선대의 지도자뻘인 시진핑을 예우하면서 중국과의 협력관계를 과거의 '순망치한'에 비교할 만한 전략적 수준에서 도모하겠다는 의지를 표명한 것이다. 그런 점에서 시진핑 주석이 언급한 것처럼 두 지도자는 "양국의 당과 국가 관계 발전을 위한 방향을 제시했으며 중국과 북한 관계 발전을 위한 새로운 장을 열었다"고 할 수 있을 것이다.

## 2. 북중 접경협력 모델의 시사점

### 1) 공동개발 공동관리와 중앙 지방의 중층화된 공동지도

접경협력을 중심으로 한 북중 관계는 미중관계가 우선되고 한반도 비핵화와 북핵 문제를 둘러싼 북미관계 등 결정적으로 유엔의 대북제재에 의해 제약을 받아왔다는 점에서 개성공단 금강산 관광 등 주요 협력사업들이 중단돼 있는 남북관계와 크게 다르지 않았다.

그럼에도 지난 30여 년에 걸친 북중 간 접경협력에서 가장 주요한 성과이자 북중 접경협력의 특질이라고 할 수 있는 것은 2010~2011년 북중 간의 3번에 걸친 정상회담에서 합의한 '공동개발, 공동관리, 정부 지도, 시장 우선, 기업 주도'의 원칙에 입각한 황금평 위화도와 나진 선봉 경제특구라 할 수 있다. "북중은 정부 지도·시장 운영·기업 위주·호리 호영(상호이익과 상호번영)의 경협원칙에 합의했으며, 랴오닝성의 연해경제벨트와 평안북도의 신의주특구(황금평·위화도 경제지대)의 연계, 지린성의 창지투(창춘, 지린, 투먼 지역) 개발 개방선도구와 함경북도의 나선특구(나진선봉자유경제무역지대)의 연계 등 '양국 양 지역'의 발전을 서로 결합시키는 공동이익 공동발전에 걸맞는 독특한 모델을 만들었다. 아울러 이는 '두 개의 국가가 하나의 지역에 공동의 단일한 관리기구를 둔 경제특구를 설치'한 것이라는 점에서 '일국 양제'와 대비되는 '양국 일제'의 모델이라 할만한, 초국경 경제협력 모델이었다.

북중은 중앙정부 차원에서 이러한 접경 협력을 관장할 개발협력 연합지도위원회(북중간 접경지역 특구개발 공동위원회)를 북한 장성택 행정부장과 천더밍 중국 상무부 부장을 공동대표로 구성했다. 그리고 2010년부터 2012년까지 모두 3차례 회의를 통해 황금평 위화도 특구와 나진 선봉 특구에 대한 북중 협력의 틀과 주요한 사업들을 확정했다.

3차 회의는 김정일 위원장 사후 2012년 8월 14일 베이징에서 열렸으며, 랴오닝성과 신의주시 정부, 지린성 정부와 나선특별시 정부가 각각 중조 나선경제 무역구와 황금평 위화도 경제구 관리위원회 설립을 정식으로 선포하고 관리위원회를 설립·운영하는 데 관한 협의, 경제기술협력에 관한 협의, 농업협력에 관한 협의, 송전, 공업단지 건설 등 관련 구체적인 내용에 합의했다.[31]

---

31_ 제1차는 2010년 11월 평양에서 개최되었고, 제2차는 2011년 6월 랴오닝성과 지린성에서 열렸다.

2011년 5월 김정일 위원장의 방중 당시 합의된 '조중 나선경제무역지대와 황금평경제지도 공동개발계획 요강'에 따르면 3차 회의에서 발족시키기로 한 공동개발관리위는 중앙정부가 주도하는 공동지도위원회의 하위 협력체계이며, 공동개발관리위가 투자유치, 기업설립, 환경보호 등에 대한 관리권을 행사하고 토지개발, 상업개발, 기초시설 운영방안 등을 심사하는 것으로 돼 있다. 이를 바탕으로 2012년 10월 26일에 중조 나선 경제무역구 공동 관리위원회 현판식이 나선시에서 거행되었다. 그러나 그 뒤 불과 한 달여 만인 12월 초 이 공동위 북쪽 위원장인 장성택이 숙청 처형됨으로써 북한의 핵 실험 및 미사일 발사 등과 함께 북중 경협은 물론이고 2016년 중반 리수용 노동당 부위원장의 중국 방문에 이르기까지 북중관계는 갈등을 빚으며 침체를 보였다.

옌볜대 경제관리학원의 김성남 교수는 "북중 경제협력의 특징으로 첫째, 중앙정부 주도(지도)의 북한 2개 경제특구의 공동개발과 공동관리를 꼽았다. 그리고 두번째가 역시 중앙정부 주도(지도)의 지방정부 간 공동개발 협력이다. 그리고 세번째가 단둥 중조 무역박람회, 나선 국제상품전시회 등의 상품 교역 및 투자 상담을 위한 기업간 협력"이었다(옌볜대 동북아연구원·민화협 정책위원회, 2013).

림금숙 옌볜대 교수도 이같은 "'공동개발, 공동관리' 협력모델에 입각한 경제협력은 적어도 특구 내에서는 북한이 중국정부 기업과 공동으로 개발하고 공동으로 관리하겠다는 뜻이기에 커다란 변화"로 평가했다(림금숙, 2013). 그에 따르면 북한은 중국과의 경제협력을 통해 산업자원을 개발하고 산업시설을 현대화하며 인프라시설을 구축해가는 한편, 중국은 대북투자를 바탕으로 북한의 광물자원 수입을 확대하고, 북한 내 산업·인프라시설을 이용하여 대외 개방도를 한층 상승시킬 수 있는 것이었다. 북한 경제는 해외자본 및 선진기술에 대한 지원 없이는 생산을 정상화하기 어려운 반면, 중국의 동북진흥은 북한의 항구와 자원을 이용하면 대외 개방도를 한층 높일 수 있다. 그런 점에서 '공동개발, 공동관리' 협력모델은 단순한 무역과 투자를 넘어선 더 넓고 깊이 있는 경제협력 단계를 의미하는 것이었다.

### 2) 랴오닝 지린의 동북진흥계획 2개 축과 북중 경협 모델의 결합

동북진흥계획 추진과 북중경협의 확대와 관련해서 중요한 것은 SOC(사회간접자본) 부문에 대한 투자 활성화가 우선적으로 진행됐다는 점이다. 중국은 동북지역의 경제발전에 필요한 철도, 도로, 발전소, 항만, 공단조성 등에 집중적으로 투자를 했다. 2010년 이전까지 북중경협은 양측의 직접적 수요가 있는 광물자원, 식량, 에너지원 및 생필품 등의 단순 물자교역이 주를 이루었다. 이로 인해 양국 간 무역량의 증가효과를 거두기는 했지만, 북중 간의 경제적 연계성 강화나 경제 협력의 시너지 효과는 별로 없었다.

그러나 2009년 중국이 동북진흥계획을 본격화하면서 북중 협력도 새로운 단계에 들어갔다. 1축인 랴오닝성의 연해개발 벨트는 '5점 1선 발전전략'(랴오닝성 다롄, 단둥 등 발해만 연안 5대도시의 공업지구 개발 프로젝트)의 일환으로 단둥-신의주 연계발전 방안을 추진하면서 북중 협력을 심화시키는 계기가 됐다(김성애, 2021).[32]

그동안 단둥-신의주 접경협력 모델과 관련해 북한이 추진했던 신의주 개발계획의 변화 과정은 다음과 같다. 2002년 신의주 특별행정구 설치가 좌절된 이후 2004년는 '신의주-대계도 경제개발지구'를 지정했으며, 2012년 7월 신의주 지구 개발총회사를 설립했다. 경제개발구법 제정과 함께 2013년 '신의주 특수경제지대'를 지정하고 이를 2014년 '신의주 국제경제지대'로 개명했다. 그리고 2016년에 이와 관련한 개발계획을 발표했다(이창주, 2020: 17).

이에 대응해 신의주와 접경하고 있고 랴오닝성 연해경제벨트와 북중 접경협력을 이어주는 단둥에 대해서 랴오닝성과 중국 정부가 새로운 개발 정책을 추진하고 있다. 중국의 변경(邊境)지역 개발 모델은 그 개방의 정도에 따라 변경 경제협력구, 중점 개발개방시험구, 초국경 경제협력구로 구분된다. 이런 기준에서 보면 단둥은 중국의 변경 경제협력구로서 가장 낮은 개방 단계의 변경지역 도시라 할 수 있다(이창주, 2020: 13).[33] 그러나 2018년 9월 10일, 중국 랴오닝성 정부가 발표한 '랴오닝 "일대일로" 종합시험구 건설 총체 방안

32_ 2009년 동북진흥계획이 본격화한 지 10여 년이 지난 2020년에도 중국 경제성장의 견인차인 동부와 후발주자 서부, 그리고 노후공업기지 동북지역 간의 격차는 지속 확대되고 있다. 2020년 지역 GDP 규모 순위로 살펴보면 1~4위 모두 동부지역이며 톈진과 하이난을 제외한 동부 성시는 모두 상위권에 랭킹했다. 특히 1~2위 지역인 광둥과 장쑤 2개성의 GDP 합계는 하위(17~31위) 15개 지역보다 많았으며 1위인 광둥의 GDP 규모는 티베트의 59배 수준이었다. 동북3성의 경제성장률은 전국 평균(2.3%)을 하회했으며 전국에서 차지하는 비중도 전년 대비 0.1%p 하락한 5%로 나타났다. 2000년 동북3성의 전국 GDP에서 차지하는 비중이 9.9%였으니, 20년 사이 절반 수준으로 위축된 셈이다.

33_ 초국경 경제협력구가 변경지역 개발 모델로는 가장 개방도가 높다. 중국과 인접국이 2선의 관리감독을 심화하면서 1선을 개방하며 통합 관리하는 개발모델이다. 2020년 8월 현재 중국 신장웨이우얼 지역과 카자흐스탄의 국경도시인 훠얼궈쓰가 중국 내 유일한 초국경 경제협력구다.

(辽宁"一带一路" 综合试验区建设总体方案)'이라는 문건은 랴오닝성의 일대일로 건설 방안 중에 '단둥특구' 설립을 통해 중점 개발 개방시험구를 건설하겠다는 내용이 포함되어 있다(이창주, 2020: 17 재인용).[34] 접경협력의 개방성을 한단계 높인 이 '단둥 특구' 건설은 아직 중앙정부 차원에서 비준된 건 아니나, 성정부 차원에서 단둥특구를 통해 한반도와의 연계를 추진하겠다는 것이며, 이는 황금평 위화도 특구의 공동개발 공동관리모델과 함께 신의주 국제경제무역지대와 단둥 특구 간 협력을 더욱 심화시키고 발전시키게 될 것이다(이창주, 2020: 17).[35]

이는 2018년 6월 12일 싱가포르 북미정상회담을 한 김정은 국무위원장이 6월 19~20일 세 번째로 중국을 방문하고 나서 6월 30일 첫 국내 현지지도로 중국과 인접한 도서 지역인 평안북도 신도군을 찾은 것에서도 확인된다. 신도군에는 북중 합작으로 추진한 황금평 경제특구를 포함하는 곳이기 때문이다. 김정은 위원장은 신도군 갈(갈대)종합농장 갈1분장 14포전(밭)과 갈1분장 기계화작업반을 둘러보면서 "신도군을 주체적인 화학섬유 원료기지로 건설하라"며 갈대를 활용한 화학섬유 생산 활성화 방안 등을 지시했다.[36] 또한 이 시기 북한의 경제·무역 정책을 총괄하는 대외경제성의 구본태 부상이 7월 2일 중국을 방문해 농업, 철도, 전력 등의 분야에서 양국 경제 협력과 대북 지원 문제를 논의한 것으로 전해졌다. 그리고 2018년 11월 김정은 국무위원장은 다시 신의주시 건설 총계획을 검토하면서 "신의주시 중심 광장을 축으로 남신의주 지구까지 그 중심축을 종심 깊게 구성 한다"고 밝혔다.[37] 코로나로 인한 국경 봉쇄로 중단돼 있지만, 이처럼 랴오닝성의 단둥 특구 계획과 남신의주 개발 총계획이 비슷한 시기에 추진되고 있으며, 압록강변의 황금평 위화도 특구의 '공동개발 공동관리'에 입각한 두 나라 중앙정부 차원과 지방 성 차원의 공동위

---

34_ 랴오닝성 인민정부 홈페이지.
www.ln.gov.cn/zfxx/jrln/wzxx2018/201809/ t20180910_3308127.html(검색일: 2011.11.4.)

35_ 랴오닝성 차원의 일대일로 전략으로 추진하고 있는 단둥 특구에 대한 내용은 다음과 같다. "북중 정상 간의 공동 인식을 실현함에 있어, 북중 간에 상호 우위에 있는 산업분야 협력, 초국경 경제무역, 연계성, 금융자본, 기술인재 등 분야에서 협력을 강화한다. 단둥을 게이트웨이로 삼아 한반도 배후지 연계 방안, 남부 항만과 직접 연결할 '단둥–평양–서울–부산' 구간의 철도, 도로, 정보 분야 연계성을 실현할 방안을 연구 한다. '단둥특구'를 적시에 설립해, 단둥 내 중요한 개발 개방시험구, 북중 황금평 경제구, 단둥 국문만 북중 변민 호시무역구를 설립하며 북중 경제협력의 중심지대로 건설한다."

36_ 조선 중앙통신(2018.6.30.). 세계일보, 2018.6.30., "중국서 귀국한 김정은 첫 공개활동은? 북중 접경지역 시찰".

37_ 통일뉴스, 2018.11.16., "北 김정은, 신의주 건설계획 지도… 국가지원으로 '공원 속 도시' 건설".

원회 개발 모델이 존재한다는 점에서 북중 접경협력의 핵심지대는 앞으로 큰 변화의 흐름을 보여 줄 것으로 전망된다.

이창주는 "랴오닝성 정부의 단둥특구가 보다 거시적인 것에 집중되어 있다면, 신의주 개발계획은 대체로 신의주, 신의주–대계도, 신의주–북한 수도권 연계 등에 집중돼 있는 것"으로 보고 있다. 신의주와 단둥 간에는 현재 2개의 교량이 연결되어 있는데, 하나는 현재 도로와 철도 겸용으로 운행 중인 중조우호교이고, 다른 하나는 북쪽 연결도로가 완공되지 않아 아직 개통이 안된 신압록강대교이다. 그는 "신의주의 중심이 남신의주로 확장되고, 신압록강 대교의 연계 도로 역시 남신의주 지역으로 연결 중에 있어, 구교(단둥 구도심 연결, 고속철 연결 가능)와 신교의 길은 남신의주에서 종합되어 제1국도로 연결, 최종적으로 평양으로 연결되는 구조로 건설되고 있"는 것으로 보고 있다. 물론 "2017년 이후 강화된 유엔의 대북제재와 코로나19 등의 외부 변수라는 장애가 존재한다. 그럼에도 '단둥특구' 계획은 성정부 차원이 아닌 중앙정부 차원으로 격상되어 추진될 가능성이 높"을 것으로 전망된다(이창주, 2020: 19).

그동안의 북중 협력의 중심은 단둥–신의주였으며. 실제로 북중 무역관계 등 북중 간의 교류 협력은 평양–신의주–단둥–선양–베이징으로 이어지는 축을 통해 진행돼 왔다. 상대적으로 변방에 있는 지린성과 두만강 연안의 경제협력은 정체돼 있었다고 할 수 있다. 그러나 북중 접경 협력의 비중이나 위치는, 특히 내륙으로 갇혀 있는 지린성이 '두만강을 통해 동해로 나가는 출해권(出海權)'을 확보하려는 관점에서 본다면 나진 선봉쪽이 지정학적으로 더 중요하다.

동북진흥계획의 또 다른 축인 지린성의 '창지투(창춘, 지린, 투먼) 개발·개방 선도구' 계획은 이미 2005년으로 거슬러 올라가서 시작됐다. 당시 지린성은 '하나의 핵과 두개의 축'(하나의 핵이란 중국 지린성 훈춘시를 국제물류단지 및 선진개방형의 변경 세관도시로 건설한다는 것이었으며, 두개의 축이란 러시아에 대한 '도로·항만·세관'과 북한에 대한 '도로·항만·구역'의 물류통로를 지칭함) 건설을 돌파구로 삼아 두만강지역 개발과 관련된 5대 프로젝트를 진행했었다. 5대 프로젝트 중에서 북한과 관련된 것이 바로 훈춘–나선 '도로·항만·구역 일체화' 프로젝트였다. 북한의 입장에서도 1990년대 초반에 나선지역을 최초의 경제특구로 지정하였지만, 이후 핵문제를 비롯한 국제정치적 요인과 투자환경 미비 등의 경제적 요인 등으로 인해 별다른 성과를 거두지 못했다.

이런 상황에서 2009년 창지투 계획이 중앙정부 차원의 개발계획으로 승인되면서 북중 경협이 양측 경제의 상호 연계성을 제고시킨 것이며, 김정일 위원장의 창춘 정상회담을 계기로 공동개발 공동관리의 북중 중앙정부, 지방정부 차원으로 이원화된 공동위원회를 조직해 사업을 추진하는 모델을 만들게 된 것이다(림금숙, 2013).[38]

지린성의 최초 국가급 전략으로 2009년 국무원의 비준을 받아 실시되었던 '창지투 개발·개방 선도구 계획'은 2020년 완료됐으며, 지린성은 이제 2035년까지의 전략을 담은 '창지투 개발·개방 선도구 규획(2021~2035)'을 추진하고 있다. 이 가운데 훈춘 해양경제발전시범구 건설 가속화, 투먼·룽징·창바이 변경협력구의 발전 촉진, 훈춘의 중러 호시무역구 확대, 항구세관·검역시설 건설 등 중점 프로젝트가 지속적으로 추진될 계획이다. 특히 지린성은 '중한 국제협력시범구' 설치 등을 통해 국가급 대외개방 정책 추진과 인프라 건설을 중시하고 있다(정지현 외, 2020).[39]

### 3) 북중 접경협력의 관문인 국경통상구와 국경하천의 공동관리

중국 북한 접경지역은 1,334km에 걸쳐 있다. 압록강 유역이 795km이고 두만강 유역이 525km다. 육지로 접한 지역도 45km에 달한다. 접경지역 전체로 보면 현재 15개의 통상구가 존재한다. 랴오닝성에 2개 통상구가 있고 나머지 13개 통상구는 지린성 지역 내의 압록강과 두만강 유역에 분포돼 있다(오수대·이정희, 2018).[40]

---

38_ 나선특구의 북중 공동개발 공동관리 방침에 맞춰 북한은 2011년 12월 3일 「나선 경제무역지대법」을 개정했다.(상임위원회 정령 2007호). 여섯 번에 걸쳐 개정된 이 법은 나선특구의 개발 중점, 산업구 중점 건설 업종들을 명확히 규정한 동시에 지대개발 방식의 다양화, 기업 경영활동 여건의 개선 등 획기적인 개정 내용들을 포괄하고 있다. 또한 이 법은 제44조에서 특구 내에서 시장경제 가격체제의 도입을 명확히 하고 있다. 림금숙은 "경제무역지대에서 기업들 사이에 거래되는 상품과 종사가격, 경제무역 지대 안의 기업과 지대 밖의 우리나라 기관 기업소, 단체 사이에 거래되는 상품가격은 국제시장 가격에 준하여 당사자들이 협의하여 정한다"고 규정한 것은 파격적이라고 지적했다. 특구가 북중의 공동관리 공동경영이라는 원칙에 의해 운영되는 데 맞춰 중국기업들의 시장경제에 입각한 경제활동을 보장하기 위한 법적 담보를 마련한 것이라 할 수 있다.

39_ 지린성은 남한과의 협력이 논의되고 있는 '중한(창춘) 국제협력시범구'의 중앙 비준과 훈춘 해양경제시범구의 국가급 격상을 추진하는 등 국가급 대외협력기지를 구축하여 대외개방 역량을 강화한다는 방침이다. 중한(창춘) 국제협력시범구는 지린성이 2019년 발표한 「동북지역 개혁·혁신 심화 및 고품질 발전 추진」의 주요 조치 가운데 하나로서, 남한의 정보기술·첨단 제조·스마트 제조 분야의 협력을 추진한다는 것이었다.

40_ 북중 간 국경통상구 건설과 운영 방식은 북중 간의 정치적·역사적·지리적 특수관계의 산물이지만, 남북한 접경지역에 육로교역 통로를 구축할 경우 참고할 모델이 될 수 있을 것이다.

[표 2-23] 2001년 지정된 북중 국경통상구

| 구분 | 위치 | | 기능 |
|---|---|---|---|
| | 중국 | 북한 | |
| 압록강 (7개) | 단둥시 | 신의주시 | 국제여객·화물 철도수송 국제여객·화물 도로수송 |
| | 단둥 단즈부두 | 신의주항 | 쌍방 화물선 수송 |
| | 콴티엔현 타이핑완 | 삭주군 방산리 | 쌍방 여객·화물선 수송 |
| | 지안시 라오후샤오 | 위원군 | 쌍방 여객·화물선 수송 |
| | 지안시 | 만포시 | 쌍방 여객·화물 철도수송 |
| | 린장시 | 중강시 | 쌍방 여객·화물 도로수송 |
| | 창바이현 | 혜산시 | 쌍방 여객·화물 도로수송 |
| 두만강 (7개) | 허룽시 구청리 | 대홍단군 삼장리 | 쌍방 여객·화물 도로수송 |
| | 허룽시 난핑촌 | 무산군 | 쌍방 여객·화물 도로수송 |
| | 룽징시 싼허진 | 회령시 | 쌍방 여객·화물 도로수송 |
| | 룽징시 카이산툰 | 온성군 삼봉리 | 쌍방 여객·화물 도로수송 |
| | 투먼시 | 온성군 남양구 | 국제화물 철도수송 국제여객·화물 도로수송 |
| | 훈춘시 샤퉈즈 | 새별군(현 경원군) | 쌍방 여객·화물 도로수송 |
| | 훈춘시 취안허촌 | 나선시 원정리 | 국제여객·화물 도로수송 |
| 육상 | 안투현 쌍무펑 | 삼지연군 쌍두봉 | 쌍방 공무인원 통로 |

자료: 오수대·이정희(2018)

북중 국경통상구 현황에 관한 연구(오수대·이정희, 2018)에 따르면 북중 국경통상구는 1958년의 접경지역 상품 인계·인수장소 지정(10개), 1965년의 국경통행지점 지정(14개), 2001년의 국경통상구 지정(15개) 등의 과정을 거치면서 발전해 왔다. 1960년대 초까지 북중 간에는 국경에 관한 개념이 희박했으며, 자연발생적인 물물교환 형태의 거래였다. 1962년 국경조약이 체결되고 1964년 국경에 관한 의정서가 발효되는 등 국경관리체제가 정비됐고, 1965년 북중 공안 안전 총대표회의에서 압록강 두만간에 각 7개씩 국경 통행지점을 지정하면서 국경 무역의 모습을 갖추기 시작했다. 하지만 북중 국경통상구가 협정에 의해 지정되고 체계적으로 관리된 것은 2001년부터였다. 2001년 11월 24일 체결된 「북중 국경통상구 및 그 관리제도에 관한 협정」은 처음으로 국경통상구의 개념을 정의하고 15개소의 통상구를 지정하였다(오수대·이정희, 2018).[41] 이 시기는 2001년 초 김정일 위원

41_ 북한과 접경을 이루고 있는 랴오닝성과 지린성에는 각각 13개와 16개의 통상구가 있다. 예컨대 단둥의 경우를 보면 도로통상구, 철로통상구, 수운 통상구 등 3개의 통상구가 있다. 이 가운데 북한과 직접 연결되는 육로통상구(철로·도로)는 11

장의 중국 방문, 상하이 천지개벽 발언 등 북한이 경제관리 개선 조처 등 중국식 개혁개방 조처를 본격적으로 추진되던 때와 겹친다. 마찬가지로 2009년 동북진흥계획을 국가 차원에서 추진하기로 한 뒤 원자바오 중국 총리가 북한을 방문해 단둥-신의주 간 압록강 대표 건설을 포함해 적극적인 경협과 지원을 표명한 이후, 김정일 위원장의 2010년 5월 중국 방문에서 시작된 황금평 위화도, 나진-선봉 특구 설치에 이르는 과정이 진행됐다고 할 수 있다. 이를 배경으로 단둥, 지안, 투먼, 취안허 등 주요 북중 통상구는 대규모 교량(도로 철도) 등 인프라와 통행 통관을 위한 시설 제도 등이 대대적으로 정비되고 확충되는 등 큰 변화를 보이기 시작했다.

이런 국경지역에서의 특구 통상구의 변화는 북중 접경협력의 바로미터라 할 수 있을 것이다. 또한 북중 간의 독특한 국경하천 공동관리 모델이 통상구와 특구 등을 통한 접경협력을 더욱 촉진시키는 기본 토대가 되고 있다.

북한과 중국은 국제적으로 통용되는 국경 획정 방식과는 다른 방식을 택했다. 1962년 체결한 「북중 국경조약」은 강 구간의 국경선을 '수면의 너비'라고 하고 국경을 이루는 강을 공동으로 소유하고 관리하고 이용한다는 원칙을 천명했다. 북한과 중국만의 독특한 방

[표 2-24] **북중 국경교량 건설 협정서 비교**

| 구분 | | 신압록강대교 | 지안-만포대교 | 신두만강대교 | 투먼-남양대교 |
|---|---|---|---|---|---|
| 협정 체결시기 | | 2010.2.25. | 2012.5.10. | 2014.6.27. | 2015.9.15. |
| 건설 주관 | 북한 | 국토환경보호성 | 국방위원회 인민무장역량부 | 나선시 인민위원회 | 함북도 인민위원회 |
| | 중국 | 교통운수부·상무부 | 교통운수부 | 지린성 인민정부 | 지린성 인민정부 |
| 설계·건설 담당 | | 중국 | 북한: 주교(主橋)와 북측 인교(引橋)<br>중국: 중국 측 인교(引橋) | 중국 | 중국 |
| 건설 후 관리 | | 공동관리, 관리책임 한계는 주교(主橋) 중간선 | 좌동 | 좌동 | 좌동 |

자료: 오수대·이정희(2018)

---

개 지역에 설치되어 있다. 이 국경통상구 11개의 위치를 하천별로 구분해 보면, 압록강 유역에 4개, 두만강 유역에 7개가 있다. 이들 통상구 가운데 두만강을 사이에 두고 동해로의 출구와 관련된 통로는 크게 훈춘의 취안허-원정리-나진항, 투먼-남양-나진항, 투먼(싼허)-회령-청진 등 세 곳이다. 중국은 1992년부터 주요 변경지역에 변경 경제합작구를 설치했으며, 북중 접경지역에는 1992년 단둥과 훈춘에 설치했으며, 이후 투먼, 허룽, 지안 등 다른 통상구 등으로 확대돼 왔다.

식으로 국경을 획정한 것이다. 남북은 북중과 달리 국가 간의 관계는 아니지만, 오히려 그렇기 때문에 이러한 북중의 공동 소유, 공동 관리의 원칙에 입각해 한강에 대해서 공동 관리 위원회를 설치해 평화적 이용과 자유항행을 지속적으로 유지하고 발전시켜 나갈 수 있을 것이다. 한강하구는 정전협정에 의해 중립수역으로 민간선박의 자유항행이 가능하다. 그럼에도 그동안의 남북 긴장과 대결로 인해 자유항행은 실현되지 못했다. 남북이 한강하구를 평화적으로 이용하기 위해서는 한강하구의 관리를 위한 남북 공동위원회가 필요하다. 두만강과 압록강을 경계로 한 북중 간의 공동관리가 그 모델이 될 수 있을 것이다.

북중은 국경관리를 위해 북한 외무성 부상과 중국 외교부 부부장을 대표로 하는 국경연합위원회를 정기적으로 개최하고 있다. 이를 통해 북한과 중국의 국경 통행 및 안전과 국경하천 등 분야별로 위원회, 대표부 등을 구성하여 상호 간에 협조하고 있다. 특히 북중 국경조약(1962) 제3조에서 명시된 국경하천 공동관리 원칙에 따라 「국경하천 공동이용관리를 위한 상호 협조 협정」(북중 간 국경하천 공동이용 및 관리에 관한 협력 협정, 1964)을 체결, 동 협정에 따라 '북중 국경하천 공동위원회'를 구성, 북한의 평안북도 신의주와 중국의 랴오닝성 단둥에 각각 연락사무소를 설치하였다. 북중 국경하천 공동위원회는 북한과 중국이 각각 임명한 수석대표 1명과 대표 4명으로 구성되어 국경하천에 관한 전반적인 사항을 다루는 하천관리 분야의 상위 기구이며, 연락사무소는 공동위원회 수석대표 간 제기되는 연락, 통보 및 실무적 문제를 신속하게 처리하는 기능을 담당한다.

북중 국경하천 공동위원회의 임무는 국경하천의 이용 및 관리와 관련해 조직된 개별 전문기구들에서 합의되지 않은 문제들을 토의 및 해결, 개별 전문기구 또는 해당 기구들의 사업 관련 사안을 필요 시 직접 토의 및 해결, 개별 전문기구 관련 사업에 속하지 않는 기타 문제들을 토의 및 해결하는 것 등이다(오수대, 2019: 58). 북중 국경하천 공동위원회는 이처럼 하천의 이용 및 관리 측면에서 긴밀히 공조하며, 북한과 중국의 합의에 따라 설치된 국경통행지점에는 양측이 국경 통행검사기관과 세관 및 검역기관을 대칭적으로 설치하여 운영 및 관리한다.

중립수역의 지위에 있는 한강하구에 대한 남북의 하천 정보 공유는 상호 이익이 될뿐만 아니라 정치적으로 민감하지도 않다. 따라서 다른 협력 사안에 비해 우선적으로 합의할 수 있을 것이다. 공동관리위원회를 구성하기 이전 단계에서 한강하구의 항행을 위한 수로를 열어가기 위한 공동조사 등의 과정을 거쳐 하천 정보를 공유하는 단계로 넘어갈 수 있을 것이다.

또한 자유항행이 이뤄질 경우 남북 주민의 월북이나 탈북 등과 같이 경계를 무단으로 넘어가는 문제가 가장 핵심 현안이 될 수밖에 없다는 점에서 남북 공동관리위원회는 북중 국경처럼 통행·안전·하천 관리에 대해 공동으로 협의할 필요가 있을 것이다. 이 또한 "북한과 중국이 60년 가까이 운용해 온 '안전·공안 대표'라는 공안기관 협력 채널은 좋은 모델이 될 수 있을 것이다"(오수대, 2019: 80).

남북은 북중의 이런 경험과 합의를 모델로 한강하구의 공동 관리와 평화적 이용을 위한 '한강하구 남북공동위원회'를 구성해, 기존에 합의했던 임진강·북한강 수해방지 공동사업 등으로 그 영역을 확대하면서 육상의 DMZ 접경지역을 포함해 접경지역 전반에 걸쳐 공통의 정책을 수립하고 협의하는 '남북접경위원회'로 발전시켜 가는 출발점으로 삼을 수 있을 것이다.

## 제4절
# 사례의 종합: 접경지역의 초국경 발전모델로서 트윈시티와 메가리전

남북이 평화협력을 통해 궁극적 단계인 "한반도 메가리전" 형성으로 나아가기 위해서는 중장기적인 계획 속에서 단계적 추진이 필요하다. 지금까지 살펴본 해외사례를 통해 추진 단계를 설정하면 다음 3단계로 나눌 수 있다(이정훈 외, 2020b).

1단계는 한강하구, DMZ 활용 협력 2단계는 접경지역 남북공동경제특구 조성 및 남북경제통합 실험 3단계는 서울-평양 등 배후 대도시권으로 경제협력 확대 등이다.

첫 번째 단계는 한강하구의 민간항행 자유화와 수로 및 포구 복원, 어업협력 등 남북 합의에 따라 대북제재에 저촉되지 않을 가능성이 높은 사업을 중심으로 추진할 필요가 있다. 이러한 사업을 통해 남북교류의 물꼬를 트는 역할을 할 것이다.

다음으로 두 번째 단계는 남북경제통합이 하루 아침에 이루어지기 어렵다는 점을 감안하여 중국 선전의 경제 개방모델처럼 접경지역의 제한된 구역 내에 경제특구를 설치·운영할 필요가 있다. '서해경제공동특구' 등 9·19 선언의 합의를 바탕으로 접경지역의 남북공동경제특구를 구체화하여 남북 경제통합의 실험장으로 발전시킨다. 한국기업의 임가공 생산 중심 개성공단 모델에서 한발 진화하여 남북한 기업 이외에도 국제자본과 기업이 참여하는 복합기술·산업협력의 다자간 모델을 확립할 필요가 있다.

마지막 세 번째 단계는 접경지역에 제한된 2단계 협력이 성공적으로 정착된다면 경제협력·연계의 공간적 범위를 서울-수도권과 평양-남포권 등 배후 대도시권의 산업지대로 확산하여, 한반도 메가리전의 형성으로 나아가야 한다.

초기에 경제특구 내로 한정되었던 외국자본의 투자와 기업활동, 이윤의 해외 송금, 외국인 근로자의 거주, 비자 발급 기준 완화 등의 범위를 서울-평양 등 배후 대도시권 전체로 확대하는 단계이다.

또 세 번째 단계에서는 한반도 메가리전 권역의 주요 도시-산업지대를 연결하는 고속도로, 철도, 공항, 항만시스템을 구축하고 통행과 경제활동, 사회문화교류를 제도적으로 보장하며, 공동관리 및 분쟁해결을 위한 남북 통합 거버넌스를 강화할 필요가 있다.

[그림 2-12] **국경개방 초기 단계:** 접경지역에 제한된 개방

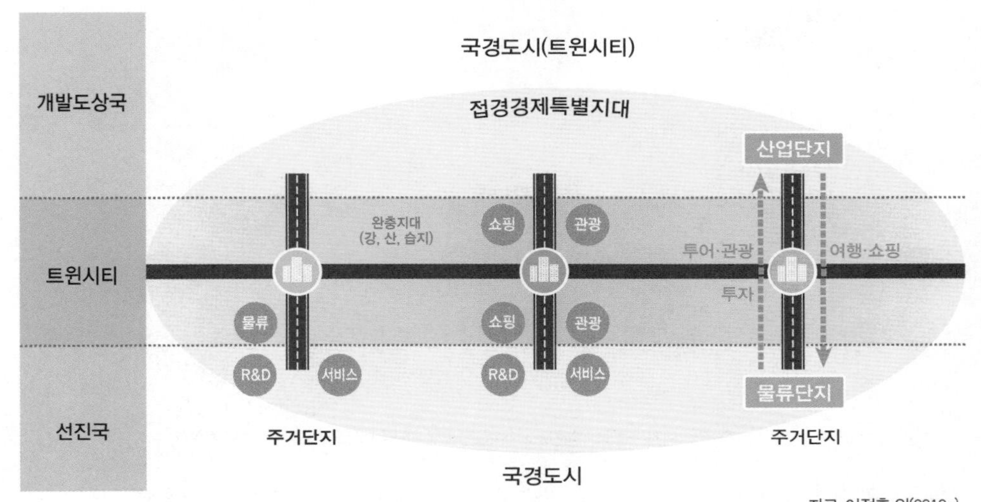


자료: 이정훈 외(2019a)

주: 홍콩-마카오-선전 전문가/기업가 인터뷰 및 현장조사(2019.5.) 결과를 토대로 작성

[그림 2-13] **국경 개방 발전 단계:** 협력의 공간적 확산과 질적 성장 – 메트로폴리탄화·첨단화

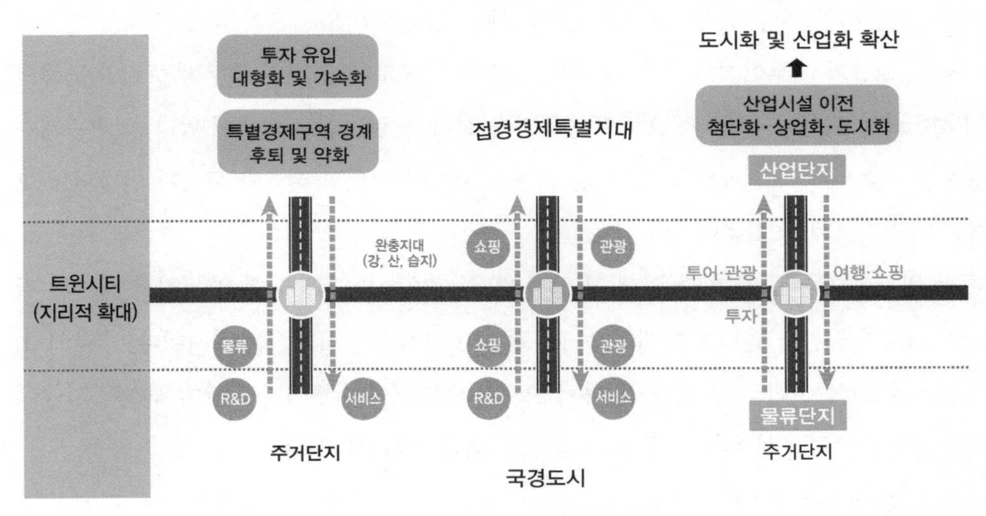


자료: 이정훈 외(2019a)

주: 홍콩-마카오-선전 전문가/기업가 인터뷰 및 현장조사(2019.5.) 결과를 토대로 작성

[그림 2-14] 국경 개방 심화 단계: 초국경 메가리전화

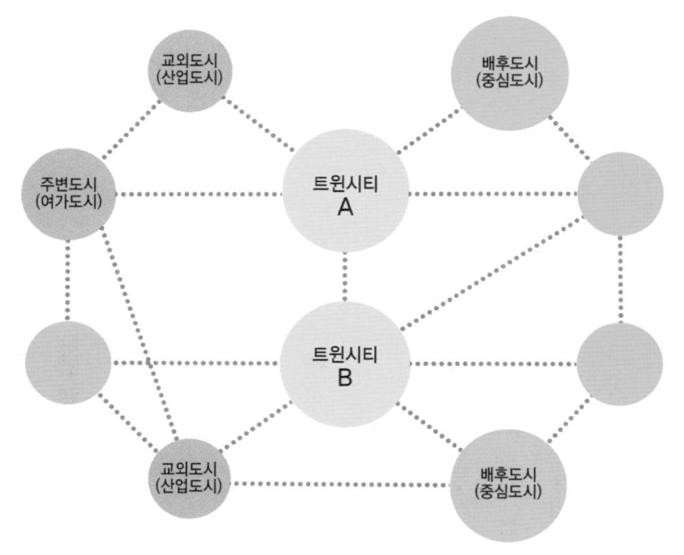


자료: 이정훈 외(2019a)

주: 홍콩-마카오-선전 전문가/기업가 인터뷰 및 현장조사(2019.5.) 결과를 토대로 작성

이러한 세 가지 한반도 메가리전 형성 단계는 중국의 개혁개방 실험을 선도한 선전-홍콩 경제통합 과정 사례를 통해 보다 구체적으로 확인할 수 있다(이정훈 외, 2019a).

홍콩-선전의 개방 초기단계(1980~1997년)에는 접경지역의 제한적 공간 내에서 한정된 투자 및 교류가 이루어졌다. 홍콩의 자본, 기술과 국제교역, 선전의 풍부한 토지와 노동력이 결합하여 경쟁력을 강화함으로써 홍콩과 선전이 공동 발전을 이루어 왔다. 협력관계가 형성된 이후 홍콩 선전 간에는 로후 등 국경 세관이 설치되고 철도와 도로가 연결되어 교류의 물리적 기반이 갖추어진다.

두 번째 단계는 공간 확산 및 질적 발전 단계(1997~2003년)로 개방 이후 일정 시기가 지나면 개방의 공간적 범위가 확대되고 교류협력이 질적으로 심화되는 시기이다. 개방의 초기에는 홍콩-선전의 국경 인접지역 중심으로 산업협력이 이루어지던 것이 시간이 지남에 따라 둥관, 광둥 등 선전에서 원거리 지역까지 협력이 확산되었다.

최종 단계인 메가리전화 단계(2003년~)는 CEPA 협정을 통해 개방 수준을 높이고 국경 통

관 효율을 높여 광범위한 권역이 연계되는 초국경 메가리전으로 발전 중이다. 2003~2004년에 홍콩, 중국, 선전 정부 간 포괄적 경제 동반자 협정(CEPA)[42]을 통해 중국 본토 시장을 홍콩에 개방하였다. 광범위한 구역의 여러 도시와 산업 집적지역을 하나의 경제권으로 연결하기 위한 교통 물류 인프라의 건설과 상호 공유 시스템을 구축하고 있다.

본고는 공간적으로는 메가리전 전체 중에서 접경지역의 제한적 개방구인 경제특구의 형성에 대해서 중점적으로 살펴보고자 한다. 따라서 시간적 단계로는 첫 번째 단계에 초점을 두되, 중장기적 시각에서는 두 번째와 세 번째 단계로 진화를 위해 방향을 설정하고 그에 필요한 내용을 계획에 포함시키도록 할 것이다.

42_ 포괄적 경제동반자 협정(Comprehensive Economic Partnership Agreement)

MEGA
REGION

# 제 3 장

## 남북공동경제특구 구상

# 제1절
# 남북공동경제특구의 여건과 콘셉트 설정

**이정훈**(경기연구원 선임연구위원)

**이상대**(경기연구원 선임연구위원)

**김영롱**(가천대학교 교수–前 경기연구원 연구위원)

## 1. 왜 서해–경기만 접경지역인가: 서해–경기만의 지정학

한반도 메가리전에 포함되는 북한의 주요 지역은 평양–남포 도시권, 황해남도 해주·강령·연안, 황해북도의 개성·개풍·송림·사리원 등이다. 북한의 평양–남포권 및 황해남북도를 포함하는 광역 수도권 인구는 약 890만 명으로 북한 전체 인구의 약 40% 내외를 점하는 것으로 추정된다. 평양–남포축의 평양공업지구는 북한의 주요 대규모 기업이 집중되어 있어 북한 공업생산의 약 1/4 정도를 차지하는 것으로 평가된다.

한국 수도권은 서울, 인천, 경기로 구성되며 인구수 약 2600만 명으로 북한 광역 수도권의 인구와 합치면 약 3500만 명으로 한반도 인구(2021년 현재 약 7700만 명)의 절반을 다소 하회하는 수준으로 추정된다.[1]

한반도 메가리전 대상지역은 인구, 산업적 잠재력이 풍부할 뿐만 아니라 한강하구와 서해–경기만을 품고 있어 예부터 한반도 경영의 중추지역이자 대외교류 관문으로서 역할을 해왔다.

한반도 메가리전은 서해–경기만 지역의 지정학적 이점을 바탕으로 남북한뿐만 아니라 환황해권 및 중국 동북 3성 등 동북아의 글로벌 협력지대로 발전할 수 있는 커다란 잠재력을 가지고 있다.

역사학자 윤명철은 “경기만–한강하구는 동아시아의 지중해로 남북한이 한강을 공동으

1_ 북한 전체 인구는 2021년 기준 통계청 자료를 인용하였고, 지역별 인구에 대한 현재 시점의 정확한 통계적 추계자료는 부족한 실정이다.

[그림 3-1] **한반도 메가리전 주요 도시지역의 인구규모**

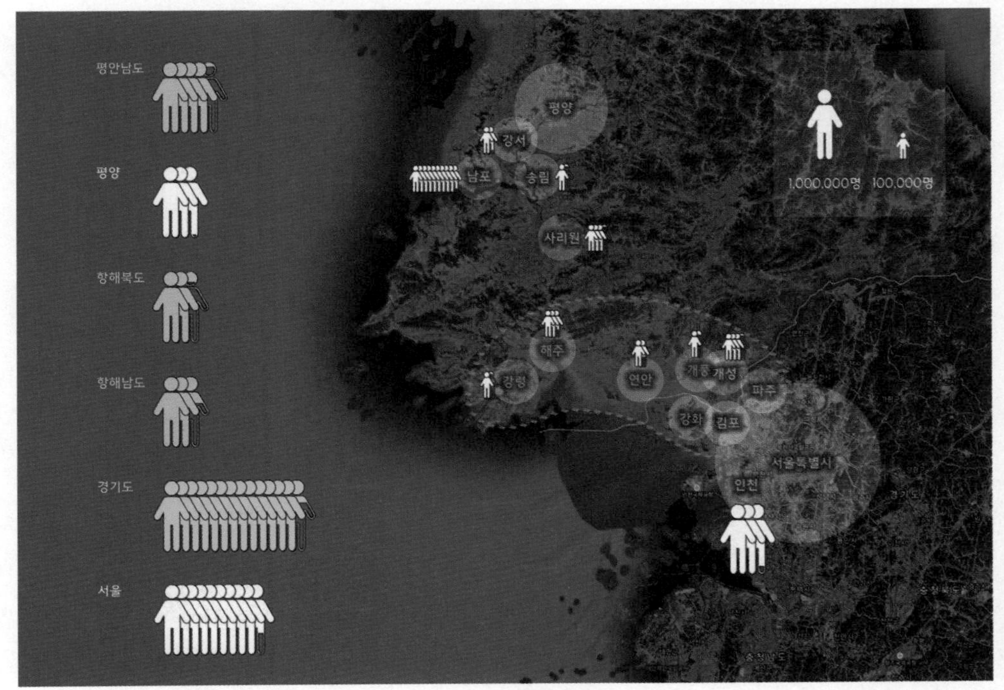


자료: 이정훈 외(2020b)

로 활용하는 것은 한반도와 세계를 연결하는 것"이라고 주장한다. 이러한 주장의 논거는 삼국시대, 고려, 조선시대에 경기만과 한강하구가 한반도의 대외 교류 창구로서 역할을 했던 역사적 사실에서 찾아볼 수 있다.

윤명철에 따르면(윤명철, 2021) 경기만 연안의 예성강 하구와 황해도 지역에는 이전부터 중국과의 교섭을 주도했던 세력들과 그 문화의 토대가 남아 있었다. 고구려와 백제가 강성했을 때 한강하구 유역을 차지하였으며 신라는 경기만을 장악하면서 무역과 문화의 교류를 통해서 강국이 되어 갔다.

고려를 건국한 왕건은 예성강 하구와 경기만 일대의 해양세력이었다. 당시 고려는 송나라와 활발한 교류와 무역을 하였다. 1012년부터 1278년까지 266년간 송나라 상인이 129회에 걸쳐 약 5,000명이 한강하구와 예성강을 통해 고려와 교류하였다. 이는 조선시대까지 이어져서 수도 한양에서 나라를 운영하기 위해 걷는 전국의 세곡과 포목을 해로와 수로를 통해서 한강으로 실어 날랐다.

[그림 3-2] **고려시대의 해상항로**

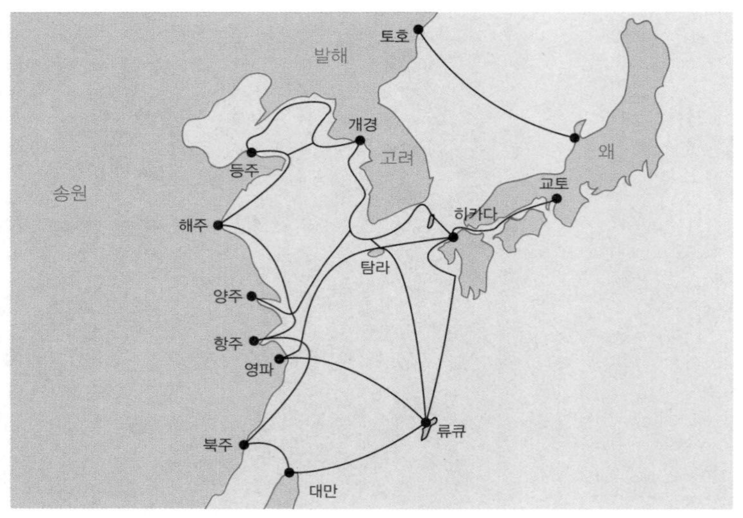


자료: 윤명철(2014)

이처럼 한강하구는 과거부터 한반도 경영을 위한 대외 관문으로서 지정학적 중요성을 지니고 있는 곳이라는 점에서 통일 한반도 경영에서 동북아 발전의 허브 역할을 할 수 있는 핵심지역이라고 할 것이다.

현대에 들어와 한강하구는 분단국토의 남북통합 요충지로서도 주목받고 있다. 지리학자 류우익은(류우익, 1996)은 '통일국토 기본 구상'에서 '대경기만'을 동북아의 중심으로 규정하면서 경기만은 한반도의 모터 역할을 감당할 지리적 잠재력을 가지고 있다고 보았다. 그는 21세기에 서울권이 도쿄권, 베이징권, 상하이권과 동북아 경제권의 중심을 놓고 물러설 수 없는 큰 경쟁을 할 것이라고 전망하였다. 21세기 한반도의 운명을 가늠하게 될 이 경쟁에서 지리적 우위를 확보하기 위해서는 경기만을 심장부로 하는 '대경기만 구상'이 필수적이라고 보았다. 류우익의 대경기만 구상은 한강하구에 남북한이 함께 이용할 수 있는 하항(river port)을 건설, 인천항과 연계시키는 한편 김포-강화 일원에 적지를 택하여 텔리포트(teleport)를 겸한 첨단정보산업기지를 건설하고, 영종도 공항(airport)과 연결하여 트리플 포트(triple port)를 모두 갖추도록 하는 것이다. 이렇게 되면 경기만은 동북아는 물론 태평양아시아 전역에서 가장 잠재력이 크고 넓은 배후시설을 갖는 세계적 중심지로 부상할 수 있다. 그것은 한국 경제가 가장 경쟁력 있는 입지를 확보한다는 말과 같다. 그 관건은 지금은 휴전선에 걸려 그야말로 잠재력으로 묻혀 있는 한강과 그 하구지역을 적극적으로 이용하는 데 있다.

요컨대 류우익에 따르면 한강하구를 포함해 해주에서 서산반도에 이르는 지역을 '대경기만(Great Gyeonggi Bay)'이라 부르고, 동아시아의 심장으로 박동하는 꿈을 품고 남북이 모두 새천년을 노래할 수도를 그려야 하며, 그런 지정학적인 꿈이 실현될 수 있는 곳이 한강하구인 것이다(류우익, 2003; 2004).

이상에서 살펴본 바와 같이 경기만의 지정학적 성격과 역사적 경험, 남북한의 경계로서의 특징으로부터 남북의 점진적 개방과 통합, 한반도 경제권을 고려할 때 경기만과 한강하구의 중요성은 더욱 부각될 수밖에 없다.

## 2. 남북한 수도권지역 산업생태계와 협력 여건

### 1) 남북공동경제특구 배후지역 산업생태계

한반도 메가리전이 저성장의 메가트렌드 시대에 새로운 번영의 기반이 되기 위해서는 도시경제권의 산업적 기반이 중요하다. 특히 정치적 이유로 남북경제협력이 부침을 겪어왔던 점을 고려한다면, 산업 기반 형성을 통해 일자리와 소득을 창출할 수 있는 경제적 청사진을 준비하는 것이 보다 지속가능한 남북경제협력의 토대가 될 수 있을 것이다. 다만 산업 기반은 저절로 생겨날 수 없으며, 무작정 다른 지역의 기업을 이전하는 방식으로 이식할 수도 없다. 마치 여러 가지 생명체가 복합적으로 상호의존하며 공존하는 생태계에 빗대어, 특정 지역의 환경에 맞는 다양한 경제 주체가 공존하는 산업생태계의 관점에서 이해할 필요가 있다.

산업생태계에는 특정 산업에 속한 기업뿐 아니라 그와 거래 관계를 맺고 있는 기업, 자본과 인력을 제공하는 배후지역의 시장, 교통망, 정주 여건 등 다양한 요소들이 포함된다. 이러한 문제의식에 기초하여 본 절에서는 한반도 메가리전 배후지역을 남측과 북측으로 나누어 산업생태계를 살펴보고, 이를 바탕으로 남북공동경제특구에 유치 가능한 업종을 분석하고자 한다.

### (1) 경기도 북부 지역

#### ① 경의선 축

김포-파주 지역은 서울과 근접하다는 장점에도 불구하고 오랜 기간 동안 접경지역으로 산업적 기반이 갖추어지기 어려웠다. 그러나 1990년대 일산 신도시 개발과 더불어 2000년대 들어 파주LCD단지 등 첨단산업의 입지를 통해 경기북부 지역에 새로운 산업적 기반으로 발돋움하였다.

정보통신기술 산업의 발전은 대부분 서울과 평양의 직접적인 연결을 통해 이루어지겠지만, 남북공동경제특구 지역에도 새로운 첨단산업 생태계의 씨앗이 뿌려져야만 장기적인 지속가능성을 확보할 수 있을 것이다. 경의선 축의 경기북부 지역은 남북공동경제특구가 형성될 지역 중 유일하게 첨단산업의 기반이 기존에 갖추어져 있다는 점에서 중요성이 더욱 크다. 그러나 이러한 산업에 북한의 노동력이 참여하거나 남북공동경제특구에 첨단산업단지를 조성하는 방안이 가능할지에 대해서는 더욱 깊이 있는 고려가 필요하다. LCD 산업을 위시한 첨단 전자제품 생산은 고도로 정밀한 작업과 청결한 생산 환경이 보장되어야 하기 때문에, 실제로 남북공동경제특구에 이러한 산업이 기능하기 위해서는 노동력 재교육과 엄격한 생산 환경 관리가 수반되어야 할 것이다. 세분화한 일부 공정에 국한하여 남북공동경제특구에서 단계적으로 적용하는 방안을 고려해 볼 수 있을 것이다.

이 지역은 기존에 조성된 일산 신도시뿐 아니라 2기 신도시로 김포의 한강신도시 및 파주의 운정, 창릉신도시가 조성 중에 있다. 신도시 조성은 단순히 인구 유입, 노동력 공급, 소비 수요 창출 외에도 새로운 정주환경을 제공하여 기존과는 다른 인구학적 특성을 가진 주민들이 거주하게 된다는 특징이 있다. 서울에서 비교적 최근에 조성된 첨단산업지역인 상암DMC 및 마곡M밸리의 통근권에 속하기 때문에 신도시 지역에 많은 첨단산업 인력들이 정주하게 될 것이다. 아울러 고양의 일산테크노밸리, 방송·영상클러스터, 파주의 메디컬클러스터가 조성될 예정으로 향후 잠재력은 더 크다고 할 수 있다. 또한 GTX-A 노선 등 광역교통망을 통해 수도권의 다른 지역과 더욱 긴밀하게 연결될 예정이다. 이처럼 우수한 산업 기반과 향후 교통망 발전을 디딤돌로 삼아 남북공동경제특구뿐 아니라 향후 다양한 남북 교류에 가장 중요한 배후지로서 큰 잠재력을 지니고 있다.

### ② 경원선 축

경원선 축의 양주–포천–동두천–연천 지역은 섬유, 의류, 가죽, 가구 산업 등 비교적 노동집약적인 산업들이 집적해 있다. 이러한 산업들은 북한의 노동과 자본 수준을 고려하였을 때, 비교적 초기 진입장벽이 낮을 것으로 예상된다. 다만 현재 경기북부 지역에서도 해당 산업들의 사양화와 노후화로 인해 고도화를 꾀하고 있는 상황에서 현재의 모습이 확장되는 모델은 지속가능성이 낮다. 아울러 남북공동경제특구에 있어 북측에서 원하는 종류의 산업군이 아닐 것이며, 자칫 임가공 중심의 개성공업지구의 실패를 답습하게 될 우려가 있다.

[그림 3-3] **남북공동경제특구 배후지역 산업생태계**

최근 이 지역에서도 동두천국가산업단지, 연천BIX(은통일반산업단지), 양주은남산업단지 등 새로운 산업단지 조성을 통해 기존과는 다른 산업생태계를 조성하고자 하는 노력이 이루어지고 있다. 현재 이 지역의 산업단지 조성 및 기업 유치 차원에서 수도권이라는 이점에도 불구하고, 남쪽으로만 교류 및 확장 가능성이 열려 있다는 점은 상당히 큰 단점으로 작용해 왔다. 그러한 점에서 장기적인 남북교류 및 경제협력은 이 지역의 산업생태계 형성에 아주 중요한 선결조건이 될 것이다. 더 나아가 남북공동경제특구가 조성되기까지는 이미 다양한 산업적 기반을 갖추고 있는 경의선 축에 비해서는 상대적으로 오랜 시간이 걸릴 것으로 예상된다. 그러나 경원선 축의 경기북부 지역으로부터 시작하여 강원도의 철원, 평강 지역에 이르기까지 산업생태계를 형성하는 작업은 한반도 국토 이용의 차원에서 장기적으로 반드시 이루어져야 하는 숙제이다.

경원선 축 역시 경의선 축과 마찬가지로 2기 신도시로 조성된 양주신도시로 인해 새로운 산업 기반 조성에 필수적인 노동력의 유입을 기대해 볼 수 있다. 아울러 2021년 현재 기준의 GTX-C 노선 계획에 따르면 양주의 덕정을 기점으로 의정부, 창동, 청량리, 삼성, 양재, 과천, 수원이 급행교통망으로 연결될 예정이다. 특히 A, B 노선과는 달리 상당 부분이 기존의 경원선과 선로를 공유하게 되는데, 그로 인해 역사적으로 형성된 기존 시가지 및 인구 밀집지역에 더욱 접근성이 높은 교통망이 될 것으로 기대된다. 또한 GTX-C 노선을 동두천, 연천까지 연장하기를 요구하는 지역의 수요가 있으나 현재로서는 타당성 측면에서 실현 가능성이 낮다. 그러나 남북교류가 진전되고 남북공동경제특구가 형성되는 시기가 도래한다면 광역교통망은 상당히 중요한 역할을 하게 될 것이다. 더 나아가 평화통일이 실현된다면 분단 이전 경원선 축을 그대로 철원-평강-원산까지 이어지는 한반도 메가리전의 중요한 축을 형성하게 될 것이다.

#### (2) 황해도 지역

##### ① 개성공업지구

2016년 2월 이후 폐쇄되어 있는 개성공업지구의 경우 남북관계의 진전에 따라 언제든지 조업을 재개할 수 있는 인프라를 갖추고 있다. 2단계 250만 평, 3단계 500만 평으로 확장된다면 남북공동경제특구의 핵심 산업지역의 위상을 갖춤과 동시에 한반도 메가리전 내의 다른 공동경제특구의 모델이 될 수 있을 것이다. 아울러 본 연구에서 남북공동경제특구의 세부지구 안으로 제시하는 파주 장단지구 및 개성 개풍·배천(예성강)지구의 지리적 중간 지역에 위치하여 남과 북을 잇는 공동경제특구의 기반으로 삼을 수 있다.

다만 산업적 측면에서는 임가공 산업 중심의 시행착오를 답습하지 않는 새로운 전략이 필요하다. 지난 개성공업지구의 역사는 결국 선진국의 자본 및 기술과 개발도상국의 노동력을 활용하는 전통적인 모델에 의존했다고 볼 수 있다. 국내 기업 입장에서는 개발도상국으로의 공장 이전 개념으로 받아들여 다른 나라와의 비교우위를 계산하게 되고, 결국 정치적 리스크 우려가 컸을 뿐 아니라 불행히도 이러한 우려가 현실화된 사례이다. 북측의 입장에서는 개성공업지구 노동자들의 소득을 높이는 데에는 성공적이었을 수 있으나, 산업의 자생적 발전에 큰 도움이 되지 않았고 오히려 체제 유지에 위험 요소로 작용할 수 있는 것으로 받아들여졌다. 그로 인해 남북관계라는 정치적 요소에 의해 그 존망이 결정될 정도로 개성공업지구 자체가 경제적, 산업적으로는 크게 강점이 없었다는 한계가 사후적으로 드러났다.

이러한 오프쇼어링(offshoring) 접근법은 향후 개성공업지구를 비롯하여 남북공동경제특구에 있어 극복해야 할 가장 큰 과제이다. 특히 2020년대에 들어 세계화의 퇴조와 코로나19 등 감염병 유행에 따라 원거리 물류의 비용 및 불확실성은 커져 국내 경제에도 오프쇼어링 전략의 지속가능성이 떨어지는 문제가 발생하고 있다. 남북공동경제특구 구상에 포함되는 지역은 육로로 왕래가 가능하며 다른 어떤 나라보다도 지리적으로 근접해 있다는 강점을 극대화하여 니어쇼어링(nearshoring)의 개념으로 접근해야 할 것이다. 이러한 점을 고려하였을 때 남북공동경제특구는 한반도 메가리전 전체의 지속가능성을 제고할 수 있는 중요한 축으로 기능해야 할 것이다. 이를 위해서는 단순하게 값싼 노동력을 활용하는 산업이 아니라, 해당 지역의 과거 산업 기반, 인력 수준, 교통망, 자연환경 등을 고려한 산업의 탐색 과정을 거쳐 제안하는 전략이 필요하다.

#### ② 해주-강령

개성공업지구 외에 황해도 지역에서 남북공동경제특구의 중요한 역할을 할 수 있는 지역은 해주 및 강령 지역이다. 북한에서 2018년 11월 대외 투자 안내서를 통해 공개한 27

개 경제개발구 계획에 따르면, '강령국제녹색시범구'는 중앙급개발구 중 하나로 지정되어 수산자원을 기반으로 한 생태산업을 주력으로 개발하고자 하는 북한의 의지를 엿볼 수 있다. 또한 황해도 과일군은 1967년 김일성이 방문하면서 기존 풍천군 및 송화군 지역의 행정구역명이 개칭될 정도로 국영농장 체제하의 과수 단지가 발달해 있다.

해주는 오래전부터 황해도의 중심 도시로 성장해 왔으나 분단으로 인해 경기만의 해상교통 및 어로 활용이 막혀 발전에 큰 걸림돌이 되고 있다. 더욱이 북한 기준에서는 최남단 및 접경지역에 위치하여 평양 중심으로 진행되는 경제발전의 혜택이 도달하기 어려운 문제가 있어 왔다. 그러나 해주는 여전히 인천항, 남포항, 중국과 이어지는 해상 교통망의 잠재력이 큰 지역이며, 서해평화협력특별지대, 평화수역, 공동어로수역 등 바다를 무대로 한 다양한 평화협력 구상에서 중심지로 꼽히고 있다. 이러한 해주항의 잠재력과 강령 지역의 농수산물 산업을 기반으로 하여 본 연구에서 남북공동경제특구의 안으로 제시하는 해주청단지구의 중심지역으로 기능할 수 있을 것이다.

이러한 점을 고려했을 때, 경기도와 황해도를 잇는 경기만 연안에 해양 및 수산자원을 활용한 에너지 및 환경 산업을 육성하는 전략을 통해 남북공동경제특구의 신성장 기반으로 삼아야 할 것이다. 아울러 전라남도, 제주도를 중심으로 최근 조성되고 있는 연안 풍력발전단지와 마찬가지로 해주 및 강령 지역에도 해상풍력발전단지를 조성하여 북한의 만성적인 전력난을 해소하고 이 지역의 산업 발전에 필요한 에너지원으로 확보하는 방안도 고려할 수 있다. 환경 문제에서는 북한 역시 '생물다양성협약', '기후변화협약', '람사르협약' 등에 가입하는 등 다른 분야에 비해 상대적으로 적극적인 모습을 보이고 있다. 이러한 점을 고려했을 때 해주 및 강령 지역의 에너지 및 환경 산업은 북한의 적극적인 참여 의지를 이끌어낼 수 있을 뿐 아니라, 해당 지역은 물론 한반도 메가리전 전체의 환경적·경제적 지속가능성을 제고할 수 있을 것이다.

그 외 황해도 지역에 산업적 기반이 제대로 갖추어진 것으로 볼 수 있는 지역에 대한 근거는 매우 희박하다. 또한 구체적인 통계자료나 답사자료의 제한으로 인해 이 지역의 산업생태계를 완벽하게 파악할 수는 없다. 이러한 현실적 한계를 수용하는 가운데 27개의 경제개발구 계획을 통해 한반도 메가리전의 실현 이전에 경제개발구 계획이 진전되는 시나리오를 고려하거나, 그렇지 않다고 하더라도 북한이 해당 지역의 특성을 반영하여 계획한 경제개발구를 통해 이 지역의 산업생태계를 짐작해 볼 수 있다.

### 2) 남북한 수도권지역 환경 분석

#### (1) 메가시티리전으로서의 남측 수도권

경기만 권역은 남한의 중추 지역인 수도권과, 북한의 수도권인 평양권을 포함하는 지역으로서 한반도 전역의 경제적, 사회적, 공간적 중추지역 역할을 수행하고 있다. 이들 지역은 북측의 평양, 남포 지역을 제외하면 경기만을 접하고 있는 한강, 임진강, 예성강 유역권에 해당되기 때문에 '초광역 경기만권'으로 통칭해도 무방하다.

남한 지역에서는 글로벌 2급(tier)의 세계도시인 인구 960만 명의 서울, 대도시급인 인구 250만 명의 인천과 인구 100만 명 이상의 수원·고양·용인 등이 있고, 30~50만 명의 중규모 도시들도 파주·의정부 등 많이 입지해 있다. 이에 따라 수도권은 인구 2600만 명을 넘는 메가시티리전(mega city-region)으로서 기준에 따라 다르나 세계 3위 수준의 인구규모를 차지하고 있는 글로벌 대도시권[2]으로 인정되고 있다.

#### (2) 한반도 메가리전인 초광역 경기만 권역의 인구 현황

한반도 메가리전의 남측지역과 북측지역을 모두 포함한 전체 인구는 대략 3408만 명 규모이다. 위키피디아 자료를 토대로 한 세계 제1위의 메가시티리전인 일본 도쿄권은 전체 인구 3553만 명 규모이기 때문에 이에 필적하는 인구규모이다.

한반도 메가리전 남측지역의 인구는 2604만 명 규모이며, 서울시가 967만 명, 인천시가 294만 명, 경기도가 1343만 명을 차지하고 있다. 북측지역의 인구는 평양시가 326만 명, 남포시가 37만 명, 황해남도가 231만 명, 황해북도가 211만 명을 차지하고 있다.

2_ 위키피디아. ko.wikipedia.org/wiki/메가시티(검색일: 2021.11.25.)

[표 3-1] 초광역 경기만 권역의 지역별 인구규모 및 증감추세

(단위 : 천 명)

| 구분 | | | | 인구(명) | | 10년 전 대비 증가율 (%) | 비고 |
|---|---|---|---|---|---|---|---|
| | | | | 2010 | 2020 (북한 2008) | | |
| 한반도 메가리전 초광역 경기만 권역의 인구 합계 | | | | | 34,084 | - | - |
| 남한 | 소계 | | | 24,857 | 26,038 | 4.8 | - |
| | 서울시 | | | 10,312 | 9,668 | -6.2 | - |
| | 인천시 | | | 2,758 | 2,942 | 6.7 | - |
| | 경기도 | 100만 이상 도시 | 수원시 | 1,077 | 1,186 | 10.1 | - |
| | | | 고양시 | 950 | 1,079 | 13.6 | - |
| | | | 용인시 | 876 | 1,074 | 22.5 | - |
| | | 50만~ 100만 도시 | 성남시 | 980 | 940 | -4.1 | - |
| | | | 화성시 | 505 | 855 | 69.1 | - |
| | | | 부천시 | 875 | 818 | -6.5 | - |
| | | | 남양주시 | 564 | 713 | 26.4 | - |
| | | | 안산시 | 714 | 654 | -8.4 | - |
| | | | 안양시 | 621 | 550 | -11.5 | - |
| | | | 평택시 | 419 | 537 | 28.1 | - |
| | | 50만 미만 도시의 합 | 21개 시군 | 4,200 | 5,018 | 19.5 | |
| 북한 | 소계 | | | | 8,046 | | 3.01 |
| | 평양시 | | | - | 3,255 | - | 1993년 2741천 명 |
| | 평안남도 남포시 | | | - | 366 | - | |
| | 황해남도 | 30만 이상 도시 | - | - | - | - | 1993년 2010천 명, 2008년 2310천 명. |
| | | 30만 미만 도시 | - | - | 2,310 | - | |
| | 황해북도 | 30만 이상 도시 | 개성시 | - | 308 | - | 1993년 1512천 명, 2008년 2113천 명. |
| | | | 사리원시 | - | 307 | - | |
| | | 30만 미만 도시의 합 | - | - | 1,497 | - | |

자료: 남한 KOSIS 주민등록인구, 북한 KOSIS 인구일제조사.

주 : 남한 2020년, 북한 2008년 기준(북한통계는 UN Census 2008년 자료가 최종)

### (3) 초광역 경기만 권역의 토지이용 현황

한반도 메가리전의 초광역 경기만 권역의 토지이용 현황과 실태를 파악하는 것은 자료의 한계 문제가 있다. 남측과 북측 지역의 한가운데에 걸쳐 있는 군사분계선과 접경지역 및 여행자 금지구역과 함께 군사안보상 제약으로 토지이용 데이터와 보고서가 많지 않다. 이러한 자료 획득의 난점에도 불구하고, 남측지역은 국토환경성평가지도[3]를 통해, 북측 지역은 인공위성 사진을 처리한 토지이용피복도를 통해 어느 정도의 토지이용 현황과 실태를 파악할 수 있다.

먼저 초광역 경기만 권역 중 남측 수도권 지역의 토지이용실태를 살펴보자. 수도권의 총면적은 3,946.82km²이다. 환경부 홈페이지에 올라와 있는 국토환경성평가지도에 따라 토지이용은 서울시가 5등급 316.6km², 1등급 154.15km², 2등급 61.02km², 3등급 36.78km² 순으로 나타나고 있다. 인천광역시는 3등급 300.28km², 1등급 244.56km², 2등급 251.61km² 순이다. 경기도는 1등급 3,548.11km², 2등급 2,718.83km², 3등급 1,539.4km² 순이다. 대부분 도시지역인 서울시는 5등급이 많고, 도시-농촌지역인 경기도는 1등급이 많으며, 인천시는 중간 성격임을 알 수 있다.

북측 지역의 토지이용현황도 살펴보아야 하지만, 북한의 토지이용정보자료에 대한 접

[표 3-2] **국토환경성평가지도 등급통계**(2020년 기준)

| 구분 | | | 국토환경성평가등급 | | | | | |
|---|---|---|---|---|---|---|---|---|
| | | | 1등급 | 2등급 | 3등급 | 4등급 | 5등급 | 합계 |
| 남한 | 소계 | 면적(km²) | 3,946.82 | 3,031.46 | 1,876.46 | 1,295.06 | 1,824.83 | 11,974.64 |
| | | 비율(%) | 32.96 | 25.32 | 15.67 | 10.82 | 15.24 | 100.00 |
| | 서울 | 면적(km²) | 154.15 | 61.02 | 36.78 | 37.16 | 316.6 | 605.7 |
| | | 비율(%) | 25.45 | 10.07 | 6.07 | 6.13 | 52.27 | 100 |
| | 인천 | 면적(km²) | 244.56 | 251.61 | 300.28 | 64.33 | 243.15 | 1,103.94 |
| | | 비율(%) | 22.15 | 22.79 | 27.2 | 5.83 | 22.03 | 100 |
| | 경기도 | 면적(km²) | 3,548.11 | 2,718.83 | 1,539.4 | 1,193.57 | 1,265.08 | 10,265 |
| | | 비율(%) | 34.57 | 26.49 | 15 | 11.63 | 12.32 | 100 |

자료: 국토환경성평가지도

3_ 환경정책평가연구원 데이터공개. ecvam.neins.go.kr/api/apiWrite.do (검색일: 2021.11.25.)

[그림 3-4] 남북한 군사분계선 및 접경지역의 토지이용피복도 분석

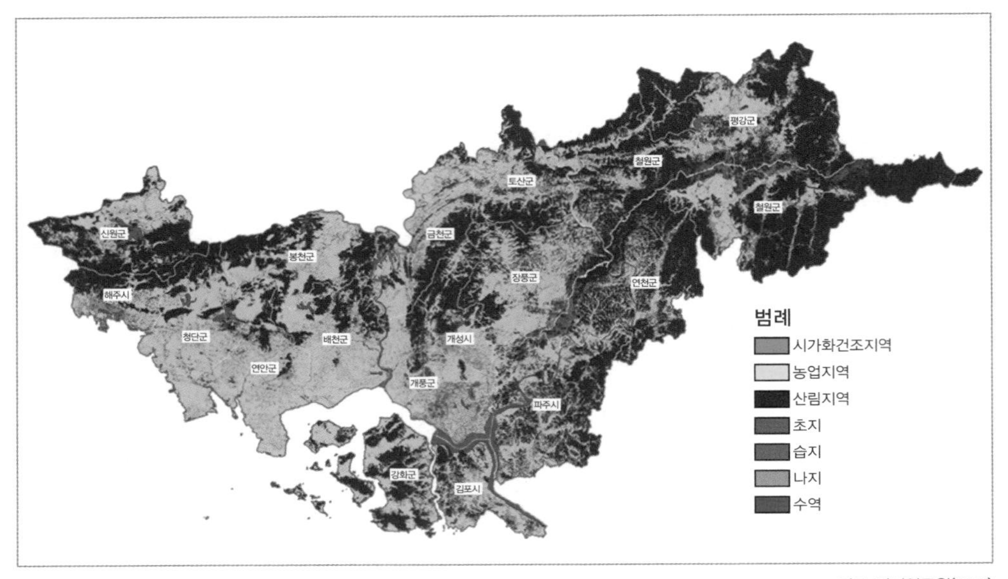


자료: 경기연구원(2019)

근이 이뤄질 수 없어서 인공위성자료를 분석한 남북한 군사분계선 및 접경지역의 토지이용피복도로 대신 살펴본다. [그림 3-4]에서 보는 바와 같이, 군사분계선 및 접경지역에서는 논밭 등의 농업지역이 가장 많고, 임야 등의 산림지역도 거의 필적하게 나타나고 있다. 당연히 상호 대치 중인 접경지역이기 때문에 김포시와 파주시, 그리고 개성시와 해주시를 제외하고는 도시가 집적한 도시화 용지(urbanized area)가 별로 없다.

자연환경의 측면에서 보면 한강하구에 연접한 북측지역은 낮고 평탄하며 너른 평야지대로 구성되어 있다. 개풍군 남부 한강하구와 예성강 하류 좌안에는 면적이 110km$^2$에 이르는 풍덕벌이 있으며 예성강의 우안인 배천군은 서쪽의 연안군에 이르는 연백벌에 포함되어 있다. 이렇듯 예성강을 가운데 두고 개풍군과 배천군은 너른 벌판으로 구성되어 있다. 배천군 일대에는 금, 은, 아연, 철, 동, 중석, 녹주석, 티탄 등 금속 지하자원과 흑연, 규석, 고회석, 석회석, 이탄과 같은 지하자원이 풍부하다.

연안군은 강화 교동도와 마주하고 있는 군으로 곡창지대이며, 나진포 어항을 중심으로 수산물의 집산이 활발했던 곳이다. 해주는 남북접경지역에서 가장 큰 해주항을 보유하고 있어 서해안의 주요 무역항구로 부상했으며 어업이 성하여 수산기지로서 역할을 하고 있

다. 해주항에서 1.2km 떨어져 있는 해주시멘트 공장에서 생산하는 시멘트는 해주항까지 컨베이어벨트로 운송되고 있다.[4]

### (4) 초광역 경기만 권역의 산업과 종사자 현황

초광역 경기만 지역은 역사 이래로 도시가 발달하였고, 도시들을 기반으로 기업체와 근로자들이 자리잡았다. 남측지역인 수도권에는 2019년 기준으로 사업체 수 109만 개, 종사자 수 1000만 명이 경제활동에 종사하고 있으며, 10년 전인 2009년과 비교하면 사업체 수 41.2%, 종사자 수 43.1%가 늘어난 것이다. 지역별로 보면 2019년 기준으로 서울시가 사업체수 46만 개, 종사자 수 458만 명, 인천시가 10만 개, 90만 명, 경기도가 사업체 수 53만 개, 종사자 수 453만 명이다.

산업업종별로 보면, 2019년 기준 사업체 수는 도·소매업 26.4만 개, 제조업 15.8만 개, 숙박 및 음식점업 19.5만 개이며, 종사자 수는 제조업 175.6만 명, 도·소매업 152.3만 명, 보건업 및 사회복지 서비스업 93.2만 명, 숙박 및 음식점업 93만 명 순이다.

[표 3-3] **초광역 경기만 권역의 총사업체 수 및 종사자 수**

| 지역(시도/시군) | 2019 | | 2009 | |
|---|---|---|---|---|
| | 사업체 수 | 총 종사자 수 | 사업체 수 | 총 종사자 수 |
| 수도권 | 1,090,110 | 9,997,977 | 771,989 | 6,984,651 |
| 서울특별시 | 455,160 | 4,574,965 | 357,274 | 3,486,393 |
| 인천광역시 | 104,512 | 896,246 | 71,359 | 611,957 |
| 경기도 | 530,438 | 4,526,766 | 343,356 | 2,886,301 |
| 수원시 | 39,778 | 369,509 | 26,762 | 258,475 |
| 성남시 | 39,127 | 413,550 | 26,162 | 241,576 |
| 의정부시 | 13,667 | 94,619 | 11,044 | 72,585 |
| 안양시 | 26,669 | 226,154 | 21,867 | 170,752 |
| 부천시 | 32,444 | 249,177 | 25,503 | 193,078 |
| 광명시 | 9,960 | 76,913 | 7,520 | 52,873 |

4_ 조선향토대백과 각 지역 편 참조

| 지역(시도/시군) | 2019 | | 2009 | |
|---|---|---|---|---|
| | 사업체 수 | 총 종사자 수 | 사업체 수 | 총 종사자 수 |
| 평택시 | 20,021 | 202,181 | 13,162 | 131,123 |
| 동두천시 | 2,901 | 22,194 | 2,393 | 16,446 |
| 안산시 | 28,706 | 275,361 | 21,950 | 214,394 |
| 고양시 | 39,401 | 277,551 | 26,043 | 181,818 |
| 과천시 | 2,022 | 25,788 | 1,825 | 22,405 |
| 구리시 | 8,256 | 53,768 | 5,974 | 39,521 |
| 남양주시 | 22,262 | 141,632 | 11,983 | 73,209 |
| 오산시 | 7,199 | 60,064 | 4,481 | 33,207 |
| 시흥시 | 25,011 | 179,197 | 16,970 | 122,928 |
| 군포시 | 10,610 | 96,363 | 7,944 | 73,587 |
| 의왕시 | 5,191 | 46,643 | 3,058 | 27,115 |
| 하남시 | 10,498 | 71,956 | 5,587 | 37,467 |
| 용인시 | 34,405 | 305,340 | 18,412 | 185,701 |
| 파주시 | 18,725 | 167,878 | 9,487 | 87,047 |
| 이천시 | 9,098 | 111,926 | 5,763 | 63,352 |
| 안성시 | 8,378 | 86,257 | 5,329 | 55,896 |
| 김포시 | 21,928 | 153,243 | 10,235 | 79,176 |
| 화성시 | 42,630 | 448,390 | 18,448 | 207,787 |
| 광주시 | 16,608 | 121,252 | 11,011 | 78,244 |
| 양주시 | 10,636 | 77,701 | 7,246 | 53,766 |
| 포천시 | 10,677 | 81,326 | 7,347 | 52,050 |
| 여주시 | 4,655 | 37,587 | 3,402 | 25,959 |
| 연천군 | 1,613 | 10,254 | 1,290 | 7,545 |
| 가평군 | 3,536 | 20,409 | 2,399 | 12,714 |
| 양평군 | 3,826 | 22,583 | 2,759 | 14,505 |

자료: 고용노동부(2009-2019)

[표 3-4] 초광역 경기만 권역의 산업분류별 사업체 수와 종사자 수 현황

| 산업분류별 | 사업체 수 | | | | 종사자 수 | | | |
|---|---|---|---|---|---|---|---|---|
| | 수도권 | 경기 | 서울 | 인천 | 수도권 | 경기 | 서울 | 인천 |
| 전체 | 1,090,110 | 530,438 | 455,160 | 104,512 | 9,997,977 | 4,526,766 | 4,574,965 | 896,246 |
| 농업, 임업 및 어업 | 617 | 551 | 23 | 43 | 5,535 | 4,934 | 397 | 204 |
| 광업 | 135 | 88 | 20 | 27 | 2,171 | 1,580 | 64 | 527 |
| 제조업 | 158,492 | 104,260 | 35,536 | 18,696 | 1,755,787 | 1,284,206 | 235,804 | 235,777 |
| 전기, 가스, 증기 및 공기 조절 공급업 | 475 | 247 | 166 | 62 | 19,112 | 8,880 | 6,172 | 4,060 |
| 수도·하수 및 폐기물 처리, 원료 재생업 | 2,749 | 1,926 | 354 | 469 | 38,474 | 25,360 | 6,924 | 6,190 |
| 건설업 | 48,498 | 26,493 | 17,185 | 4,820 | 700,271 | 285,905 | 358,873 | 55,493 |
| 도매 및 소매업 | 264,175 | 118,991 | 122,788 | 22,396 | 1,522,748 | 625,589 | 780,482 | 116,677 |
| 운수 및 창고업 | 21,712 | 10,304 | 8,069 | 3,339 | 416,244 | 179,639 | 176,963 | 59,642 |
| 숙박 및 음식점업 | 195,016 | 93,209 | 82,037 | 19,770 | 929,908 | 418,382 | 422,520 | 89,006 |
| 정보통신업 | 26,239 | 6,033 | 19,441 | 765 | 465,833 | 106,880 | 350,845 | 8,108 |
| 금융 및 보험업 | 18,552 | 6,600 | 10,336 | 1,616 | 394,078 | 102,894 | 265,598 | 25,586 |
| 부동산업 | 47,930 | 21,034 | 22,987 | 3,909 | 268,507 | 103,798 | 146,063 | 18,646 |
| 전문, 과학 및 기술 서비스업 | 56,284 | 18,405 | 34,699 | 3,180 | 778,005 | 268,348 | 478,430 | 31,227 |
| 사업시설 관리, 사업 지원 및 임대 서비스업 | 27,333 | 11,609 | 13,358 | 2,366 | 768,836 | 221,503 | 494,595 | 52,738 |
| 교육 서비스업 | 52,778 | 27,183 | 20,667 | 4,928 | 509,628 | 223,417 | 246,983 | 39,228 |
| 보건업 및 사회복지 서비스업 | 69,029 | 33,877 | 27,891 | 7,261 | 931,868 | 434,421 | 390,366 | 107,081 |
| 예술, 스포츠 및 여가 관련 서비스업 | 27,843 | 13,818 | 11,233 | 2,792 | 176,827 | 90,072 | 70,715 | 16,040 |
| 협회 및 단체, 수리 및 기타 개인 서비스업 | 72,253 | 35,810 | 28,370 | 8,073 | 314,145 | 140,958 | 143,171 | 30,016 |

자료: 고용노동부(2009-2019)

### (5) 지역별 특화산업과 산업혁신거점

초광역 경기만 권역은 당초 서울 4대문 안 및 여의도에 자리잡았던 기업 본사들이 테헤란로 등으로 이전하여 강남업무지구를 형성하였고, 2000년대 초반의 벤처붐에 따라 벤처캐피털 및 IT회사들이 자리잡은 테헤란로가 혁신지구로 성장하였다. 한편 섬유패션, 기계화학, 전기전자 등의 전통적 산업의 회사들은 생산거점인 구로공단(현재 구로디지털산업단지), 인천 남동공단, 시화안산공단 등의 국가산업단지와 경기도 시·군의 일반 산업단지에 자리잡았다.

2000년대 이후 한국의 산업구조는 반도체, 통신, 바이오제약 등의 신산업으로 중심이 이동하였고, 기업들도 글로벌화함에 따라 수도권에는 생산제조 기능에 더하여 연구개발 기능이 결합한 산업혁신거점들이 형성되기 시작하였다. 수원삼성단지, 기흥밸리, 판교테크노밸리, 안산사이언스파크, 마곡엠밸리, 송도경제자유구역 등이 대표적이다.

[표 3-5]와 같이 서울 마곡, 성남 판교, 수원 광교, 용인 기흥 등은 ICT, 반도체, 게임 등의 특화산업이 발달해 있는데, 혁신거점으로는 삼성R&D캠퍼스, 판교테크노밸리, 광교테크노밸리 등이 자리잡고 있다. 성남 판교, 용인 기흥, 이천, 안양, 부천, 군포, 구양, 파주 등은 지식기반서비스의 특화산업이 발달해 있으며, 혁신거점으로는 판교테크노밸리, 기흥벤처밸리, 이천하이닉스, 안양 K-센터, 부천테크노파크, 삼송기술단지 등이 자리잡고 있고, 조성 중인 곳으로는 고양테크노밸리가 있다. 그 외에 안산, 시흥, 화성, 평택, 파주는 지식기반산업의 특화산업이 발달해 있으며, 산업거점으로는 안산시화산단, 화성삼성단지, 평택산성단지, 파주LCD단지 등이 자리잡고 있고, 조성 중인 곳으로는 양주테크노밸리 등이 있다.

[표 3-5] 초광역 경기만 권역의 남측지역의 시·군별 특화산업과 R&D 거점 현황

| 구분 | 시·군 지역 | 특화산업·기술 | 관련 대학 및 거점 | | 주요 산업단지 |
|---|---|---|---|---|---|
| | | | 기업, 대학(특화분야) | R&D 거점 | |
| 연구 개발 | 서울 마곡<br>판교<br>수원 광교<br>용인 | 연구개발,<br>과학기술서비스<br>ICT, 게임, AI<br>차세대 반도체,<br>바이오의약/나노소자 | LG, 코오롱<br>NAVER, KAIST<br>성균관대(IT, NT)<br>아주대(BT) | 삼성R&D캠퍼스,<br>판교·<br>광교테크노밸리 | 마곡도첨,<br>고색 |
| 지식 기반 서비스 | 성남 판교<br>용인 기흥<br>이천 | IT서비스,<br>반도체 설계,<br>소프트웨어,<br>문화콘텐츠<br>반도체,<br>정보통신기기 반도체 | NAVER, KAKAO,<br>경원대(소프트웨어, 신소재)<br>경희대(영상정보)<br>SK하이닉스 | 판교TV<br>기흥벤처밸리<br>이천하이닉스 | 성남,<br>이천 |
| | 안양<br>부천<br>군포 | 부천(만화영상, 로봇, 금형)<br>안양(소프트웨어,<br>정밀기기, 정보기기) | 안양과학대(정밀기기)<br>유한대(금형, 금속) | 안양 K-센터<br>부천테크노파크 | 부곡 |
| | 고양<br>파주 | 파주(출판)<br>고양(전시컨벤션, 정보통신) | 한길사<br>항공대(항공우주) | 삼송기술단지<br>(계획)<br>고양테크노밸리 | LG<br>디스플레이 |
| 지식 기반 산업 | 안산, 시흥<br>김포, 화성<br>오산, 평택<br>안성 | 안산·시흥(메카트로닉스,<br>부품소재, 정밀화학,<br>바이오)<br>화성(제약, 자동차 부품)<br>김포(정보통신 부품소재)<br>오산(정보통신기기) | 한양대(정보통신, BT)<br>산업기술대(정밀기기)<br>한경대(청정농업)<br>수원대(환경기술) | 경기안산<br>테크노파크<br>안산 시화산단 | 시화,<br>반월,<br>발안,<br>양촌 |
| | 파주,<br>양주<br>남양주 | 파주(디스플레이부품, 정밀<br>기계, 전자부품)<br>양주(섬유가공·소재) | LG디스플레이<br>섬유소재연구소 | (계획)<br>양주테크노밸리 | 월롱,<br>선유,<br>당감 |
| | 의정부,<br>동두천,<br>포천,<br>연천 | 포천(섬유, 가구, 조립금속)<br>동두천(피혁, 염색) | 대진대 | 대진테크노파크 | 동두천 |

자료: 이정훈 외(2020b: 90) 재작성

## 3. 남북공동경제특구의 콘셉트와 방향 설정[5]

### 1) 남북공동경제특구의 위상

최근 메가시티 개념을 넘어 2개 이상의 대도시권과 그 배후지역을 포함하는 새로운 지리적 개념으로 메가리전에 관심이 높아지고 있으며, 비슷한 규모의 기존 메갈로폴리스 개념이 도시 연담화 등 물리적 측면에 초점을 두었다면, 메가리전은 이와 함께 기능적 네트워크를 강조하는 특징이 있다(우명제, 2021). 지난 10년간 국내에서도 한반도 차원의 메가리전에 대한 논의가 활발히 진행되고 있으며, 그중에서도 남북관계가 개선될 경우 가장 큰 변화 압력을 받을 수 있는 지역이 서울과 평양을 포함하는 한반도 메가리전일 것이다(대한국토도시계획학회·서울연구원, 2021; 이정훈 외, 2020). 대한국토도시계획학회·서울연구원(2021)에서는 서울-평양 경제발전축, 이정훈 외(2020)는 한반도 메가리전으로 표현하고 있으나, 공통적으로 서울대도시권 및 평양대도시권과 그 사이에 입지하는 사리원, 해주, 강령, 개성 등의 배후지역을 포함한다(이하 한반도 메가리전).

서해-경기만 접경권 남북공동경제특구는 이러한 한반도 메가리전상의 배후지역임과 동시에, 한반도 메가리전의 듀얼코어(dual-core)인 서울대도시권과 평양대도시권 중 남한 수도권과 인접하여 위치한다. 이는 서해-경기만 남북공동경제특구가 서울 대도시권의 규모의 경제, 도시적 어메니티를 누리면서 동시에 풍부한 자연환경과 상대적으로 저렴한 지가의 입지적 장점을 지닌다고 볼 수 있다. 특히, 서울-평양 고속도로와 고속철도 등의 육상 교통기반시설과 서해안 해상 네트워크가 조성될 경우, 서해-경기만은 한반도 메가리전의 경제적, 환경적 측면에서 매우 중요한 입지적 특성을 가지게 된다.

한반도 메가리전의 서해-경기만 접경권 관련하여 한반도 신경제지도(통일부), 접경지역 발전종합계획(행정안전부), DMZ생태평화공원 조성기본계획(환경부), 평화·생명지대 광역관광개발계획(문화체육부) 등 중앙부처의 관련 계획들과 연계한 남북공동경제특구의 개발구상이 수립될 필요가 있다. 한반도 신경제지도에서는 서해-경기만이 입지한 환서해권에 대해 교통·물류·산업벨트, 접경지역은 환경·관광벨트를 제시하고 있으며, 행정안전부와

---

5_ 서울시립대 우명제 교수, 경기연구원 이상대 선임연구위원, 이정훈 선임연구위원이 공동 작성함.

[그림 3-5] 한반도 신경제지도

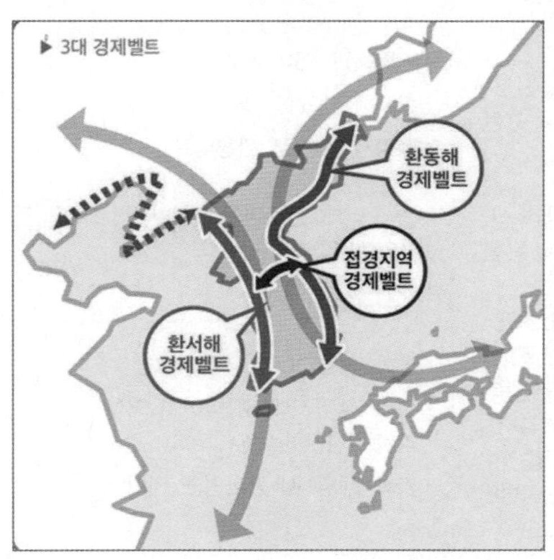


자료: 통일부 홈페이지

문화체육부에서는 신성장동력 육성과 균형발전을 목표로 환경·생태, 관광, 평화 관련 다양한 사업들을 제안하고 있다.

이 외에도, 남북공동경제특구와 유사한 개념으로 통일경제특구 또는 평화경제특구가 접경지역 지자체 차원에서 제안되고 있다. 예를 들면 경기도, 강원도, 인천광역시 등 광역지방자치단체와 김포시, 파주시, 연천군, 철원군 등 기초지방자치단체에서는 도종합계획, 도시기본계획 등을 통하여 접경지역을 활용한 특구조성 및 남북교류협력 산업단지 등을 제안하고 있으며, 중앙정부에서 구상하는 환경·생태, 평화 관련 사업뿐만 아니라 지역 특화산업과 연계한 구체적 첨단산업들이 포함된 것이 특징이다[표 3-6].

서해–경기만 접경권 남북공동경제특구가 기존 지자체에서 제안하는 경제특구와 다른 점은 남한뿐 아니라 해주, 강령, 개풍, 개성 등 북한의 접경지역을 공간적 범위에 포함하고 있으며, 그 안에서 남북한 특구들 간 물리적, 기능적으로 연계되는 네트워크 구조를 지닌다는 점이다. 남북한 인력 이동의 불확실성하에서 노동의 분업에 의한 기능적 연계는 보다 현실적 대안이 될 수 있다. 단, 네트워크를 위한 도입산업에 대해서는 북한의 경제개발구 및 경제특구의 지향산업, 국내 접경지역에서 논의되고 있는 도입산업들과의 연계를 고려하여 설정할 필요가 있다.

[표 3-6] 서해-경기만 접경권 남북공동경제특구 관련 기존 계획

| 기관 | 관련 계획 | 목표 | 추진 전략 | 세부 사업 |
|---|---|---|---|---|
| 통일부 | 한반도 신경제지도 | 한반도 신경제 공동체 구현 | • **환동해권**: 에너지·자원벨트<br>• **환서해권**: 교통·물류·산업벨트<br>• **접경지역**: 환경·관광벨트 | • 평화경제특구 설치 |
| 행안부 | 접경지역 발전종합계획 | 통일 대비 신성장동력 육성 | • DMZ 생태·안보관광 활성화 통일대비미래기반 조성 | • 206개 사업 중 DMZ 생태안보 관광활성화와 통일대비 미래기반 조성사업 포함 |
| 문체부 | 평화·생명지대 광역관광 개발계획 | 관광 발전 비전 정립 및 관광경쟁력, 지역경제 활성화를 통한 국토균형발전 도모 | • 평화·생명지대 녹색 띠 엮기<br>• 평화·생명지대 옛 이야기 되살리기(역사문화지원 테마화 사업)<br>• 평화·생명지대 평화의 끈 잇기 | • 생태자원 관광자원화사업<br>• 역사문화지원 테마화사업<br>• 전적자원테마화사업 |
| 경기도 | 경기도 종합계획 (2012~2020) | 국제교류협력과 남북공동번영 거점조성 | • 주요 접경지역 남북한 경제교류협력 거점 조성<br>• 남북한 경제사회협력지대 개발을 위한 한강, 임진강, 예성강 3하구 벨트 조성<br>• 남북평화경제특구, 남북경제협단지 조성(파주 LCD산업과 개성공단 연관 산업을 중심) | • 파주문산 통일경제특구 건설<br>• 강화, 김포, 연천 남북교류협력단지 건설<br>• 한강-임진강-예성강 3하구 벨트화 추진<br>• 남북경제협력단지 조성(파주 월롱면, 장단면 일대 1,400만m² 규모)<br>• 남북교류협력도시 건설(파주 문산읍 일대 1,800만m²) |
| | 경기비전 2040 | 통일 이후 한반도 공간구상 | • 남북경제통합 준비 3대 프로젝트 추진 | • 경제통합 특별지대조성, DMZ·임진강·서해안 3개축 발전, 남북교류·통일 공공외교 추진 |
| | 통일경제특구 기본구상 | 특구 입지, 규모, 기능 등 특구 개발에 필요한 기본구상안 | • **경의권**: 한반도 메가리전, 대규모 국제산업단지, 외국인 타운, 남북교류의 장 등 건설<br>• **경원권**: 친환경 생태산업 및 관광, 물류 중심지 육성 | - |
| 고양시 | 2030 고양 도시기본계획 | 통일한국을 선도하는 평화도시 | • 평화인권도시 기반 구축 남북교류협력의 배후 거점 지향, JDS 지구 및 문화예술 인프라 등을 전략적으로 활용하여 남북교류의 지속적 추진 | • MICE복합단지, 국제교류 거점 기능 강화 |

| | | | | |
|---|---|---|---|---|
| 파주시 | 2030 파주 도시기본계획 | 통일경제특구 실현 | • **남북교류협력도시조성**<br>• **문산중생활권**: 통일을 준비하는 경제특구 기반 구축 | • 통일경제특구, 남북경제협력단지, 제2개성공단<br>• 남북교류 확대 대비 내륙 물류기지 조성 |
| 김포시 | 2020 김포 도시기본계획 | 통일거점 화합 도시 기틀 마련 | • 연환경 보존 및 이용을 통한 관광 휴양도시 실현<br>• 국제무역 선도 첨단지식 산업도시 육성 | • 경제협력단지 조성, 통일대교 건설, 청소년 역사문화 교육의 장 조성, 실향민촌, 통일촌 등 테마형 마을 조성 |
| 인천광역시 | 인천시 접경지역계획 | 인천-개성 연계 발전을 위한 남북경협 기반 유지 | • 남북공동체 조성모델 구축<br>• 서해안 중심의 남북경협 축 형성<br>• 경제협력, 물류, 관광, 사회·문화 협력 등 복합적 연계 | • 교동도 중심의 교통접근성 강화<br>• 남북경협 및 교동평화산업단지 조성 등 산업정책 기반 유지 |
| 강화군 | 2010 주요 군정계획 | 강화경제 자유구역 조성 | • **개성, 해주, 강화도 연계**: 남북 간 상생발전과 평화통일벨트의 중심도시로 발전 | - |
| | 인천시 접경 지역 계획 | 역사기능 강화 | • 해상 및 고대역사 관광기능 강화 | • 관광(해안, 해상안보), 강화특산품, 고대 역사관광 |
| 옹진군 | 인천시 접경 지역계획 | 섬의 입지적 특성을 활용한 관광 활성화 | • 국제지향형의 해상관광도시 조성 | • 해상형 안보관광, 남북공동 '평화의 섬' 프로젝트 |

### 2) 남북공동경제특구 조성의 기본 방향

남북공동경제특구는 중장기적 관점에서 한반도 메가리전으로 확대·발전시키기 위한 실험적이면서도 중추적 성격의 프로젝트이다. 남북공동경제특구는 서로 다른 체제로 인해 교역과 투자의 교류가 중단되어 있는 상황을 타개하기 위해 남북한의 일정한 구역을 산업 및 관광단지, 국제도시로 개발하여 남북통합의 실험장이자 공동 번영을 위한 성장엔진을 만들고자 하는 것이다. 남북공동경제특구는 남과 북의 기업, 노동력, 자본, 기술, 토지가 투입되어 제품과 서비스를 생산하고 남북한 혹은 외국에 판매하는 공간이다. 남과 북은 이를 통해 새로운 부가가치와 일자리를 창출할 수 있으며, 기술혁신과 기업경쟁력 강화와 같은 근본적 효과를 누릴 수 있다.

남북공동경제특구의 성공 방정식은 남북한이 서로 원하는 투자와 협력이 되어야 한다. 북한 정부는 특구 조성의 체제에 대한 리스크를 최소화하되, 폐쇄경제로 인해 공급체인과 기술혁신, 자본의 축적이 원활하지 않은 경제 상황을 타개하는 데 유용한 역할을 해 주기를 바랄 것이다. 따라서 개성공단 모델보다는 북한의 산업생태계와 연결성이 더욱 강화된 형태의 투자와 기업의 유치를 원할 것이다. 앞에서 북중접경지역의 신의주·황금평 국제경제지대, 나진·선봉 자유무역지대 계획을 보면 북한이 원하는 접경지역 경제특구의 성격이 잘 드러나고 있다.

북한은 특구의 생산과정에서 북한의 기업이 생산하는 원자재와 중간재 활용을 높이는 것과 특구의 생산품으로 북한의 부족한 생산물자, 중간재의 공급체인을 보강하는 역할을 하는 것을 희망할 것이다. 또 특구를 북한에 새로운 기술을 도입하는 통로로 삼아 북의 산업 발전 촉진을 원할 것이다. 그러므로 전통산업 분야뿐만 아니라 ICT, 바이오 등 첨단기술산업과 관광, 물류, 농업도 유치 희망 업종에 포함될 수 있다. 또 북한 근로자의 소득 증대에 남북공동경제특구가 중요한 기회가 될 것이다.

한국의 기업은 남북공동경제특구가 양호한 기업활동 여건을 갖춘다면 입주하고자 할 것이다. 양질의 노동력을 적은 비용으로 활용하는 것은 매우 큰 장점이다. 아울러 토지 등 비용의 절감, 북한 시장 진출 기회 등을 중요한 요인으로 생각할 것이다(이현주 외, 2019). 경제특구 운영에 필요한 도로, 항구 및 항만, 철도 등 인프라를 어떻게 조성하고 연계할 것인지도 중요하다. 일부 시설은 새로 구축하고, 일부는 남측의 시설이나 설비를 활용하는 방식이 될 것이다. 개성공단과 달리 남북관계가 어떻게 되더라도 특구의 운영이 위협받지 않을 것이라는 보장책이 필요하다(이현주 외, 2019).

지금까지 남북한 간 전쟁과 긴장의 장소였던 군사분계선 및 접경지역에서 왜 남북공동경제특구를 조성하려는가? 그것은 남북한 간 공동의 경제적 이익과 긴장완화 효과를 거둘 수 있기 때문이다. 아울러 분단 이래로 이질화된 남북한 간의 사회적, 문화적 접점 역할을 특구가 수행할 수 있기 때문이다.

이에 따라 남북공동경제특구 조성의 가장 기본적인 목표는 남북한의 경제적, 사회적, 공간적 통합을 실현하는 장소를 만드는 것이다. 남북한의 경제적 공동번영을 실현함과 동시에 글로벌 사회가 현시대의 문제 해결을 위한 어젠다로 제시하고 있는 사회적 책임과 환경적 지속가능성의 가치를 포함할 필요가 있다. 이럴 때 남북한의 공동이익을 추구할 수 있을 뿐만 아니라 남북협력의 명분과 동력을 강화시킬 수 있기 때문이다.

[그림 3-6] 남북공동경제특구 조성을 위한 기본 방향

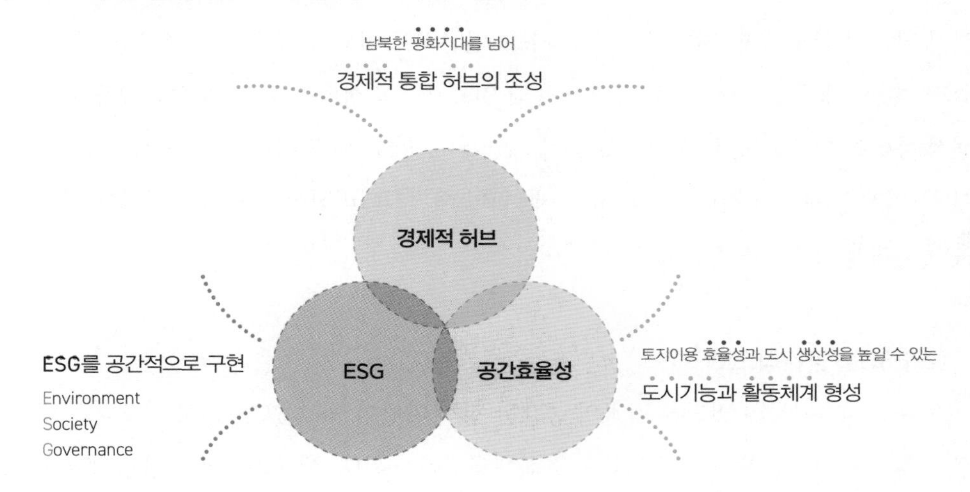


이러한 문제인식에 토대를 둘 때, 남북공동경제특구의 3대 조성 방향으로 남북한 평화지대를 넘어 경제적 통합의 허브로 조성, ESG(Environment, Society, Governance)를 공간적으로 구현, 토지이용 효율성과 도시생산성을 높일 수 있는 도시기능과 활동체계 형성을 설정한다.

### (1) 남북한 평화지대를 넘어 경제적 통합의 허브로 조성

경기만 권역은 남한의 중추지역인 수도권과 북한의 수도권인 평양권을 포함하는 지역이다. 이 지역은 삼국시대 이래로 가장 핵심적인 공간 영역이었으며, 분열의 과정을 무수히 거치면서도 통합된 경제권을 형성하여 왔다. 그러나 1945년 남북한 분단 이후에는 시장경제를 기반으로 하는 한국 수도권과 사회주의 계획경제권인 북한 평양권-황해도권을 형성하여 분절된 상태를 지속하고 있다.

냉전체제가 붕괴되고 무국경 글로벌화가 진행되면서 서방의 시장경제체제와 동방의 사회주의 계획경제체제는 상호 교류하는 교역체제로 진입하였다. 그 선단(edge)에 위치해 있는 홍콩-선전, 베를린-모스크바, 플로리다-쿠바 지역 간에는 경제적 사회적 교류협력이 활발해졌다.

한반도의 초광역 경기만 권역은 남북한이 공동으로 개발한 개성공단을 제외하고는 아

직 경제적·사회적 교류가 활성화되어 있지 않다. 경기만 남측 권역은 서울의 국제금융, 경기 남부의 반도체 및 전기전자 제조 기능, 인천의 바이오와 국제항공물류 기능 등의 산업과 인천국제공항, 인천항 및 평택항 등의 인프라가 축적되어 있기 때문에 남북한 간 경제적 통합이 이뤄질 경우 시너지 효과가 기대된다. 향후 북측 지역의 노동력과 저렴한 토지 등 미개발 자산이 결합한다면 세계 제5위의 메가시티리전인 초광역 경기만 권역이 더욱더 국제적 경쟁력을 갖출 수 있을 것이다.

### (2) ESG를 공간적으로 구현

친환경 지속가능한 발전은 각국의 중요한 정책 방향이 되고 있다. 특히 코로나 시대 이후 전지구적 기후변화 대응의 일환으로 신재생에너지 확대, 생태녹지의 보전은 매우 중요한 속성이다.

환경적 측면에서, 남북공동경제특구는 한강-임진강 하구 및 연안, 갯벌, DMZ, 접경생물권 보전지역 등의 환경적으로 민감한 지역에 걸쳐 조성될 수 밖에 없다. 이에 따라 남북공동경제특구 입지 구상은 한강-임진강 하구연안 및 갯벌지역, DMZ 영역은 절대적으로 보전하고, 보전용도지역계(습지보호지역, 생태보전지역 등)로 지정하여 개발 용도로 전용되는 것을 억제하는 '친환경성'을 견지해야 한다.

사회적 측면을 보면, 민간기업의 투자가 절대적으로 필요하다. 교통, 상하수도, 정보통신 등의 인프라는 주로 국가나 지자체, 그리고 산하 공사 등 공공이 하는 것이지만, 생산과 일자리 창출은 민간기업이 투자하는 것이기 때문에 기업의 참여와 사회적 역할 수행이 필수적이다. 국토연구원의 조사에 의하면, 기업들의 개성공단 입주 동기는 저렴한 인건비, 양질의 노동력, 북한시장 선점 요인 순이었다. 남북공동경제특구도 도시기능상 개성공단의 확장판이기 때문에 기업 투자 요인도 이러한 범주에서 벗어나지 않을 것이다.

시민사회 참여와 협력 측면을 보면, DMZ 및 남북한 접경지역에서의 남북공동경제특구는 기획부터 운영까지 여러 이해관계 집단이 관련되고 참여하는 것이기 때문에 시민사회와의 거버넌스체제 구축이 중요하다. 이를 통해 남북한 당국, 지자체, UN, 시민사회, 주민 등의 이해관계 집단이 참여하고 협력해야 한다.

[그림 3-7] 초광역 경기만 권역의 환경민감지역 현황

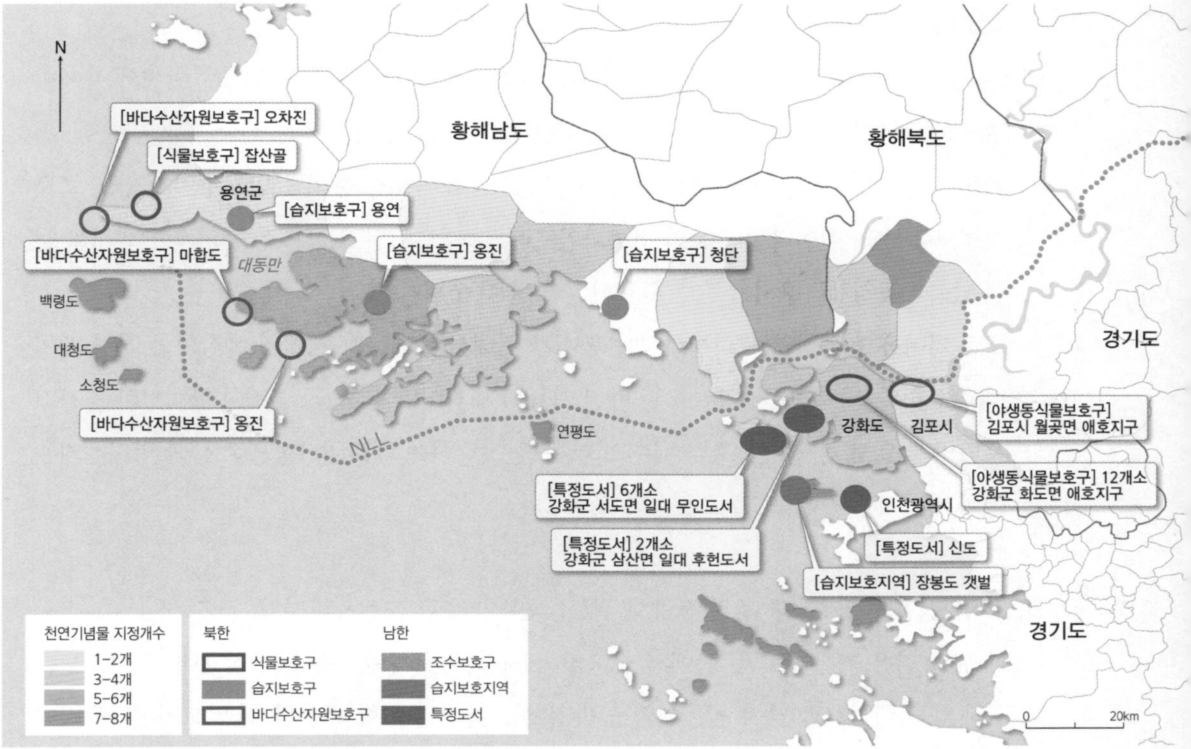

자료: 남정호 외(2005)

[그림 3-8] 개성공단에 입주하고자 하는 동기(1순위, 1+2순위) 설문조사 결과

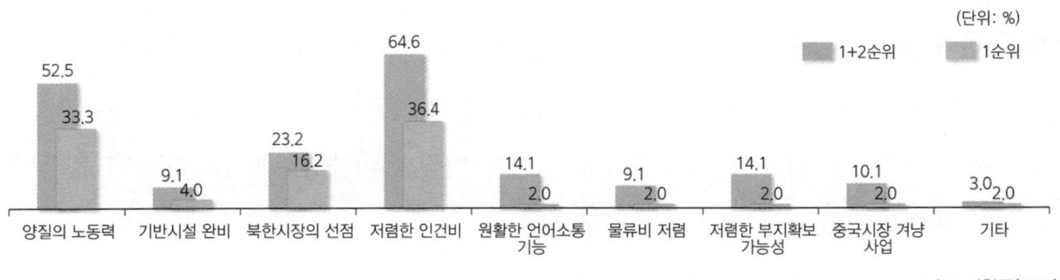


자료: 이현주(2020)

### (3) 토지이용 효율성과 도시생산성을 높일 수 있는 도시기능과 활동체계 형성

남북공동경제특구도 하나의 도시로 볼 수 있기 때문에 도시 내 토지이용 효율성과 도시생산성을 높여야 한다. 이를 위해 특구 내외부의 인프라를 갖추고, 특구 내외 간 사람,

물류, 지식의 흐름을 원활하게 하고, 소요비용도 낮추는 도시기능과 활동체계 형성이 필요하다.

특구의 기능과 활동체계를 원활히 하고, 이에 소요되는 비용을 줄이기 위해서는 이미 존재하는 항만, 교통, 정보화 시설을 활용할 필요가 있다. 인천·김포국제공항, 인천항·평택항 항만, 경의선과 평양 개성철도, 자유로·문산고속도로 등의 항만교통인프라와, 초고속정보통신망, 데이터센터 등의 정보화인프라, 그리고 고양 KINTEX 등의 컨벤션시설 등은 남북공동경제특구의 소중한 활용시설이 될 수 있다.

토지이용 효율성과 도시생산성을 높이기 위해서는 기능과 시설의 복합화와 적정 배치가 중요하다. 남북공동경제특구는 단일 기능의 지점이나 단지(point) 조성 방식보다 공간적 분업의 필요성, 환경민감지역 훼손 회피 등을 고려하여 네트워크형으로 분산 입지시키는 것이 바람직할 것이다.

### 3) 남북 공동경제특구 추진 전략 콘셉트: 동북아 통합 그린&디지털

위와 같은 기본 방향성 속에서 남북경제공동특구를 추동하는 핵심적 브랜드 콘셉트는 현대의 시대정신과 남북 공동이익을 반영하는 가치를 포함해야 한다. 남북경제공동특구의 지리적 특성과 포스트코로나 시대의 시대 정신을 감안한다면 동북아 통합 그린 & 디지털 시티로 설정할 수 있다.

북한은 이미 기후변화에 대응하기 위한 국제사회의 노력에 동참하는 움직임을 보이고 있다. 또한 산림녹화와 신재생에너지를 활용하여 북한의 환경문제, 에너지문제를 해소하려 하고 있다. 물론 한국도 수출주도형 산업구조를 가지고 있고 도시화율이 높아 탄소중립 정책을 추진하고 있다. 환경생태 문제가 남북 협력의 어젠다로서 충분히 요건을 갖추고 있는 것이다.

생태친화적 도시 발전을 위해서는 신재생에너지를 기반으로 도시를 운영하고, 잘 보호된 생태공원과 도시가 공존해야 한다. 전기차 등의 친환경 모빌리티 도입도 중요하다. 친환경 모빌리티는 디지털 시티를 구축하는 중요한 기반이기도 하다.

남북경제공동특구가 남북공동이익을 실현하는 경제통합의 실험적 공간으로서 자리매김하기 위해서는 4차산업혁명과 그린에너지 시대를 뒷받침하는 디지털기술에 기반한 산업과 도시운영 방식을 도입할 필요가 있다. 경기만 연안 남북 접경지역에 서해경제공동특구가 입지한다면 기존의 인프라나 도시가 없다는 점에서 자유로운 구상이 가능하다는 장점이 있다. 또한 한국 수도권의 발달된 디지털 산업 및 도시 운영 기술과 경험을 활용할 수 있으며, 북한의 재능 있는 노동력 활용을 통해 특구지역의 경쟁력을 높일 수 있다. 산업 부문을 넘어 특구에 디지털 기반 운영시스템을 도입하여 에너지 관리, 이동, 냉난방, 보안 등 분야에서 스마트 시티모델을 만들 필요가 있다.

서해-경기만 접경권의 남북공동경제특구는 과거 고려시대부터 중국, 아라비아와 교역하던 국제 무역항의 인접지역에 자리하고 있다. 이러한 점에서 특구는 지정학적으로 남북한과 중국의 삼각지대에서 한 꼭짓점을 형성하고 있다. 남북경제공동특구는 태생적으로 국제협력지대로서의 속성을 띠고 있는 것이다.

## 제2절
# 한반도 메가리전 북한지역 산업 및 유치업종 분석

**조성택**(경기연구원 연구위원)

남북한 산업협력은 경제적 합리성에 기초하여 진행되어야 하며 남북한 이익의 균형이 고려되어야 한다. 따라서 특정 업종을 중심으로 한 협력보다는 전통적 제조업 내에서 다양한 산업을 대상으로 추진하는 것이 바람직할 것이다. 물론 산업협력의 성격이 북한의 경제성장 단계에 따라 변화될 수는 있겠지만 협력 초기 단계에서는 첨단산업보다는 북한의 장기적 경제성장을 고려하여 노동집약적 산업협력이 우선되어야 할 것이다. 이는 북한에게 있어 인프라 구축을 통한 생산역량 확충과 고용파급력이 큰 산업 발전을 통해 북한 주민들의 구매력 증대가 필요하기 때문이다. 현재 북한의 산업수준은 첨단산업으로 도약하기에는 기술역량 측면에서 부족한 것으로 평가된다. 북한의 경공업 기업소의 경우 원부자재 공급이 제한되어 가동률이 매우 낮은 것으로 알려져 있으며 산업 전반에 걸쳐 투자부진과 생산감소의 악순환이 계속되고 있다(이석기 외, 2019).

따라서 남북협력 초기에는 노동집약적 산업부문에 협력분야를 탐색하고 이후 북한의 중화학 공업육성을 고려한 남북한 분업구조 구축을 목표로 협력사업을 진행해야 한다. 첨단산업의 경우 시범사업을 통해 단계적 기술역량 확충을 기대하는 것을 고려해 볼 수 있다.

남북한 간 생산성 및 기술역량에서 매우 큰 격차가 존재하지만 남한은 타국에 비해 우위를 갖는 북한의 요소비용을 통해 수익성 창출을 기대할 수 있으며 이외에도 지하자원과 입지조건 등을 활용함으로써 남북한 상호 이익의 균형을 실현할 수 있을 것이다. 결론적으로 노동집약적 산업을 중심으로 가능한 협력사업을 발굴하고 이후 투자 스케줄과 기업 참여 방안을 모색하여 다양한 형태의 협력방안을 마련해야 한다.

이와 같은 원칙에 따라 경제협력 초기 단계에서 추진 가능한 사업들은 다음과 같다.

## 1. 농업

북한의 농업 생산단위는 소련 및 중국과 같은 사회주의 국가들과 마찬가지로 협동농장이라 할 수 있다. 북한 농업에서 생산 단위인 협동농장은 생산된 농산물들을 비농업부문에 공급하며 비농업부문에서는 생산된 농기자재들을 농업부문으로 투입하는 순환구조를 갖고 있다. 이러한 구조는 사회주의국가들 간의 우대가격이 통용되던 과거 냉전시대에는 무리 없이 유지될 수 있었지만 사회주의가 몰락하고 농업부문에 투입해야 할 원자재 공급에 차질이 빚어지자 협동농장 생산이 급격히 둔화되기 시작하였다. 농업생산량 둔화는 자연재해와 더불어 식량난을 야기하였고 소위 고난의 행군을 경험하게 하였다.

북한은 식량난 트라우마를 극복하기 위해서 종전과는 다른 식량증산정책을 추진하였다. 구체적으로 종자혁명 방침, 농업기반 정비, 두벌농사 방침, 토지정리사업 및 자연흐름식 물길공사 등이 그것이다. 이러한 정책들은 특정 작물의 종자 증식과 보급에서 일부 성과가 보고되었지만 대량생산을 위해 필요한 비료, 농기자재 등의 부족으로 정책은 한계에 직면할 수 밖에 없었다. 특히 무리한 재배지 확장과 벌목, 그리고 약탈농업은 한계에 다다르는 속도를 더욱 가속화 하였다.

김정은 시대에 이르러서도 6·28방침(2012)을 통해 생산 비용 국가 보장, 생산물 국가수매를 통해 개혁을 시도하고자 하였으나 본 방침에서 시장가격 결정, 개인처분 사항 등 시장경제적인 특성이 있음에도 불구하고 국가 중심 생산 분배의 사회주의적 한계를 넘어서지 못하여 그 이후 큰 성과가 나타나지 않았다. 이후 김정은은 5·30노작(2014)을 통해 자율경영제를 도입하고, 협동농장의 작업분조를 가족영농으로 대체하는 등 개혁조치를 단행한다고 발표하였지만 이 또한 이후 뚜렷한 성과가 나타나지 않은 것으로 판단된다. 이는 결국 농업 생산을 위한 생산요소의 공급부족과 무관하지 않아 보이며 이러한 사실은 남북농업협력의 첫 단계가 식량증산을 위한 농업부문 기반조성이 되어야 한다는 필요성을 느끼게 하는 대목이다. 식량문제 해결은 장기적으로 경제활동인구의 양질의 성장을 의미하며 향후 경제성장을 위해서도 반드시 필요한 과제이다. 아울러 농업부문은 경제 제재하의 현 시점에서 남북교류사업 추진 가능성이 높은 산업부문이라 할 수 있다.

농업부문 협력은 지자체 및 민간단체의 후원으로부터 시작하여 정치적 상황의 변화에 따라 정부의 개발협력 그리고 민간단위 농업협력으로의 단계적 추진이 바람직할 것으로 판단된다. 산업관점에서 농업부문 협력은 식량부족을 해소하는 것을 넘어서 안정적 식량생산이 보장되어야 가능하기 때문에 인도적 지원과 함께 생산을 위한 기초 기반을 마련하는 데 중점을 두어야 할 것이다. 농업생산기반을 확충하고 수출형 농업으로 진행하기까지는 생산기술, 인력 양성, 인센티브 제공 및 협동농장 제도 보완 등이 전제되어야 하기 때문이다.

이후 북한의 식량상황이 개선되고 농업부문 산업협력이 가능한 시점에서는 한반도 메가리전 범위에 있는 강령녹색시범구를 포함한 황해도 지역 등이 지역적 이점을 활용할 수 있는 곳으로 평가할 수 있으며 농산물 계약재배, 합영농장 건설 사업 등을 고려할 수도 있을 것이다. 특히, 기후변화로 인한 재배적지가 북상하고 있기 때문에 남한 지역의 특산물 종자를 북한에 제공하여 위탁생산하는 사업의 추진 가능성에도 주목할 필요가 있다.

## 2. 섬유·의류 및 신발공업

섬유·의류 부문은 전통적으로 노동집약적 산업에 해당하여 초기 경제성장에서 고용파급력을 크게 할 수 있는 산업이라 할 수 있다. 북한은 섬유·의류 산업에서 중국과의 위탁가공교역과 개성공단에서의 경험이 있기 때문에 남북 산업협력의 가능성이 가장 높다고 할 수 있다. 현재 남한의 섬유산업은 임금상승으로 일부 제조공정 부분이 해외생산을 통해 이루어지고 있다. 북한과의 산업협력이 가능해지면 해외의 생산공정들의 북한 이전을 위한 기업 유치 전략을 수립할 필요도 있을 것이다. 이와 같이 산업의 특성과 북한 노동력의 숙련도를 고려할 때 한반도 메가리전 내에 생산 입지를 확보한다면 남북 상호 이익이 예상된다.

2000년에 접어들어 북한은 섬유·의류 산업을 수출산업으로 성장시키고자 생산시설의 개선 활동을 추진하였다. 각 공장·기업소들에서는 설비의 고속화 및 정밀화 사업을 추진하였으며 2.8비날론연합기업소의 경우 CNC(Computerized Numerical Control)를 통해 가동한다고 발표하였다(KDB미래전략연구소, 2020). 또한 경제제재로 중간재 수입이 원활하지 않게 됨에 따라 주요 공장을 중심으로 원자재 국산화를 독려하고 수출을 위한 제품의 다양화를 강조하였다. 최근에는 주요 방직공장에 데이터베이스(DB)를 구축하고 실시간으로 데이터를 처리하는 방안을 연구하고 있는 것으로 알려져 있어 생산공정에서 컴퓨터 지원 설계체

계 구축을 시도하는 것으로 파악되고 있다.[6]

북한의 이와 같은 발표가 사실이라고 가정할 때 섬유·의류 부문에 성장 잠재력이 있는 것으로 판단되며 이는 경영 악화에 시달리고 있는 남한 기업들에게 기회가 될 것으로 예상된다. 남북 간 수직적 분업구조가 형성되면 남한 내수시장을 포함하여 중국, 러시아 등 대규모 소비시장에 진출할 수 있을 것으로 기대되며 원산지 문제가 해결되고 타 국가와의 무역협정이 체결되면 생산과 수출이 단기간에 가능할 것으로 판단된다. 특히 한반도 메가리전 내의 김정숙평양방직공장과 사리원방직공장, 그리고 개성방직공장 등 평양과 황해도 지역에 분포하고 있는 생산시설을 현대화하여 활용할 수 있을 것이다.

한편, 북한의 신발공업은 내수에 대응할 정도의 생산량을 보유한 것으로 알려져 있으며 경공업성의 신발공업관리국 산하에 신발연구소를 두고 있을 정도로 신발공업 성장을 국가적으로 독려하고 있다. 2010년부터 북한은 신발의 품질개선을 강조하면서 수출 상품으로 성장시키기 위한 노력을 기울이고 있으며 2014년 김정은은 원산구두공장을 수차례 현지 지도하면서 생산량 증대와 품질향상을 주문하였다. 또한 경쟁력 향상을 위해 매년 2회 전국신발대회를 개최하고 있으며 북한 전국의 유명 기업소들이 참여하고 있다(KDB미래전략연구소, 2020).

신발공업은 대규모 비용이 수반되는 플랜트 설비투자나 고도의 숙련기술 노동자의 투입비율이 타 산업에 비해 상대적으로 낮기 때문에 남북 산업협력 초기에는 위탁생산 또는 수직적 투자를 통한 북한의 기술습득과 노동자들의 작업 숙련도를 높일 수 있을 것이다. 개성공단에서의 경험도 남북산업협력의 이점으로 작용할 것이며 무엇보다 산업 고도화와 비용상승에 직면한 남한 기업들에게 기회를 제공할 수 있을 것으로 판단된다.

## 3. 전기전자 부품

북한의 전기전자 사업은 20년 이상 신규 설비투자가 이루어지지 않았고 미사일과 유도장치를 포함한 국방공업부문에 대부분의 인력 및 자원이 투하되어 산업용 전자제품

---

6_ NK경제, 2020.11.3., “북한, 방직공장 실시간 데이터 처리 시스템 구축”.

(MTI81)이나 가정용 전자제품(MTI82)의 경쟁력은 매우 저조한 것으로 평가되고 있다(윤재웅, 2015). 그러나 1960년대 후반 진공관식 흑백 TV수상기를 자체생산하였으며 1980년대에는 해외합작으로 대동강 TV수상기공장을 건설하여 브라운관 TV를 자체생산하는 등 어느 정도 잠재력을 보유하고 있다. 북한 측에 따르면 대동강 TV수상기 공장에서 42인치 LCD TV(아리랑 모델)를 자체기술로 개발하여 생산 중이며 2016년에 김정은이 청천거리 아파트에 입주한 가정집을 방문하면서 이 모델을 선물하는 모습도 공개하였다(KDB미래전략연구소, 2020).

북한은 또한 보통강 전자제품공장이나 낙원기술교류사 등에서 LED TV와 컴퓨터 모니터를 생산하고 있다고 발표하였으나 그 수준에 대한 평가는 확실하지 않다. 물론 북한의 자체기술력 홍보를 신뢰하는 데는 무리가 따르지만 과거 북한의 전기전자부문 생산 현황을 보면 조립생산에는 무리가 없을 것으로 판단할 수 있다. 예컨대 과거 북한은 관련 부문에서 중국과의 협력을 통한 기술축적을 추구하였다. 휴대폰 부품 조립기술이 대표적이며 아리랑정보기술교류사와 체콤기술합영회사에서 생산되는 이동통신 단말기가 중국 기술이 기반이 된 것으로 알려져 있다. 또한 개성공단에서 북한 노동자들을 통해 전기전자부품을 조립하여 중간재 생산을 한 경험도 있기 때문에 남북한 전기전자부문 산업협력에서 큰 이점을 가지고 있다고 할 수 있다.

무엇보다 북한의 국방공업부문의 전자기술 분야는 높이 평가되고 있기 때문에 국방공업의 민수화작업도 병행된다면 시너지가 작용할 것으로 예상된다. 현재 주요 전기전자부품 기업소는 대부분 평양에 있는 것으로 알려져 있으며 평양 집적회로공장, 해주 반도체공장 등 한반도 메가리전 내에 주요 연구소 및 기업소 등이 입지해 있으므로 이를 고려하여 산업협력을 진행하는 것이 바람직할 것으로 판단된다.

## 4. ICT 및 소프트웨어 산업

1990년대 후반 북한은 과학기술의 발전을 강조하면서 과학기술발전 5개년 계획을 수립(1998.3)하였다. 이 계획은 초기에 1998~2012년까지 5년마다 3회 추진되는 것으로 설정되었으며 사업단계가 완료될 때마다 성과평가를 하는 국가주도의 정책이라 할 수 있다.

물론 그 이전에 3개년 계획이 있었지만 공산권 국가들의 몰락과 경제난 등은 의미 있는 성과를 거두는 데 한계로 작용하였다. 북한이 5개년 계획에서 강조하는 과학기술은 전자공학, 소프트웨어 등 첨단 과학 분야를 의미하며 이를 통해 경제성장의 동력을 확보하고자 하는 의도를 내포하고 있다.

북한은 또한 이러한 정책의 일환으로 해외투자유치를 통한 기술이전과 시설투자도 시도하였다. 2000년대 초반 태국 록슬리퍼시픽(Loxley Pacific)이 나진-선봉 지역에 건설한 광케이블 생산 공장, 대만 기업과의 합작으로 출시한 이동식 전화 '체콤' 등이 그 사례이다. 이외에도 북한은 인력양성에 대한 정책도 적극적으로 추진하고 있다. 평양시 만경대 구역에 위치한 금성 제1, 2 고등중학교에 컴퓨터 전문 과정을 신설하였으며 김일성대학과 김책공대에서도 소프트웨어를 포함한 IT 전문가를 육성하고 있는 것으로 알려져 있다.[7]

현재 북한의 생산기술과 능력에 대해서는 정보 획득이 용이하지 않아 정확한 판단을 내리기가 쉽지 않지만 북한 보도자료를 통해서 볼 때 연간 10만 대 이상의 컴퓨터 조립생산 능력을 보유한 것으로 보인다(김종선 외, 2014). 과거 북한은 중국의 '판다전자집단유한공사'와 합작으로 팬티엄Ⅳ급을 조립생산하여 각 기관 및 기업소에 공급한 것으로 알려져 있으며 북한 내 인트라넷 확대도 지속적으로 추진하여 주요 대학의 화상교육을 진행하고 있다.[8]

태블릿 컴퓨터의 경우도 2012년부터 생산을 시작하여 각 기업소 및 센터에서 다양한 상품을 출시하였으며 가장 최근에는 만경대해양기술교류사의 '대양'(2018년) 이라는 모델을 생산한 바 있다. 북한의 정책적인 관심과 관련 인력 보유에도 불구하고 북한 당국의 폐쇄성과 경제제재는 관련 산업 성장에 장애로 작용하고 있다.

북한의 첨단기술과 관련된 연구소 및 생산시설은 대부분 평양에 위치해 있다. 김일성종합대학 정보과학부, 국가과학원, 조선컴퓨터센터, 모란봉기술협력교류사 등의 연구시설과 아침컴퓨터합영회사, 만경대정보기술사, 조선체신회사, 푸른하늘전자합영회사 등 생산시설 등을 사례로 들 수 있다. 한편, 북한은 소프트웨어 부문도 강조하고 있다. 소프트웨어 역량 강화를 위해 북한은 소프트웨어 개발을 전담하는 기업소인 조선컴퓨터센터를

7_ 북한정보포털. nkinfo.unikorea.go.kr (검색일: 2021.7.29.)

8_ KOTRA 해외시장뉴스. news.kotra.or.kr (검색일: 2021.7.29.)

구조조정함과 동시에 소프트웨어 개발 전반을 관리하는 국가정보화국을 신설하였으며 이를 통해 변화를 유도하고 있다.

소프트웨어 산업은 숙련노동자의 안정적 투입, 상대적 임금 차이 등이 투자유치의 결정요인이라 할 수 있다(Richard Heeks and Brian Nicholson, 2004). 북한은 현재까지 정보를 토대로 판단하면 양질의 인력을 보유하고 있으며 중국과의 기술협력을 통한 장기간 기술개발 역량도 축적되어 있는 것으로 판단된다. 남북경제공동특구 개발 시 관련시설에 이와 같은 기술진 및 연구종사자들의 활용을 고려할 수도 있을 것이다.

## 5. 일반 및 공작기계 부문

북한에서 기계부문은 군수공업의 핵심산업이라 할 수 있다. 2000년대 북한은 기계부문에 대한 개건을 통해 산업생산을 회복하고자 하였다. 특히 4대 선행부문(전력, 석탄, 금속, 철도·운수)과 관련하여 탄광용 기계와 공작기계를 우선 개건하여 타 산업으로의 파급을 유도하고자 하였다. 특히 평안북도 구성시의 구성공작기계종합공장에서는 컴퓨터 수치제어(CNC, Computerized Numerical Control) 공작기계를 개발한 것으로 알려져 관련 부문의 숙련노동력을 확보하고 있다. 전문 인력 확보와 북한 당국이 강조하는 군수산업과의 산업 연계성을 고려하면 기계공업의 성장 가능성을 예상해 볼 수 있다. 현재는 경제제재로 인한 기술이전과 중간재 수입 감소로 생산 공정 능력이 저하되고 있는 실정이다.

남한의 기계부문은 국제수요 감소로 성장이 둔화되고 있으며 아시아에서 노동비용의 열위에 있기 때문에 경쟁력 약화가 예상된다. 따라서 남북 산업협력은 노동집약적 부문과 자본집약적 부문의 생산 단계 간 분업구조를 구축하는 방향으로 설정할 필요가 있다. 한반도 메가리전 내에서는 평양지구, 남포지구, 평남지구, 평북지구에 주요 생산시설이 위치해 있어서 기존 생산시설과 남북경제공동특구와의 연계성을 높일 수 있을 것이다. 평양지구에서는 공작기계, 정밀기계를 포함하여 전자부품, 농기계 등 다양한 부문에서 생산이 이루어지고 있으며 수송여건이 개선되면 평양지구 생산기지는 남포의 수출가공구를 이용하여 해외시장을 공략할 수 있는 수출 플랫폼으로 변모할 수도 있다.

남포지구에도 트랙터 공장을 비롯하여 다양한 기계부품 생산시설이 위치해 있으며 와

우도수출가공구, 진도수출가공구 등 경제개발구 투자가 완료된다면 이를 통한 수익창출을 기대해 볼 수 있을 것이다. 수송기계 중 자동차 산업은 남북산업협력이 심화되면서 수요가 크게 증가할 것으로 예상되며 전후방 연관산업을 고려하여 연쇄효과가 큰 산업을 유치하여 기계부문의 성장산업을 촉진할 수 있을 것으로 판단된다.

## 6. 화학산업

북한의 화학산업은 1960~1970년대 발전을 거듭하였으나 1990년대 이후 신규투자가 미미하여 현재는 정확한 생산량을 추계할 수는 없지만 북한 측 언론에서 각 기업소의 생산량과 관련된 보도를 고려할 때 생산이 위축된 것은 분명해 보인다(심완섭 외, 2015). 대체로 화학공업은 상류부문(Upstream)에 해당되기 때문에 기계, 봉제·의류 등의 산업과 연계성이 높다고 할 수 있다. 이러한 점을 고려하여 신규투자 여력이 없는 북한은 화학부문 기업소들의 개건을 국가적 사업으로 추진하였으며 특히 무기화학분야와 비료에 초점을 맞추었다. 이는 식량증산의 필요성과 관련된 것으로 판단된다.

김정은 정권은 경제발전 5개년 전략(2016~2020년)에서 화학공업을 강조하면서 생산 안정화를 위한 투자와 개건을 가속화하였다. 그 결과물로 순천인비료공장, 순천화학연합기업소 메탄올 제조공정 건설이 추진되었으며 어느 정도 성과가 있는 것으로 알려져 있다(심완섭 외, 2015). 북한은 화학공업 중에서도 비료, 무기화학, 비날론 등에 편중된 양상을 보이지만 그동안의 화학기업소 구조조정과 설비개건을 통해 생산능력이 향상되었을 가능성이 있다. 따라서 남한의 새로운 신규 설비투자와 기술이전은 남북한 산업협력의 발판이 될 것으로 예상된다.

남한의 경우 화학산업 중 섬유, 비료 등은 가격경쟁력을 확보하기가 어려워지고 있으며 북한의 설비를 현대화한다고 가정할 때 북한 설비와 숙련노동자를 활용하여 남한의 하류부문(Downstream)과 연계하는 것을 고려할 수 있을 것이다. 북한의 화학산업 기업소는 황해남도의 하성타이어공장, 천리마타이어공장 그리고 평양 인근의 만년제약공장, 평양화장품공장, 평양향료공장 등이 있으며 평남의 순천비료공장과 안주의 남흥청년화학연합기업소 등 대규모 설비 등이 한반도 메가리전 내에 분포하고 있어서 메가리전 내의 산업협력이 용이하다 할 수 있다.

## 7. 환경산업

한반도 메가리전이 형성되면 경기도를 포함한 북한 서부지역의 산업생산량이 급격히 증대할 것이다. 오염물질은 산업생산의 부산물이기 때문에 남북 양 지역에 미치는 환경문제가 발생할 것으로 예상된다. 이를 위해 메가리전의 계획 단계부터 환경협력에 대한 논의는 필요하다. 현재는 환경오염에 대한 논의가 온실가스와 같은 글로벌 오염물질에 초점이 맞추어져 있지만 북한과의 산업협력은 전통적 제조업을 포함하고 있기 때문에 글로벌 오염물질을 포함하여 국지적 대기·수질 오염물질, 폐기물, 지하수 관리 등의 분야에서 환경 인프라 투자가 요구된다.

남북 협력 초기에는 남한 주도의 투자가 필요할 것이다. 먼저 대기 오염물질 정화시설, 폐기물 처리장과 같은 환경기초시설이 구축되고 나면 친환경 기술에 대한 기술이전과 함께 오염물질을 남북한이 공동으로 관리할 수 있는 시스템을 구축해야 한다. 이를 통해 산업중심지의 환경질 개선을 병행함과 동시에 지역주민의 삶의 질 개선을 유도할 수 있을 것이다. 중장기적으로 북한의 산업이 성장하고 구매력이 증대하면서 환경수요(Environmental Demand)가 증가하면 새로운 친환경 산업 시장이 창출되는 것도 기대할 수 있다. 결국 초기의 인프라 투자는 향후 경제적 편익 증대로 연결될 수 있을 것이다.

한편, 기후변화 공동대응 차원에서 남북 간 CDM(Clean Development Mechanism) 사업을 추진하는 것도 고려해 볼 수 있다. 이 사업에 참여한 남한 기업들은 CER(Certified Emission Reduction)을 통해 감축인정을 받을 수 있고 북한도 이를 통해 기술을 습득하고 설비를 활용할 수 있을 것이며 장기적으로 해외 기업들의 참여도 고려한다면 환경산업의 성장도 유도할 수 있을 것이다.

제3절

# 입지여건 분석 및 입지선정

이상대(경기연구원 선임연구위원)

## 1. 남북공동경제특구의 공간 구상

남북공동경제특구의 목표를 실현하기 위해 전략적 공간구상이 필요하다. 그 원칙으로는 개방성, 콤팩트, 네트워킹의 3가지를 들 수 있다.

첫째, '개방적'(open)인 토지이용이다. DMZ 및 접경지역은 그동안 분단 상태의 폐쇄적 공간영역이었기 때문에 '열려야' 하며 남북한 간 경제적, 사회적 통합을 이루기 위해서는 공간적 개방성이 반드시 필요하다. 특구와 주변 도시들 간 연결, 입주 기업들의 활동 장애물 완화, 남북한 주민 및 외국 기업인 및 관광객들의 출입이 원활하기 위해서는 공간적 개방성이 중요하다.

둘째, '콤팩트'(compact)한 토지이용이다. '콤팩트'할 이유는 이 지역에 산재되어 있는 환경민감지역의 훼손을 최소화해야 한다는 것이다. 앞서 살펴보았듯이 초광역 경기만권은 한강-임진강 하구, 서해 갯벌 및 연안, DMZ 생태, 접경생물권 보전지역, 한탄강 세계지질공원 등 다양하고, 풍부한 환경민감지역 및 생태자원이 집중된 지역이다.

셋째, 특구 내부 및 특구 주변 도시, SOC들과 '네트워킹'(networking)하는 토지이용이다. 특구를 개발하는 데 단일 지역에 집약시키는 방식과 복수 지역에 분산시키는 방식은 각각 장단점이 있다. 대규모로 한곳에 집약하여 내부적 완결성을 추구하는 방식은 교통, 상하수도 등 내부적 시설의 투자비용을 줄이고, 규모의 경제성을 달성할 수 있는 이점이 있다. 반면 대규모 가용 토지의 확보, 장래 확장성 부족 등의 단점도 있다. 여러 곳에 분산적으로 배치하고 하위 지구 간에 교통, 정보통신 등으로 연결하는 특구는 환경민감지역을 피해서 조성 가능하고, 특구 조성의 효과가 인근 도시, 내륙지역까지 확산할 수 있는 장점이 있다. 반면 교통, 물류의 거리가 길어지는 단점이 있다. 두 가지 방식을 비교한 결과, 남북공동경제특구는 한강-임진강-예성강 하구 및 강화 갯벌지역의 존재를 중시하여 네트워킹 토지 이용 원칙을 적용할 것을 제안한다.

## 2. 남북공동경제특구의 입지 구상

### 1) 남북공동경제특구의 입지조건 검토

특구의 입지조건은 특구의 성격에 따라 다르다. 일반적으로 입지선정 기준은 베버의 최소비용이론, 뢰쉬의 최대수요이론 등 전통적 입지선정론이 있다. 또 가용토지 확보, 주택공급과 권역별 균형, 교통인프라 여건 등을 고려하는 신도시 입지선정 기준이 있다. 경제자유구역이나 산업단지 입지선정 기준은 주택을 기업으로 바꾸면 된다.

좀 더 마이크로한 입지선정기준은 택지개발업무지침에 규정된 지구선정 기준이다. [표 3-7]과 같이 도시기본계획 등 계획이나 법령이 제한하지 않는 지역, 인구·가구·주택보급률 등 사회·경제적 지표에 부합, 건축물 난립 등 지장물 존재 등을 고려한다.

[표 3-7] **국토교통부 택지개발업무지침의 택지개발지구의 선정 기준**

제5조(택지개발지구의 선정) ① 택지개발사업을 시행하고자 하는 자가 택지개발지구 지정 제안을 하기 위하여 지구를 선정할 경우에는 다음 각 호의 사항에 유의하여야 한다.

1. 해당지역 및 도시의 건전한 발전을 도모할 수 있도록 도시기본계획상 개발이 가능한 지역을 우선적으로 선정하여야 하며, 국토의 계획 및 이용에 관한 법령, 문화재보호법령, 수도법령, 농지법령 또는 군사시설보호법령 등에서 개발을 제한하고 있는 지역이 가능한 한 포함되지 않도록 하여야 한다. 다만, 「개발제한구역의 조정을 위한 도시관리계획 변경안 수립지침」에 따라 개발제한구역 내 공공주택지구로 조성하기로 한 지역은 그러하지 아니하다.
2. 해당지역 및 인근 배후도시 등의 인구와 가구현황, 주택보급률, 도시개발방향과 발전추세, 공공 및 민간의 택지개발동향 등 관련된 사회·경제지표를 종합적으로 조사 분석한 후 지구 규모나 위치 등을 합리적으로 선정하여 지구지정 후 장기간 미개발되거나 해제 요청하는 일이 없도록 하여야 한다.
3. 택지개발지구의 연접개발 예상지역에서 보상목적의 건축물 난립 등으로 무질서한 개발이 우려되는 지역은 가급적 택지개발지구에 포함하여 지정하는 것을 원칙으로 한다. 다만, 택지개발지구에 포함할 수 없는 경우에는 지방자치단체의 장과 협조하여 「건축법」, 「국토의 계획 및 이용에 관한 법률」에서 정하는 바에 따른 건축허가제한 등의 조치를 하도록 하여야 한다.

한편 입지선정 및 구역계 설정에 결정적 영향을 미치는 환경영향평가서 등 작성 등에 관한 규정(환경부고시 제2018-205호) 및 환경영향평가협의회 심의 의견을 반영하는 대상지역 설정 기준이 있다. 이 평가항목 및 범위 설정 기준은 자연환경 보전 영역(생물다양성 서식지 보전, 지형 및 생태축의 보전, 주변 자연경관에 미치는 영향, 수환경의 보전), 생활환경 보전 영역(기상·대기질·토양·소음·진동·일조 장해 등 환경수준의 부합성, 환경기초시설의 적정성, 자원 에너지 순환의 효율성), 사회경제환경의 조화성(환경친화적 토지이용, 인구·주거, 산업) 등을 구분하고, 세부적인 평가항목을 설정하는 방식이다.

## 2) 남북공동경제특구의 입지 후보지 선정

### (1) 남북공동경제특구의 입지선정 기준 설정

앞에서 검토한 입지선정 유사사례의 기준을 일부 차용하여 남북경제공동특구 입지선정에 적용할 기준을 설정하였다. 개발 가용지 규모, 자연생태환경 보전 영역, 주변 교통·용수·공공시설 인프라 활용, 남북한 정부의 정책 방향 반영 (정치·군사적 입장 등) 등 4가지 군(群)으로 설정하였다. 향후 남북한 정부의 합의와 개발계획 수립 단계에 들어갈 때에는 4가지 군의 세부 입지기준을 적용하여 구체적인 입지와 구역계 설정을 진행하면 된다.

아직 남북한 정부의 공식화가 진행되기 전임을 감안할 때 남북공동경제특구의 입지 후보지는 매크로한 지역 선정이면 충분하다. 이에 따라 초광역 경기만권의 남북한 경제·사회적 교류협력이 가능한 장소로서 고양 일원, 파주 장단 일원, 연천 백학 일원, 김포 월곶·하성 일원, 강화 일원, 강화 교동도 일원, 개성 개풍·배천(예성강) 일원, 해주 청단 일원 등을 추출해 냈다.

평가작업은 필자를 비롯한 워크숍, 자문회의에 참여한 전문가들의 자문 인터뷰방식(FGI)으로 진행하였다.

### (2) 남북공동경제특구의 입지선정 기준을 적용한 입지 후보지 분석

앞에서 설정한 4가지 입지선정 기준인 개발 가용지 규모,[9] 자연생태환경 보전 영역, 주

---

9_ 입지선정 기준 중 개발 가용지 규모는 공학기술 등 기술적 개선이 불가능한 영역이기 때문에 신도시, 산업단지, 경제자유구역 등 개발사업 추진 시 절대적인 요인으로 작용한다.

변 교통·용수·공공시설 인프라 활용, 남북한 정부의 정책 방향 반영 기준을 가지고 입지 후보지를 평가하였다. 평가 결과를 종합하면 남한에서는 파주 장단 일원, 고양 일원, 김포 월곶·하성 일원, 강화 일원 등이 좋은 점수를 얻었으며, 북한에서는 개성 개풍·배천(예성강) 일원, 해주 청단 일원이 좋은 점수를 얻었다.

앞의 입지기준을 적용한 입지 후보지 분석 결과를 종합하여 남북공동경제특구의 입지 후보지를 선정하였다. 입지 후보지는 네트워크 방식의 분산형으로 계획하고 각 지구는 특화된 기능을 수행하는 지구로 구성된다.

남측의 각 지구는 생산·제조기능, 생산자서비스기능, 물류유통기능, 대북 경제지원·행정기능, 기술협력과 지원기능, 학술문화교류 기능을 수행한다. 북측지역의 각 지구는 생산·제조기능, 물류유통기능, 기술협력과 지원기능, 학술교류 기능, 출입·통관·검역기능(CIQ)을 수행한다.

[표 3-8] 주요 지점과 기능별 교차 분석

| 구분 | 개발 가용지 규모 | 자연 생태환경 보전 영역 | 주변 교통·용수·공공시설 인프라 활용 | 남북한 정부의 정책 방향 반영* | 비고 |
|---|---|---|---|---|---|
| 고양 일원 | 1 | 4 | 5 | – | KINTEX |
| 파주 장단 일원 | 4 | 3 | 4 | – | 경의선철도,<br>파주문산고속도로 |
| 연천 백학 일원 | 2 | 2 | 1 | – | |
| 김포 월곶·하성 일원 | 4 | 2 | 2 | – | |
| 강화 일원 | 4 | 2 | 2 | – | 인천공항–<br>강화연결도로계획 |
| 강화 교동도 일원 | 4 | 2 | 1 | – | |
| 개성 개풍·배천(예성강) 일원 | 5 | 3 | 3 | – | 개성공단<br>예성강(구 벽란도) |
| 해주 청단 일원 | 5 | 4 | 2 | – | 해주항 |

주: 1. 척도에 따른 점수 기준 1(부적격)~5(최적)
2. 점수 부여 근거는 현재 자원과 미래 잠재력 모두를 고려할 것을 전제
3. *는 아직 공식적으로 정해지지 않은 상황을 반영

[그림 3-9] 남북공동경제특구의 세부지구 입지구상 후보지

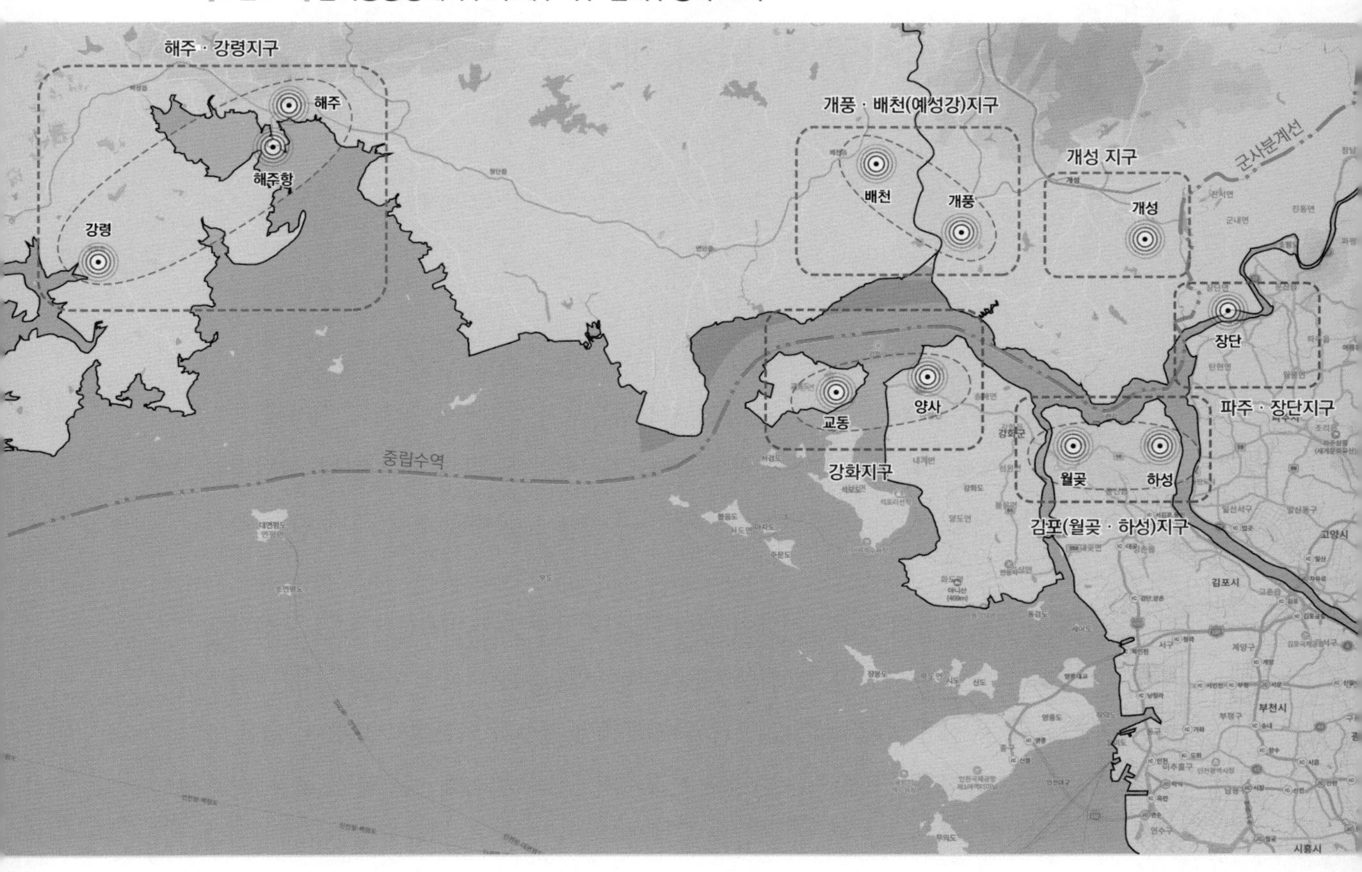


이러한 남북공동경제특구의 각 기능은 주변의 인천·김포국제공항, 인천항·평택항 항만, 경의선과 평양 개성철도, 자유로·문산고속도로 등의 항만교통인프라와, 초고속정보통신망, 데이터센터 등의 정보화인프라들, 그리고 고양 킨텍스 등의 컨벤션시설 등과 연결시켜 투자비용의 절감과 주변시설 활용의 시너지 효과를 가져올 수 있도록 체제 통합을 구상한다.

## 제4절 특구 산업지구 및 도시 개발 구상

**우명제**(서울시립대학교 교수)

### 1. 도입기능 구상

남북공동경제특구와 관련된 기존 중앙정부 정책들과 접경지역에 위치한 지자체 계획들을 살펴보면, 경제특구 및 인접지역 내 도입하고자 하는 기능은 대체로 경제·산업적기능, 생태·관광적기능, 평화·교류적기능, 정책·지원기능, 인프라기능 등 크게 다섯 가지로 구분될 수 있다.

남북공동경제특구 정책수립의 기반이 되는 최근 중앙정부에서 발표한 정책은 한반도 신경제지도가 포함될 수 있으며, 접경지역 관련 기존 계획들은 대체로 한반도 신경제지도에서 제안하는 환서해권, 환동해권, 접경권 등 3개 축별 기능과 일관성을 보인다. 예를 들면, 서해–경기만 접경권이 포함되는 한반도 신경제지도상의 환서해권은 교통, 물류, 산업 중심의 기능을 제안하고 있으며, 이 기능들과 부합하여 환서해권, 서해–경기만 접경권에 위치한 인천, 김포, 파주, 고양 등의 지자체 입지와 산업특성에 맞는 도입기능들이 제안되고 있다.

경제·산업적 기능과 관련하여 파주 LCD 산업단지, OLED 관련 신산업, 개성공단 연관산업 등과 김포의 항공 IT 등 첨단업종의 남북한 연계 등이 논의되고 있으며, 공통적으로 첨단물류산업, 녹색에너지 개발사업, 보건방역 및 비대면사업을 위한 첨단 정보통신을 활용한 교류협력 등이 제안되고 있다. 생태·관광적기능과 관련해서는 DMZ 일대 생태, 안보 관광 및 역사문화관광 등 지역자원을 활용한 특화사업들이 논의되어 왔고, 인천·김포 일대에 교동평화고속도로, 연륙교 건설, 통일대교와 파주의 서울–문산, 평양–개성고속도로 등 인프라 관련 사업들이 제안되었다.

또한 경제특구의 안전 및 지속가능성 측면에서 유엔환경기구, 세계보건기구 등의 국제기구 유치도 지속적으로 논의되고 있으며, 특구 내 유치산업 및 노동자를 지원하기 위한 생산자서비스업, 교육, 업무, 주거 등 지원기능의 도입이 제안되고 있다.

따라서, 남북공동경제특구 내 도입기능 설정의 기본방향은 산업 측면에서 남북의 상호 보완적, 협력적 생태계가 유지될 수 있도록 개성공단 등 접경지역과 인접한 북한의 경제특구 및 경제개발구 산업과의 협력, 더 나아가 접경지역의 미래 성장동력을 확보할 수 있는 산업기능을 고려할 필요가 있다. 이와 함께, 남북교류 및 경제협력 활성화에 대비한 물류기능이 확보되어야 하며, 서해–경기만 접경권의 입지특성과 부합되고, 기존 특구계획들과 차별화될 수 있는 산업, 관광, 주택, 문화 분야의 도입기능이 제시될 필요가 있다.

이러한 검토하에, 서해–경기만 접경권의 남북공동경제특구에 도입 가능한 기능은 다음과 같이 요약될 수 있다.

첫째, 서해–경기만 접경권의 입지적 특성을 반영하고, 남북공동 번영을 담보할 수 있는 경제·산업기능이다. 여기에는 현실적으로 남북한 노동 분업이 가능한 생산기능과 한반도 메가리전 배후지로서의 입지적 장점을 살려 미래 성장동력을 확보할 수 있는 첨단산업을 포함하며, 낙후된 접경지역의 경제적 활력을 제공할 수 있는 산업들이 고려되어야 한다. 특히, 남북한 노동 분업을 고려한 혁신클러스터의 R&D 기능을 포함할 필요가 있으며, 생산기능에 대해서는 스마트팩토리와 단지 차원에서의 스마트산단 개념을 도입할 필요가 있다.

둘째, DMZ·한강하구 등 생태적 가치가 높은 지역을 보전 및 활용할 수 있는 환경·생태기능이다. 이와 관련해서는 세계평화공원, 환경보전공원 등이 논의되어 왔으며 생태환경 복원 및 보전에 입각하여 기존 중앙정부 및 지자체에서 제안해 왔던 사업들을 남북공동경제특구 내 입지시키는 방안을 고려해 볼 수 있다. 그 밖에 특구 내 공원 및 녹지축도 환경·생태기능의 일환으로 설계되어야 한다.

셋째, 남북한 교류와 소통을 위한 평화·교류기능이다. 교육, 교류, 연수기능과 연구소, 남북문화회관 등 문화교류기능 등을 포함할 수 있다.

넷째, 특구 내 도입되는 민간기능을 지원할 수 있는 복합기능이다. 특구 내 노동자 및 거주자를 지원하기 위한 상업·업무, 의료복지, 편의시설, 숙소 및 주택, 편의시설기능과, 경제·산업기능을 지원하는 생산자서비스시설 및 국제컨퍼런스시설 등을 포함할 수 있다.

다섯째, 안보·생태·역사보전 및 활용을 위한 관광·휴양 기능이다. 남북공동경제특구의 입지에 따라 도입이 제한적일 수도 있으나, 남북공동경제특구가 단기적으로 남북한 인력 이동이 자유로운 상징적 장소가 될 수 있으며 주변의 풍부한 환경·생태, 역사자원을 연계한 관광휴양 기능도 고려해 볼 필요가 있다.

여섯째, 남북교류 활성화 및 향후 통일에 대비하기 위한 정책적 기능이다. 남북공동경제특구의 원활한 운영을 위한 공공기관, 대북 유관기관, 정부기관사무소, 지자체연락사무소, 국제기구 등을 고려할 수 있다.

일곱째, 남북공동경제특구의 골격 구성과 네트워크화를 지원하는 인프라기능이다. 남북한 광역네트워크와 연결되는 특구 내 교통인프라, 터미널 및 물류시설, 출입·통관·검역 기능을 담당하는 CIQ 시설을 포함한다.

마지막으로, 배후도시기능이다. 남북교류가 활성화되고 안정화될 경우 남북공동경제특구가 평화도시 규모로 확장될 것으로 예상되며, 이를 고려한 입지와 함께 대규모 주택 등 신도시 수준의 다양한 기능이 포함될 필요가 있다.

[표 3-9] **서해-경기만 접경권 특구 관련 기존 계획 및 연구의 도입산업 및 기능**

<table>
<tr><th>권역</th><th colspan="5">환서해권</th></tr>
<tr><td>한반도<br>신경제지도</td><td colspan="5">교통, 물류, 산업</td></tr>
<tr><td>지역</td><td>인천</td><td>강화</td><td>김포</td><td>파주</td><td>고양</td></tr>
<tr><td rowspan="3">경제<br>산업</td><td>• 교동평화산업 단지<br>• 바이오산업, 로봇산업 등 첨단산업</td><td>• 수출용 농산품</td><td>• 남북교류형기술 집약산업<br>• 항공 IT 등 첨단 업종의 남북한 연계</td><td>• LCD, 개성공단 연관산업, 출판, 예술산업<br>• OLED 관련 신산업, 바이오 첨단의료산업<br>• 6차산업</td><td>• 관광, 예술, 문화 (JDS)<br>• MICE복합단지<br>• 화훼산업</td></tr>
<tr><td colspan="3">• 어업협력, 해양자원개발</td><td>–</td><td>–</td></tr>
<tr><td colspan="5">• 북한경제협력(수출가공조립업, 물류업, 금융업), 비즈니스특구(기계 및 장비, 전기 및 전자기기, 물류운송, 금융, 무역업), 지역경제활성화(제조업, 금융 및 보험업, 사업지원서비스업, 정보통신 및 방송업, 전문과학 및 기술서비스업)<br>• 기술집약적 첨단산업(첨단영상산업, IT 소재), 첨단물류산업, 교육산업, 생산자 및 사업지원서비스업<br>• 녹색에너지 개발사업<br>• 해양심층수 융복합 산업클러스터<br>• 보건방역, 비대면사업을 위한 첨단 정보통신 활용 교류협력<br>• 문화산업(특수촬영지)</td></tr>
</table>

<table>
<tr><td rowspan="3">평화<br>생태<br>관광</td><td>• 백령도 성지순례<br>• 국제기구업무 연계</td><td>• 역사관광</td><td>• 실향민촌, 통일촌 등 테마형마을</td><td>• 관광숙박</td><td>–</td></tr>
<tr><td colspan="5">• 해상관광, 해양크루즈</td></tr>
<tr><td colspan="5">• DMZ 생태·안보·관광<br>• 지역자원활용 특화사업[휴양캠핑파크, 체험마을, 수상레저관광단지, 해중해양관광거점, 평화생명지대 녹색 띠 엮기(물범생태관찰센터), 역사문화관광]<br>• 평화대학</td></tr>
<tr><td rowspan="3">인프라</td><td colspan="2" rowspan="2">• 교동평화고속도로<br>• 연육교 건설</td><td rowspan="2">• 항만정비<br>• 통일대교(김포)</td><td>• 서울–문산, 평양–개성 고속도로<br>• 도라산 CIQ<br>• 국제업무및행정지원<br>• 물류센터, 트럭터미널</td><td>–</td></tr>
<tr><td colspan="2">• GTX 판문점–개성 연결</td></tr>
<tr><td colspan="5">• 경원운하(한강–원산–동해 257km)<br>• 동서평화물길사업: 추가령구조곡 동서축 수로(임진강–파주–동두천–평강–고산–안변)</td></tr>
<tr><td rowspan="2">지원기능</td><td colspan="5">• 산업 및 산업지원, 상업·업무, 국제업무 및 행정지원<br>• 유엔환경기구 등 국제기구, 생태공동 연구소, 국책연구기관(통일부)<br>• 교류인력 숙박시설, 연수원<br>• 컨벤션센터<br>• 주거</td></tr>
<tr><td colspan="3">–</td><td>• 교류행정<br>• 교육연구복합단지(과학기술교류·전수)</td><td>• 평화통일연구기관</td></tr>
</table>

## 2. 특구 입지유형 및 주요 지구별 개발 콘셉트

남북공동경제특구의 개발은 특구 규모 및 성격, 배후도시 입지 여부, 개발 가용지 여부에 따라, 남북공동경제특구와 배후도시를 함께 개발하는 유형(단일형), 인접하여 개발하는 유형(인접형), 일정거리를 이격하여 주변에 신도시를 조성하거나 연계하는 유형(연계형) 등을 고려해 볼 수 있다. 단일형의 경우, 생산단지와 배후도시를 일체화하여 자족도시로서의 종합적 계획을 수립할 수 있는 장점이 있는 반면, 대규모 개발 가용지를 필요로 하고 개발수요의 불확실성으로 조성기간이 장기화될 수 있는 단점이 있다. 인접형은 경기도종합계획(2012-2020)의 파주 남북한 경제특구 개발구상[그림 3-10]에서 제시된 형태와 유사하며, 단계별 개발접근을 통해 개발수요에 보다 유연하게 대응할 수 있는 장점이 있고, 연계형은 향후 개발가능지 분석을 통하여 탄력적인 대응이 가능하고 주변지역에 개발되었거나 개발 예정인 신도시를 활용할 수 있는 장점이 있다.

[그림 3-10] **파주 남북한 경제특구 개발구상**(경기도 종합계획)

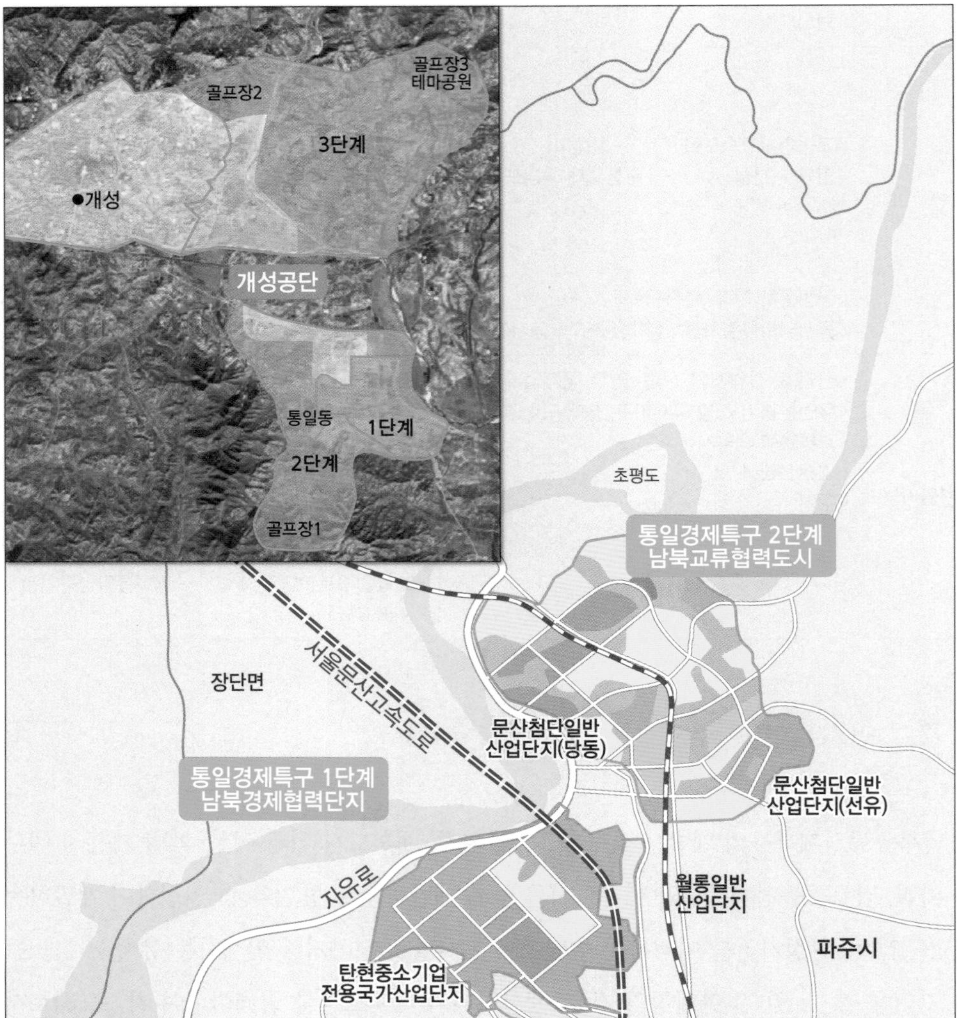

자료: 경기도(2012)

[그림 3-11] **남북공동경제특구 복합도시 개발유형**

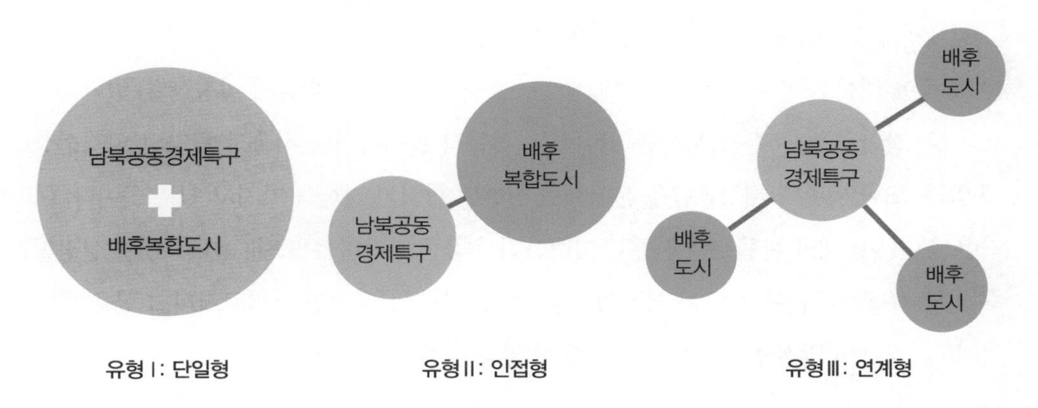


[그림 3-12] **남북공동경제특구 복합도시 입지유형**

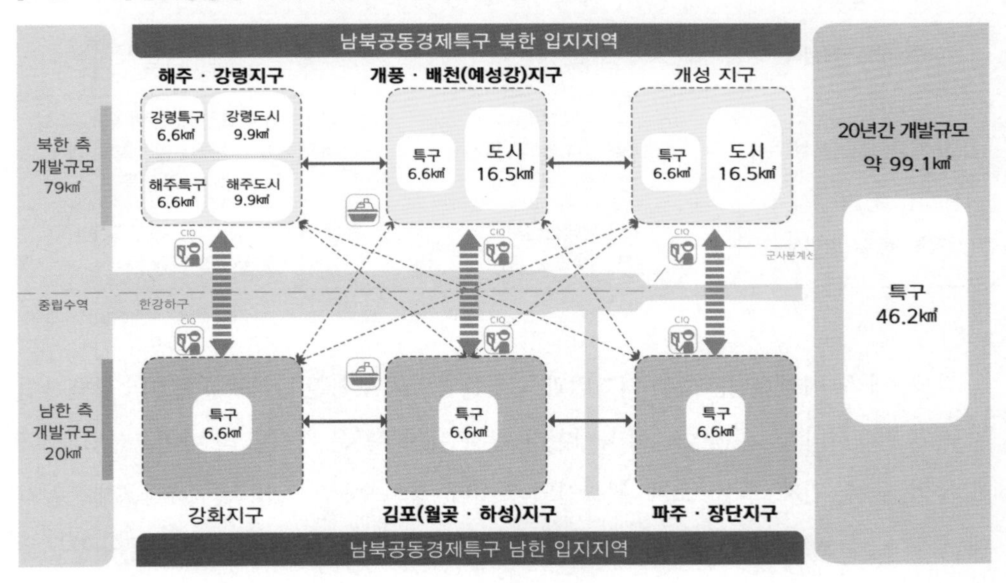


제3절 입지여건 분석 및 입지선정에서 제시된 바와 같이, 서해-경기만 접경권 남북공동경제특구는 파주·장단-개성축, 김포-개풍·배천(예성강)축, 강화-해주·강령축 등 세 개의 공간축이 고려된다. 트윈시티 개념의 쌍으로 이루어진 각 축의 남북한 경제특구는 노동의 분업 등 직접적인 산업과 기능의 연계가 이루어질 수 있으며, 세 공간축이 지역특성에 맞는 기능으로 특화가 이루어질 경우 다른 축의 경제특구와도 기능적 역할 분담을

통한 연계가 가능할 것이다[그림 3-12].

앞에서 남북공동경제특구의 콘셉트와 유치 업종에 대한 논의와 입지를 바탕으로 특구의 세 축에 대한 개발 콘셉트(이정훈 외, 2020b: 113 재작성)는 다음과 같이 설정할 수 있다.

파주·장단–개성축은 남북한을 연결하는 전통적 발전축이며 서울과 평양의 일직선상에 있다. 또한 기존의 개성공단을 운영했던 진전된 협력의 경험을 가지고 있는 곳이다. 이러한 측면에서 개발 콘셉트는 전통과 미래산업이 공존 발전하는 도시(Future City)로 설정할 수 있다. 주요 유치부문으로는 제조업, 서비스업, 관광, 교육이며 스마트시티 조성을 통해 미래도시로서의 발전 잠재력을 키워나갈 수 있을 것이다.

[표 3–10] **남북공동경제특구 3대축의 개발 콘셉트와 주요 구성(안)**

| 구분 | 개발 콘셉트 | 주요구성 |
|---|---|---|
| **파주·장단–개성축** | 전통산업과 미래산업의 공존발전지대 (Future City) | 제조업, 서비스업, 관광, 교육, 스마트시티 등 |
| **김포–개풍·배천(예성강)축** | 디지털과 녹색산업으로 구성된 남북교류협력 중핵산업지구 (Green Tec City) | 디지털 및 바이오산업(IT, 바이오, 의료, 에너지, 스마트 농업), 항만물류, 건재, 광물·소재, 관광 등 |
| **강화–해주·강령축** | 해양생태산업지대 (Marine Eco City) | 관광, 레저, 농업, 해양, 건재, 항만물류, 해양산업, 관광 등 |

자료: 이정훈 외(2020b: 113) 재작성

김포–개풍·배천(예성강)축은 디지털과 녹색산업으로 구성된 남북교류협력의 중핵산업지구, 그린텍시티(Green Tec City)로 육성한다. 주요 유치부문은 디지털 및 바이오산업, 스마트 농업, 물류, 건재, 광물·소재, 관광산업 등이다. 강화–해주·강령축은 해양생태산업지대(Marine Eco City)로 관광, 레저, 농업, 해양, 건재, 항만물류, 해양산업, 관광 등의 부문을 중심으로 육성할 수 있다.

초기 단계에는 낮은 수준의 협업이나 제조업, 서비스업에서 시작하더라도 점차 협력의 폭을 넓히고 기술 수준을 높여 나갈 때 특구의 지속가능하고 실질적인 발전을 이룰 수 있을 것이다.

## 3. 특구 규모

이와 같이, 서해-경기만 접경권의 남북한공동경제특구는 세 개의 공간축, 지역 여건에 따라 5~6개의 크고 작은 경제특구로 이루어진 공간구조를 형성하며, 개별 경제특구는 경제·산업, 환경·생태, 평화·교류, 관광·휴양, 공공, 주거기능 등이 복합적으로 집적된 자족도시를 지향한다. 개별 특구의 토지이용 구상을 위해서는 대략적인 개발규모가 제시될 필요가 있으며, 이를 위해 기존 연구에서 제안되어 왔던 특구의 규모, 실제 조성된 국내 산업단지, 도시개발사업, 경제자유구역 등의 개발규모를 살펴본다.

사업유형에 따라 개발규모가 다양하나, 평균적으로 서해-경기만에 입지한 산업단지와 같은 생산단지의 경우 1,120,000(34만 평)~1,740,000m²(53만 평), 경기지역 도시개발사업의 경우 10,000,000m²(300만 평), 경제자유구역의 9,256,000(280만 평)~53,360,000m²(1600만 평)로 가장 규모가 크면서 편차가 큰 것으로 나타난다. 즉, 산업단지 기능만을 도입할 경우 1,120,000(34만 평)~1,740,000m²(53만 평), 신도시 개념의 배후도시까지 포함할 경우 약 11,430,000m²(346만 평) 규모가 될 수 있음을 의미한다.

그러나, 남북공동경제특구는 산업기능 외에 복합적 기능들이 함께 도입될 필요가 있으므로 생산기능 중심의 기존 산업단지보다는 큰 규모의 개발면적을 필요로 한다. 예를 들면, 통일부의 생태·환경 기능 중심의 DMZ 평화협력지구는 3,840,000m²(116만 평), 통일경제특구는 평균 4,425,000m²(134만 평) 규모로 제안되고 있으며, 경기도종합계획(2012~2020)의 남북경제협력단지는 14,000,000m²(423만 평) 규모로 계획되어 있다. 같은 경기도종합계획에서 제안된 남북경제협력단지의 동북쪽에 인접한 남북교류협력도시는 18,000,000m²(544만 평) 규모로 문산 첨단일반산업단지를 포함하여 행정, 대외교류, 산업진흥, 국토개발, 환경업무를 수행하는 특수목적도시로 제안되었다. 즉, 산업단지 성격의 남북경제협력단지와 배후도시 개념의 남북교류협력도시의 규모를 합산할 경우 32,000,000m²로 약 1000만 평 규모가 된다.

[표 3-11] **남북공동경제특구 관련 개발 사례 규모**

| 유형 | | 개발규모 |
|---|---|---|
| 남북한 경제특구 | 경기도[10] | • **남북경제협력단지**: 14,000,000m$^2$<br>• **남북교류협력도시**: 18,000,000m$^2$ |
| | 통일부<br>통일경제특구[11] | • **점원지구**:4,150,000m$^2$<br>• **강산지구**: 4,700,000m$^2$ |
| | 통일부<br>DMZ평화협력지구[12] | • 3,840,000m$^2$ |
| | 개성공단(배후도시 포함) | • **1단계**: 3,300,000m$^2$<br>• **2단계**: 4,959,000m$^2$(8,264,000m$^2$)<br>• **3단계**: 11,570,000m$^2$(18,182,000m$^2$)<br>• **확장구역**: 6,611,570m$^2$(23,140,000m$^2$) |
| 국내개발 사례 | 산업단지 | • **김포한강시네폴리스산단**: 1,120,000m$^2$<br>• **파주선유산단**: 1,310,000m$^2$<br>• **파주LCD산단**: 1,740,000m$^2$ |
| | 도시개발사업 | • **화성동탄**: 9,040,000m$^2$<br>• **판교**: 9,380,000m$^2$<br>• **수원광교**: 11,070,000m$^2$ |
| | 경제자유구역 | • **시화MTV**: 9,256,000m$^2$<br>• **청라**: 17,810,000m$^2$<br>• **송산그린시티**: 42,128,000m$^2$<br>• **송도**: 53,360,000m$^2$ |

한편, 북측에 개발된 개성공단의 경우, 현재 1단계까지만 조성되었으나 1단계의 산업단지 규모가 약 3,300,000m$^2$(100만 평)로 국내에서 제안된 DMZ 평화협력지구나 통일경제특구 규모와 유사하고 2단계, 3단계, 확장구역의 산업단지까지 포함될 경우에는 약 26,446,000m$^2$(800만 평)에 달한다. 이에 더하여 개성공단의 배후도시는 2단계 3,300,000m$^2$(100만 평), 3단계 6,600,000m$^2$(200만 평), 확장구역 16,529,000m$^2$(500만 평) 규모로 계획되어 있어 배후도시를 포함할 경우 2단계까지는 총 11,571,000m$^2$(350만 평), 3단계까지는 29,754,000m$^2$(900만 평), 확장구역까지 포함하면 총 52,896,000m$^2$(1,600만 평)

10_ 경기도(2012)

11_ 대한국토·도시계획학회(2018)

12_ 대한국토·도시계획학회(2020)

에 이른다. 확장구역을 제외하더라도 1~3단계까지 약 900만 평 규모이며, 이는 기존 개성 시가지 규모가 약 400만 평임을 감안할 때 매우 확장된 도시규모라 할 수 있다.

이를 종합하면, 남측에서 제안되어 왔던 남북한 경제특구는 개성공단의 계획 규모에 비해 비교적 작게 나타나고 있으며, 고유 산업단지의 경우 50만평 내외, 이보다 복합기능이 추가된 통일경제특구 및 경제협력단지는 150~400만 평 내외, 동탄·판교 등 신도시 규모의 도시개발사업이 약 300~350만 평 내외로 나타나고 있음을 알 수 있다.

서해–경기만 접경권 남북공동경제특구는 산업단지 기능 외에 환경·생태, 평화·교류, 관광·휴양, 공공, 업무, 일부 주거 등 복합적 기능을 포함하고 있으므로 1단계에서는 경제협력특구 개념의 150~300만 평 규모를 단계별로 조성하며, 2단계 배후 복합도시까지 포함하여 총 1000만 평 규모를 제시할 수 있다[그림 3-12].

1단계 300만 평 이내의 조성규모는 개성공단(1-3단계) 규모에 비해 작으나, 남북관계의 불확실성, 개성공단 확장 시 과수요 문제, 접경지역 내 다른 경제특구들과의 경쟁 등을 고려할 때 적정 규모라 할 수 있다. 단, 1단계 내에서도 남북관계 시나리오 및 수요를 감안하여 순차적 개발계획을 수립할 필요가 있다.

또한, 배후 복합도시까지 포함한 1000만 평 규모는 개념적 규모로서 앞서 논의한 바와 같이, 1000만 평 부지 내에 남북공동경제특구와 배후도시를 함께 개발하는 유형(단일형), 공간적으로 분리하되 인접하여 개발하는 유형(인접형), 남북공동경제특구로부터 일정거리를 이격하여 주변에 신도시를 조성하거나 기존 신도시를 연계하는 유형(연계형) 등을 함께 고려하여 개발 가용지 및 지역 여건에 맞는 유형을 적용한다.

이상의 규모 산정과 입지분석의 논거를 토대로 남한 측에는 파주·장단지구, 김포(월곶·하성)지구, 강화지구에 산업단지형 특구 각각 6.6km$^2$, 3개 지구 총 20km$^2$를 개발면적으로 설정한다. 이와 대응한 북한 측의 특구는 산업단지와 함께 지원기능을 수행할 배후도시의 개발이 필요하다. 개성지구와 개풍·배천(예성강) 지구는 각각 특구 6.6km$^2$, 도시 16.5km$^2$를 개발하고 해주·강령지구는 각각 특구 6.6km$^2$, 도시 9.9km$^2$를 개발면적으로 설정한다. 남북경제공동특구 총 개발규모는 99.1km$^2$이며 그중 산업단지가 46.2km$^2$이다. 예상 개발규모는 북한 측 79km$^2$, 남한 측은 20km$^2$로 총 3개 축 99km$^2$에 이른다.

## 4. 토지이용 구상

남북공동경제특구의 토지이용계획은 공간구조, 토지이용, 교통체계, 공원녹지 부문에 대한 구상을 포함하며, 대상지의 입지적·환경적·지역적·산업적 특성을 고려하여 구상한다. 특히, 본 장에서 다루는 서해-경기만 접경권의 남북공동경제특구는 (1)파주·고양-개성축의 경기북부 내륙지역에 입지하는 남북공동경제특구형[그림 3-13]과 (2)서해·한강하구에 입지하는 연안·한강하구입지형[그림 3-14]으로 구분할 수 있으며, 연안·한강하구입지형은 다시 남북공동경제특구가 서해 연안에 입지하는 유형(2-1), 한강에 인접하여 입지하는 유형(2-2), 내륙에 입지하는 유형(2-3)으로 세분화될 수 있다. 특히 서해 또는 한강 인접 여부에 따라 남북한 교통네트워크, 습지와 생태보존지역에 대한 토지이용 구상이 달라질 수 있다.

[그림 3-13] **파주·고양-개성축 남북공동경제특구형(1)**

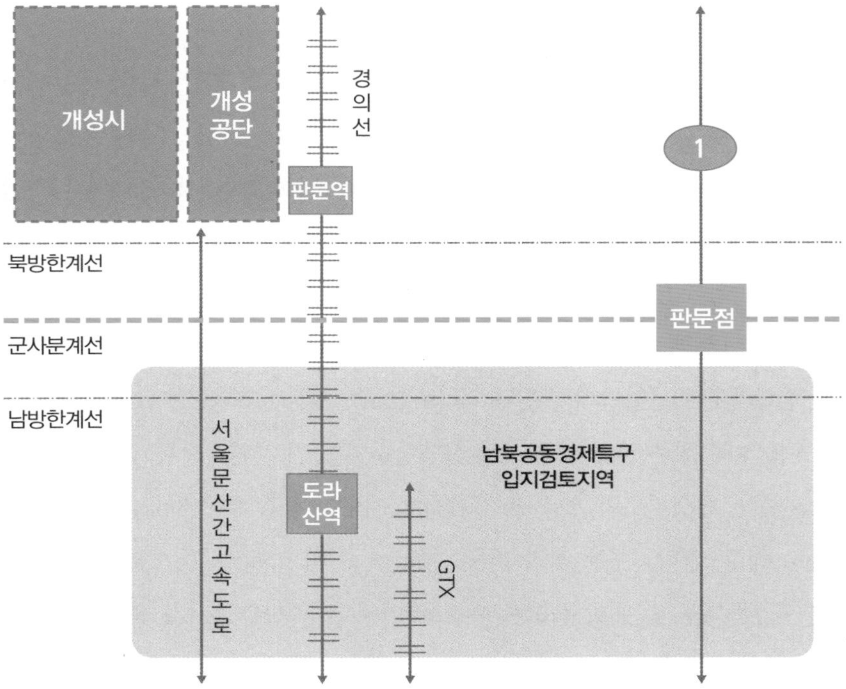

개성시
개성공단
경의선
판문역
1
북방한계선
판문점
군사분계선
남방한계선
서울문산간고속도로
도라산역
남북공동경제특구
입지검토지역
GTX

[그림 3-14] **남북공동경제특구 연안·한강하구 입지형(2)**

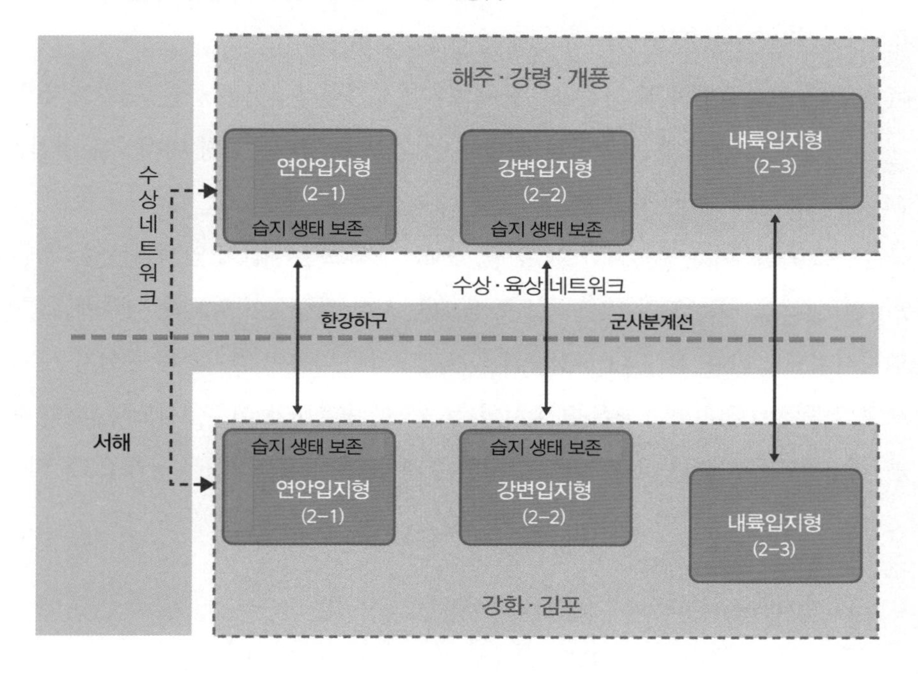


또한 파주·고양–개성축의 경기북부 내륙지역 입지형(1)과 연안·한강하구의 내륙입지형(2-3)은 바다와 강이 인접하지 않은 물리적인 특성은 유사하지만 첫 번째 유형의 경우 군사분계선이 내륙에 입지해 있고, 판문점이라는 상징적 공간의 입지, 서울–평양 간 고속도로와 고속철도 등 한반도 메가리전의 주요 광역 교통 네트워크가 지나는 중심축이라는 점에서 다른 유형과는 입지적 특성과 파급효과가 매우 다르다고 할 수 있다.

남북교류의 허브, ESG(Environment, Society, Governance) 실현, 남북한 접경지역의 발전 촉매라는 남북공동경제특구 미래상을 반영하여 다음과 같은 토지이용구상의 기본방향이 모든 입지유형에 적용되도록 한다. 첫째, 해양 및 녹지대 등에 대한 생태계 보존 강화 및 생태계와 사람, 산업이 함께 공존할 수 있는 공존 공간 마련. 둘째, 다양한 활동을 통하여 상호협력 및 경제·사회·문화적으로 소통할 수 있는 기능별 공간의 적정 배치. 셋째, 남북한 상호 간 이해와 신뢰도를 높여 갈 수 있는 방향으로의 공간구상. 넷째, 단계별 공간구상 및 단계별 기능을 도입하되 북측의 수용성을 고려한 남북협력 관련 기능의 우선적 조성. 다섯째, 스마트팩토리·스마트산단·스마트시티 등 4차산업혁명 관련 혁신기술을 적용한 단지계획. 마지막으로, 미래 산업구조 및 사회여건 변화 반영 및 장래 확장성을 고려하여 탄력적으로 토지를 활용할 수 있는 유보지 개념의 도입이다.

이와 같은 기본방향하에, 남북공동경제특구의 토지이용구상은 공간구조·토지이용배치·스마트특구·교통체계·공원녹지 측면에서 남북공동경제특구의 미래상을 실현할 수 있도록 다음과 같이 설정한다.

공간구조 측면에서는 한강하구 및 연안, DMZ 생태보전 구간이 연계되는 주 생태축을 설정하며, 남북을 잇는 교량 및 고속도로 등 기반시설 접근성이 양호한 위치에 물류시설을 입지시키도록 한다. 특구 내 상징공간 및 상업·업무 기능이 입지하는 중심지구는 가급적 특구의 중앙에 위치하여 모든 곳에서의 접근성이 양호하게 이루어지도록 하며, 파주·고양–개성축의 경기북부 내륙지역에 입지하는 남북공동경제특구형은 장래 GTX 및 KTX 등 고속철도 네트워크와의 접근성을 고려한다.

[그림 3–15] **토지이용 개념도**

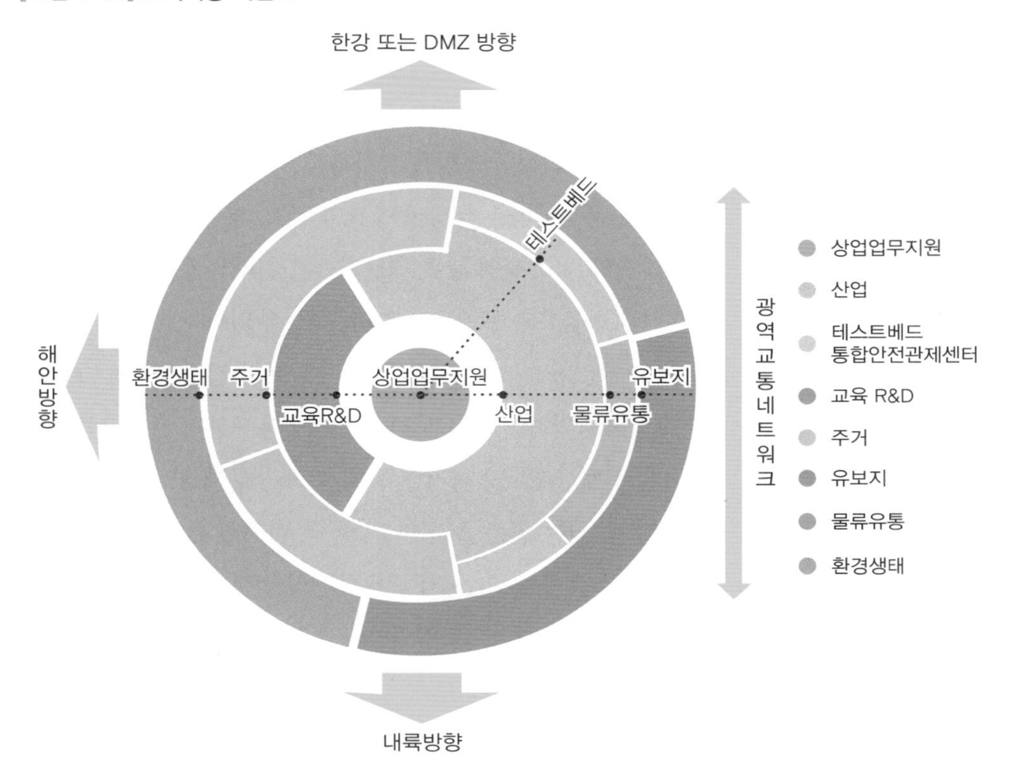

토지이용 관련하여 경제·산업, 생태·관광, 평화교류, 정책·지원기능 등에 대한 적정 시설과 규모를 설정하여 배치하되, 특구의 환경적·지역적 특성을 고려하여 생태환경의 피해가 최소화되도록 한다. 공공청사 및 문화시설 등 남북한이 협력하고 밀접 교류가 필요한 지원용도는 중심지구에 배치하도록 한다. 남북공동경제특구의 규모를 감안한 단계별 조성이 필요하며, 급격한 기술변화가 일어나는 현 시점에서 장래 산업구조 변화 및 새로운 용도를 반영할 수 있는 유보지를 지정한다. 충분한 유보지를 구역계 내에 포함시킴으로써 개발수요에 탄력적으로 대응할 수 있을 뿐만 아니라, 향후 토지가격 상승으로 인한 사업성 악화를 미연에 방지할 수 있도록 한다.

스마트특구는 ESG(Environment, Society, Governance) 실현을 위한 스마트그린산단 개념의 도입을 전제로 한다. 특구 내 분산에너지 단지 지정 및 자원순환·친환경 에너지 시스템 도입, 스마트물류체계 및 친환경 모빌리티 도입과 이를 지원하는 인프라체계 구축, 특구 전역에 대한 디지털인프라 구축 및 스마트팩토리와 테스트베드 조성, 스마트특구 운영·관리를 위한 혁신데이터센터와 통합안전관제시스템 구축을 포함한다. 기성시가지에서 적용이 제한되는 드론 등 스마트시티 핵심요소를 테스트하거나 적용할 수 있는 스마트단지와 6차산업 연계 스마트팜 조성도 고려할 수 있으며, 북측이 관심을 갖고 있는 첨단기술 협력의 공간으로 활용될 수 있을 것으로 기대된다. 또한, R&D 부지를 조성하여 특구 내 혁신기술이 생산제조로 연계될 수 있는 자생적 혁신클러스터 개념을 도입하며, 산업·환경요소와 함께 사람이 공존하는 지속가능한 공간으로서 남북공동경제특구 및 복합도시 내에 혁신 일자리 창출 및 고급인재 확보를 위한 문화·생활·복지 등 살기 좋은 정주여건을 함께 조성하도록 한다.

교통체계 측면에서는 해상과 육상의 효율적 교통연계 축 구성이 필요하며(연안·한강하구 인접형의 경우), 특구 내 도로와 남북한 고속도로 및 철도 등 광역교통망이 효율적으로 연계될 수 있는 가로망 체계를 구축한다. 특구 내에서는 스마트물류체계를 기반으로 한 화물이동, 친환경 자율주행 교통체계를 적극적으로 도입할 수 있는 가로설계 및 가로망을 구축하며, 생태보전이 필요한 구간의 경우 철도 및 도로망 등 교통인프라의 지하화를 유도한다.

공원녹지는 생물다양성, 산림생태계 등 자연환경적 요소를 고려한 개발과 보전의 균형에 입각하여 구상한다. 자연환경보전지역, 야생동식물보호구역, 습지생물지역 등에 대한 환경분석을 통해 생태보전구역과 생태복원구역을 식별할 필요가 있으며, 생태공원 및 세계평화공원 등 녹지축과 연계되도록 설계한다. 연안 및 한강하구 인접형으로 조성될 경우, 환경분석을 통해 식별된 생태·환경 민감지역을 구역계에 포함하거나 완충지역을 설정하여 특구 개발로 인해 환경에 부정적 영향이 확산되지 않도록 선제적으로 대응함과 동시에 자연환경과 공존하는 친환경 특구를 조성하도록 한다.

## 5. 단계별 특구 조성

남북공동경제특구 개발은 남북한 영역의 광범위한 접경지역을 대상으로 하므로 서해-경기만 일대를 공간적 범위로 한 남북 교류협력 여건을 고려한 단계와 특구 차원의 입주 수요 및 사업성을 고려한 단계로 구분하여 접근할 수 있다.

남북 교류협력 시나리오와 관련된 연구는 경제적 요인, 비핵화 등 동북아 주변국과 미국 영향을 고려한 대외적 요인, 권력 승계, 체제 변화 등 북한 내부 요인 등을 반영한 시나리오적 접근과 함께, 시간적 흐름에 따른 단계적 시나리오를 제시한 연구들이 있다. 통일연구원(2009)은 접경지역 평화지대조성 관련 연구에서 화해 연합과 남북 연합의 2단계 시나리오를 제시한 바 있으며, 서울연구원(2018)은 남북한 통합경제권 형성 단계를 1단계(현재), 2단계(2025), 3단계(2030), 4단계(2040)로 설정하고 있다.

본 연구에 앞서 선행된 이정훈 외(2020)의 한반도 메가리전 연구에서는 1단계 남측 개별 추진(한강하구, 서해-접경지역 일대 남북통합 인프라 구축), 2단계 남북 협력 추진(남북 접경 주요 도시·지역 간 연계협력체계 구축 및 공간 조성), 3단계 남북 협력·통합 추진(남북 연계 및 협력 체제의 심화와 한반도 중서부 일대 확장) 단계로 제안하고 있다. 이와 유사하게, 대한국토·도시계획학회(2018)에서는 통일경제특구 기본구상 연구에서 1단계 남측 주도 교류협력 준비단계, 2단계 남북 협력단계, 3단계 남북 공동 발전단계로 구분하고 있다[그림 3-16].

이정훈 외(2020)는 한반도 메가리전 전반의 개발단계를 제시하고, 대한국토·도시계획학회(2018)에서는 본 연구와 유사한 경제특구를 다루고 있다는 점에서 내용상의 차이는 있으나, 공통적으로 초기단계에서는 남측 영역에 대한 특구개발을 우선적으로 하고, 점차 북측 영역으로 확대하는 방안을 제안하고 있다. 남북 관계와 국제정세의 불확실성을 감안할 때, 서해-경기만 접경권 남북공동경제특구 역시 초기단계에서는 남측 영역에 대한 특구 조성이 설득력이 있으며, 남북 관계 개선에 따라 개성공단 우선 재개와 함께 점차 개풍, 강령, 해주 등 북측 영역으로 기능적으로 특화된 특구 확장을 제안할 필요가 있다.

[그림 3-16] **통일경제특구 단계별 구상도**

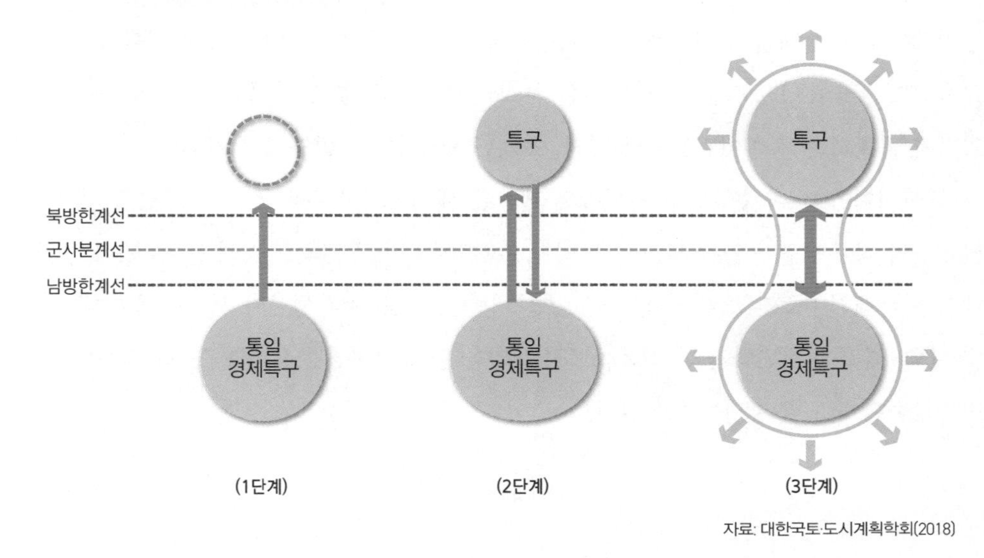


자료: 대한국토·도시계획학회(2018)

[그림 3-17] **남북공동경제특구의 단계별 도입기능**

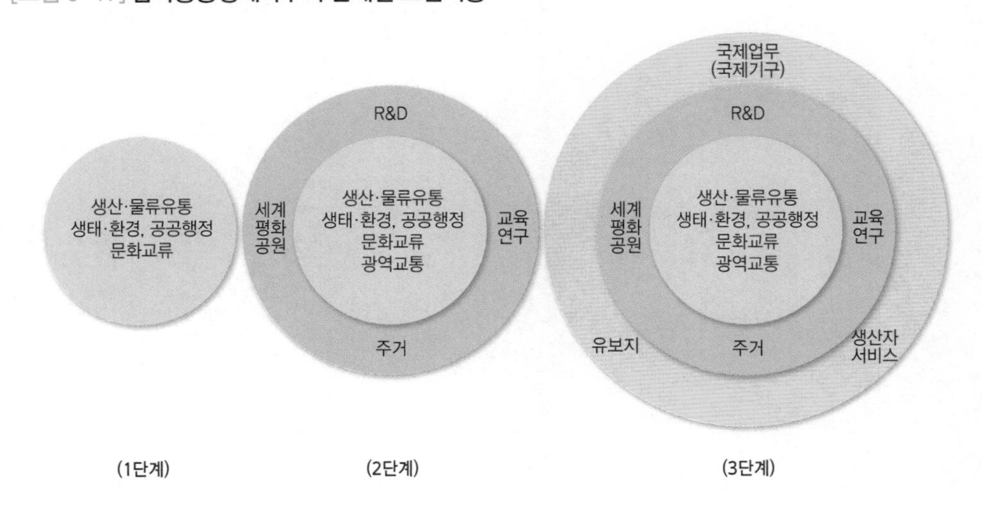

개별 특구 개발 또한 입주수요 및 사업성을 고려하여 단계별로 접근할 필요가 있다. 실행가능성 및 실효성 제고를 위하여 시간 및 공간구성의 단계별 개발이 필요하며, 우선적으로 시행할 수 있는 우선 사업들을 선정하여 순차적으로 진행한다.

초기단계에서는 공공주도로 환경분석을 통한 생태보존구역 및 복원구역에 대한 식별, 남북공동경제특구 관리 및 남북 교류를 위한 공공행정 및 문화교류, 입주 수요 파악을 통한 생산·물류·유통 기능 중심의 시범지구를 우선적으로 조성한다. 2단계에서는 남북공동경제특구 활성화를 위한 광역교통기반시설이 전제되어야 하며, 민간참여를 확대하여 교육·연구 및 R&D, 지원 및 편의시설 확대와 혁신 인력을 위한 주거 조성을 통해 삶과 일터가 공존하는 정주여건을 마련한다. 초기단계에서도 생활인프라 차원의 공원과 녹지가 조성되어야 하나 중앙정부 차원에서 제안된 세계평화공원을 특구 내 조성할 경우, 생활인구와 상주인구가 일정 규모 확보되는 2단계에서의 조성을 고려해 볼 수 있다. 3단계에서는 국제적 비즈니스가 일어날 수 있는 기반을 조성하며, 생산자 서비스업 확대, 수요 및 사회·경제 여건변화를 반영한 유보지 개발을 통해 남북공동경제특구 기능의 고도화와 지속가능한 규모의 경제를 형성한다.

# 제 4 장

## 남북 연계 항만물류 및 육상교통 인프라 구축

## 제1절
# 연안 항만물류시스템 구축

**이성우**(한국해양수산개발원 선임연구위원)

## 1. 개요

최근 국제정세는 과거 이념으로 대립하던 형태에서 경제, 환경, 기술이라는 요소까지 들어오면서 복잡한 형태로 합종연횡을 이어나가고 있다. 과거 이념으로 연결되었던 북·중·러 동맹과 한·미·일 동맹은 심화될 조짐을 보이고 있다. 미국이 중국을 대상으로 일본, 인도, 호주 등과 견제를 하고 이에 중국이 러시아, 이란까지 끌어들이는 전선을 형성하려는 구조이다. 우리나라는 양 전선의 지리적 접점에 위치하고 있고 정치과 경제의 이익에 따라 한·미·일 동맹과 한·중 관계의 사이에서 어떤 선택을 해야 할지 숙제로 남아 있다.

이 상황에서 우리나라와 북한의 선택지는 매우 제한적이고 불투명하다. 미·중이 대립하는 전선 중 하나가 한반도이고 이러한 대립이 심해지면 한반도의 평화 정착은 어려워질 것으로 보인다. 특히, 새로 등장한 미국의 바이든 정부는 북한 이슈를 빠르게 대응하지 않을 가능성이 높다. 중국과의 전면전에 더 집중하고 북한을 포함해 전선을 넓혀갈 것처럼 보이지 않는다. 즉 이러한 대외환경은 현재 북한에 대한 제재가 지속될 가능성이 높다는 것이다. 대북제재가 지속될수록 북한은 중국의 경제 우산 아래로 들어가거나 북한이 내부적 최소 완결적인 산업구조를 지향하며, 개방된 수출지향 산업화가 아니라 수입대체 산업화로 전환(임강택 외, 2010)되어 폐쇄경제 체제로 가는 문제가 발생할 수 있다. 이는 결국 우리나라 입장에서 미래의 부담으로 남을 수밖에 없는 상황이다. 따라서 우리나라는 이점을 강하게 인식하고 북한의 점진적인 개방 유도를 위한 다양한 노력이 필요하다. 우리나라 입장에서는 한반도 평화를 전제로 북한을 설득하고 주변국의 이해를 구해야 하고 한편, 내부적으로 보수와 진보 간의 갈등을 어떻게 상호 이해시키는지에 대한 고민도 병행되어야 한다. 또한 글로벌 환경변화에 맞춰 북한의 개방을 탈탄소화와 디지털화로 이끌어 내서 미래의 비용을 최소화해 나가야 한다.

북한의 단순한 제재 해제와 개방 논의보다 환경과 기술적인 관점에서 우리나라 입장에서도 이익이 되고 북한의 빠른 경제성장과 미래 지향적 발전을 동시에 추진할 수 있는 시작점을 찾아봐야 할 때이다. 본 장에서 언급한 한강하구 공동이용을 통한 연안해운 연계 해륙복합물류시스템 구축은 우리나라의 대기오염 심화, 수도권 교통체증, 사고 증가, 수도권 과밀, 지가 상승 등의 문제를 해결하는 방안(이정훈, 2020b: 115)으로 우선 우리나라의 문제점을 해결하기 위한 고민에서 시작한다. 한편 북한 경제의 중국 의존도 탈피뿐만 아니라 이후 북한 경제의 개방과 경제성장이 전통적인 저임금 기반 저부가가치 산업중심이 아니라 기술기반 고부가가치 산업 중심으로 진행되어야 한다. 또한 북한의 경제성장이 탈탄소화와 디지털화로 진행되어 인접한 우리나라의 환경과 비용부담을 줄이고 기술협력이 가능하도록 남북한의 접경지역에 공동으로 친환경 물류체계 구축을 위한 협력이 필요하다. 이러한 관점에서 북한의 친환경 국토관리와 미래지향적 기술발전을 위한 경기만과 한강하구의 활용을 제안하고자 한다. 이를 해결하기 위해 우리나라와 북한의 한강이용에 대한 합의가 전제되어야 한다. [그림 4-1]에서처럼 북한의 경기만, 한강하구, 해주물류거점을 포함한 지역을 연안해운물류체계로 연계하여 탄소중립의 새로운 환경과 디지털 기반 기술협력 공간으로 구축하여 환경, 기술, 경제협력이 동시에 연결되는 방안을 논의하고자 한다.

[그림 4-1] **미래지향적 남북한 경기만-한강 접경권 협력방향**

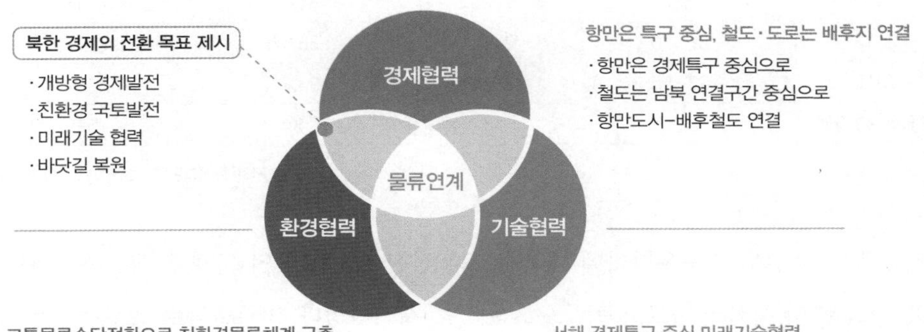

## 2. 한강하구 이용 해륙복합물류체계 필요성

### 1) 우리나라 입장에서 한강하구 이용

앞서 언급한 것처럼 한반도의 긴장상황은 그대로인데 우리를 둘러싸고 있는 글로벌 환경은 급변하고 있다. 과거 경제성장을 위해 희생하던 환경에 대한 새로운 가치 인식이 부상하고 있고 디지털 기술기반의 새로운 성장과 변화가 진행되고 있다. 특히 우리나라 인구의 50%가 거주하고 있는 수도권은 이러한 변화의 중심에 놓여 있다. 국토의 12% 밖에 안 되는 좁은 공간에 인구의 절반이 살고 있는 수도권은 엄청난 지가뿐만 아니라 대기환경 오염, 심각한 교통체증, 교통사고 증가, 지가 상승 그리고 이로 인한 교통물류 관련 용지 부족 등의 문제를 안고 살고 있다. 수도권의 환경 개선을 위해 노후 트럭 등에 대한 전환과 통행금지 등 적극적인 정책을 펼치고 있지만 가시적인 환경 개선 효과를 보지 못하고 있다. [표 4-1]에서 보듯이 우리나라의 도로교통으로 인해 발생되는 외부비용은 2015년 기준 93조 원에 이르고 있다. 특히 2020년 교통사고의 경우 21.3만 건이 발생했고 3,236명이 사망하였다. 이 중 사고 건수 기준 98.5%가 도로에서 발생하여 해상, 철도에 비해 압도적인 수치(국토교통부, 2021)를 보이고 있다.

[표 4-1] **우리나라 도로교통으로 발생되는 외부비용**

(단위 : 십억 원)

| 구분 | 혼잡비용 | 사고비용 | 환경비용 | 합계 |
|---|---|---|---|---|
| 2006 | 24,621 | 9,449 | 16,288 | 50,358 |
| 2010 | 28,509 | 12,823 | 31,670 | 73,002 |
| 2013 | 31,420 | 21,820 | 30,876 | 84,116 |
| 2015 | 33,350 | 25,985 | 33,427 | 92,762 |
| 연평균 증가율 | - | - | 8% | 7% |

자료: 한국교통연구원(2006-2015) 재작성

반면, 유럽의 경우 지구온난화에 대응하고 혼잡한 도로교통의 문제를 개선하기 위해 2000년 초반부터 시작된 마르코폴로 프로젝트[1]를 시행하였다. 마르코폴로 프로젝트는 육

1_ EU 주도로 2003년부터 2013년까지 추진한 교통물류수단전환(modal shift)사업으로 철도, 내륙 수로 및 단거리 해상운송과 같은 환경적 피해가 덜 가는 대체 운송 방법을 사용할 수 있도록 재정지원을 하여 도로 네트워크의 혼잡을 해소하고 유

상 트럭들을 대량 친환경 운송수단인 철로와 수운으로 교통·물류수단을 전환(Modal shift)하여 상당한 환경 개선효과를 가져왔다. 해당 프로그램은 트럭의 철도 이전으로 195억 tkm, 단거리 해상수송으로 148억 tkm 절감하였다. 이산화탄소 배출량 또한 철로(193만 6,000천 톤)와 수로(885톤)를 통해 획기적으로 절감했으며 경제가치로 환산할 경우 463억~890억 원 정도의 절감효과[2]를 가져왔다. 이는 대기오염에 대한 부분이며 교통사고, 교통체증에 대한 부분은 포함하지 않은 결과이다. 따라서 우리나라 역시 과거 경제성 부족으로 중단된 컨테이너 선박의 연안운송[3] 부분을 다시 생각해 봐야 하고 특히 과밀화된 수도권의 문제를 한강하구와 경인운하를 통해 다시 조명해 볼 필요가 있다. 건설비용 등으로 용량과 기능적으로 제한된 경인운하보다 경제적 파급효과가 크고 추가적인 토목공사비가 거의 들지 않는 한강하구의 경우 우리나라와 북한의 합의만 있어도 수도권의 친환경 물류체계 전환이 가능하다. 또한 새로운 친환경 물류체계는 디지털 기술과 접목을 통해 더 발전하고 있어 현재 우리나라가 개발하거나 상용화하고자 하는 기술의 연결 또한 가능하다. 다만, 기존에 구축된 도로 위주의 물류체계, 한강으로 분리된 남북한의 이원적 경제구조, 미래지향적 친환경과 현실적인 경제성 간의 차이 등을 어떻게 극복하는가가 큰 숙제가 될 것이다.

### 2) 북한 입장에서 한강하구 이용

[그림 4-2]에서 보듯이 북한은 과거 우리나라, 러시아, 중국 이외에도 동유럽, 홍콩, 중남미 등 다양한 국가들과 교역을 해 왔다. 북한의 대외교역 비중을 확인할 수 있는 북한 해운 교역국 비중에서 보면 1990년대는 중국의 비중이 낮았고 러시아와 제3국의 비중이 크게 차지하고 있었다. 이후 일본과 우리나라의 비중이 증가하였고 러시아와 일본은 2000년대 초반 그 비중이 미미한 수준이 되었다. 우리나라는 적정규모를 유지하다가 감소하는

---

럽 화물운송시스템의 전환을 통해 환경을 보호하는 것이 목표임. European Commission. ec.europa.eu/inea/en/marco-polo/connecting-europe-facility/motorways-sea-one-stop-help-desk/mos-financial-support/marco-polo (검색일: 2021.5.21.)

2_ 현재 탄소세 기준 5만 2천 원 적용 시이며, 만약 미래 상승을 고려할 경우 그 비용이 크게 증가할 수도 있음.

3_ 여기서 언급된 연안해운은 컨테이너 정기항로를 지칭하며, 2011년 ㈜한진이 운영하던 인천-부산 구간의 연안해운이 경제성을 이유로 중단되었음. 반면 벌크화물을 실어 나르는 부정기항로는 현재도 운행 중이며, 주로 모래, 골재, 시멘트, 원유, 중량물 등이 주요 화물임.

추세를, 중국은 지속적으로 증가하고 있음을 확인할 수 있다. 같은 맥락에서 2000년 이후 북한의 10대 교역국 비중을 살펴보면 중국의 비중이 급증하고 2010년 이후에는 중국이 압도적임을 확인할 수 있다.

[그림 4-2] **북한 해운 교역국 비중**(1989~2015년)

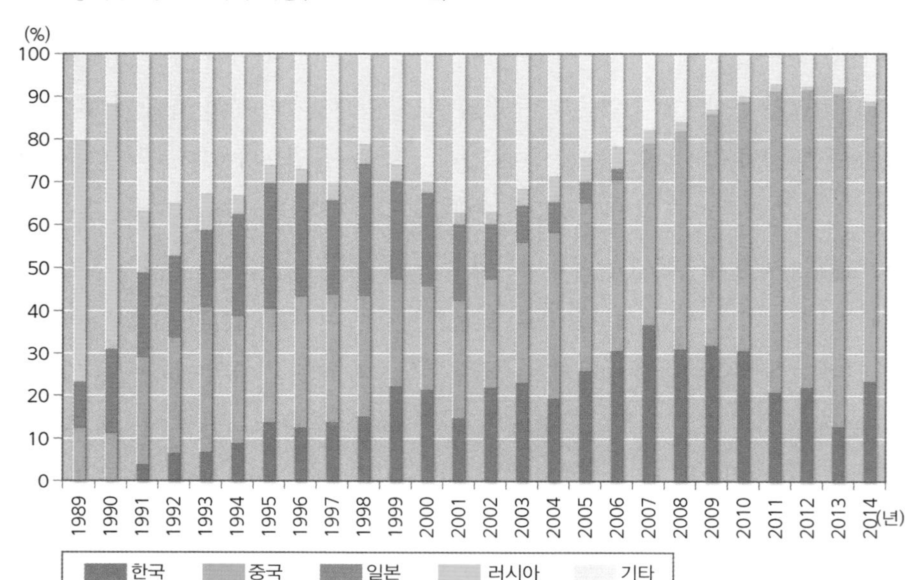


자료: Ducruet et al(2019: 367)

[그림 4-3]에서는 북한의 교역국 비중 변화가 해운 교역국 비중 변화와 같은 맥락을 나타내고 있음을 확인할 수 있다. 한편, 북한은 중국과 육상으로 넓게 연결되어 UN의 해상제재 이후 북한의 중국 교역비중은 더욱 높아질 수밖에 없는 구조를 가지고 있는 것이다. 이러한 현상은 [그림 4-3]의 2015년 이후 북한의 교역비중에서 중국이 절대적으로 증가하고 있다는 점에서 확인할 수 있다.

북한은 2011년 '국가경제개발 10개년 전략계획'을 통해 자원개발, 산업단지 조성, 철도·도로·항만 건설, 금융 및 외자 유치 등 4개 방향에서 경제개발 계획을 수립했다(임강택 외, 2010: 190). 이 시기 주목되는 현상은 북한 항만 개발에 대한 중국, 러시아 등의 투자이다. 2010년 중국 투먼시 정부는 청진항 3, 4호 부두의 사용권을 확보하여 부두와 투먼-남양-청진 구간 170km 철도를 보수하기로 했다.[4] 2012년에는 옌볜화이화그룹과 북한항만

[그림 4-3] **북한 대외 교역국 변화추이**(2001~2019년)

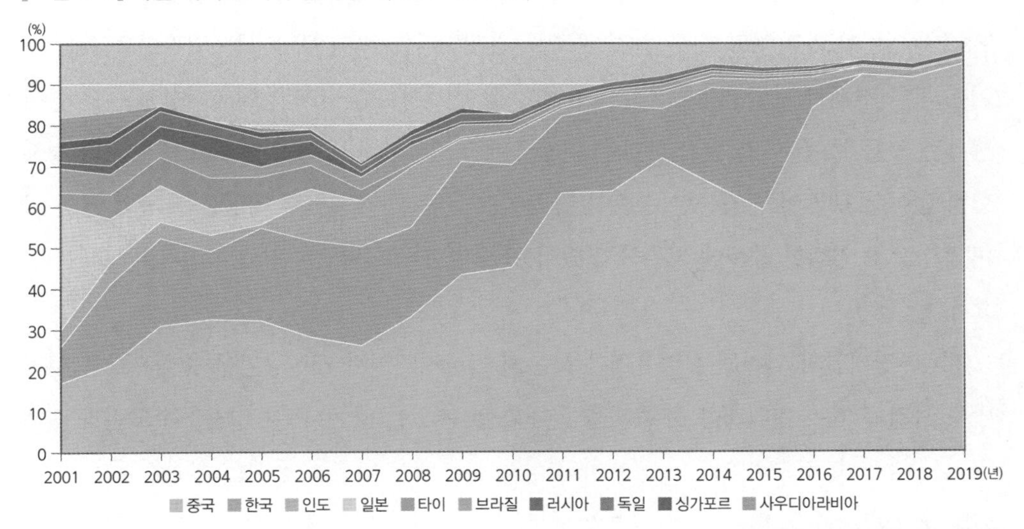


자료: 한국무역협회(2001-2019), 이요셉(2020)

주: 2017년 이후 남북반출입은 남북공동연락사무소, 이산가족행사 등 모두 비상업적 교역으로 제외

총회사가 청진항 해운항만합작경영회사를 공동 설립했다.[5] 중국과 러시아가 나진항 부두를 임차하면서 2012년에는 나진항에서 중국 훈춘까지 도로가 건설되었고 2013년에는 나진항에서 러시아 하산까지 북-러 철도가 개보수되었다. 북한은 2012년 단천항 신규 부두를 단기간에 준공함으로써 마그네사이트를 수출할 수 있는 여건을 갖추었는데 이 사업도 중국이 공동 개발한 것으로 알려진다.[6] 북한의 항만개발은 중국의 동북 2성에 대한 출해구 확보, 러시아의 부동항 확보 전략을 통한 투자유치 수준에 불과하고 자발적인 개방경제 전략으로는 보이지 않는다.

이러한 북한의 경제발전전략(2016~2020년)은 2016년 이후 대북제재 강화, 북미관계 개선 실패, 코로나 팬데믹 이후 대중 국경무역 봉쇄와 외화수입 급감, 기후변화에 따른 작물 피해로 인한 식량난, 내부 경제활성화 정책 한계 등으로 크게 진전이 없는 상황이다. 물론 새롭게 발표된 국가경제발전계획(2021~2025년) 역시 특별한 대외개방경제 추구나 대외 교

4_ VOA, 2010.11.16., "북-중, 청진항과 중국 남방 잇는 해상항로 합의".

5_ 데일리NK, 2012. 9.11. "중국, 北청진항에 눈독 들였던 이유 있었네".

6_ JTBC, 2012.5.11., "[단독] 북한 왜 단천항에 목매나… 광산 내부 들여다보니".

역 촉진을 위한 계획 수립이 부재한 상황이다. 북한은 경제발전계획의 주제를 '자력갱생', '자급자족'이라고 밝히고 내부 완결 구조로 경제위기를 버텨 내겠다는 의지를 드러냈다. 이는 북한 경제가 자립경제를 지향하면 할수록 폐쇄성은 높아지고 대외개방의 문은 좁아진다는 것을 보여 준다. 현재 북한은 대중국 무역의존도가 95% 이상으로 중국과의 경제협력 없이는 생존이 불가능한 수준이다. 북한은 글로벌 경제협력 대상들을 거의 잃어 가며 육상으로 인접한 중국에 의존하고 있어 이를 타파하고 새로운 경제적 전환점 모색이 필요하다.

서해-경기만과 연결된 한강유역은 북한의 곡창지역이자 개성공단을 중심으로 산업기반을 가지고 있어 대외개방 시 효과를 극대화할 수 있는 곳이다. 우리나라 수도권과 접해 있어서 경제적, 기술적 이전이 용이하고 상호 물류체계 연결을 통해서 친환경 글로벌 공급망을 구축할 수도 있는 곳이다. 반면 우리나라도 한강 이용을 통해 수도권의 친환경 물류체계 구축이 가능하고 북한과의 협력을 통해 디지털, 친환경 기술 개발이 가능한 새로운 지식클러스터 구축이 가능하기도 하다. 경기만과 한강하구는 한민족이 긴장과 충돌이 아니라 사고의 전환을 통해 미래를 바라보면서 상생할 수 있는 적합한 여건을 제공해 주는 공간이다.

특히 이 부분에서 국경을 맞대고 있는 국가들 중에 이념과 경제수준 차이, 역사적 반목 관계 등이 있으나 상호 협력을 통해 발전한 초국경 트윈시티 경우가 제법 존재한다. 유사한 초국경 트윈시티 사례는 독일(괴를리츠)-폴란드(즈고젤레츠),[7] 싱가포르-말레이시아(조호르바루), 홍콩-선전 접경지역 등이 그 예라 하겠다. 이 사례를 통해 남북이 경기만과 한강하구를 연계하여 평화협력 관계를 맺음으로써 생겨나는 변화의 방향을 전망해 볼 수 있을 것이다. 남북이 접경지역 중심 초기 단계의 교류 협력을 성공적으로 수행하게 된다면 교류 협력의 이동 범위가 공간적으로 확장되고 내용적으로도 진전된 개방으로 나갈 수 있다. 이러한 전환의 시작점은 접경지역에 있는 항만도시일 가능성이 높으며, 경기만-한강하구 유역의 항만도시들이 그 역할의 중심에 있다. 이를 통해 항만도시를 시작으로 점·

7_ 독일 괴를리츠와 폴란드 즈고젤레츠는 하나의 도시가 제2차 세계대전으로 두 개의 다른 국가 도시로 분단되었고 분단된 두 개의 도시 간 화해와 협력을 위한 정책적·실천적 노력으로 하나의 도시("Europe City")로의 생태 회복 과정을 지닌 곳으로 한반도 메가리전에 많은 시사점을 주는 곳임.

선·면(點線面) 형태로 북한 전체의 발전을 유도할 수 있고 중국, 베트남의 기존 발전 전략과 매우 유사한 형태로 진행이 가능하다. 이 부분에서 우리나라와 북한은 경기만-한강하구를 연계한 해륙복합물류거점과 네트워크 구축이 중요한 사업으로 간주하고 준비해야 할 것이다.

### 3) 한강하구 해륙복합 물류체계

한강하구는 과거 우리들한테 아주 가까이 있음에도 불구하고 기억에서 멀어진 공간이다. 한강하구는 고려시대에는 벽란도라는 무역거점으로 동북아 상업 중심지 역할을 해 왔으며, 조선시대에는 충청·전라·황해·경상도 조공 무역의 중심 물류루트 역할을 해 왔다. 서울의 상업항이었던 마포나루로 오기 위해 강화도에서 한강하구까지 이어지는 물길에 강화도, 김포의 강녕포·조강포·마근포라는 해상 포구들이 있었다. 이와 연계되어 한강은 조선시대와 일제 강점기까지 서해를 통해 동서로 남부 곡창지역의 산물들을 모으는 기능을 해 왔다(이승율 외, 2020: 263). 1950년까지 한강의 항만들은 서울과 수도권의 중요한 물류 기반을 구축했던 곳이었는데 1950년 6·25전쟁 이후 한반도 분단으로 완전히 기능을 상실했다. 당시 서울의 항만이었던 마포는 병인양요(丙寅洋擾)의 도화선이 되었던 곳으로 전국 물화집산(物化集散)의 중심지였다([그림 4-4] 참고). 이러한 이유로 마포는 시장이 형성되었고 오고 가는 상인들과 주민들의 교류의 장이 되었다. 그 흔적으로 배후에 광흥창(廣興倉)[8] 과 같은 물류창고가 있다(박은숙, 2008).

근대까지 우리나라 수도권의 젖줄 역할을 했던 한강은 한국전쟁 이후 역사 속에 사라지게 되었다. 1953년 정전협정 시 한강하구에 대한 구체적인 군사분계선을 설정하지 않았고 동년 8월 30일 유엔군 단독으로 북방한계선(NLL)을 지정하여 현재까지 분쟁과 충돌의 씨앗을 남기게 된 것이다. [그림 4-5]는 현재 우리나라가 인정하고 있는 서해 북방한계선과 북한이 주장하고 있는 해상경계선을 그린 그림이다. 이렇게 분명하지 않은 상황에서 서해-경기만은 남북의 화약고가 되었고 이 지역을 통해 수로가 연결되어 있는 한강하구의 물류기능은 모두의 기억 너머로 사라졌던 것이다.

---

8_ 실제 기능은 세곡(稅穀)들을 받아서 보관해 두었다고 관료들의 임금으로 지불했던 기능을 주로 함.

[그림 4-4] 조선시대 한강 물류 거점

한강 마포나루

자료: 이성우(2020)

혁신은 생각의 전환에서 시작된다. 주변에 있었으나 우리가 크게 관심을 두지 않았던 무언가에 혹은 항상 반복되는 일상에서 보는 관점과 생각을 전환하면 전혀 다른 결과를 가지고 올 수 있기 때문이다. 한강 역시 그런 차원에서 볼 필요가 있다. 남북의 대립을 협력으로 전환시킨다면, 육상으로만 연결된 수도권 물류를 해상으로 전환시킨다면 무언가 다른 결과를 도출할 수 있지 않을까에서 시작해 볼 필요가 있다. 과거 우리나라가 고도성장할 시기에는 경제적 이익을 극대화하는 데 환경을 희생시켜 왔다. 그런데 어느 정도 경

[그림 4-5] 북방한계선과 북한 주장 해상경계선

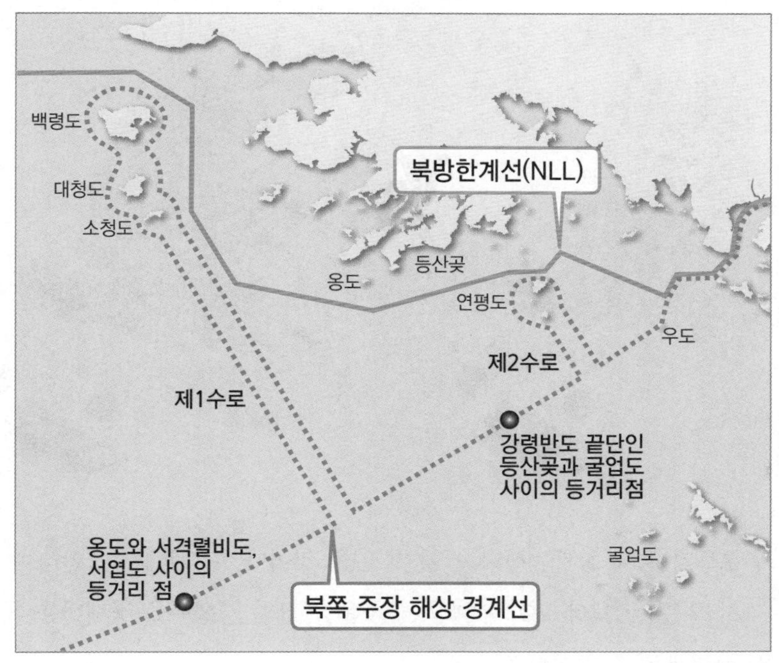


자료: 이장희(2019)

제성장을 이루고 나서 그리고 지구온난화로 글로벌 위기에 직면한 상황에서 현재 구축된 경제 이익이 궁극적으로 환경 파괴를 통해 얻는 제로섬(Zerosum) 게임이라는 것을 알게 되었다. 오히려 파괴된 환경은 복구하는 데 더 많은 비용을 지불해야 하므로 이제 환경가치가 더욱 중요하게 된 것이다. 이런 관점에서 현재 우리나라 수도권의 과밀화로 인해 교통물류 부분에서 발생하는 문제점은 이미 언급한 바가 있다. 우리나라 수도권의 지속가능한 성장과 인접한 북한의 미래지향적 성장을 위해서는 현재 단절된 경기만-한강하구를 연계한 친환경 물류체계 구축을 생각해 볼 필요가 있다(이승율 외, 2020: 271). [그림 4-6]에서 보여주고 있는 그림은 현재 우리나라 수출입 중심항인 부산항에서 육상운송수단으로 수도권까지 오는 데 대략 426km, 부산항에서 해상으로 수도권까지 오는 데 776km의 거리가 소요된다. 시간과 경제적인 측면에서는 부산항을 통해 육상, 특히 트럭으로 운송되는 물류루트가 정답이다. 그러나 부가되는 환경비용, 사회비용 등을 고려하지 않은 경우로 화물의 특성, 양방향 물류, 해상과 육상의 효율적 연계 등을 고려할 경우 해상을 통해 연안운

[그림 4-6] 우리나라 수도권 연계 연안해운과 육상해운의 비교 개념도

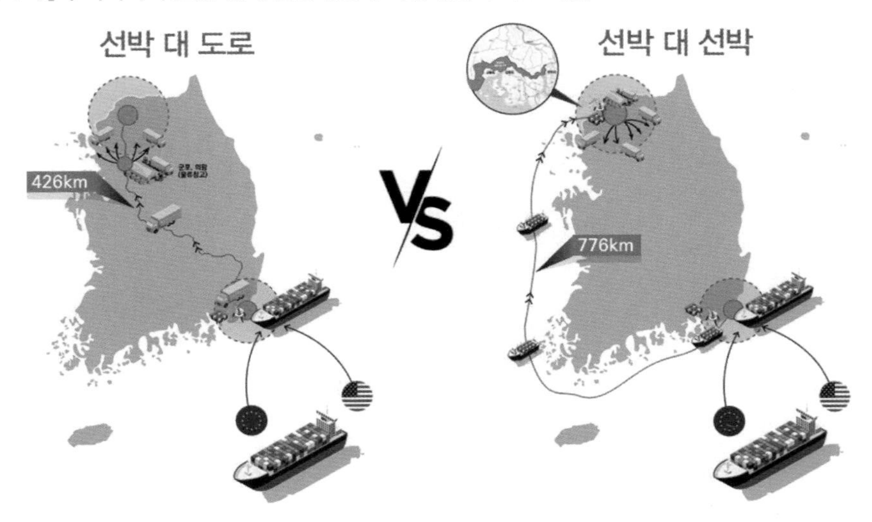


송되는 물류루트가 절대 불가능하다고 할 수 없을 것이다. 이 점에서 착안하여 부산항에서 수도권까지 오는 데 육상(도로)과 해상(연안) 운송 간의 경쟁력을 경제비용과 사회비용을 종합해서 살펴볼 필요가 있다.

## 3. 서해-경기만 접경권 연안해운 경제성 검토

### 1) 한반도 대운하 검토

과거 한반도 대운하 검토 시 우리나라 연안해운과 내륙수운에 대한 검토가 있었다. 당시 인위적으로 수로를 확장, 변경하고 비연결 구간은 대규모 토목사업을 통해 연결하는 프로젝트였다. 초기 목적은 물류 개선을 통한 국부창출이었는데 당시 관점은 물류를 비용으로 보고 최소화하는 데 목적을 두고 있었으며 토목사업을 통한 단기 경기부양 목적도 있었던 것 같다. 당시는 우리나라 내륙수운을 연결하여 내부 비용을 낮춰 우리나라 수출입 비용을 절감해서 상품 경쟁력을 높이자는 데 의미를 두었을 것이다. 다만, 이 경우 다수의 토목사업으로 인해 우리나라 국토 환경 파괴가 따를 수밖에 없는 위험성이 동시에 존재했던 것 같다. 결국 해당 사업은 다수의 반대로 물류가 아니라 4대강 홍수방지 사업으로 변형되어 추진된 바가 있다. 본 제안 사업은 인위적인 토목사업은 최소한으로 하고 우리

나라 연근해 항로와 한강을 묶어서 육상에 치우친 한반도 메가리전 물류체계를 해륙복합형의 친환경 물류체계로 전환하는 데 목적을 두고 있다.

본 사업은 이미 존재하는 서해안의 수로와 최소의 정비가 필요하지만 한강하구를 그대로 사용하여 우리나라 자연환경은 파괴를 최소화하고 도로에서 운송되는 화물을 서해 연안 해운과 한강하구로 전환해서 과밀지역인 수도권 물류체계를 개선할 뿐만 아니라 환경오염, 사고 등의 사회비용을 절감하고자 하는 것이다. 이 해륙복합루트를 남북이 동시에 활용함으로써 북한의 대외개방 경제정책 지원과 함께 환경친화적 물류망을 확보해 한강을 접경하고 있는 남북이 공동의 대응이 가능하다. [표 4-2]에서 당시 도로수송과 해운수송의 운송비용과 사회비용을 분석해 두었다. 이 내용에 따르면 부산–서울 간 1TEU 화물을 옮길 때 도로수송과 해운수송 시 km당 2,649원과 194원으로 도로수송이 14배 비싼 것으로 나타났다. 당시 부산–수도권 물량 대비 14년이 지난 2020년에 거의 3배가 증가하여 교통물류수단전환(modal shift) 효과는 대기질 개선 부분에서만 2,085억~1조 426억 원 정도로 나타났다. 다만, 당시 추정된 대기오염 비용이나 수송전환 대기오염 저감비용 등의 세부자료가 남아 있지 않아서 최종 대기질 개선효과로 인정하기는 어려우나 환경개선에 대한 방향성은 충분히 이해가 간다. 환경오염이 심한 도로운송을 철송, 해상운송으로 전환할 때 큰 환경개선 효과를 볼 수 있다는 것이다.

[표 4-2] **한반도 대운하 검토 시 도로수송과 해운수송의 운송 및 사회 비용**

| 구분 | 도로수송 | 해운수송 |
|---|---|---|
| 1TEU | 17톤 | 17톤 |
| 1TEU–km당 대기오염 비용(2008년 기준) | 2,649원 | 194원 |
| 수도권–부산 간 수송거리 | 426km | 776km |
| 1TEU당 수도권–부산 수송 대기오염 비용 | 1,129천 원 | 150천 원 |
| 수송 전환으로 인한 대기오염 저감비용 | 979천원 | |
| 수도권–부산 간 연간 물동량(2020년 기준) | 213만 TEU | |
| 교통물류수단 전환 대기질 개선 효과(도로 → 수운)(연간) | 10% | 2,085억 원 |
| | 20% | 4,170억 원 |
| | 50% | 10,426억 원 |

자료: 한반도대운하연구회(2007: 635) 재작성
주1 : 도로교통혼잡비용, 교통사고비용은 제외
주2 : 2013년 KOTI통계기준 도로교통혼잡비용:교통사고비용:환경비용= 37.5 : 26.0 : 36.5

### 2) 연안 해상운송 물류기업 실증분석

서해–한강하구 연계 해륙복합운송의 가능성을 살펴보기 위해 기존 부산–수도권 구간의 도로운송과 해상운송을 서비스했던 민간기업의 실제 비용구조를 살펴보면 다음과 같다. 우리나라 인천과 부산을 연결해서 사업을 해 왔던 H사의 경우 도로운송과 해상운송 서비스를 병행하면서 물류서비스 사업을 해 왔다. 당시 국토부 요율 기준으로 [표 4-3]과 같이 도로운송과 해송서비스 요율을 고객들에게 제시하였다.

[표 4–3] **인천–부산 구간 도로운송과 해상운송 요금비교**(2013년 기준)

(단위 : 원)

| 구분 | 20FT | 40FT | 비고 |
|---|---|---|---|
| 도로운송 | 698,000 | 775,000 | 10톤 이상 |
| 해상운송 | 354,000 | 500,000 | |

주1 : 국토부 안전운임제 적용 이전 요율로 운임+기업이윤 추가
주2 : 상기 도로운임은 현재 안전운임제와 달리 상한선으로 해당 운임에서 고객사와 협상을 통해 20~30% 인하 적용
주3 : 인천CY-부평CY-부산CY 경유 구간
주4 : 현재 기준 수익성 여부 검토는 유류비, 인건비, 하역비 등의 변동 감안 필요

도로운송에 비해 해송의 경우 리드타임이 긴 단점이 있으나 도로·철송 등 다른 수단에 비해 [표 4-3]에서처럼 경제적인 이점은 존재한다. 다만, 해송의 경우 현재 서비스가 진행되고 있지 않은데 이는 서비스 과정에서 발생한 여러 가지 문제점 때문이다. 그 문제점들은 다음과 같다. 첫째, 주요 물량의 부재 및 상하행 물량 매칭 곤란, 둘째, 해송기반으로 화주측에 물류 제안을 해도 리드타임 과다 소요 및 파손 발생 우려, 셋째, 영업비용의 25% 정도를 차지하는 유류비의 지속적인 단가 인상(내항선에 면세유 사용 금지), 넷째, 연안 컨테이너 사업에 대한 대 정부 지원책 축소 및 잦은 정책 변화(지자체, 항만공사 보조금 및 면세유 지급 등 정책 변경), 마지막으로 인천신항(ICT) 개장으로 다양한 크기의 선박들이 기항하게 되어 부산–인천 구간이 필수항로가 아니게 된 부분도 있다. 이러한 요인들로 인해 기존 인프라를 쉽게 활용해서 보편적으로 사용할 수 있었던 트럭을 통한 도로운송이 절대적인 우위를 점하면서 물류서비스를 진행하게 된 것이다.

### 3) 유럽 마르코폴로 프로젝트 사례[9]

우리나라 수도권과 부산항 구간의 교통물류수단 전환(Modal shift) 사업은 유럽의 유사한 사례인 마르코폴로 프로그램을 통해 시사점을 살펴볼 필요가 있다. 마르코폴로 프로그램은 도로운송을 철도, 내륙수운(Inland Water Way; IWW) 및 근해운송(Short Sea Shipping; SSS) 등 환경에의 영향이 적은 대체 수단으로 변경함으로써, 도로 혼잡도를 경감하고 환경성과를 높이기 위한 재정지원 프로그램이다. EU는 이미 1992년부터 2001년에 PACT[10]를 통해 물류수단 전환에 대해 재정지원 프로그램을 도입한 바 있다. 마르코폴로 프로그램은 범유럽네트워크(Trans-European Networks; TEN)의 교통부문 TEN-T(Transport)[11]에 포함된다. 마르코폴로 프로그램과 PACT의 큰 차별점은 마르코폴로 프로그램의 법적 근거가 마련되었다는 점이다.

1차 마르코폴로 프로그램(마르코폴로 I)의 사업기간은 2003~2006년(4년)으로 1998년 수준의 운송수단별 점유율을 회복하는 것이 목표이다. 예산은 1억 200만 유로, 최종 집행된 실적은 4180만 유로이며, 55개 프로젝트에 대해 7380만 유로를 승인하였다. 선정된 프로젝트들의 예상 교통물류수단 전환(Modal Shift) 목표는 477억 톤km로 당초 목표(480억 톤km)와 유사하였으나, 최종 집행된 전환 교통량 실적은 219억 톤km로 목표의 46%에 불과했다. 2차 마르코폴로 프로그램(마르코폴로 II)의 사업기간은 2007~2013년(7년)으로 1,435억 톤km[12]를 도로에서 다른 대체 운송수단으로 전환하는 것이 목표이다. 예산은 4억 3,500만 유로, 최종 집행 실적은 1억 3,090만 유로이며, 7년간 총 437개, 8억 8,600만 유로 규모의 사업이 제안되었으나, 승인된 제안 사업은 168개, 3억 1,550만 유로(1,139억 톤km)이다. 전환 교통량 실적은 419억 톤km였으며, 이는 $CO_2$ 발생량 35억 톤을 감소시킨 것이다. 2차 마르코폴로 프로그램은 사업비 1유로당 3배에 해당하는 3유로의 환경적 가치(사회적 비용 절감)를 창출하였다. 결론적으로 마르코폴로 프로그램은 1차와 2차에 걸

9_ European Commission(2020)

10_ Pilot Action for Combined Transport. 복합운송시범사업. 167개 프로젝트에 대해 5300만 유로 지원.

11_ TEN은 크게 교통부문의 TEN-T, 에너지부문의 TEN-E, 통신부문의 eTEN으로 나뉨.

12_ 마르코폴로 프로그램은 어떠한 조치도 없을 경우 매년 화물이 205억 톤 km가 증가할 것이라는 전망에 기반(205×7 = 1,435). 그러나 2008년 글로벌 금융위기, 2012년 유럽 재정위기 등 악재 발생. 유럽화물운송 트래픽은 2007년 3조 6,241억 톤 km에서 2013년 3조 3,119억 톤 km로 축소.

쳐, 1억 7,270만 유로를 들여 638억 톤km만큼의 물류수단 전환을 이루었다.

마르코폴로 I 과 비교하여 마르코폴로 II는 예산이 102백만 유로에서 450백만 유로로 4배 이상 증액되었고 세부 사업들도 많아졌다. 마르코폴로 I 의 3개 사업에 해상고속도로(motorways of the sea)와 통행량 회피(traffic avoidance) 사업을 추가하여 5개 사업으로 구성된다. 시행 대상 국가를 늘렸으나 EU와 국경을 접하는 국가들도 재정지원이 가능해졌다. 예산 집행액을 기준으로 보면 미진했다고 할 수 있다.

마르코폴로 프로그램 추진에 주목할 만한 것은 통행량 회피 사업으로 1차 프로그램은 톤과 톤km에 대한 개념만 고려하였기에 공컨테이너[13]운송 등을 고려할 수 없었다. 2차 프로그램에서 vkm(vehicle-kilometer) 개념을 도입했다. 교통물류수단 전환 사업은 500톤km마다 2007~2008년 신청 사업에 대해 1유로씩 지원금을 지급하다 2009년 이후 2유로씩 지급하였다. 통행량 회피 사업은 25vkm 및 동일한 톤km(vehicle당 20톤 적용)에 대한 실질적인 회피량에 대해 동일한 물류수단 전환 사업과 동일한 비율이 적용되었다.

마르코폴로 프로그램이 시사하는 점은 첫째, 수요 과다 추정 부분이다. 미래 수요, 전환 수요 타당성 모두 낙관적 시나리오에 기반하여 추정되었다. 제안 사업 선정은 추정된 전환교통량에 기반하였고, EU 보조금 최대량은 500톤km 전환 교통량당 2유로로 제한되어 있었으므로, 시작 단계에서부터 과대 수요 추정되어 상대적으로 리스크가 높았다. 둘째, 인프라 한계 부분이다. 많은 철도, 근해운송 및 내륙수운 사업들이 서비스 개발의 장애요소로 인프라 부족을 언급하였다. 어떤 장애요소들은 예견이 가능하였으나 어떤 장애요소들은 실행 단계 직전에서도 발견하기 어려웠다. 이것들은 추가비용, 품질저하, 상대적으로 긴 운송시간 및 지연으로 연결되었다. 특히 헝가리, 폴란드, 독일, 네덜란드의 철도인프라 부족, 스페인, 프랑스의 배후지 연계성, 벨기에의 배후물류시설 병목현상 그리고 전체적으로 홍수 등 자연재해, 3PL(운송업자, 철도화물역운영자, 철도운영자)과의 빈약한 연결, 폴란드-리투아니아 국경의 철도 궤간 부분, 오스트리아의 짧은 철도구간 등이 문제로 부상하였다. 셋째, 상호 연계 운영과 협력 부족으로 운영자가 서비스의 신뢰성을 담보할 수 없게 되는 경우가 발생하게 되고, 이는 고객 감소로 이어지기도 한다. 이런 경우는 대체재가

13_ 컨테이너 안에 화물이 없는 빈 상태의 컨테이너를 지칭

없는 철도운송에서 종종 발생하였고 국경 간 연계성 문제, IT 시스템의 부적합성, 파업 같은 관리상의 문제 등이 발생하는 경우 서비스 저하로 이어졌다. 넷째, 변화하는 시장 상황 부문이다. 시장상황의 변화는 시장과 경제에 민감한 비즈니스·서비스에 크게 영향을 준다. 경제위기로 2008년 이후 화물량은 감소하였으며, 연료 값 인하로 공장이 재배치되면서 각종 운송계약도 취소되었다. 이는 승인된 프로젝트의 29%가 취소된 것으로 설명된다. 다섯째, 도로운송의 매력도이다. 도로운송은 환경오염에도 불구하고 상대적으로 거리와 시간을 단축할 수 있다. 2008년 글로벌 금융위기로 운송시장이 위축된 상황에서 비용 압박을 받던 기업들이 환경가치보다 비용절감 부분에 중점을 둘 수밖에 없었다. 일반적으로 도로운송업자는 철도나 해운에 비해 고정비용이 낮아, 가격을 인하해도 마진을 확보할 수 있고 이미 기존 인프라들이 도로운송 중심으로 만들어져 있어 확실한 의지나 전환의 노력이 없으면 도로운송으로 회귀할 수밖에 없는 것이다. 아마도 국가의 기간산업인 자동차 제조회사들의 보이지 않는 압박도 작용했을 수 있을 것이다.

마르코폴로 프로젝트의 주요 성과는 프로그램이 종료되어 지원금 없이도 지속되었다는 것이고 마르코폴로 프로그램은 물류수단 전환 사업의 초기 구축을 지원했다는 데 의의를 찾을 수 있다. 마르코폴로 II 프로그램은 종료되었지만, 개념 및 목표는 TEN-T에 포함되어 있다. 유럽 그린딜(European Green Deal, 2019)의 교통부문과 EU의 교통 정책에는 마르코폴로 II 프로그램의 교훈이 담겨 있다. 화물운송을 도로에서 다른 수단으로 옮기는 것을 지원하는 보다 효율적이고 새로운 수단을 모색하는 것에 관한 의미이다.

#### 4) 소결

본 절에서는 우선 과거 우리나라 정부가 추진하고자 했던 한반도 대운하사업의 경제성과 사회적 가치에 대한 부분을 검토하였다. 그리고 10년 전 중단된 우리나라 부산-수도권 구간의 연안운송에 대한 경제성 부분과 사업이 종료된 요인들을 동시에 검토해 보았다. 마지막으로는 본 장에서 검토하고 있는 물류수단 전환의 대표 사례인 유럽의 마르코폴로 프로젝트의 사업내용, 문제점 그리고 성과를 분석해 보았다.

결론적으로 글로벌 환경의 변화, 우리나라의 경제수준 향상 등으로 과거 환경을 담보로 한 경제이익 극대화는 제고되어야 하고 이러한 점에서 물류수단 전환은 적극 검토할 필요가 있는 것이다. 특히 단순하게 친환경 연료사용과 같은 화학적인 변화보다 물류흐름 자체를 전환시켜서 물리적으로 환경오염을 최소화해야 한다. 기업 실증 분석에서 한 사업이 중단된 주요 이유는 경제성 결여 부분이었는데 그 내용을 살펴보면 상하행 화물의 불균형으로 비용 절감 실패, 정부의 지원 부족, 인프라 부족 등이 주요 요인이었다. 이는 마르코폴로 프로젝트에서도 유사하게 나타나는 문제점이다. 그러나 한번 잃으면 회복할 수 없는 환경가치에 대한 인식의 전환이 이루어지고 있는 시점에서 정부의 지원 확대, 연결 인프라 확충 등을 통해 최소한의 경제성을 확보할 수도 있을 것이다. 그리고 기업들이 고민하는 화물의 상하행 균형화는 서해경제공동특구의 수출입 물류체계를 우선 일원화하고 현재 경부축 중심으로 배치되어 있는 수입물류거점들의 한강하구 물류거점으로의 재배치를 통해 정부와 기업들 간의 협업이 가능해질 수 있을 것이다. 물론 기존 물류거점 재배치, 도로중심으로 구축된 물류망의 전환 등은 마르코폴로 프로젝트에서 확인된 것처럼 쉽지는 않을 것이다. 그러나 이미 인프라가 구축된 우리나라 수도권의 물류망은 점진적 전환을 목표로 하고 북한과 공동으로 개발할 서해경제공동특구의 경우는 해륙복합의 친환경 물류체계로 전환할 필요가 있다. 해당 물류체계가 안정화된다면 기존 수도권의 도로중심 물류체계가 점진적으로 해상운송과 철도운송으로 전환될 수도 있을 것이다.

## 4. 한강하구 해륙복합물류네트워크 구축 제안

### 1) 방향

한강하구 이용은 우리나라 수도권의 대기환경 개선과 함께 북한의 지속가능한 경제발전에도 기여가 가능할 것이다. 한강하구를 통해 북한 해주항의 기능 제고가 가능하고 예성강 하류와 한강 하류가 연결되는 곳에 새로운 항만과 철도 연결을 통한 개성공단과 서해남북공동경제특구 등의 발전을 위한 기반을 마련할 수 있다. 우리나라 수도권만의 친환경 물류체계가 아니라 북한 측 접경지역 전체의 친환경 물류체계를 구축하고 이를 기반으로 북한의 경제성장 역시 환경오염 유발형이 아니라 선진국들의 지속가능한 발전의 흐름에 맞출 수 있을 것이다. 이는 한반도 전체를 하나로 보고 지속가능한 이용이 필요한 우리나라 입장에서 특히 수도권과 연접한 한강하구 지역에 필수적으로 고려해야 할 요인이다.

따라서 한강하구와 경기만을 활용한 남북한의 새로운 협력방향과 이와 연계된 항만도시 기반 서해경제특구 마련이 필요하고 이 사업의 시작점으로 부산(광양)과 한강하구를 연결하는 친환경해운물류체계 구축에 대한 연구와 정책개발이 필요하다. 한강하구 공동이용을 통한 연안운송 재개는 북한의 개성공단과 해주물류거점을 연결하고 우리나라 인천, 평택항 등과 연결을 통한 친환경 물류체계를 만들 수 있는 방안이다(이성우, 2019). 개성공단과 해주물류거점 이용을 통해 북한의 대외무역 성장을 기대할 수 있다. 한편, 한강하구 공동이용을 통한 연안 해송은 부산(광양)에서 수도권으로 오고가는 수출입 물동량을 연안으로 분산시켜 우리나라 수도권의 대기오염 개선, 교통체증과 물류용지 부족 완화로 수도권 과밀화 개선에도 기여할 것이다. 북한의 입장에서는 환경오염 유발형, 인건비 의존형 산업에서 벗어나 빠른 시간 내에 경제 성장의 기반을 마련할 수 있고 국토환경 개선도 병행할 수 있다. 또한 육상 중심의 물류체계로 인한 중국 종속형 경제구조를 한강하구의 항만들을 이용한 개방을 통해 일정 부분 해소시켜 나갈 수 있을 것이다. 또한 메가리전 개념으로 우리나라 수도권의 경제, 환경, 기술적 효과의 스필오버(spill over)를 통해 북한지역 메가리전의 지속가능한 고속 성장도 가능할 것으로 보인다.

따라서 앞에서 언급했듯이 남북한 접경지역의 물류체계는 친환경 연료사용 등과 같은 화학적인 전환과 함께 물류흐름 자체의 변화를 통한 물류적 전환을 병행해 볼 필요가 있다. 우선적으로 해당 물류루트 이용이 가능한지 시범사업 등을 추진해 볼 필요가 있다. 두 번째는 북한과 합의를 통해 서해경제공동특구, 개성공단, 해주경제특구 등 남북이 공동으로 추진해야 할 사업들의 물류망 자체를 친환경 해륙복합물류체계로 구축해 나가야 할 것이다. 마지막으로는 해당 물류체계의 안정화와 함께 우리나라 수도권 물류체계의 수단전환을 통해서 현재 엄청난 사회적 비용을 유발하고 있는 경부축 물류체계의 일부분을 서해 연안해운과 한강하구를 연계한 복합물류체계로 전환하여 수도권 사회비용을 절감하는 방향으로 전환할 필요가 있다. 일련의 과정들을 수행하기 위해서는 어디에 무엇을 어떻게 추진해 나가야 하는지에 대한 심사숙고가 필요하다. 한강하구는 환경 민감지역이고 남북의 대립으로 인해 비교적 환경이 잘 보전된 곳이다. 따라서 한강하구를 친환경 물류루트로 활용하더라도 해당 자연에 대한 지속가능한 보전과 이용이 병행되어야 한다.

[그림 4-7]에서 보듯이 서해공동경제특구를 중심으로 친환경 해륙복합물류네트워크가

[그림 4-7] **한강하구 해륙복합물류체계 구상과 한반도 공존번영 방향**

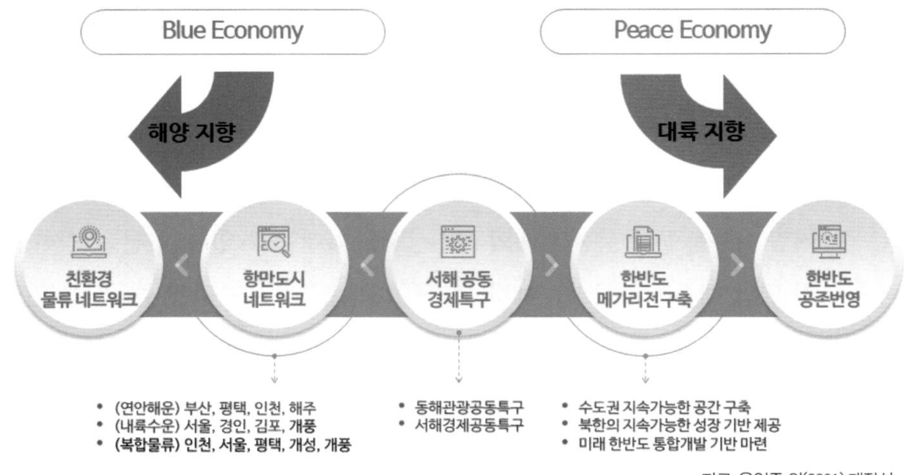


자료: 윤인주 외(2021) 재작성

구축되고 해양으로 항만도시네트워크, 내륙으로는 메가리전이 구축되면서 한반도 공존번영의 시작점을 찾을 수 있을 것이다.

### 2) 해륙복합물류네트워크 구축 제안

서해공동경제특구를 중심으로 친환경 해륙복합물류 네트워크 구축을 위해 우리나라 주요 수출입 항만인 부산(광양)항, 서해 그리고 경기만을 경유 한강하구까지 수로 연결이 우선되어야 한다. 현재 한강하구 이용을 위해서는 김포시와 고양시를 연결하는 김포대교 아래 신곡수중보 일부를 개방하는 작업이 필요하다. 환경적인 측면에서도 주기적으로 녹조가 형성되는 신곡수중보의 개방은 필요하고 [그림 4-8]에서 보듯이 R/S선(river-sea 겸용선박)[14]이 서울항(여의도)에 기항하기 위해서 필요한 작업이다. 이 구간을 기본 물류루트로 해서 경기만권은 인천항을 중심으로 평택당진항, 해주항, 경인항을 연결하는 근해피더네트워크를 구축할 필요가 있다. 이 네트워크는 다시 강화도 북단 혹은 북한의 예성강 하류 벽진, 김포항 그리고 서울항으로 연결되는 한강하구 수운항 네트워크와 연결될 수 있도록

14_ R/S(River/Sea) 선박은 연안수송과 내륙 하운수송을 동시에 만족하는 선박으로 서울항 최대 접안능력 기준으로 9천 톤급까지 운항 가능함. 한강 기준 일반사항은 5천 톤급으로 제원은 L134.2m×B16.9m×D4.0m 스스로 움직이는 자항바지선과 바지와 예선을 결합한 푸셔바지선으로 구분 가능함.

만들 필요가 있다. 그리고 경기만권 항만들과 한강하구 항만들은 배후지 특성에 따라 디지털 물류거점, 수도권 풀필먼트센터, 남북 경제거점의 수출입 물류센터, 물류기반 스타트업 공간 등으로 만들어 단순한 물류 기능뿐만 아니라 남북의 기술협력을 통한 미래 창업공간으로 만들 필요가 있다. 이렇게 서해-한강하구 수로를 통해 연결되는 항만도시 거점과 배후지 간의 연계성 강화를 통해 남북 메가리전의 새로운 물류체계를 구축할 수 있을 것이다. 북한의 경우 개성, 강령, 사리원, 해주, 평양까지 연결되는 구간에 항만과 철도를 연결하는 물류체계를 강화할 수 있고 이는 북한 메가리전의 수출입 물류루트가 될 것이다. 우리나라의 메가리전은 현재 경부축에 구축된 물류거점들 일부가 한강하구쪽으로 이동하게 되어 분산효과와 함께 남북 물류를 연계하는 새로운 물류거점으로 부상할 수 있을 것이다. 이러한 분산효과는 수도권과 중부권에 지속적으로 발생하는 도로체증을 개선할 수 있어 매년 90조 원 이상의 혼잡, 사고, 환경, 과밀 비용을 절감할 수 있는 시작점이 될 것이다. 다만, 서해-한강하구 수로의 가치를 극대화하기 위해서는 서해공동경제특구의 입지, 한강하구 항만들의 위치와 배후지역과의 연계성 등에 대한 신중한 검토가 있어야 한다.

한강하구 공동이용을 통한 연안 해송은 남북한 전체의 수출입 물동량을 연안과 육상으로 이원화시켜 우리나라 수도권의 환경과 과밀화 개선이 가능하다. 또한 북한의 친환경 물류체계 구축을 통해 지속가능한 이용을 통한 발전과 함께 미래 지향적 남북 메가리전이 구축되면서 한반도 공존번영이 가능할 수 있다. 자세히 살펴보면 연안에는 경기만 중심

[그림 4-8] **서해-한강하구 이용가능 R/S선박 예시**

자료: 행복발전소 K-water

인천항을 거점으로 북으로는 해주항, 남으로는 경인항이 연결항만 역할을 수행할 수 있을 것이다. 이 항만들과 내륙수운을 통해 연결되는 예성강 벽진(벽란도)항, 한강 김포항, 서울항이 남북 메가리전과 서해공동경제특구를 지원하는 물류거점으로 역할을 수행할 수 있을 것이다. 벽진항은 평양, 개성, 개풍과 철도로 연결되어 지역 수출입 화물을 인천항과 해주항으로 연결하는 기능을 할 수 있을 것이다. 서울항은 수도권 물류의 집적과 분산기능을 수행하면서 인천, 경인항과 연결이 가능하고 김포항은 인천항, 경인항, 벽진항 등과 연계를 통해 지역중심 남북물류거점 역할을 할 수 있을 것이다. 이 제안은 가능한 예성강 벽진항 이외에 추가적인 신규 항만건설 없이 기존 항만의 보수와 개선을 통해 해륙복합물류 네트워크를 구상한 것이다.

## 5. 결론

글로벌 환경과 주변 정세의 변화와 관계없이 한반도 미래는 이 공간에 살아가야 할 한민족의 몫이다. 우리나라만을 위한 곳도 아니고 북한만을 위한 발전 전략도 있을 수 없는 것이다. 결국 우리가 공동으로 살아가야 하는 한반도 남북의 수도권이 접하고 있는 한강하구에 대한 전향적인 발전방향을 모색해야 한다. 북한의 미래지향적이고 안정적인 경제성장과 함께 수도권 과밀지역의 지속가능한 발전을 위해 환경친화적 물류체계라는 두 마리 토끼를 잡아야 하는 숙제가 놓여 있다.

이에 본 절에서는 한반도를 하나의 공간으로 바라보고 남북 수도권이 접해 있는 한강하구를 물류 측면에서 이용한 공생방안을 제안하였다. 기존 도로수송 중심의 물류체계를 친환경 물류수단인 항만과 철도로 전환하는 해륙복합물류체계 가능성을 제안하였다. 이는 북한이 안정적으로 경제성장을 하고 남북한이 자유롭게 오고갈 시점에 우리나라와 북한이 공동의 공간을 친환경에 기반하여 지속가능한 국토공간을 만들어 나가는 데 중요한 역할을 할 수 있을 것이다. 한편, 큰 틀에서 북한이 중국 종속형 경제구조에서 벗어나기 위해서는 북핵문제 해결과 대북제재 완화 혹은 해제라는 대외 여건이 우선적으로 조성되어야 한다. 그러나 우호적인 대외여건 조성만 기다리기에는 주어진 시간이 그렇게 많지 않은 상황이다. 북한의 대외경제에서 성장의 핵심 수단인 교역은 물류 인프라를 기반으로

[그림 4-9] 서해공동경제특구 연계 경기만-한강하구 해륙복합물류체계 구상

한다. 과거 남북교역의 경우 개성공단은 도로, 이외 지역은 항만을 통해 물자가 운송되었고 북중무역은 도로를 중심으로 물자가 오가고 있다. 그러나 현재 정부 구상은 남북한 간에 끊어진 철도 연결에 집중하고 있다.

경제발전 전략상 우리나라, 중국 그리고 베트남의 국가성장 사례에서 보듯이 점·선·면(點線面) 관점에서 항만을 시작점으로 철도·도로가 배후지로 연결되어 병행 발전이 필요하고 특히 친환경 물류수단인 해상운송과 철도운송을 통해 전환이 필요하다. 특히 북한

의 수출지향 산업화와 경제특구를 통한 개방 확대에서 항만 개발과 해상운송은 떼려야 뗄 수 없는 조합이다. 이런 관점에서 해운·항만을 통한 물류루트 확보 차원에서 한강하구를 활용한 서해-한강하구연계의 해륙복합물류체계 구축은 신중히 검토되어야 할 것이다.

# 제2절
# 육상교통 인프라 구축

**서종원**(한국교통연구원 동북아·북한교통연구센터장)

## 1. 북한 육상교통 인프라 현황 및 남북 비교

### 1) 북한 육상교통 인프라 현황 및 문제점[15]

#### (1) 북한 철도교통 현황 및 문제점

북한의 교통시스템은 철도를 중심으로 도로는 이를 보조하는 ‘주철종도’의 체계를 가지고 있다. 또한 철도는 북한에서 단순한 교통수단을 넘어 국가 전략시설이자 인민경제의 4대 선행부문으로 매우 높은 위상을 보유하고 있다.

2019년 북한의 철도 총연장은 5,295km이며, 이 중 전철화율은 약 81% 수준으로 파악되고 있다.[16] 대부분 남한과 같은 1,435mm 궤간의 표준궤를 사용하고 있다. 노선망은 13개의 간선노선과 90여 개의 지선노선을 보유하고 있다(서종원 외, 2018). 13개 간선노선은 평부선, 평의선, 평라선, 만포선, 청년이천선, 백두산청년선, 함북선, 황해청년선, 금강산청년선, 북부내륙선, 평남선, 평덕선, 강원선이다. 이 중 평부, 평의, 평라 3대 노선은 수도 평양을 중심으로 하는 핵심 간선축을, 금강산청년선과 북부내륙선은 국토 동서횡단보조축을 구성한다(서종원 외, 2018). 이 노선들은 신경제지도의 서해벨트와 동해벨트 구축에 밀접한 관계이다.

한편 북한의 현재 철도 수준은 북한 내 교통물류체계에서 차지하는 중요도에 비해 노후 및 낙후가 심하게 진행되어 정상적인 작동에 어려움을 겪고 있다. 선로 대부분은 단선으로 선로용량 부족 문제, 대부분의 노반과 침목 등의 훼손 및 부식이 심각한 상태이다. 또

15_ 서종원·최성원(2020)

16_ 통계청, 전철 총연장 및 전철화율.
kosis.kr/statHtml/statHtml.do?orgId=101&tblId=DT_1ZGA82&conn_path=I2 (검색일: 2021.11.4.)

[그림 4-10] 북한 주요 철도 노선망도

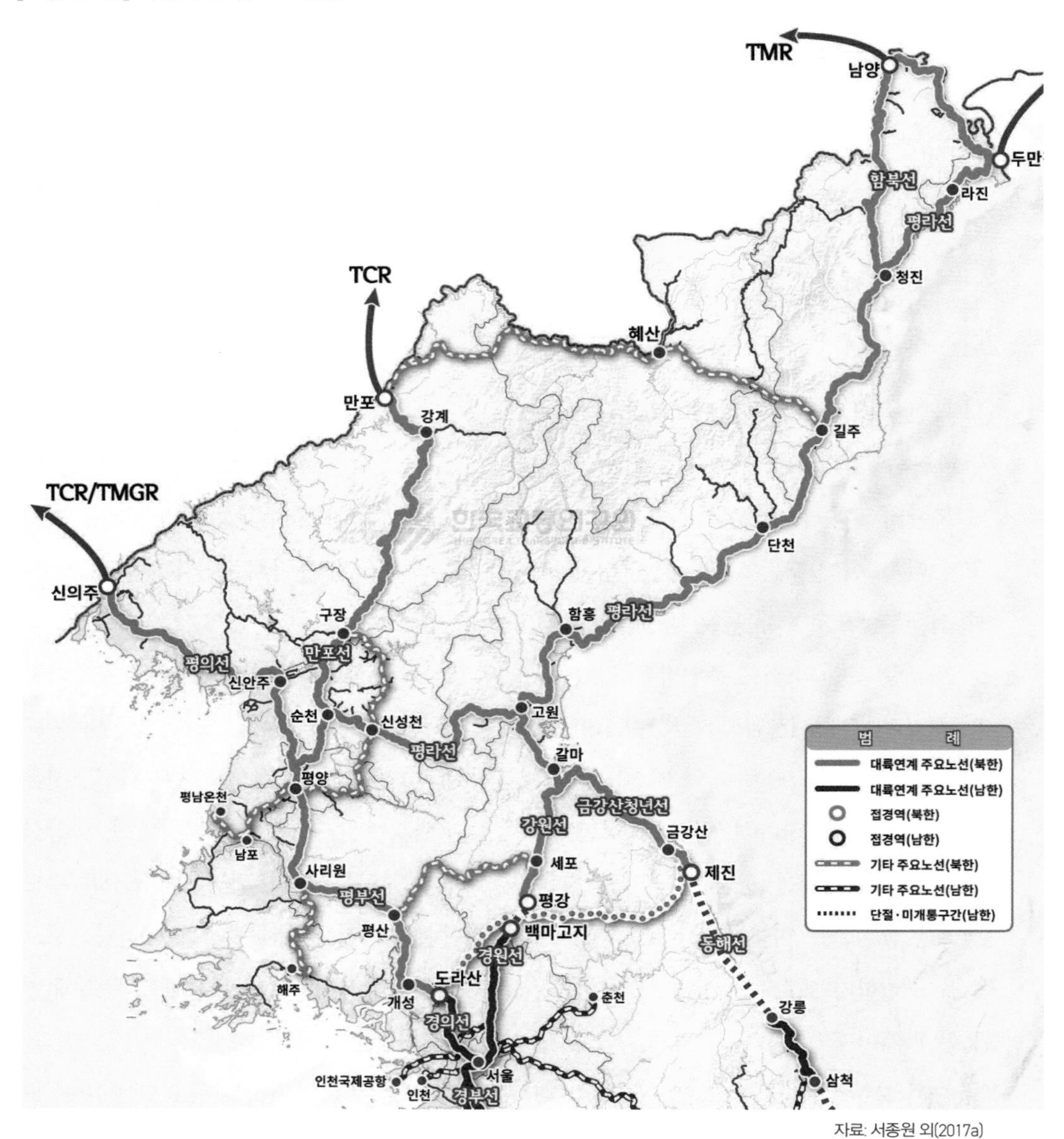


자료: 서종원 외(2017a)

한 전력난으로 인해 철도의 장점인 정시운행에 한계를 보이고 있으며, 기술적인 측면에서도 신호·운행시스템이 많은 노선에서 여전히 수동으로 진행되는 낙후성을 보이고 있다.

### (2) 북한 도로교통 현황 및 문제점

북한 도로는 철도의 보조수단으로 주로 150~200km 이내의 단거리 운송을 담당한다(한국도로공사, 2017). 알려진 바에 의하면 도로의 수송분담률은 여객 24.9%, 화물 6.2% 수준이다.[17]

[그림 4-11] 북한 주요 도로망도

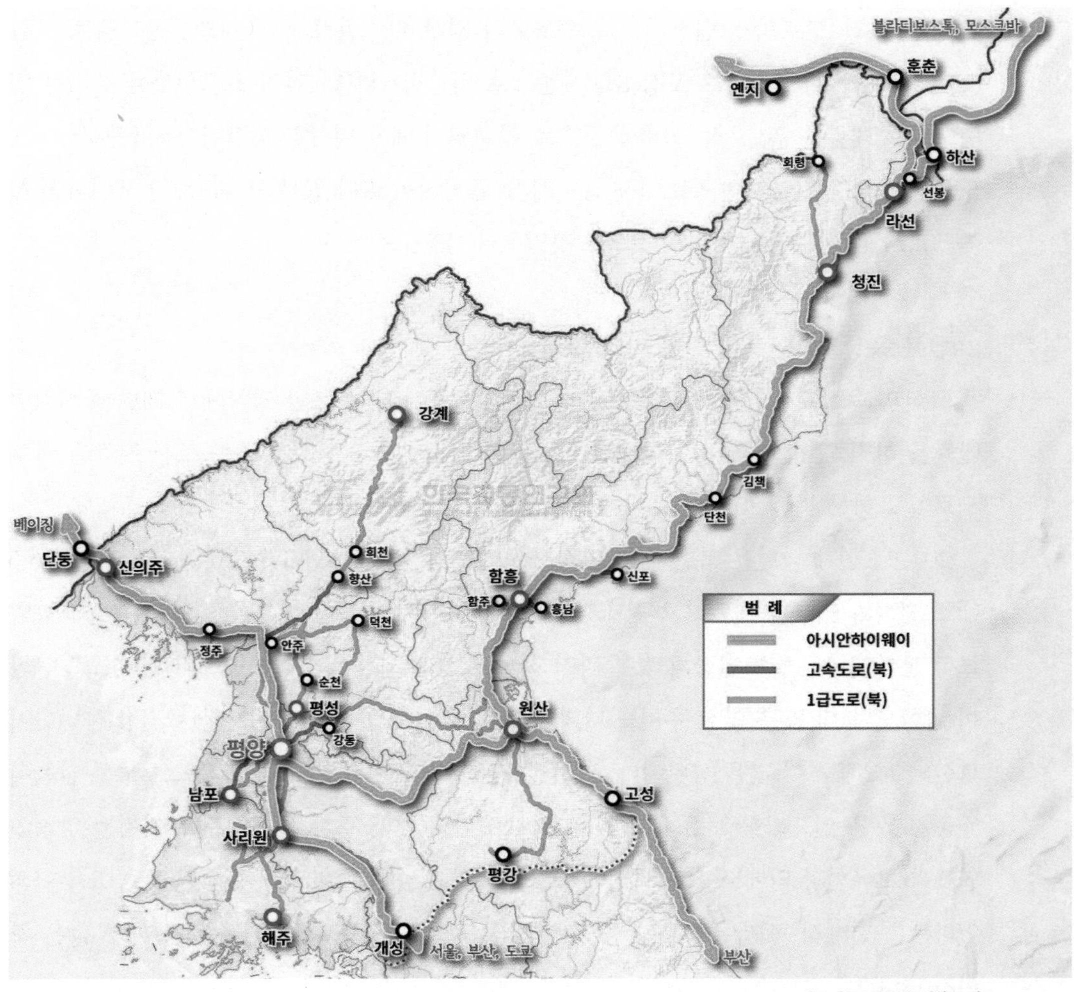


자료: 한국교통연구원(2020)

17_ 인-km, 톤-km 기준은 강필순 외(1988) 참고

북한 도로 간선은 5개축(서해안, 동서연결, 동해안, 북부내륙, 동서국경)을 중심으로 평양~원산을 잇는 H자 형태로 구축되어 있다(한국도로공사, 2017). 고속도로는 평양~남포, 평양~개성, 평양~향산, 평양~원산, 평양~강동, 원산~온정리 등 총 6개 노선, 661km가 평양을 중심으로 연결되어 있으며, 2011년부터 원산~함흥 구간에 고속도로급 간선도로의 건설이 확인되고 있다(서종원 외, 2018). 고속도로를 포함한 전체 도로연장은 2019년 26,196km 수준으로 남한(111,314km)의 23.5% 수준이다.[18]

한편 북한 도로의 노면상태는 고속도로의 경우 아스팔트 포장 30%, 콘크리트 포장 62%, 콘크리트+아스팔트 포장 8% 수준으로 비교적 양호한 편이나 도시부를 제외한 일반도로는 대부분 흙, 자갈, 석비레 등으로 건설되어 매우 열악한 상황이다(서종원 외, 2018). 도로의 선형도 산악지형으로 인해 급구배 및 급곡선이 많아 일부 고속도로를 제외하면 시속 50km 이상 운행이 어려운 것으로 파악된다(서종원 외, 2018).

### 2) 남북 육상교통인프라 현황 비교

북한의 육상교통인프라를 포함한 사회경제지표에 대해 북한 당국에서 매년 공식적인 발표를 하지 않아, 우리나라 통계청에서 관련 전문기관의 추정치 또는 조사 자료를 바탕으로 발표하는 북한 2019년 통계를 기준으로 살펴보았다.

2019년 현재 남한은 북한 대비 면적, 인구, GDP, 1인당 GNI에서 0.8, 2.0, 54.4, 26.6배로 면적과 인구를 제외하고 경제지표에서는 남한이 월등히 높은 상황이다. 육상교통인프라 분야에서는 철도연장의 경우 과거 해방 이전 일제강점기 철도인프라 영향으로 북한이 남한보다 더 많은 연장 수치를 나타내고 있으나 복선 등을 고려한 선로연장은 남한이 북한의 1.8배로 더 많은 상황이다. 도로인프라의 경우는 일반도로, 고속도로 모두 남한이 월등히 많은 인프라를 보유하고 있는 것으로 나타났다. 또한 통계에서 보여지는 양적인 인프라 보유현황 외에도 실제 북한의 교통인프라가 남한과 비교할 수 없을 만큼 노후화되었다는 측면에서 보면 운송용량 등 남북 간의 육상교통인프라 질적 수준은 매우 많은 차이가 난다.

---

18_ 통계청, 도로 총연장 및 고속도로 길이.
kosis.kr/statHtml/statHtml.do?orgId=101&tblId=DT_1ZGA84&conn_path=I2 (검색일: 2021.11.4.)

[표 4-4] 육상교통 인프라 관련 남북 통계 비교

| 지표 | 단위 | 북한(A) | 남한(B) | B/A | 합계 |
|---|---|---|---|---|---|
| 면적 | $km^2$ | 123,214 | 100,401 | 0.8 | 223,615 |
| 인구 | 천 명 | 25,250 | 51,709 | 2.0 | 76,959 |
| GNI | 십억 원 | 35,562 | 1,935,715 | 54.4 | 1,971,277 |
| 1인당 GNI | 만 원 | 141 | 3,744 | 26.6 | |
| GDP | 십억 원 | 32,919 | 1,848,959 | 56.2 | 1,881,878 |
| 철도총연장 | km | 5,295 | 4,087 | 0.8 | 9,382 |
| 선로연장 | km | 5,295 | 9,697 | 1.8 | 14,992 |
| 전철화율 | % | 81 | 73 | 0.9 | |
| 지하철 총연장 | km | 34 | 724 | 21.3 | 758 |
| 도로총연장 | km | 26,196 | 111,314 | 4.2 | 137,510 |
| 고속도로 길이 | km | 658 | 4,767 | 7.2 | 5,425 |
| 자동차 등록 | 천 대 | 274 | 23,677 | 86.4 | 23,951 |
| 자동차생산량 | 천 대 | 2.4 | 3,950.6 | 1,646.1 | 3,953 |

자료: 통계청(2021)

## 2. 북한 주변지역(국가) 육상교통 연결 현황

### 1) 남북 육상교통 연결 현황

현재 남북 간에는 철도와 도로로 육상교통 연결이 가능하다. 2000년 남북정상회담의 합의에 따라 일부 철도와 도로가 연결되었으나 현재는 여러 사정으로 운행이 중단된 상태이다.

철도는 경의선과 동해선이 2007년에 복원이 완료되고 당해 5월 17일 시범운행을 하는 등 현재도 물리적으로는 연결되어 있어 긴급 개보수가 된다면 단기간 내 활용이 가능하다. 한편 남북 분단 이후 단절된 경원선과 금강산선 연결을 위한 남북 협의는 추가적으로 필요한 상황이다.

도로는 현재 경의선(도라산), 판문점, 동해선에서 북한 도로와 연결이 가능한 상태이며, 10여 개소(노선)가 단절된 상태로 이에 대한 연결을 위한 협의가 필요하다.

### 2) 북중, 북러 육상교통 연결현황

북한은 중국과 러시아와 도로와 철도로 연결되어 여객 및 화물운송을 하고 있다.

북한과 중국과는 철도 3곳, 도로 10곳에 세관이 상호 배치되어 있고 이를 통해 중국 및 유라시아로 연결된다. 북한과 러시아 간에는 두만강역(북)-하산역(러)을 통해 철도가 연결되어 있고 도로 연결은 안 되어 있는 상황이다.

### 3) 유라시아 육상교통 연결현황

남북 간 육상교통이 연결되면 북중, 북러 간 연계된 육상교통을 통해 우리나라에서 중국, 러시아 등 동북아, 나아가 유럽까지 유라시아 전역과 육상교통으로 연결이 가능하다. 현재 UN, EU, ADB를 포함한 국제금융기구 등에서 유라시아의 각 권역의 연계성 확대를 위해 많은 계획을 추진하고 있어 남북 육상교통이 연결된다면 한반도 메가리전의 남북경협사업의 성과물들이 유라시아 전역에 운송이 가능한 상태이다. 특히 남북한이 모두 가입되어 있는 'UNESCAP'에서 추진하는 아시안하이웨이(AH, 도로), 아시아횡단철도(TAR, 철도)가 연결되면 실질적인 효과가 나타날 것으로 기대된다.

아시안하이웨이(AH, Asian Highway)는 UN(UNESCAP)의 도로교통 협력 계획으로 아시아 지역의 도로 인프라 개발과 효율성 증대 그리고 유럽-아시아 교통 연계 발전 및 내륙국가의 연계성 향상을 지향한다. 현재 아시안하이웨이 총연장은 14만 여km이며 32개국을 연결하는 계획이다.

아시아횡단철도(TAR, Trans Asian Railway)도 UN 주도하에 추진 중인 아시아의 철도 연계성 확보 프로젝트로 총연장은 12만 여km에 달하며 28개국을 연결하는 계획이다.

[표 4-5] **남북 접경지역 도로 연결 현황**

| 접속지점 | 북측 도로등급 | 남측 도로노선 | 비고 |
|---|---|---|---|
| **도라산(경의선)*** | 1급 | 국도 1호선 | 평양-개성 고속·1급도로 및 남한 1번국도에 접속 |
| **판문점*** | 1급 | 국도 1호선 | 평양-개성 고속·1급도로 및 남한 1번국도 |
| **동해선(제진)*** | 1급 | 국도 7호선 | 원산-금강산 고속도로 접속 및 남한 7번국도 |
| **화살머리고지*** | - | 전술도로 | 남북공동유해발굴을 위한 전술도로 연결 |
| **파주시 방목리** | 3급 | 일반도로 | 평양-개성 고속·1급도로 및 남한 1번국도에 접속 |
| **파주시 고랑포리** | 3급 | 일반도로 | 평양-개성 고속·1급도로 및 남한 1번국도에 접속 |
| **연천군 삼곶리** | 3급 | 일반도로 | 평양-개성 고속·1급도로 및 남한 3번국도에 접속 |
| **철원군 홍원리** | - | 국도 3호선 | 평양-원산 고속도로 및 남한 3/87번국도에 접속 |
| **철원군 백덕리** | 3급 | 국도 5호선 | 원산-평강 1급도로 및 남한 5번국도에 접속 |
| **철원군 방통리** | 3급 | 국도 43호선 | 원산-평강 1급도로 및 남한 43번국도에 접속 |
| **철원군 노동리** | 3급 | - | 원산-평강 1급도로 및 남한 5번국도에 접속 |
| **양구군 건솔리** | 2급 | - | 원산-금강산 고속도로 및 남한 460번지방도에 접속 |
| **양구군 사태리** | 3급 | 국도 31호선 | 원산-금강산 고속도로 접속 및 남한 31번국도 |
| **양구군 가전리** | 2급 | 일반도로 | 원산-금강산 고속도로 및 남한 453번지방도에 접속 |

자료: 교육도서출판사(2006), 한국도로공사(2017) 재작성. 주 : *는 현재 연결상태인 도로

[표 4-6] **북중 육상교통 연결 현황**

| 구분 | 중국세관 | 북한 세관 | 중국측 연결노선 |
|---|---|---|---|
| 철도세관 | 단둥 | 신의주 | 선단 철도 |
| | 투먼 | 남양 | 메이지 철도 |
| | 지안 | 만포 | 장투 철도 |
| 도로세관 | 단둥 | 신의주 | 선단고속도로, 304국도, 201국도 |
| | 취엔허 | 원정 | 302국도 |
| | 샤퉈즈 | 새별 | 302국도 |
| | 싼허 | 회령 | 302국도 |
| | 카이산툰 | 삼봉 | 302국도 |
| | 난핑 | 무산 | 302국도 |
| | 구청리 | 삼장 | 302국도 |
| | 린장 | 중강 | 201국도 |
| | 창바이 | 혜산 | 201국도 |
| | 지안 | 만포 | 201국도, 303국도 |

자료: 동북아북한교통연구센터(2020), 서종원 외(2017b)

[그림 4-12] **아시안하이웨이 노선도**

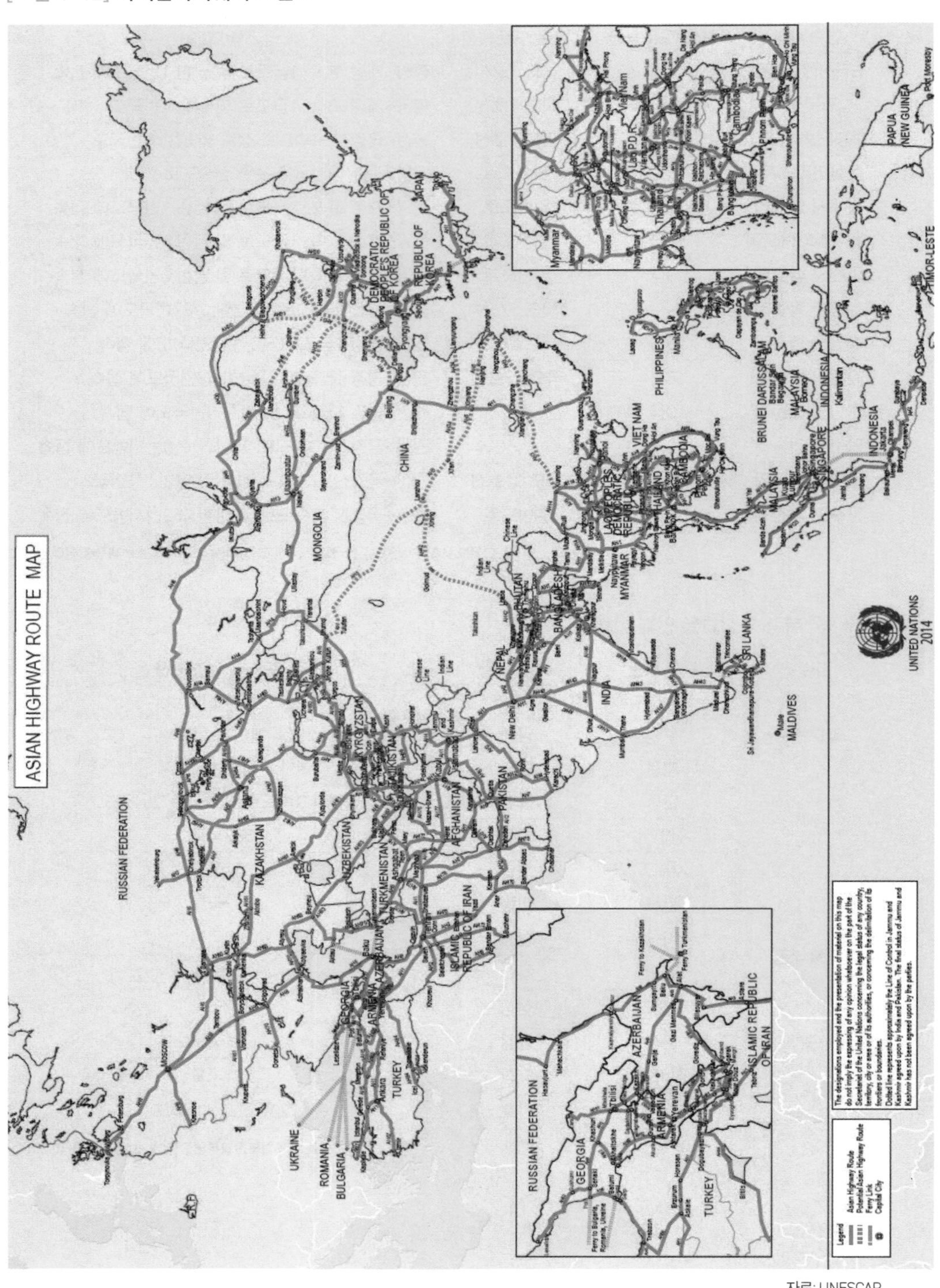


자료: UNESCAP

[그림 4-13] 아시아횡단철도 노선도

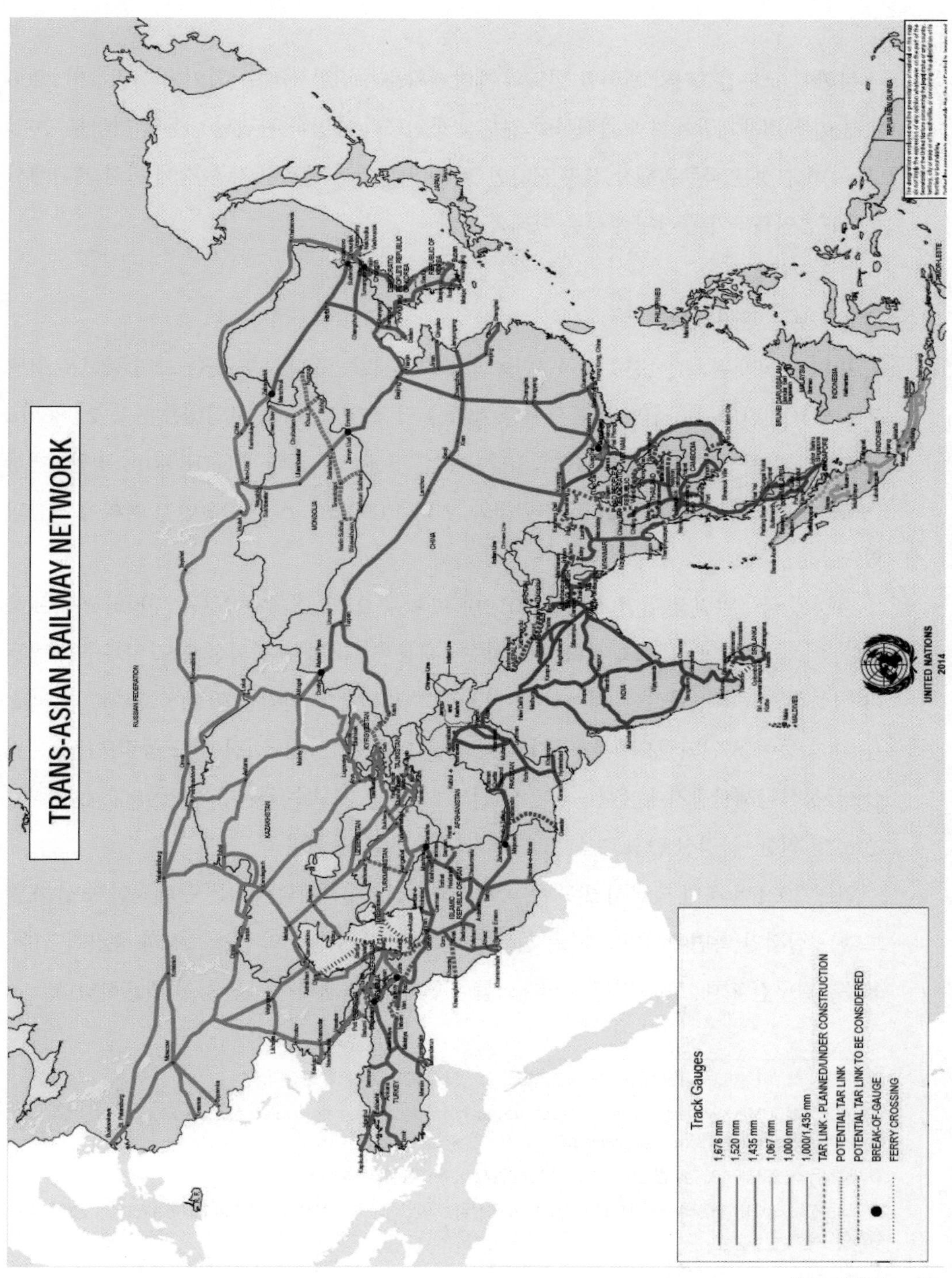


자료: UNESCAP

## 3. 북한의 육상교통 인프라 관련 계획

북한이 교통인프라와 관련한 별도의 개발계획을 수립한 사례는 확인이 어려우며 2000년대 이후 경제개발계획과 관련하여 일부 교통인프라 개발과 관련된 내용을 찾아볼 수 있다. 특히 김정은 국무위원장 집권 시기인 2010년대 이후 발표된 각종 경제 관련 계획에서 육상교통인프라와 관련된 부분은 아래와 같다.

### 1) 철도부문 관련계획

2011년 공개된 『조선민주주의인민공화국 경제개발중점대상개요』를 보면 북한은 철도부문에 10년간 총 96억 달러를 투자할 계획을 담고 있다. 주요 사업내용은 총 2,386km 철도구간의 복선화를 목표로 특히 평양-나선 780km, 김책-혜산 180km, 평양-개성 186km 등 구간의 120~140km/h 현대화, 기타 1,000km 구간 철도 연결 계획이 포함되었다.[19]

김정은 국무위원장 집권 시기인 2013년 이후 총 27개 경제개발구를 지정하고 발표하였다. 이 중 철도 관련 주요 계획은 '신의주국제경제지대'에서 평의선 철도 일부구간 변두리 이설 및 고속화, 덕현선, 백마선, 무역장 및 화력발전소 인입선 이설(신의주지구개발총회사, 2015) 등이 확인되었으며, 항구지역 내 철도 이설 및 나진-청진 철도 능력 확장,[20] '원산-금강산국제관광지대' 원산-금강산 철도(118.2km) 개보수 투자유치(원산지구개발총회사, 2015) 및 원산-금강산 관광고속철도(90km) 신규 건설[21] 등이다.

한편 2021년 북한 당국이 발표한 '국가경제발전 5개년계획'에서는 구체적인 노선 개발보다는 질적인 측면에서 콘크리트 침목 생산 증대로 철길의 안전성 보장과 중량화 실현, 표준철길구간 확대, 모든 철길의 현대화를 위한 사업의 계획적 추진 등을 발표하였다.[22]

---

19_ 통일뉴스, 2011.10.16., "[단독입수] 북 대풍그룹 '2010-2020 북한 경제개발 중점대상'".

20_ YESLAW.COM. www.yeslaw.com/lims/front/layout.html?pAct=template_contents_view&pGubun=FT_LAW&pUrlGubun=searchView&pPromulgationNo=157654 (검색일: 2021.11.4.)

21_ 노컷뉴스, 2014.8.13., "北 원산특구 개발, 주민들 강제 이주…"본격 공사에 나선 듯"".

22_ 노동신문, 2021.1.18., "철도현대화를 다그치며 수송사업을 혁명적으로 개선하여 철도수송수요를 원만히 보장하겠다 - 장춘성대의원-".

### 2) 도로부문 관련 계획

북한은 2011년 공개된 『조선민주주의인민공화국 경제개발중점대상개요』에서 도로 분야에 10년간 총 150억 달러를 투자할 계획을 포함하였다. 주요 노선은 평양–나선 870 km, 평양–신의주 240km, 평양–개성 180km, 기타 광산 연결 1,200km 등 총 2,490km 구간 건설과 현대화를 목표로 하고 있다.[23]

또한 김정은 국무위원장 집권시기인 2013년 이후 지정된 27개 경제개발구 중 신의주 국제경제지대에서 개발지역–남신의주 연결 도시 기본 간선 및 개발지역–위화도경제개발구, 임도관광개발구, 황금평경제개발구, 국제비행장·항구 연결 기본간선 계획(신의주지구개발총회사, 2015)을 포함하고 있으며, 원정–권하 중조국경인도교 개조,[24] 나진–원정·나진–청진·나진–두만강고속도로 건설,[25] 원산–금강산국제경제지대의 원산–금강산관광도로 현대화 및 신원산–금강산도로 건설, 원산–마식령스키장도로(25km), 마식령스키장–울림폭포도로(22km), 원산–석왕사도로(47㎞) 현대화,[26] 온성섬관광개발구의 북한, 중국 방면 다리 건설(조선민주주의인민공화국·외국문출판사, 2018)을 포함하고 있다.

한편 2016년 중국 랴오닝성정로교공정유한회사와 함께 신의주–개성 간 고속도로와 원산–함흥 간 고속도로 건설을 한다는 언론보도[27]가 있었으나 실제 진행 여부는 미확인 상태이다.

## 4. 북한 육상교통 인프라 남북협력 현황

### 1) 남북 교통물류인프라 협력 합의 사례

남북 간 구체적인 육상교통 인프라 연결이 언급된 최초의 공식회담은 1991년 12월 개

23_ 통일뉴스, 2011.10.16., "[단독입수] 북 대풍그룹 '2010-2020 북한 경제개발 중점대상'".

24_ YESLAW.COM. www.yeslaw.com/lims/front/layout.html?pAct=template_contents_view&pGubun=FT_LAW&pUrlGubun=searchView&pPromulgationNo=157654 (검색일: 2021.11.4.)

25_ YESLAW.COM. www.yeslaw.com/lims/front/layout.html?pAct=template_contents_view&pGubun=FT_LAW&pUrlGubun=searchView&pPromulgationNo=157654 (검색일: 2021.11.4.)

26_ 노컷뉴스, 2014.8.13., "北 원산특구 개발, 주민들 강제 이주… "본격 공사에 나선 듯"".

27_ 통일뉴스, 2016.5.25., "북중, 7.27에 '신의주–개성 고속도로' 착공식 예정".

최된 제5차 남북고위급회담의 「남북사이의 화해와 불가침 및 교류·협력에 관한 합의서」 채택 후속으로 개최된 1992년 9월 제8차 남북 고위급 회담의 부속합의서에서 내용을 찾아볼 수 있다(서종원 외, 2019).

남북기본합의서 부속합의서에 경의선 철도, 문산-개성 도로를 연결하는 것을 주요 사업으로 명시하였다(참여연대, 2004).

한편 실질적인 철도연결과 관련하여 2000년 6월 15일, 평양에서 개최된 남북정상회담의 결과인 6·15공동선언의 후속조치로 추진된 2000년 7월 29~31일 장관급회담을 통해 경의선 철도 연결사업에 합의하였다(통일부 남북회담본부, 2000).

그리고 2007년 평양에서 개최된 남북정상회담의 결과 10·4 공동선언을 발표하였으며, 육상교통인프라와 관련하여 문산-봉동 간 철도화물수송 개시, 개성-신의주 철도 및 개성-평양 고속도로 공동 이용을 위한 개보수 문제 협의·추진 등을 합의하였다.[28] 후속조치로 개최된 11월 16일 총리회담을 통해 서해평화협력특별지대, 경의축 고속도로 및 철도 이용 문제, 개성공단 교통 문제를 논의하였으며 2008년 베이징올림픽 남북응원단의 경의선 열차 이용 실무접촉 등에 합의하였다.[29]

2018년 판문점에서 개최된 남북정상회담의 결과 4·27 「판문점 선언」을 발표하였으며, 남북은 신규 경제협력 사업에 대한 합의 대신 10·4 선언 합의사항의 이행을 촉구하였다. 이 중 '동해선 및 경의선 철도와 도로들을 연결하고 현대화하여 활용하기 위한 실천적 대책들'을 1차적 과제로 명시하였다.[30]

또한 2018년 평양에서 개최된 남북정상회담에서 9·19 평양공동선언을 발표하고, 남북은 교통물류와 관련하여 금년(2018년) 내 동·서해선 철도 및 도로 연결 착공식 개최에 합의하였다.[31]

---

28_ 한겨레, 2018.4.27., "'판문점 선언' 어떤 내용 담길까… 다시 보는 6.15와 10.4 선언문".

29_ 대한민국 정책브리핑, 2007.11.16., "'남북관계 발전과 평화번영을 위한 선언' 이행에 관한 제1차 남북총리회담 합의서".

30_ 연합뉴스, 2018.4.27., "[판문점 선언] 문재인 대통령 발표 전문".

31_ 경향신문, 2018.9.19., "[전문]9월 평양공동선언문".

[표 4-7] 남북 간 교통물류 인프라 협력 관련 합의사안

| 시기 | 선언/회담 | 교통물류인프라 협력 관련 합의사안 |
|---|---|---|
| 1991년 | 남북기본합의서 | • 끊어진 철도와 도로 연결<br>• 해로, 항로의 개설 |
| 1992년 | 남북기본합의서의 부속합의서 | • 인천, 부산, 포항-남포, 원산, 청진 사이 해로 개설<br>• 경의선 철도 연결<br>• 문산-개성 도로 연결<br>• 김포-순안 항공로 연결 |
| 2000년 | 6·15 공동선언 | • 남북 경제 및 사회문화 교류협력 |
| | 제1차 장관급회담 | • 경의선 철도 연결 |
| | 제2차 장관급회담 | • 서울-신의주 철도 연결 및 문산-개성 도로 개설을 위한 9월 실무접촉 |
| | 제3차 장관급회담 | • 남북경제협력추진위원회 설치 |
| | 제4차 장관급회담 | • 철도 및 도로연결 실무 문제 남북경제협력추진위원회에서 협의·해결 |
| 2001년 | 제5차 장관급회담 | • 서울-신의주 철도 및 문산-개성 도로의 개성공단 연결 공사를 군사적 보장에 관한 합의서 발효에 따라 착수 |
| 2002년 | 제7차 장관급회담 | • 남북경제협력추진위원회 제2차 회의 개최 일정 합의<br>• 경의선 및 동해선 철도·도로 문제 실무협의를 위원회에서 진행<br>• 남북 철도·도로 연결을 위한 군사당국자 회담 개최 |
| | 제8차 장관급회담 | • 경의선 및 동해선 철도·도로 건설 추진 결의<br>• 경의선 철도·도로를 개성공업단지에, 동해선 철도·도로를 금강산·지역에 연결<br>• 민간선박의 상대측 영해통과 및 안전운항 등 해운합의서 발효 문제 지속 협의 |
| 2003년 | 제10차 장관급회담 | • 동해선 철도·도로 연결행사 등 남북경제협력추진위원회 제5차 회의에서 협의 |
| 2004년 | 제13차 장관급회담 | • 해운합의 발효 문제 지속 협의 |
| 2005년 | 제15차 장관급회담 | • 북측 민간선박의 제주해협 통과에 합의, 실무사안 협의 및 해결 |
| | 제17차 장관급회담 | • 개성공단 2단계 개발 및 통행·통관·통신 문제, 경의선 및 동해선 열차 시험운행 추진 등 남북경제협력추진위원회에서 협의·해결 |
| 2006년 | 제18차 장관급회담 | • 남북경제협력추진위원회를 통해 열차 시험운행 및 철도·도로 개통문제 등 협의 |
| 2007년 | 제20차 장관급회담 | • 열차 시험운행 상반기 내 실시, 관련하여 남북경제협력추진위원회 위원 접촉 |
| | 10·4 공동선언 | • 서해평화협력특별지대 설치<br>• 개성공업지구 2단계 개발 및 문산-봉동 간 철도화물수송<br>• 개성-신의주 철도 및 개성-평양 고속도로 공동 이용을 위한 개보수 문제 협의·추진<br>• 백두산관광 실시 및 백두산-서울 직항로 개설 |
| 2018년 | 제23차 장관급회담 | • 동해선·경의선 철도와 도로들의 연결과 현대화 문제를 합의하기 위한 남북 철도 및 도로협력 분과회의 개최 |
| | 판문점선언 | • 10.4 선언 합의 사항 이행<br>• 동해선 및 경의선 철도·도로 연결, 현대화 활용 |
| | 평양공동선언 | • 금년 내 동·서해선 철도 및 도로 연결을 위한 착공식<br>• 조건이 마련되는 데 따라 개성공단과 금강산관광 사업을 우선 정상화<br>• 서해경제공동특구 및 동해관광공동특구 조성 문제를 협의 |

자료: 서종원 외(2019)

### 2) 남북 교통물류인프라 협력 실행 사례

그동안 남북 간 협의되었던 다수의 교통인프라 협력사업은 여러 요인으로 실질적인 성과를 나타내지는 못하였으며, 실제 협력사업으로 추진된 철도, 도로 연결사업, 삼지연 공항 사업 등 일부 사업도 현재는 다시 중단된 상태이다.

실제 협력사업으로 추진된 경의선 도로·철도 연결 사업은 2000년 남북정상회담 직후 개최된 남북고위급회담에서 경의선 도로(통일대교-개성공단) 연결에 합의(통일부 남북회담본부, 2000)한 이후 2000년 9월 경의선 철도·도로 연결 기공식을 개최하였고(서울지방국토관리청, 2003), 2003년 6월 14일 경의선 철도 연결식을 진행하였으며,[32] 11월 남북연결도로를 준공(서울지방국토관리청, 2003)하는 성과를 이루었다. 동해선 도로·철도 연결 사업 역시 2002년 임동원 특사의 방북으로 동해선 철도 및 도로 연결에 합의[33] 이후 2002년 9월 동해선 철도·도로 연결 착공식을 개최하고(원주지방국토관리청, 2004) 2003년 6월 14일 동해선 철도 연결식을 진행하였으며,[34] 2004년 12월 31일 국도 7호선 남북연결도로 본 도로 준공식을 개최하였다(원주지방국토관리청, 2004). 이후 2007년 10·4 남북공동선언에 따라 남북 화물열차 운행에 합의, 12월 11일 오봉–봉동(초기 판문) 간 화물열차가 정기 운행을 개시하였으나[35] 2008년 12월 1일부터 경의선 남북 화물열차 운행이 북측의 차단조치로 중단되었다.[36]

이를 해결하기 위해 2018년 9·19 남북정상회담의 합의 결과로 동·서해선 철도·도로 연결 및 현대화 착공식이 동년 12월 26일 판문점에서 남북 공동 개최되었다.

그러나 이후 2019년 하노이 북미정상회담의 노딜과 남북관계 경색, 코로나 확산 등으로 남북 간 추가적인 협의 또는 협력은 없는 상태이다.

---

32_ 연합뉴스, 2003.06.14., "경의.동해선 철도 연결(종합)".

33_ 국민일보, 2002.4.6., "南北 , 동해선 철도·도로 연결 합의… 경의선·문산–개성도로도 조기개통".

34_ 연합뉴스, 2003.6.14., "경의.동해선 철도 연결(종합)".

35_ YTN, 2007.12.11., "남북 화물열차 첫 정기운행".

36_ 뉴시스, 2008.12.1., "北 출입 인원·시간, 오늘부터 대폭 축소".

## 5. 북한 서부권 육상교통 인프라 현황 및 문제점[37]

한반도 메가리전의 공간적 범위는 협의의 범위로 서울·수도권과 북한의 개성·해주권을, 보다 확대하여 중간 규모는 협의 권역에 남한의 충청권과 북한의 평양·남포·사리원권, 광의의 범위는 한반도 서부지역 전체를 포함할 수 있을 것이다. 여기서는 북한의 서부권역별 육상교통인프라 현황에 대해 살펴본다.

### 1) 개성·해주권

개성·해주권은 황해남도의 대표 도시 해주시와 황해북도의 개성특별시를 중심 거점으로 하는 권역으로 황해북도 금천군, 평산군, 봉천군, 장풍군, 황해남도 배천군, 연안군, 청단군, 신원군, 벽성군, 강령군, 옹진군을 포함하고 있다. 이 권역의 인구는 181.7만 명으로 추정되며 면적은 5,967.2km$^2$이다. 이 지역은 개성과 해주가 별도의 간선축에 위치해 있으나 남북이 합의한 서해평화협력특별지대를 구성함에 따라 복수의 경제거점을 보유한 특수 권역으로 설정되었다(서종원·최성원, 2019).

이 지역은 2007년 10·4 남북공동선언을 통해 합의된 바 있는 서해평화협력특별지대의 핵심지역이다.[38] 산업 부문은 해주 공업지구가 속해 있으며, 시멘트, 제련, 인비료 생산 등의 산업과 지방공업이 조성되어 있다(서종원·최성원, 2019). 또한 개성공업지구가 위치하여 해주공업지구와 함께 공동 중심지를 형성한다. 주요 경제지대로는 강령군에 강령국제녹색시범구가 설치되어 있다(최성원·서종원, 2019a).

개성·해주권의 주요 간선철도로는 평부선과 황해청년선이 있으며, 지선철도로는 배천선, 옹진선, 부포선 등이 개설되어 있다(최성원·서종원, 2019b). 배천선은 과거 토해선(토성-해주) 철도로 개성과 해주를 연결하였으나 현재 예성강 철교가 단절되어 있으며, 향후 개풍-배천 구간이 복원, 연결될 시 개성-해주-옹진·강령으로 연결되는 권역 내 중심 노선 역할을 수행할 것으로 예상된다. 장풍군과 봉천군에는 철도가 경유하지 않는다(최성원·서종원, 2019b).

37_ 서종원·최성원(2020)

38_ 대한민국 정책브리핑, 2007.10.5., "서해 평화협력특별지대 어떻게 조성되나".

개성·해주권의 주요 도로로는 평양-개성 고속도로, 평양-개성 1급도로, 사리원-해주 1급도로의 3대 간선도로와 함께 각 군 단위 지역을 연계하는 2급도로가 개설되어 있다. 금천군, 평산군, 신원군, 벽성군(죽천리)에 1급도로가 통과하며, 그 외 장풍군, 봉천군, 배천군, 연안군, 청단군, 강령군, 옹진군에는 2급도로가 최고등급 도로이다(교육도서출판사, 2006).

개성·해주권의 주요 항구로는 9대 무역항 중 하나인 해주항이 있으며, 포장활주로를 가진 비행장 시설이 부재하다. 이에 따라 향후 평양국제비행장 혹은 근거리에 있는 인천국제공항과의 연계성 강화가 필요할 것으로 예상된다.

[그림 4-14] **개성·해주권 인프라 현황도**

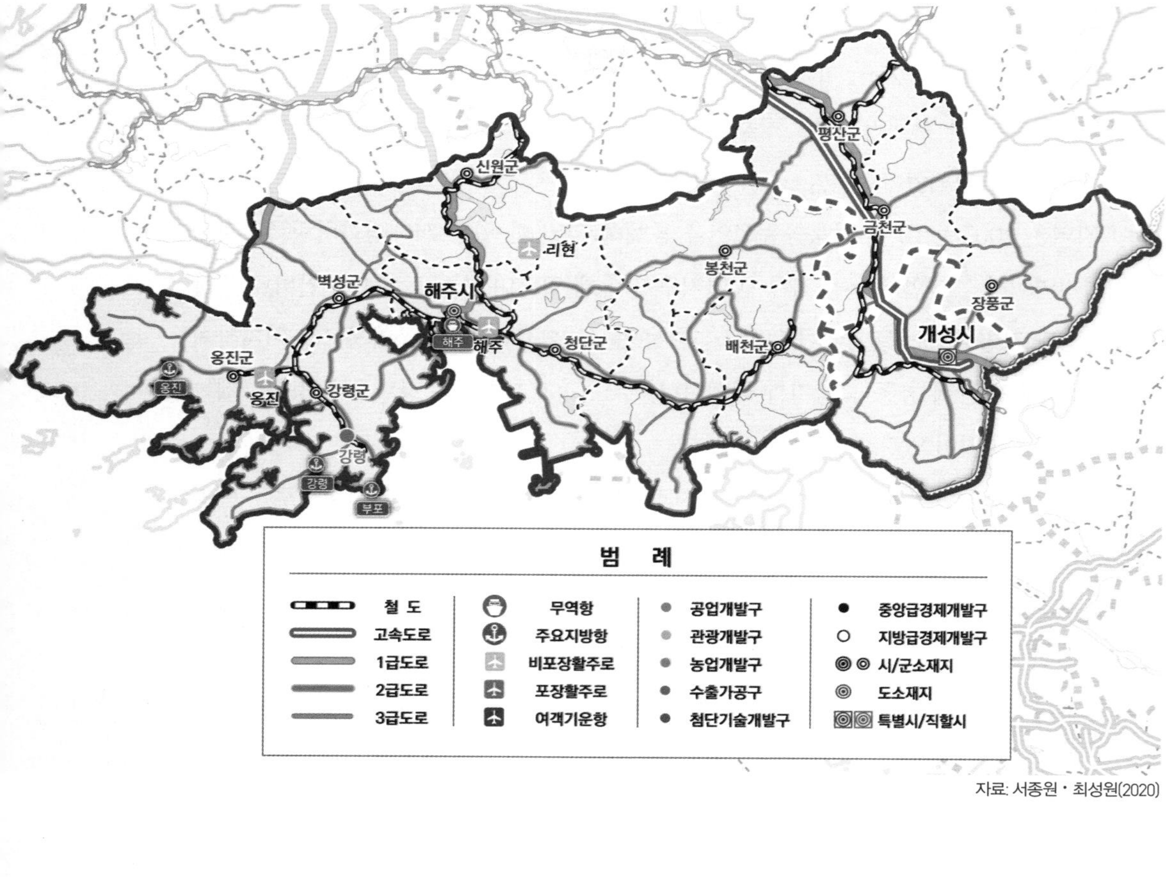

자료: 서종원·최성원(2020)

### 2) 평양·남포·사리원권

평양·남포·사리원권은 수도 평양과 북한 최대의 항구인 남포시를 기반으로 하여 평양·남포공업지구를 구성하는 송림시, 사리원시, 승호군, 상원군과 인근 평성시, 봉산군, 황주군, 평원군, 숙천군, 회창군, 은률군, 대동군, 증산군, 연산군, 연탄군, 수안군, 곡산군을 포함하는 경제권이다. 인구 682.1만 명(2008년 기준)이 거주하는 북한 최대의 경제권으로 면적은 12,745.2km$^2$이다(최성원·서종원, 2019c).

평양·남포·사리원권은 북한 최대의 인구밀집지역으로 소비능력과 노동력을 활용하여 전기·전자, 기계, 철강, 조선, 시멘트, 판유리 등의 중공업과 의류, 방직, 식료, 신발 등의 경공업이 동시에 발달하였다(최성원·서종원, 2019c). 이에 따라 주요 경제지대로 북한 유일의 첨단기술개발구인 은정개발구를 비롯해 송림, 와우도, 진도의 3대 수출가공구가 모두 평

[그림 4-15] 평양·남포·사리원권 인프라 현황도

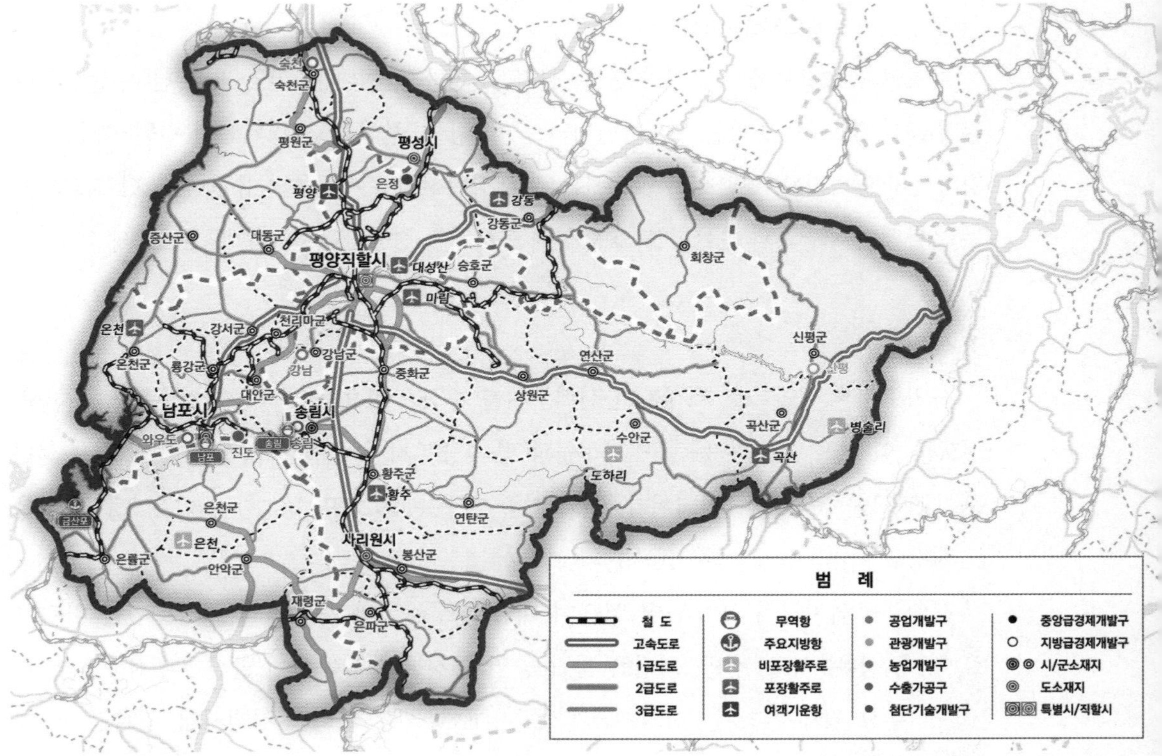

자료: 서종원·최성원(2020)

양·남포 수도권에 위치해 있다. 또한 신평관광개발구와 숙천농업개발구, 강남공업개발구가 설치되어 있다(최성원·서종원, 2019a).

평양·남포 수도권은 수도 평양을 주축으로 하여 철도망과 도로망이 모두 발달하였다. 철도는 평양을 기점으로 하는 평의·평부·평나·평덕·평남선의 5개 간선철도와 황해청년선 철도가 있으며, 도로는 평양–향산, 평양–개성, 평양–원산, 평양–남포, 평양–강동의 5개 고속도로와 평양–신의주, 평양–만포, 평양–원산, 평양–개성, 평양–남포, 평양–대동의 6개 1급도로가 개설되어 있다. 항만은 북한 최대의 무역항인 남포항과 철강류를 취급하는 송림항이 있으며, 북한 유일의 국제공항인 평양국제비행장이 위치해 있다(최성원·서종원, 2019c).

지역별 일반도로망을 살펴보면 평양시와 남포시, 송림시, 사리원시, 봉산군, 은파군, 재령군, 안악군, 평원군, 숙천군, 은천군, 평성시에는 1급도로가 연결되며, 증산군, 은률군, 상원군, 연산군, 신평군은 2급도로, 회창군, 연탄군은 3급도로가 최고등급 일반도로로 개설되어 있다(교육도서출판사, 2006).

지역별 철도망을 살펴보면 연산군, 신평군, 회창군, 연탄군, 안악군, 은천군, 증산군에는 철도가 없으며, 평의선이 사리원시와 중화·황주·봉산군을, 평의선이 평원·숙천군을, 평나선이 평성시를, 평남선이 남포시를, 황해청년선이 은파군을 경유한다. 또한 지선으로는 은률선이 재령군과 은률군을, 송림선이 송림시를 경유한다(최성원·서종원, 2019b).

### 3) 신의주권

신의주권은 평안북도 소재지인 신의주시를 중심으로 인근의 의주군, 삭주군, 용천군, 신도군, 염주군, 철산군, 동림군, 피현군과 평북 중부지역의 구성시, 정주시, 곽산군, 선천군, 대관군을 포함하는 권역이다. 권역 거주 인구는 192.1만 명(2008년 기준)으로 면적은 6,750km$^2$이다(최성원·서종원, 2019d).

신의주공업지구가 조성되어 있으며 대규모 노동력과 중국과의 교역조건을 바탕으로 기계, 섬유, 식료, 신발, 화장품 등 중공업과 경공업이 동시에 발전했다(최성원·서종원, 2019d). 주요 경제지대로는 신의주국제경제지대, 황금평·위화도 경제지대, 압록강경제개발구, 청수관광개발구가 설치되어 있으며 이 중 3곳이 신의주시에 위치해 있다(최성원·서종원, 2019a).

신의주권의 철도망은 평의선 철도를 주간선으로 하고 있으며, 신의주청년역에서 조중 친선우의교를 통해 중국 단둥역과 연계된다. 지선철도로는 평북선, 덕현선, 백마선, 다사

[그림 4-16] **신의주권 인프라 현황도**

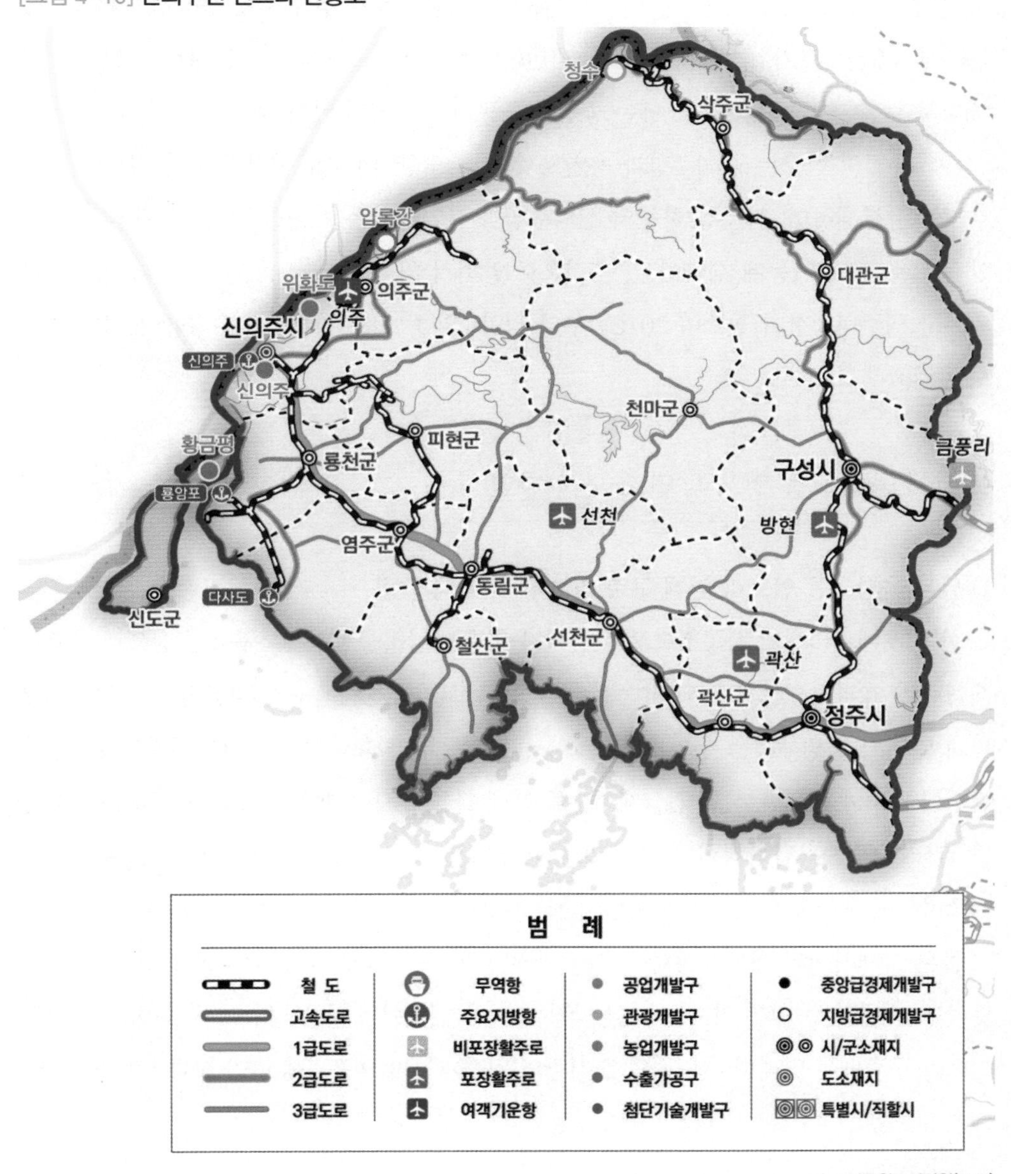


자료: 서종원·최성원(2020)

도선, 강안선, 구성선 등이 부설되어 있다. 신도군과 천마군에는 철도가 경유하지 않는다(최성원·서종원, 2019b).

신의주권의 도로망은 평양-신의주 1급도로를 주간선으로 하여 신의주-강계 2급도로와 정주-삭주 2급도로, 용천-다사도 2급도로 등이 보조축을 이루고 있다. 신의주시, 정주시, 용천군, 염주군, 동림군, 선천군, 곽산군에는 1급도로가 경유하며, 구성시, 의주군, 삭주군에는 2급도로가, 철산군, 천마군, 피현군에는 3급도로가 최상위 도로로 개설되어 있다(교육도서출판사, 2006). 신도군에는 중앙급 도로가 개설되어 있지 않다.

신의주권의 항구는 신의주항과 용암포항, 다사도항, 비단항 등의 항구가 있으나 주요 무역항은 부재하며, 압록강 하구의 신의주항과 용암포항은 겨울철 결빙 및 퇴적, 조수간만 등으로 항만 기능에 제약이 있는 것으로 알려져 있다(최성원·서종원, 2019d). 공항으로는 의주군 의주비행장이 있으며 2016년부터 평양-의주 노선이 주 1회 운항을 개시한 것으로 알려졌다.[39]

## 6. 남북 육상교통 인프라 연계 구축 방안

### 1) 남북 육상교통 인프라 연계 구축 필요성 및 구축방향

한반도 메가리전이 성공적으로 실현되기 위해서 남북공동경제특구를 중심으로 남북경제협력이 효과적으로 추진되어야 한다. 또한 남북공동경제특구가 성공적으로 정착되고 확대 발전되기 위해서는 무엇보다도 교통물류인프라가 효과적으로 갖추어져야 한다. 남북경협 초기에는 기존 시설 긴급개보수를 통해 활용이 가능한 해운 또는 항공교통을 이용할 필요가 있으나 남북경협의 지속 가능한 확대 발전을 위해서는 철도, 도로 등 육상교통 인프라의 구축이 절대적인 필요조건이 될 것이다.

물론 국제사회의 대북경제제재, 미중 패권경쟁, 북미관계 교착, 남북관계 답보상태, 코로나19 팬데믹 등 많은 악재로 지금 당장 추진하기는 쉽지 않은 상황이다. 또한 육상교통 인프라 구축에는 막대한 사업비와 장기간의 건설기간이 요구됨에 따라 교통 수단의 특성,

39_ 자유아시아방송, 2016.5.19., “고려항공, 제재 불구 국내선 항로 신설”.

시급성, 사업규모(노선연장), 현대화 수준 등을 종합적으로 고려한 구축전략이 필요하다.

먼저 남북 당국 간 합의되었던 사업을 우선적으로 추진할 필요가 있다. 남과 북의 입장과 보는 시각이 다를 수 있지만 북한 입장에서 기존에 합의되었던 각종 교통인프라 사업이 이행되지 않은 부분에 대한 서운함이 있다는 시각이 있다. 물론 북핵 문제와 관련한 대북경제제재로 인해 우리 정부의 노력에도 불구하고 실제 추진은 쉽지 않은 여건이었다. 따라서 6·15, 10·4, 4·27 등에서 기 합의된 사업을 우선적으로 추진할 필요가 있다. 둘째, 연계성이 중시되는 육상교통 인프라의 특성상 간선망을 먼저 현대화하고 지선을 연결하여 물류망의 효율성을 제고할 필요가 있다. 셋째, 공간적으로는 남북경협의 효과 극대화를 위해 남북접경지역을 먼저 연결하고 점차적으로 연결망을 확대할 필요가 있다. 넷째 남북공동경제특구를 연결하는 지선의 경우 시간과 비용이 많이 소요되는 철도보다는 도로 중심의 연결망을 구축하여 신속한 운송을 도모할 수 있다. 다섯째 남한의 철도와 도로 관련 법정계획과의 연계 또는 확장성을 고려할 필요가 있다. 철도의 경우 『제4차 국가철도망 구축계획』이 2021년 6월 발표[40]되었으며 남북 철도 연결과 관련하여서는 기존계획과 큰 차이 없이 경의선과 동해선 연결 운행이 필요한 상황이다. 한편 도로의 경우는 2021년 9월 발표[41]된 『제2차 국가도로망 종합계획』의 기존 [$7\times9+6R^2$][42]에서 [$10\times10+6R^2$][43]로 국가 간선 도로망 계획이 확대 변화하면서 남북 간 도로 연결에서도 이를 반영한 전략이 필요하다.

'제2차 국가도로망 종합계획'에서의 남북 연계 관련 서부축 간선도로망은 남북 1축, 2축, 4축, 5축, 6축과 동서 10축으로 이 간선망과의 연계를 검토할 필요가 있다.

한편 한반도 서부권의 해당 지방자치단체인 경기도의 〈제2차 경기도 도로정비기본계획(2011~2020)〉을 포함한 경기도와 인천광역시가 추진 중인 남북 연계 가능 간선도로에 대해서도 중앙정부의 계획과 함께 검토할 필요가 있다.

경기도 관련 계획으로 〈제2차 경기도 도로정비기본계획(2011~2020)〉에서 남북 1축으로

40_ 시사매거진, 2021.6.30., "제4차 국가철도망 구축계획 확정".

41_ 조선일보, 2021.9.16., "제2차 국가도로망종합계획 최종 확정… 남북·동서 축 10×10으로 재편".

42_ 남북방향의 7개축과 동서방향의 9개축에 대도시 권역의 6개의 순환망

43_ 남북방향의 10개축과 동서방향의 10개축에 대도시 권역의 6개의 순환망

[그림 4-17] 제2차 국가도로망 종합계획 간선도로망도

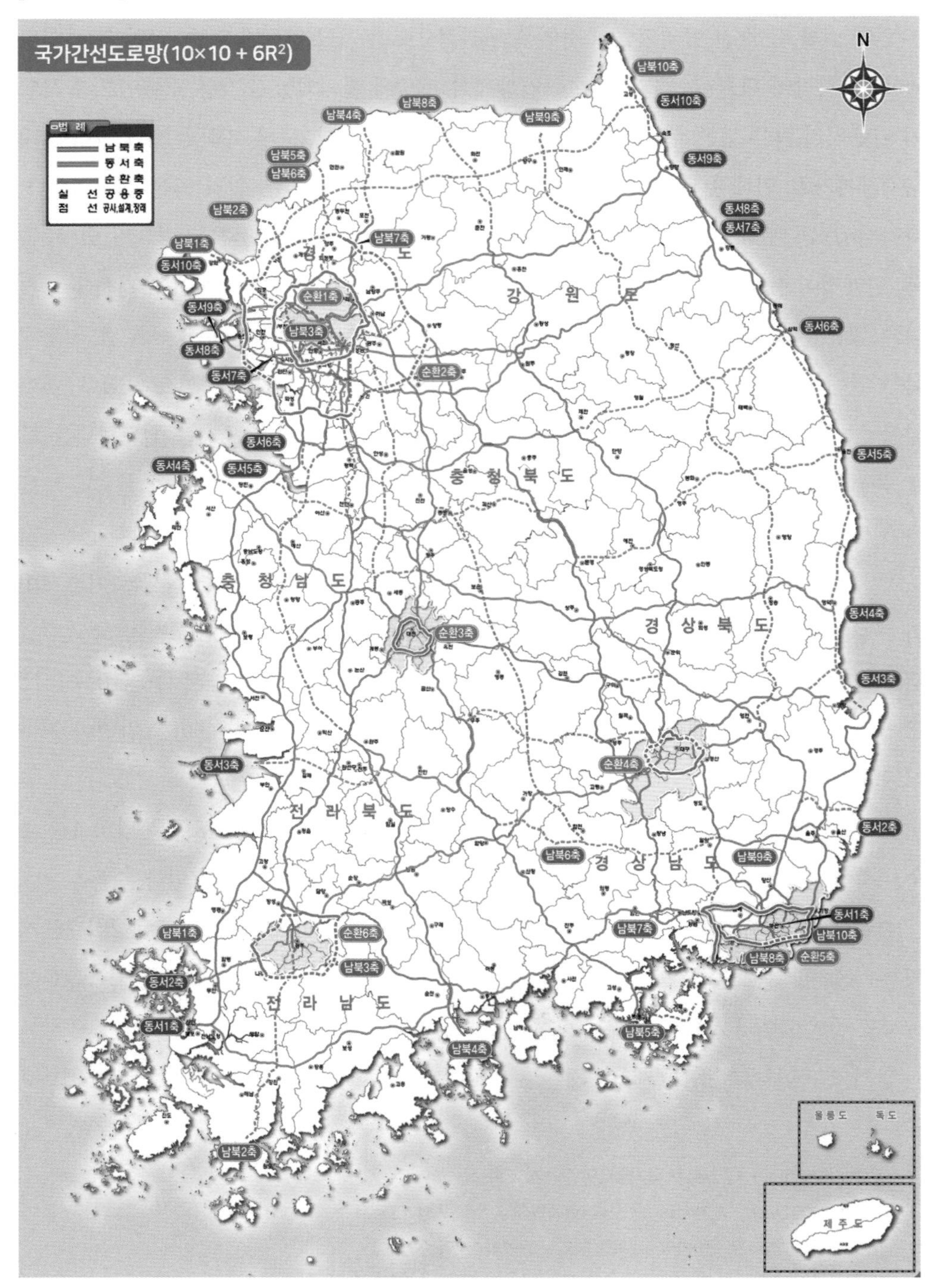


자료: 국토교통부

[그림 4-18] 경기도 고속도로망 계획도

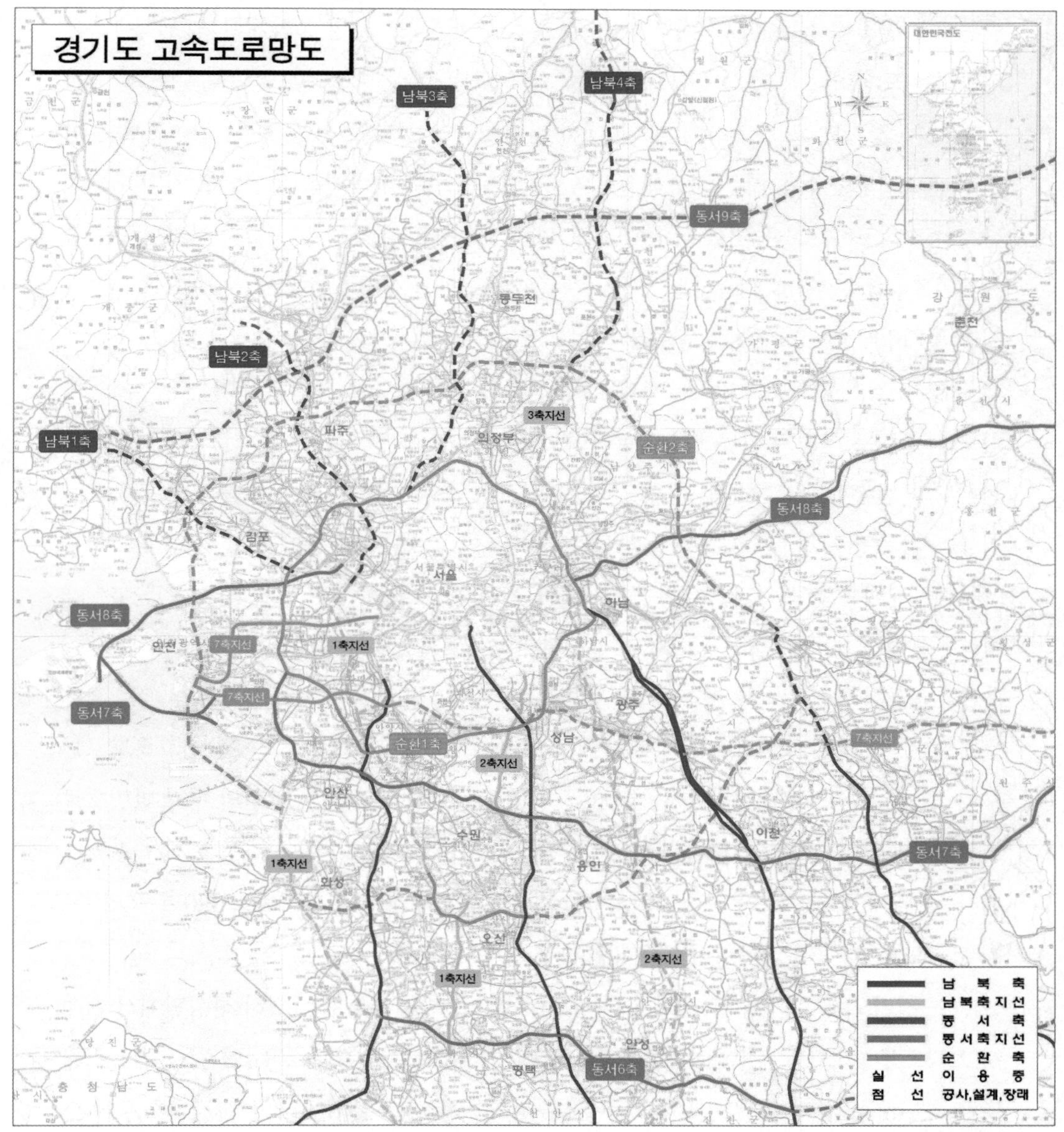


자료: 경기도(2013)

제안된 강화–서울 노선은 현재 추진 중인 계양–강화 고속도로를 교동, 연안을 거쳐 해주 방면으로 연결이 가능한 노선이다. 이 노선은 〈제2차 국가도로망 종합계획〉의 남북 1축에 해당하는 노선이다.

〈제2차 경기도 도로정비기본계획〉에서 남북 2축에 포함된 서울–문산 고속도로는 향후 문산–도라산(-개성) 연결을 통해 평양–개성고속도로에 접속하는 노선으로 기대가 되며 사실상 경의고속도로의 역할을 수행할 것으로 기대된다. 이 노선은 〈제2차 국가도로망 종합계획〉의 남북 2축에 해당하는 노선이다. 문산–도라산 구간 고속도로는 2018년 12월 2일 기획재정부 예비타당성조사 면제 사업으로 지정되었다.[44]

〈제2차 경기도 도로정비기본계획〉에서 남북 3축 고속도로 계획으로 제안된 서울–연천 고속도로는 서울 우이동에서 출발하여 경기도 연천군과 인접한 파주시 적성면에서 37번국도와 접속하는 고속도로 계획으로 향후 토산, 곡산 방면 중부 내륙축 간선 고속도로 기능이 가능할 것으로 기대된다. 이 노선은 〈제2차 국가도로망 종합계획〉의 남북 5축과 6축에 해당하는 노선이다. 2018년 경기연구원이 본 사업을 경기도 발전 전략과제에 포함하였으며(경기연구원, 2018), 2021년 양주시 은현면–의정부시 장암동 21.6km 구간을 서울–양주 고속도로 민간투자사업으로 추진 중이다.[45]

〈제2차 경기도 도로정비기본계획〉에서 남북 4축으로 제안된 포천–철원 고속도로는 구리–포천 고속도로를 철원까지 연장하는 고속도로 계획이며 향후 북한의 평강 방면으로 연장, 경부고속도로와 연계되는 경원선축 간선 고속도로 역할 수행이 가능할 것으로 기대된다. 〈제2차 국가도로망 종합계획〉의 남북 4축에 해당하는 노선이다. 2020년 구리–포천 고속도로 철원 연장 타당성 연구용역이 추진 중이다.

한편 경기도가 추진 중인 김포–개성 교량 건설 계획은 경기도 김포시 하성면에서 개성시 조강포구 방면으로 길이 2.48km의 교량을 신설하는 사업으로 2014년 김포 외곽순환도로 47km와 김포시 하성면–개성공단 16km를 포함하는 총 63km의 '한강평화로'(가칭) 사업을 정부에 건의하였다.[46] 이에 따라 2021년 1월 〈한강하구 포구 복원 및 교량 건설 타

44_ 연합뉴스, 2018.12.2., "도로 남북경협도 속도낸다... 남북잇는 고속도로 경제성조사 면제".

45_ 이투데이, 2021.3.18., "'서울~양주' 고속도로 '본궤도'… 교통 개선 호재에 양주시 집값 '들썩'".

46_ 연합뉴스, 2014.3.11., "경기도 인천~김포~개성 63km 한강평화로 정부 건의".

당성 조사 및 기본계획 수립〉 용역 추진 중이다.[47]

또한 서해남북평화도로 사업은 인천 강화군 철산리–개풍군 고도리 간 1.4km의 연륙교를 건설하고 영종–강화 14.6km 도로건설을 통해 인천공항–강화–개성을 연결하는 계획이다. 2004년 4월 인천시가 인천경제자유구역 활성화의 일환으로 '인천–개성 간 경제공동 개발구'를 제안하면서 강화–개성 연륙교(1.4km) 사업을 포함하였다.[48] 동 사업은 2021년 본 사업 포함 구간인 영종–신도 연륙교(4.05km) 사업을 착공하였다.[49]

[그림 4–19] 남북공동경제특구의 남북 간 및 배후도시 연결 교통망도

47_ 매일경제, 2021.1.27., "경기도, '김포 조강포구 복원·개성간 다리 건설' 용역".

48_ 국민일보, 2004.2.4., "인천—개성 경제개발구 추진… 이산가족면회소 설치도".

49_ 연합뉴스, 2021.1.26., "영종도–신도 4km 연륙교 내일 착공… 2025년 완공 목표".

### 2) 남북공동경제특구 관련 육상교통 연계 노선 구상

서해평화협력특별지대는 2007년 10·4 남북공동선언의 합의사업이며 한반도 메가리전의 협의의 공간적 범위에 속한 핵심 지역이다. 따라서 남북공동경제특구의 대상지를 연결하는 서해평화협력특별지대의 북한지역 양 축인 개성–해주 축선을 연결하는 육상교통망 구축 사업이 기본적으로 추진될 필요가 있다.

또한 본 연구에서 제안한 해주·강령지구–강화지구, 개풍·배천지구-김포지구, 개성지구–파주 장단지구를 연결하는 육상교통 연결 방안을 모색할 필요가 있다.

#### (1) 해주·강령지구 – 강화지구

해주·강령지구는 북한의 황해남도의 경제거점으로 남북공동경제특구를 조성하기 좋은 기반을 가지고 있다. 해주는 2007년 10·4 남북공동선언에서 합의한 서해평화협력특별지대의 핵심거점이며, 10·4 선언에서는 남북 해상경계지대에 공동어로수역 및 평화수역을 설치하고 해주공단 조성 등 인근지역 개발과 해주항의 서해직항로 사용 등을 포함하고 있다. 강령지구와 관련해서는 북한 당국이 2014년 7월 강령국제녹색시범구 설치를 발표하였으며, 이는 남북접경지역의 유일한 북한 경제개발구로 향후 남북공동경제특구 개발시 북한 당국의 협력을 얻기도 용이할 것으로 기대된다. 동 시범구는 강령군 3.5km$^2$ 규모로 자연에너지 환경보호기술, 녹색산업기술연구보급기지 건설, 수산물양식, 가공지구 등의 조성을 계획하고 있다(조선민주주의인민공화국·외국문출판사, 2018: 17). 한편 2014년 11월 싱가포르, 홍콩, 중국 등 외국기업과 개발 계약을 체결했다는 소식이 언론에 보도[50]되었으나 실제 추진 여부는 확인이 어려운 상황이다.

현재 해주·강령지역의 교통망은 기본적으로 개성과 사리원을 통해 북한 내부지역 및 남한, 중국 등과 연결이 가능하다. 북한 내부 철도로 황해청년선(사리원청년-해주항 100.3km 단선전철)을 통해 사리원에서 평부선(경의선)과 연결되고, 배천선(장방-은빛, 59.7km, 단선철도)은 개성과의 연결을 위해 단절구간의 철도 신설이 필요하며, 부포선(신강령-부포, 19.1km, 단선철도)은 강령국제녹색시범구가 위치한 강령군 내부를 관통하여 강령지구 연계 중추 교

50_ 통일뉴스, 2016.12.10., "北 황해남도 강령군 '국제녹색시범지대' 개발 사업 추진".

통망으로 활용 가능할 것으로 기대된다. 도로는 사리원–해주 1급도로가 설치되어 있어 평양수도권과 연결되며, 개성–해주–옹진 2급도로를 통해 개성에서 해주와 강령지구와 연결이 가능한 상황이다.

반면 남북 간 육상교통 연결은 현재 도로, 철도 모두 개성을 통해서만 연결이 가능한 상태로 이는 결국 서울을 관통하는 노선이어야 한다. 따라서 서울의 교통혼잡 및 인프라 용량부족에 대한 부담이 매우 높을 것으로 전망된다. 따라서 서울을 관통하지 않는 대안노선이 필요하며, 강화–교동도–연안을 연결하는 도로의 신설을 고려해 볼 수 있다. 이 노선은 경기도와 중앙정부의 남북 1축 도로 계획인 계양–강화 고속도로를 북쪽으로 연장한 노선으로 남북 간 도로 연계성을 획기적으로 강화하여 남북공동경제특구에서 나오는 물동량을 처리할 수 있는 주요 노선으로 기능할 것으로 기대된다.

#### (2) 개성지구 – 파주 장단지구

남북 경제협력의 상징과도 같은 개성공단은 2000년 현대아산과 북한 조선아시아태평양평화위원회(아태) 간 '개성공업지구건설운영에 관한 합의서'를 체결, 사업을 추진하여 2007년 10월 1단계 기반시설을 완공하고 본격적인 운영에 들어갔다. 특히 북한 당국에서 2002년 11월 개성공업지구법을 제정하여 실질적인 남북 공동 관리체제가 가능하도록 하는 등 남북경제협력의 새로운 모델을 제시한 것으로 평가된다.

개성공업지구는 1단계로 100만 평 공단 조성 운영, 2단계 인근 150만 평 추가 개발(생활구역 40만 평, 상업구역 10만 평, 관광구역 50만 평), 3단계 550만 평 추가 개발(공단 350만 평, 생활구역 80만 평, 상업구역 20만 평, 관광구역 100만 평) 등 총 3단계로 개발을 계획하였으나 1단계 이후 2단계는 진척되지 못하고 2016년 폐쇄된 상태이다. 따라서 개성지구는 현재 폐쇄된 1단계 사업 재개와 기계획된 2, 3단계를 개발하는 방향으로 남북공동경제특구를 추진할 수 있을 것이다.

개성지구는 한반도의 간선교통망인 철도의 평부선(경의선)과 도로 개성–평양 고속도로(경의선) 등 북한 내 도시 중 비교적 우수한 교통망을 보유하고 있어 남북공동경제특구 추진과 관련해서 교통측면에서는 최적의 입지로 판단된다. 남북 간 개성공단 폐쇄 전까지 육상교통이 정상적으로 운영되었으나, 본격적인 남북공동경제특구 추진에 따라 물류량

증가에 대비하여 육상 인프라의 확충이 필요하다. 대안으로 현재 건설 중인 서울-문산 고속도로를 연장 문산-개성 고속도로를 신설하여 개성지구와의 접근성 제고와 함께 한반도 경의선 고속도로축을 완성할 필요가 있다. 또한 혼잡한 서울지역 관통에 대한 대안으로 인천에서 개성으로 직결되는 고속도로를 연결하여 남한의 서해안 고속도로와 북한의 평부선(경의선)을 연결하여 제2의 서해간선도로축 구축을 구상할 수 있다.

### (3) 개풍·배천지구 – 김포지구

개풍·배천지구는 북한 황해남·북도 접경지역의 예성강을 사이에 두고 있는 배천군과 개풍군에 만들어질 것으로 예상되며 개성과 해주를 연결하는 육상교통 경유 지역이다. 따라서 개풍·배천지구가 효과적으로 추진되기 위해 개성과 해주 간 육상교통 인프라 시설이 낙후되어 현대화가 선행되어야 할 것이다. 즉 해주와 개성 간 철도연결을 위해 배천선과 개성 간 단절구간(토해선) 철도연결과 개성-해주 2급도로의 도로 현대화가 필요하다. 또한 앞서 개성지구와 해주·강령지구에서 언급했던 남측과 해주, 개성과 연결되는 도로 건설이 선행되어야 한다.

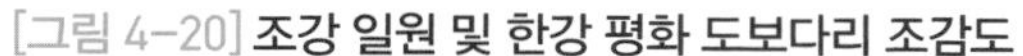
[그림 4-20] 조강 일원 및 한강 평화 도보다리 조감도

자료: 중부일보(2020.10.22.)

한편 경기도에서 검토 중인 남측 김포시 월곶면 조강리와 북측의 황해북도 개풍군 조강리를 연결하는 연장 2.48km의 평화도보다리 건설 계획이 실현된다면 이 지역에 소규모의 상징적인 남북공동경제특구 검토도 가능할 것이다.

### 3) 한반도 서부축 메가리전 대비 남북 연계 간선망 건설 및 개보수

#### (1) 경의고속도로 건설 및 개보수(단·중기)

그동안 남북정상회담 등의 주요 단골 합의사항이었던 경의고속도로 현대화 사업은 한반도 메가리전의 성공과 남북경제협력의 성과 극대화를 위해 가장 필요한 교통인프라 사업이다. 경의선은 서부권 거점지역을 연결하고 나아가 중국 동북3성과 연결되어 한반도 메가리전의 배후지를 확대할 수 있는 핵심 노선이다.

주요 구간으로 현재 운영 중인 평양-개성, 평양-향산 고속도로 현대화와 건설 중인 서울-문산고속도로를 기반으로 문산-개성, 평양-북평양, 신안주-신의주 구간을 신설하여 경의고속도로를 완성하는 사업이다.

전체 대상 구간은 내포(문산)-개성-평양-신안주-신의주의 약 430km 구간이다.

#### (2) 경의선 철도 현대화(단·중기)

경의선 기존 철도 역시 남북 간 단골 합의사업으로 서해 주요 경제거점을 연결하는 한반도 메가리전의 간선 노선이다. 특히 철도교통의 특성상 남북공동경제특구에서 생산하는 상품을 동북아시아를 넘어 유라시아까지 운송할 수 있는 대륙국제운송로의 역할을 기대할 수 있는 한반도의 핵심인프라다.

대상 구간은 판문점-개성-평양-신의주의 약 430km이며, 현대화를 통해 최고속도 100km/h 이상을 운송할 수 있는 능력을 확보할 필요가 있다. 또한 북측구간의 단선을 복선화하여 운송효율을 높여야 하며, 중장기적으로 경의고속철도가 건설되어 여객수요 분담이 실현될 경우 부산항 등 국내 허브항만을 기점으로 한반도 서부축 철도물류망 구축 및 연선지역 개발을 기대할 수 있을 것이다.

### (3) 경의고속철도 신설(중·장기)

우리나라와 중국은 2008년 이전 고속철도 시대가 열렸으며 특히 중국은 현재 전 세계 고속철도의 60% 이상을 보유·운영하고 있는 고속철도 강국이다. 이는 북한지역 경의선 구간 고속철도만 연결된다면 남북 고속철도를 통해 중국의 3만km 이상의 고속철도와 연결되어 동아시아 지역의 고속철도 시대가 본격적으로 열리게 된다는 의미이다.

또한 고속철도망이 구축된다면 기존의 경의선은 물류중심의 노선으로 개편되어 우리나라의 유라시아 육상국제물류 경쟁력을 획기적으로 제고할 수 있을 것이다. 즉 한반도 메가리전의 중장기적 성공을 위해 인적교류 및 물류 운송능력을 획기적으로 향상시킬 수 있는 주요 사업이다.

경의고속철도가 완성되면 서울-평양 1시간 30분대, 서울-선양 5시간대 연결이 가능할 것으로 예상되는 등 남-북-중 간 인적자원 교류 활성화와 경의선 기존 철도 수송용량 확보를 통한 물류분야 활성화를 기대할 수 있다.

### (4) GTX A노선 연장 등(추가 검토)

현재 정부에서는 수도권 교통혼잡 완화를 위해 광역급행철도(GTX, Great Train eXpress) 4개 노선을 구축할 계획이 있다. 그중 GTX A노선의 경우 화성 동탄신도시에서 파주 운정신도시까지 수도권 남북 약 83km 구간에 대해 2024년 완공 목표로 건설 중이다. 이 노선의 종점은 현재 계획상 파주이다. 북한지역과 연결될 수 있는, 즉 남북경협에 활용될 수 있는 노선으로 일각에서는 파주에서 문산, 나아가 북한의 개성지역까지 연결하여 남북교류 및 남북공동경제특구에 활용하자는 의견이 있다. 이는 향후 경의고속철도 구축 여부, GTX의 기능과 역할 등에 대해 종합적인 분석하에 추가적으로 검토할 필요가 있다.

또한 북한지역 경의선 현대화시 서해안선(해주-남포-평양 등)을 추가로 신설하여 여객과 화물을 분리하여 철도 운송 효율성을 제고하자는 시각도 있으나 역시 향후 여객 중심의 경의고속철도 사업 추진 여부 및 시기와 물동량 등을 종합적으로 고려한 추가 검토가 필요하다.

[그림 4-21] GTX 노선도

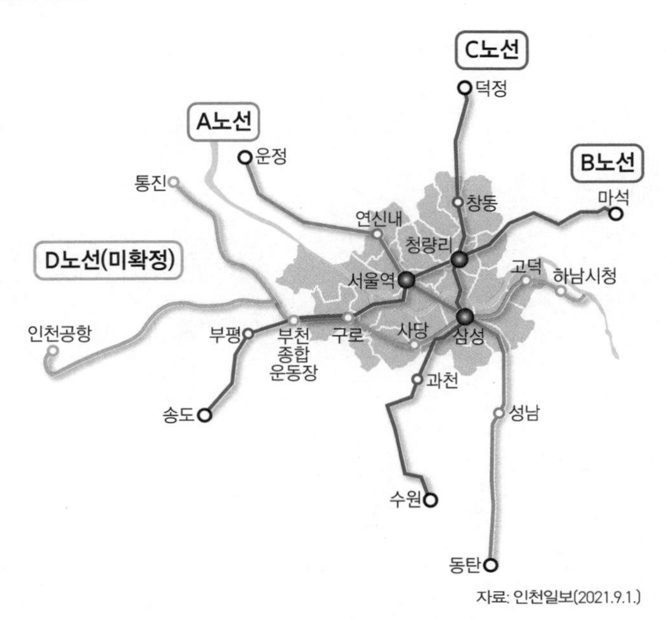

자료: 인천일보(2021.9.1.)

MEGA
REGION

# 제 5 장

## 생태친화특구 및 신재생에너지 단지 조성

## 제1절
# 현명한 연안 이용으로 생태친화특구로

**이양주**(경기연구원 선임연구위원)

## 1. 조강조산과 생태도시

### 1) 조강조산의 보호

조산(祖山)은 할아비 산이다. 풍수(風水)에서는 혈(穴)에서 가장 멀리 있는 산이다. 한반도의 조산은 백두산이다. 조강(祖江)은 할아비 강이다. 중국 사람들은 황강을 중국 인민의 모친(母親)이라 한다. 조강을 할미 강이라 하면 더 정겹다. 산강이라 하지 않고 강산이라 하니 조강조산(祖江祖山)이 좋을 듯하다. 백두산은 한반도 근본의 산이요 한강하구는 한반도 근본의 강이다. 조강조산의 보호는 매우 자연스럽다.

자연이 상징인 것 또한 인류 역사에서 매우 자연스럽다. '백두에서 한라까지'는 우리 민족에게는 매우 자연스러운 상징이다. 중국에서는 '난징에서 베이징까지'가 전국을 말하는 상징이기도 하다. 이에 반해 한강하구인 조강, 조강인 한강하구는 덜 알려진 우리의 상징이다.

백두대간은 우리 민족의 기(氣)를 상징하기도 한다. 우리에게는 백두대간의 정기를 받는 곳이 명당이다. 한반도의 백두대간에서 뻗어 나온 정맥은 13개이다. 산줄기는 물을 가르는 분수령(分水嶺)이니 물에서 끝이 난다. 13개의 정맥은 각기 물에서 끝을 맺는다. 낙동정맥과 낙남정맥은 낙동강 하구에서 끝을 맺는다. 우리 조강은 한남정맥·한북정맥·임진북예성남정맥 3개의 정맥이 끝을 맺는 곳이다. 조강의 위력은 여기서 끝나지 않고 우리 한반도가 예로부터 외부와 연을 맺는 입구이자 출구이기도 했다.

### 2) 생태도시란 좋은 동네

한반도 메가리전은 한반도의 조강 생태계 영향권이다. 예로부터 교류의 중심이었으니 앞으로도 그럴 것이다. 그러나 이곳은 매우 민감한 갯벌 생태계를 이루고 있다. 한강하구는 우리나라에서 유일하게 남은 자연하구이기도 하다. 한강하구 외 주요 하구들은 제방으로 바다와 단절되어 있다. 한반도에서 가장 위대한 하구가 가장 잘 보호되었기에, 이 점을 가장 중요하게 생각해야 한다. 그래서 한반도 메가리전은 생태도시를 전제로 하자는 의견으로 일치된 것이리라.

생태도시란 살기에 좋은 동네이다. 동(洞)네란 같은 물을 먹고 사는 곳이다. 즉, 유역(流域)이다. 물이 만들어지고, 모이고, 흐르고, 바다로 가는 공간이다. 유역은 산줄기에 의해 정해진다. 우리나라 산경(山徑)의 기본 산자분수령(山自分水嶺), 산은 스스로 물을 가르는 고개가 된다. 결국 산줄기와 산줄기 사이가 물줄기다. 백두대간 한북정맥 한남정맥 사이가 한강 유역이다. 좋은 동네는 물을 잘 만들고, 잘 모으고, 잘 흐르게 하여 좋은 물을 사용하기 편리한 곳이다. 물은 생명의 근원이기 때문이다. 맑고 풍부한 물이 있는 곳이 좋은 동네, 생태도시이다.

[그림 5-1] **한반도 산줄기**

자료: 천재교육

[그림 5-2] **미국 환경청의 건강한 유역 조건**

**건강한 유역은 스펀지와 같다**

- **상류 산지:** 샘이 중요. 성긴 늙은 숲, 고사목과 낙엽으로 보호되는 토양, 도로 수는 최소로 하고 배수 철저
- **중류 농지:** 등고선 경작 및 적정 기술이 중요. 물 잡고 흘려 보내고 깨끗하게, 토양은 기름지게
- **방풍림:** 곳곳에 토종 서식지로 조성
- **도시:** 적재적소에 식재하여 여름은 시원하고 겨울은 따뜻하게, 빗물 활용, 정원 조성, 저영향개발(LID)
- **습지 보호**
- **문전옥답:** 건강한 토양, 습지 유지, 자경, 건강한 유역을 위한 공동체 프로젝트

**기본 원리:** 유역 내 모든 것은 연결되어 있다. 나무는 유역을 건강하게 유지한다. 건강한 유역은 미기후를 완화한다. 물과 에너지 그리고 탄소는 연결되어 있다.

자료: Allaboutwatersheds

흐르는 물은 강, 그리고 호소와 바다에서 증발하고, 구름으로 돌아와 차가운 공기와 만나고, 산과 부딪혀 비가 되어 내려 육지의 생명을 유지해 준다. 혹은 눈이 되어 따스한 공기에 녹아 물이 된다. 생태도시는 살기 좋은 동네이며, 건강한 유역이다.

건강한 유역은 스펀지와 같이 물을 잘 저장하고 서서히 배출하여 순환하게 한다. 반대로 건강하지 못한 유역은 마른 유역이다. 그래서 상류는 함부로 개발해서는 안 될 공간이다. 한강도 작은 샘에서 시작한다. 상류 곳곳에 샘이 있으며 물의 원천이 되고 풍부한 유역 생태계를 보장한다.

미국 환경청(EPA)은 "건강한 유역은 스펀지와 같다"라고 했다. 유역 내의 모든 요소는 물을 통해 연결되어 있다. 작은 샘이 습지, 강, 호수를 먹여 살린다. 물과 영양물은 공기, 수체(水體), 식생, 동물, 토양, 지하수로 순환한다. 유역 내 모든 생물은 위 순환에 의존한다.

## 2. 한반도 메가리전의 생태적 접근

### 1) 제한적 연안 이용

바다와 육지, 바다와 육지 사이, 호소와 육지 그리고 호소 안의 섬, 고산 지대의 숲과 평원 그리고 분화구 역시도 다르다. 일반적으로 육지 생태계에서는 농지가 자연과 도시를 완충하고 연결한다. 동서양을 막론하고 인간과 자연의 관계는 사상과 철학을 낳았다. 자연(nature, 自然)은 영어로는 태어난 본성, 한자로는 스스로 그러한 것이다. 반면 예술(art, 藝術)은 인간에 의해 만들어진 것이다.

자연의 원리, 이성적 신의 원리를 중심으로 한 것이 제논의 스토아 철학이다. 반면 사람의 감성과 마음에 의해 만들어진 예술, 인공을 중심으로 한 것은 에피쿠로스의 에피쿠로스 철학이다. 이것을 공간적으로 보면 저 멀리에 있는 자연의 냉철한 이성, 한 개인에 밀착된 즐거움과 감성이다. 좀 더 확대한다면 자연과 인공 혹은 자연과 도시로 해석할 수 있다. 자연과 인공 그 사이에 문화가 존재한다. 인간은 자연에 가장 잘 적응한 동물이다.

문화(culture)의 어원은 '경작하다', '기르다'이다. 한자의 문화(文化)의 '文'자는 밭이랑을 교차해 놓은 모양이다. 돌려짓기 즉, 윤작(輪作)을 뜻하리라. 정원, 식물원, 수목원, 수렵원, 농원 등등의 원(garden, 園) 또한 중요한 개념이다. 자연을 길들이는 공간이며, 담을 치고, 흙을 고르고, 연못을 파고, 나무를 심는 행위이다. 식물을 길들이면 작물, 동물을 길들이면

[그림 5-3] 연안을 제한적으로 사용해야 하는 이유

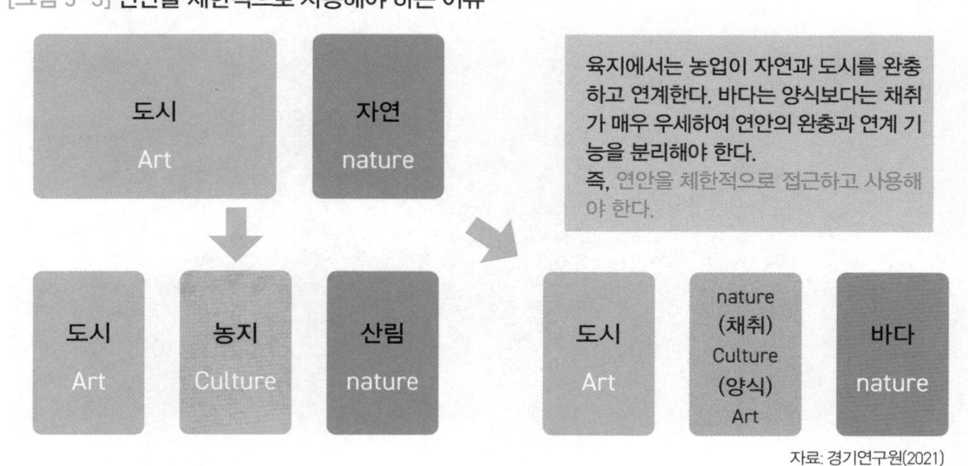


자료: 경기연구원(2021)

가축이 된다. 집안을 뜻하는 가(家)는 돼지를 돌보는 곳이다.

결국 육지는 문화, 즉 경작을 통해 자연과 도시를 완충하고 연결한다. 연안은 농업보다는 어업 중심이다. 어업은 길들이기보다는 아직도 수렵과 채취가 주류를 이룬다. 아울러 연안은 물과 땅이 끊임없이 교류하면서 육지의 농지 같은 갯벌 생태계와 생산공간을 만들어 냈다. 스스로 만들어진 이 공간들이 자연과 도시를 연결하고 완충한다. 육지에 비해 변화무쌍한 것이 특징이기도 하다. 그래서 특히 하구를 낀 연안은 역동적인 생태계의 대표작이다. 많은 소중한 생명이 서식하기에 인류가 가장 먼저 보호해야 할 습지 생태계이다.

### 2) 하구 연안의 경관 모자이크 보호

생태계를 보호할 때 경관적인 접근은 이해하기가 쉬워 매우 유용하다. 일종의 모방 전략이다. 훌륭한 생태계를 경관적으로 분석해서 그 생태계와 닮도록 하는 것이다. 최근 드론의 발달 등으로 한번에 분석하기 좋은 시대를 맞이하여 특히 유용한 접근이 되었다. 경관 조각(patch)의 다양성이 생물다양성과 건강한 생태계를 표상한다.

[그림 5-4] **조수간만 하구연안의 경관 모자이크**

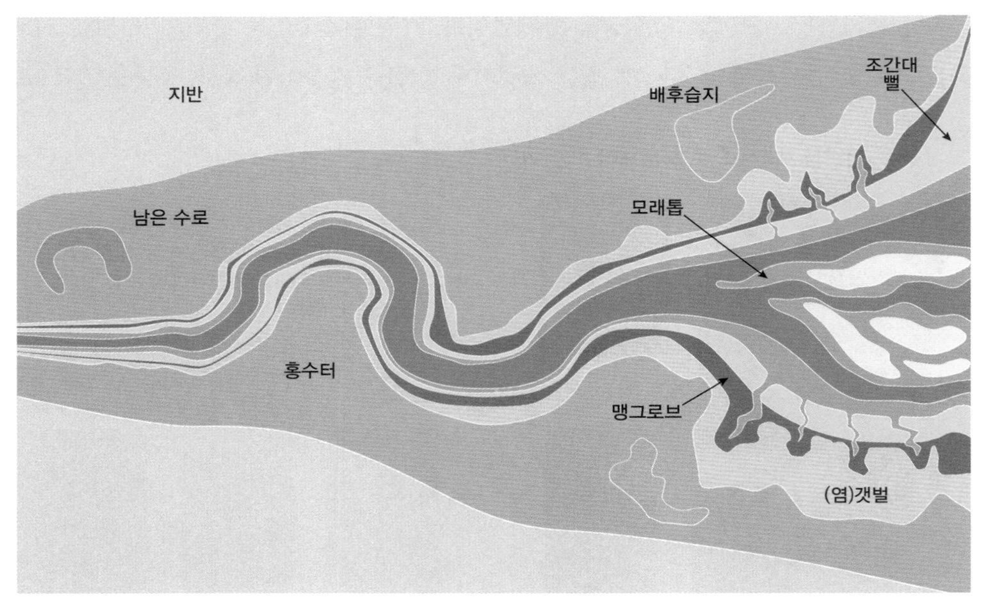


자료: Robert W. Dalrymple et al(1992)

하구 연안의 생태계는 한마디로 역동적이다. 실로 옷감을 짜듯이 다양하며 특징적이며 분명한 구조를 보여 준다. 경관 모자이크 관점에서 보면 예술 작품과도 같아서 일반인들이 수용하기에도 좋다. 사행하는 수로가 자연스레 변경되어 습지로 남고, 강의 홍수·바다의 큰 밀물로 홍수터가 넓게 발달하고, 밀려든 물이 높아진 곳에 막혀 남은 배후습지, 수시로 조수간만을 겪는 갯벌, 조간대의 갯벌, 하구 삼각주에 생기는 다양한 하중도(강 중간의 섬), 충분한 햇볕으로 광합성이 가능한 모래톱이 있다. [그림 5-4]에서의 맹그로브는 우리나라 서해안에는 없다.

### 3) 5개의 람사르 습지 추가 등재

조강, 한강하구는 철새들의 고향이기도 하다. 저어새가 대표적이다. 우리 민족의 상징적 새인 학, 두루미도 서식한다. 철새들은 국경이 없다. 한 나라에서 서식지를 잘 보호해도 다른 나라에서 보호하지 못하면 멸종한다. 1960년대 유럽에 습지들이 파괴되면서 물새들이 급감했다. 이에 나라 간 약속을 하여 습지를 보호하기로 했는데, 1971년 이란의 람사르에서 이들 약속의 초안이 만들어진다. 4년 후인 1975년에 각 나라들이 서명하면서 협약이 발효되었다.

람사르 습지를 하나 등록하면 자연스럽게 람사르 협약 회원국이 된다. 우리나라는 1997년에 대암산의 용늪을 등록하면서 협약이 발효되었다. 1997년 3월 28일에 국제적으로 습지를 보호하기 위한 람사르 협약(Ramsar Convention)에 가입하였으며(101번째 회원국이 됨), 동년 7월 28일에 대암산 용늪 등록과 함께 협약 내용 이행이 발효되었고, 1998년 3월 2일에 창녕군 우포늪을 등록하게 되었다. 우리나라 「습지보전법」은 1998년 12월 29일 국회 의결을 거쳐 1999년 2월 8일에 공포되었다(이양주·박경미, 1999).

우리나라 「습지보전법」이 제정되었던 1999년에는 람사르 협약에 115개국이 참여, 람사르 목록(Ramsar list)에는 982개의 습지가 등재되었고, 총면적은 710만ha이었다. 2021년 현재는 171개국 2,424개, 2540만ha에 이른다. 람사르 협약 사무국은 현명한 습지 이용에 대한 자문, 우리나라가 제안한 제도인 습지도시의 지정, 세계 습지의 날 행사, CEPA(포괄적 경제 동반자 협정) 프로그램의 운용, 람사르 지역 주도(지역 기반 프로그램) 지원 등의 활동을 한다.

우리나라 람사르 습지는 24곳이다. 가장 최근에 지정된 곳이 한강하구 고양시의 장항 습지이다. 제10회 람사르 당사국 총회가 2008년 우리나라 경남 창녕에서 열렸다. 용늪 다음 두 번째로 지정된 우포 습지가 주 무대였다. 그동안 우리나라는 습지도시를 제안하는 등 적극적인 람사르 협약 활동을 해 왔다. 2018년에는 우리나라가 제안한 제도인 습지도

[그림 5-5] **한반도 람사르 습지**

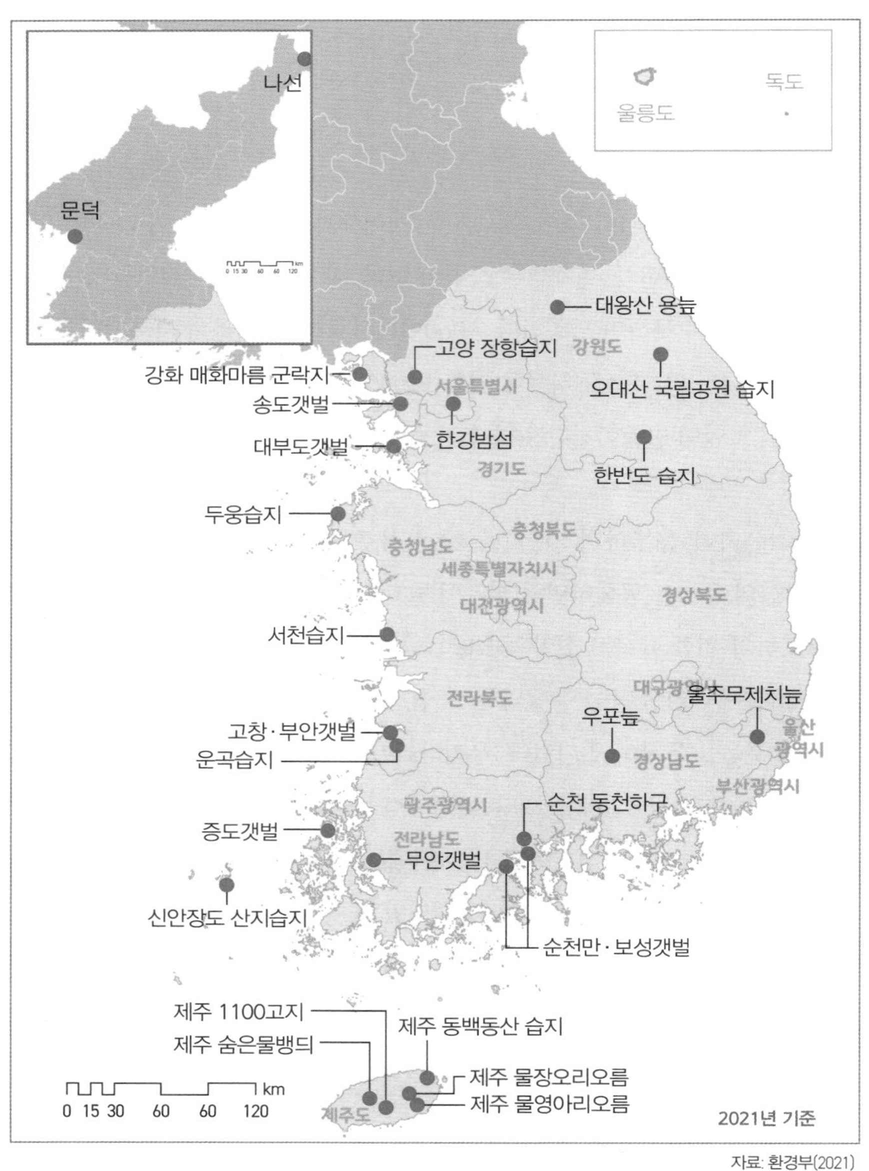


자료: 환경부(2021)

[그림 5-6] **한반도 메가리전 내 람사르 습지 등재 가능성이 있는 지역**

자료: 경기연구원(2021)

시로 창녕, 제주, 순천이 인증되었다. 환경부는 최근 인증도시를 지원하는 제도를 「습지보전법」에 도입하였다.

북한도 2018년에 170번째 람사르 회원국이 되었다. 북한의 함경북도 나선 철새보호구와 평안남도 문덕 철새보호구가 람사르 습지에 등재되었다. 한반도 생태적 위상으로 볼 때, 경기연구원이 구상한 한반도 메가리전 범위에서는 5개 정도의 람사르 습지 등록을 우선 추진했으면 한다.

#### 4) 생태도시의 요건 확충

한반도 메가리전은 입지적인 여건으로 볼 때, 생태도시의 요건을 갖추는 것이 기본일 수도 있고 가장 중요한 조건일 수 있다. 조강을 보호하는 것이 유리할 것임은 자명하다. 산업혁명으로 급속한 도시화, 도시의 회색이 진행되었다. 이 반동으로 이상도시(理想都市)가 주장되었다. 생태도시는 지구촌의 환경문제를 함께 논하고 향후 방향을 제시한 1992년

리우선언 이후 본격적으로 논의 및 연구되기 시작하였다.

생태도시(Ecopolis)는 '생태적(Ecological)'과 '도시(Polis, 그리스어)'가 합성된 용어이다. 생태도시란, 도시를 하나의 생태계 또는 유기체로 보고 자연생태계와 유사하도록 도시에서의 다양성, 순환성, 자립성, 안전성을 확보할 수 있는 방향으로 계획 및 개념이 적용된 도시를 의미한다. 다양성이란 도시 사회구조의 다양성과 생태계의 다양성을 유지하는 것이다. 순환성은 물과 에너지, 물질 등의 생태계 내 순환 체계를 활성화하고 중수도 시스템을 도입하며, 쓰레기 재활용·태양에너지 등의 신재생에너지를 적극적으로 활용하는 것이다. 자립성이란 도시 내의 생태적 자립성을 견지하고 생태적 외부 의존도를 적게 하여, 식량·물·에너지 등의 자급자족 능력을 확보하는 것이다. 안전성은 내부적으로 생태계의 유지와 함께 외부의 간섭이나 충격에 대한 흡수 능력을 증가시키며, 변화와 외부 자극에 쉽게 적응할 수 있는 시스템을 확보하는 것이다(경기도의회, 2016). 최근에는 회복탄력성으로 주목을 받고 있다.

한강하구 연안은 바다, 연안습지, 하구, 육지로 이어지는 다양한 경관 모자이크이다. 그리고 그 속에 사는 생물다양성이 핵심이다. 안전성은 역설적으로 들릴 수 있는데, 역동성에 의한 생태적 다양성에 기인한다. 순식간에 변화를 몰고 오지만 긴 안목(long-term)에서 보면 아주 안정된 생태계이다. 민감하나 충격을 받아도 금방 회복한다. 순환성에서 육지-하천-하구-바다로 이어지는 물 순환성은 좋으나, 자원의 순환성은 미지수이다. 메가리전

[그림 5-7] **생태도시 4대 요소**

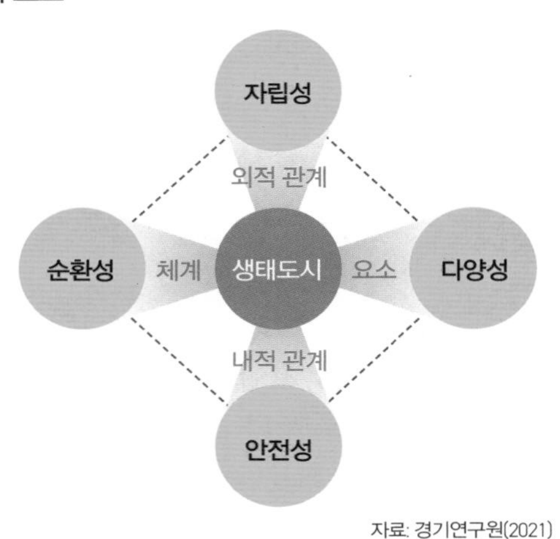


자료: 경기연구원(2021)

으로 한반도 성장동력이 된다면 상당히 의존적인 도시구조로 갈 수 있다. 연안 환경이므로 쓰레기 배출이 우려된다. 자립성이 문제인데 유역이 적어 물 공급에 한계가 있고, 편서풍으로 공기 오염이 도시로 향한다는 점 때문이다.

## 3. 한반도 메가리전의 생태적 설계

### 1) 하구연안 생태계 이해에 기초

한반도 메가리전의 생태적 설계는 하구연안 생태계의 이해에 기초해야 한다. 우리의 서해와 동해는 다르다. 서해안은 조수간만이 지배하는 생태계, 동해안은 파도가 지배하는 생태계이다.

파도가 지배하는 동해안은 해안사구가 일반적이며, 석호와 같은 배후습지가 발달하고 하구 삼각주는 하나의 형태를 이룬다. 이에 비해 조수간만이 지배하는 서해안은 조하대와 조간대 갯벌이 발달하고, 하구 삼각주에서는 다양한 모래톱·하중도가 발달한다. 또한 모래톱의 이동도 자유롭다.

하구연안의 생태계를 위협하는 다양한 요인들이 있다. 상류의 산림벌채는 토사유출·홍수 등을 초래, 산업과 농업으로 오염물질 배출, 가축의 사육은 영양물 배출, 토지피복의 변화, 도로의 개설, 매립과 간척, 해양 스포츠와 산업, 수로에 모래를 채취하는 행위, 어업 양식, 어업 활동, 연안에 인접한 인간의 정주 활동 등 다양한 요인들이 있다.

### 2) 연안 생태계를 배려하는 도로

위협요인 중에서 우선 우려되는 부분이 도로이다. 민감한 하구연안을 고려하여 친환경적인 도로를 건설한다는 것은 결코 쉬운 것이 아니다. 경제성과 환경성뿐 아니라 안전성도 반드시 고려해야 하기 때문이다.

연안 생태계를 배려하는 도로, 연안과 접하는 육지의 경사가 급하면 등고선을 따라서 도로를 개설하는 것이 생태적이고 안전하다. 등고선에 직교하면 재해 위험성이 높아진다. 경사지가 생기므로 생태적인 영향도 크다. 등고선을 따라 도로를 개설하면 경제적으로도 유리하다.

[그림 5-8] **하구연안 생태계의 일반형**

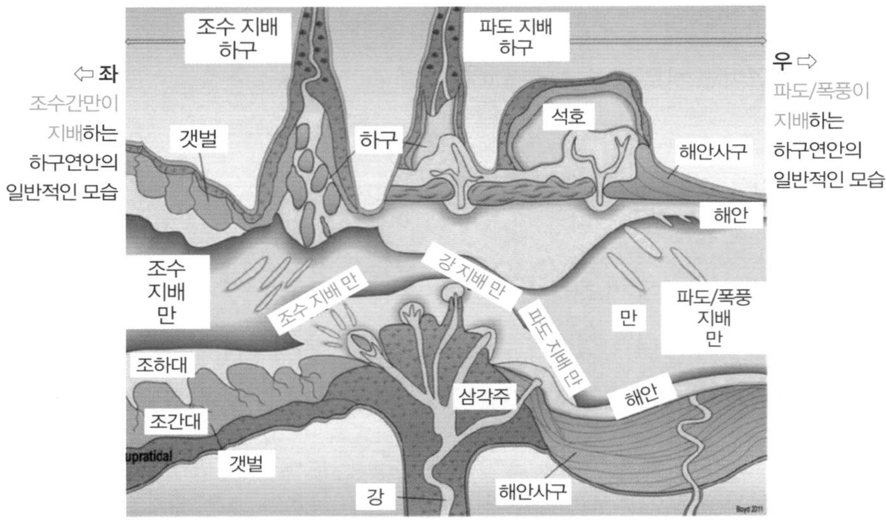


자료: Reaserchgate

[그림 5-9] **하구연안 생태계 위협요인**

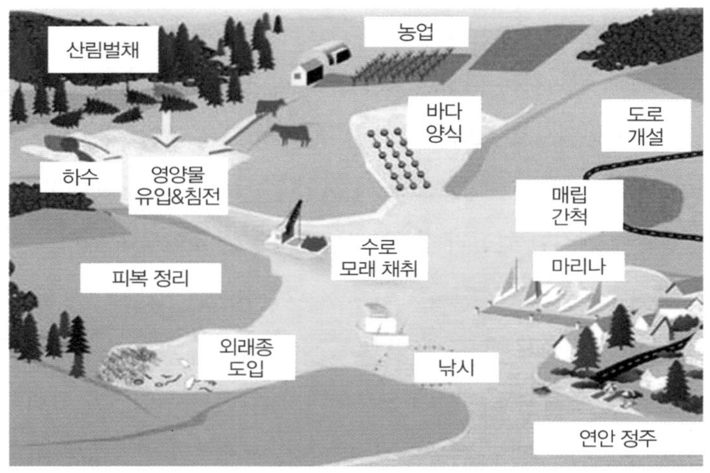


자료: Constantinealexander

메가리전 대상지인 서해 연안은 거의 평지이다. 조수간만이 닿은 선으로 생태계가 발달해 있다. 연안을 쭉 따라서 도로를 개설하면 조수간만에 의한 위험과 특정 생태계를 연속적으로 파괴하는 결과를 초래한다. 그래서 연안을 최소한으로 접하게 하는 접근 전략이 중요하다.

조강, 한강하구와 같이 조수간만이 지배하는 조하대-조간대-갯벌-염생초지 대상(帶狀)의 발달과 완경사의 연안은 민감한 생태계를 이루고 연안과 도로의 안전성 측면에서 등고선에 직교하는 방향으로 제한적으로 접근하는 것이 연안과 습지를 보호하는 데 좋은 방안이 된다.

연안의 주도로는 충분히 떨어뜨려 설치, 식물로 완충, 해안선으로는 보호구역 사이에 간헐적으로 접근하게 한다. 하구와 만에는 다리를 설치하고 한쪽은 보호, 한쪽은 접근이 가능하게 한다. 곶은 한쪽만을 사용하게 하는 것이 아닌 교대로 하여 생태계 보호와 접근성을 동시에 보장한다. 이것이 연안을 보호하면서 모자라지 않을 만큼 이용하는 현명한 이용(wise use)의 개념이라고 생각한다. 생태계의 보호와 인간의 접근권을 조화시키는 개념이다.

### 3) 완충과 제한적 접근의 연안통합계획

산업단지, 도시의 개발을 위한 토지이용, 용도구역(Zoning)은 충분히 완충한다는 개념 구도로 접근해야 한다. 연안은 아직도 수렵 채취가 지배하는 공간이므로 육지의 농지와 같은 완충공간이 없다. 아울러 서해안은 동해안과 다르게 상당한 평지가 존재하고 이 평지들은 민감한 생태계를 이룬다.

이론적으로 볼 때, 국토의 모든 공간을 개발한다고 해도 한 가지 원칙, 즉 완충공간만 지키면 우리는 녹색 속의 삶을 영위할 수 있다. 그러나 국토가 평지로만 되어 있는 것이 아

[그림 5-10] **급경사 연안 도로(좌) 및 완경사 연안 도로(우)**

등고선을 따라서 도로를 개설

등고선에 직교하여 도로를 개설

자료: gettyimages(좌), shutterstock(우)

[그림 5-11] **민감한 연안의 접근과 보호**

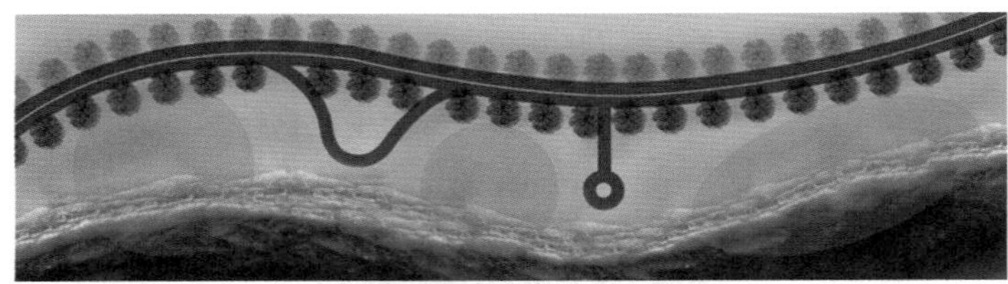

민감한 연안은 제한적으로 접근

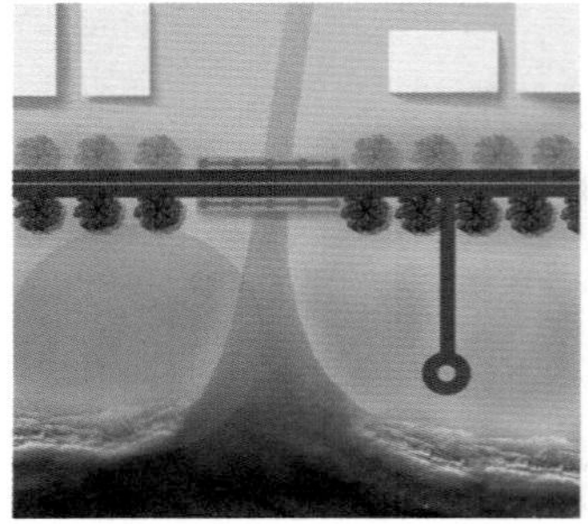

만은 한쪽만 접근

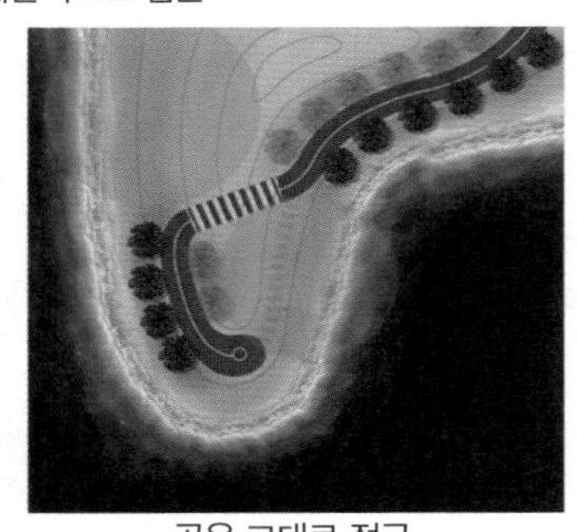

곶은 교대로 접근

자료: 경기연구원(2021)

니라 높낮이가 서로 다르며, 하늘과 지하 생태계도 연결되어 작동하는 지구 생태계이므로 이런 이론적 모형을 실제로 적용하기가 불가능하다. 그러나 그 개념이 내포하는 의미는 받아들일 필요가 있다.

[그림 5-12]는 세계은행의 재정지원으로 인도의 타밀나두(Tamil Nadu) 연안의 통합적인 토지이용계획을 수립한 사례이다. 해안을 따라 개발하려면 적절한 결정을 내려야 한다. 타밀나두의 해안선에 통합적인 관리 계획이 준비되어 있다. 지리정보시스템(GIS) 플랫폼을 통해 제공되는 다양한 정보 계층을 사용하여 피해를 평가할 수도 있다. 위험에 처했을 시 완화 조치를 계획할 수 있다. 향후 계획을 수립하기 위한 기본 문서로 활용되고 있다.

한반도 메가리전의 시설 도입 시에 충분한 완충, 연안으로 접근 시에 제한적으로 점적으로 접근하는 토지이용이 요구된다. 산업이 집적되는 지역과 인구가 밀집하게 될 지역에서는 오염이 외부로 확산되지 않도록 지역 내 최대한의 처리가 아주 중요한 조치이다.

[그림 5-12] 세계은행의 타밀나두 연안통합계획

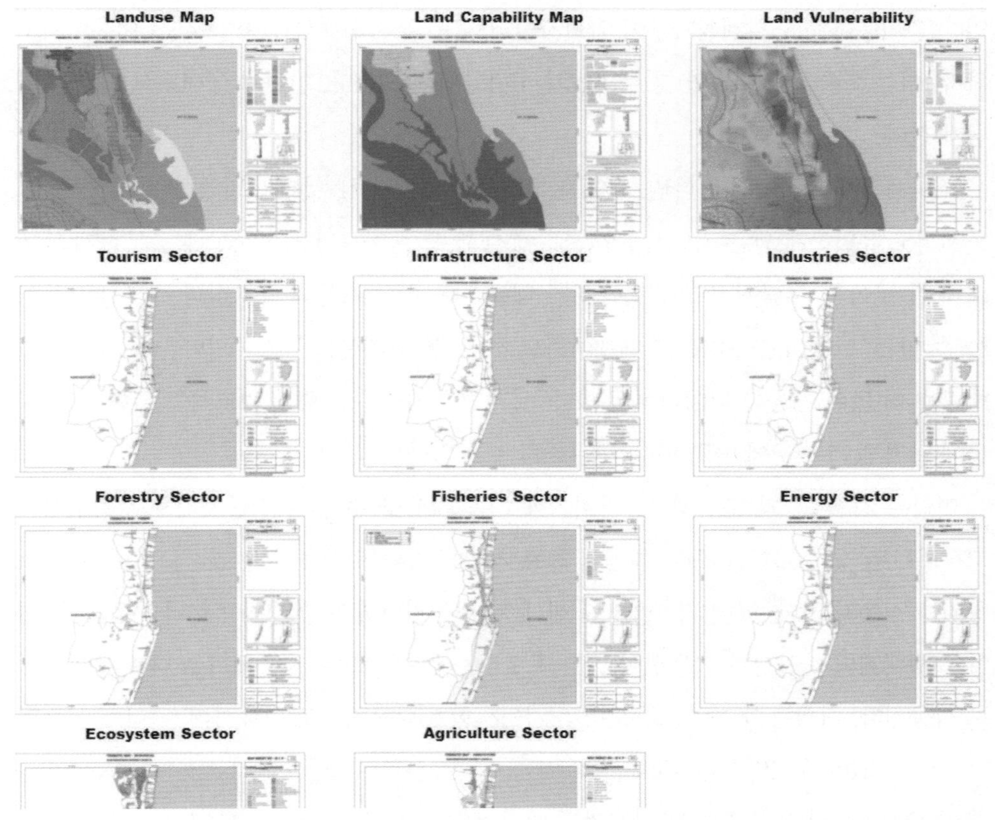


자료: Government of Tamil Nadu Department of Environment

### 4) 한반도 메가리전 생태도시헌장 그리고 국제설계공모

생태친화적인 한반도 메가리전의 조성을 위하여, 생태도시헌장도 제정해서 공표하고, 한반도의 미래지향적인 발전 가능 지역이면서 생태적으로도 민감한 지역이므로 국제적인 전문가들의 아이디어를 구하기 위해 국제설계공모를 통해 기본계획을 수립한다. 제정된 헌장은 국제설계공모를 할 때 기본적인 원칙을 제공하게 될 것이므로 매우 유용하다. 이 정도의 입지라면 세계적인 전문가의 도움을 받을 필요가 있다. 바다 3면인 우리나라에서도 연안에 대한 전문가는 많지 않다.

[표 5-1]은 경기도의 생태도시 정책을 위해, 경기연구원(연구책임 이양주)이 2016년도에 경기도의회에 과제를 받아 건의하게 된 생태도시 헌장 안이다. 자연과학의 관점에서 조수

간만에 의한 연안은 앞의 그림에서 본 바와 같이 매우 다양하고 복잡한 시스템이다. 이는 연안을 이용하는 도시계획가들이 과학자들의 도움을 지속해서 받아야 하는 이유이기도 하다. 이런 도움을 받으려면 그 무엇인가의 바탕이 필요하다. 이것이 생태도시 헌장이 아닌가 한다.

도시계획가 관점에서 본다면, 연안 특히 조수간만에 의해 갯벌이 발달한 서해 연안, 그 중에서도 유일하게 남은 자연하구인 조강에 대한 모든 자료가 불안하고 불충분하게 느껴지게 할 것이다. 부담될 정도로 중요하기 때문이다. 해산물 등의 중요성과 생산성은 무시할 수 없는, 그들이 추구하는 경제재이기도 하다. 연안 해산물은 소고기와 양고기보다 단백질을 더 많이 제공할 것이기 때문이다. 실제 과학자들은 그렇게 보고하고 있다. 그러나 손에 닿지 않기 때문에 빠뜨릴 수 있는 소지는 늘 있다.[1]

연안은 자연 그 자체가 생산공간이기에 지속 사용할 수 있다면 단기적으로 착취하여 고갈시키는 것보다 훨씬 좋다. 대개의 전통 지식은 자연에 적용해 온 것으로 지속성이 보장되는 경우가 많다. 당해 지역에 그러한 문화들이 있다면 존중되어 보호되어야 한다. 연안은 생태계의 다양성과 역동성이 있는 곳으로 단일 목적으로 사용되기 보다는 복합적으로 사용된다. 대개는 개인의 소유보다는 지역사회가 다목적으로 사용하며, 따라서 공동의 자산으로 보존하는 것이 유리하다.

이 생산적인 자원을 농지로 바꾸려는 어리석은 짓을 앞으로는 안 할 것이라 본다. 바다와 육지가 접하는 공간은 쓸모없는 땅이 아니라 중요하면서도 희소하다는 인식을 해야 한다. 많은 사람이 육지에 대해서는 잘 알지만, 바다와 해안에 대해서는 잘 모른다. 땅이 끝나는 곳에서 지식도 끝난다고 말할 수 있으리. 연안을 육지 중심에서 보면 안 된다. 해안선을 중심으로 바다와 육지를 보는 시각이 매우 중요한 계획 사고이다. 바다를 공부하고 전공하는 대학의 학과도 몇 안 된다. 이러한 소수의 전문가, 경험자들을 계획과정에 참여시키는 것도 매우 중요하다.

보전과 개발이 같은 선상에 있을 수 있을까? 연안은 그럴 것이다. 생태계를 고려하지 못하는 좋지 않은 개발은 재해로 인해 경제적 손실을 입힌다. 연안의 경제적 설계는 생태

---

1_ PRINCIPLES AND PREMISES. www.fao.org/3/T0708E/T0708E05.htm (검색일: 2021.11.4.)

적 설계이다. 육지의 경제적 이득이 바다에는 손해를, 바다의 이익이 육지에는 해를 끼칠 여지가 늘 있다. 그래서 물과 육지가 동시에 고려되는 통합적 접근이 필요하다. 유역관리보다는 유역통합관리, 연안관리보다는 연안통합관리가 중요한 이유는 이렇게 모든 것이 연결되어 있기 때문이다. 특별히 물을 중심으로 연결되어 있다. 그래서 연안관리에서 수리모형이 핵심적인 요소가 된다. 베네치아와 같이 특별한 예외는 있지만, 바닷물이 들어

[표 5-1] **경기도 생태도시 헌장**(2016년 안)

| | 헌장(안) |
|---|---|
| 01 | 산줄기를 끊지 맙시다. |
| 02 | 이미 끊어진 산줄기는 조금씩 이어 나갑시다. |
| 03 | 강줄기를 메우거나 좁히지 맙시다. |
| 04 | 이미 메워진 강줄기는 조금씩 복원해 나갑시다. |
| 05 | 강줄기와 산줄기를 이어줍시다. |
| 06 | 습지를 보호합시다. |
| 07 | 흙을 소중하게 여기고 비옥하게 합시다. |
| 08 | 우리 집과 동네에 꽃과 나무를 심읍시다. |
| 09 | 경치가 보이지 않고, 바람이 통하지 않는 건축은 자제합시다. |
| 10 | 2020년부터는 도로를 만들 때 도로 폭 이상으로 녹지를 조성합시다. |

자료: 경기도의회(2016)

[표 5-2] **한반도 메가리전 생태도시 헌장**(2021년 안)

| | 헌장(안) |
|---|---|
| 01 | 지속가능성에 기반한 지역사회의 전통을 존중합니다. |
| 02 | 지속가능성을 위한 자원 보존을 연안 관리의 목표로 설정합니다. |
| 03 | 연안은 특히 갯벌은 누구의 재산이 아닌 공동의 자산으로 보존해야 합니다. |
| 04 | 갯벌이 농지보다 더 생산적이고 또 안전합니다. |
| 05 | 육지 혹은 바다가 아닌 해안선을 중심으로 생각해야 합니다. |
| 06 | 연안의 자연현상에 기초하지 않으면 재해로 말미암아 경제성도 떨어집니다. |
| 07 | 물은 물대로 육지는 육지대로가 아닌 통합적으로 계획을 수립해야 합니다. |
| 08 | 물 움직임에 대한 수리모형이 핵심적인 요소가 되어야 합니다. |
| 09 | 해안사구 등 연안에서 희소한 공간에 집을 짓는 것은 엄격하게 통제해야 합니다. |
| 10 | 도로를 연안에 평행하여 개설하지 말고 제한적으로 접근하게 합시다. |

자료: 경기연구원(2021)

오는 곳에 집을 지을 수는 없는 것이다.

사람들은 전망이 좋은 해안 지대에 집을 지어 살고 싶어 하지만, 희소한 공간임을 인식하고 선택적으로 혹은 비싸게 세금을 내고 살아야 함을 알아야 한다. 다른 용도 시설물 역시도 이런 희소한 지대에 건설되지 않도록 해야 한다. 도로를 연안과 접하여 평행 개설하는 것은 피해야 하는 기본 원칙이다. 선형으로 만들어진 시설은 생태계를 통으로 훼손하기 때문이다.

## 제2절
# 특구의 에너지자립 방안: 신재생에너지 단지와 특구의 연계

**임송택**(남북풍력사업단 사무국장)
**고재경**(경기연구원 선임연구위원)

기후위기가 지속가능성을 가장 위협하는 요인으로 부각되며 전 세계적으로 탄소중립 노력이 가속화되고 있다. 또한 RE100, 유럽의 탄소국경조정세 등을 통해 세계 경제질서의 재편이 촉발되고 있는 만큼 특구에 입주하는 기업 활동의 탈탄소화를 고려한 에너지 인프라 구축이 중요하다. 특구 에너지자립 방안 중 재생에너지를 통한 전력공급은 중장기적으로 가장 경제적인 선택이 될 수 있으며, 재생에너지 개발은 지역의 자원을 활용하는 분산형 에너지로서 단시일에 전력을 공급하는 가장 효과적인 방법이다. 특히 태양광발전시설은 에너지가 필요한 수요지에 직접 건설할 수 있기 때문에 대규모 전력망을 건설하지 않아도 지역주민에게 필요한 에너지를 공급할 수 있다. 북한 발전소 설비와 송배전망이 낙후되어 있는 현실을 감안하면 연성적인 재생에너지 경로가 불확실성과 리스크를 줄이는 대안이 될 것이다. 따라서 시급한 전력 공급 확충을 위해 지역단위의 분산형 전력망을 먼저 구축하고, 전국적인 송배전망 구축은 장기과제로 추진할 필요가 있다.

본 절에서는 특구의 에너지자립을 위한 재생에너지 단지 조성 방안을 제시하고자 한다. 이를 위해 북한의 에너지 수급 현황과 재생에너지 잠재량을 개략적으로 살펴보고 전력을 중심으로 특구 산업단지와 배후도시의 에너지 수요를 추정한 후 재생에너지 공급 잠재량을 분석하며, 마지막으로 한계와 전망에 대해 기술하였다.

## 1. 북한 에너지 현황

### 1) 북한 에너지 수급 현황[2]

북한은 심각한 에너지 부족 문제에 직면해 있다. 2019년 기준 북한의 1차에너지 공급량은 13.8백만TOE로 남한(303.1백만TOE)의 4.5% 수준에 불과하다. 약 30년 전인 1990년 24.0백만TOE와 비교해도 오히려 42.5%p 감소한 상황이다. 북한의 1차에너지 1인당 공급량은 0.55TOE로 남한(5.86TOE) 대비 9.4% 수준이다. 참고로 북한의 국내총생산(GDP, 명목)은 35.3조 원으로 남한(1,924.5조원)의 1.8%, 1인당 국민총소득은 140.8만 원으로 남한(3,753.9만 원)의 3.8%에 불과하다.

북한의 발전소 설비용량은 2019년 기준 8,150MW로 2000년 설비용량(7,552MW)과 큰 차이를 보이지 않는다. 북한 발전설비용량(8,150MW)은 남한(125,338MW)의 6.5% 수준이며, 발전량(238억kWh)은 남한(5,630억kWh)의 4.2% 수준이다. 발전설비 구성은 수력 58.8%(4,790MW), 화력 41.2%(3,360MW)로 수력과 화력의 비중이 대략 6:4 정도지만, 발전량 기준으로는 수력 46.2%[3] (110억kWh), 화력 53.8%(128억kWh)로 화력이 약간 더 많은 것으로 나타났다. 북한의 발전설비 이용률은 전체 33.3%, 수력 26.2%, 화력 43.5%로, 남한의 전체 발전설비 이용률[4] 51.3% 대비 약 2/3 수준이다.

북한은 발전소 신설, 개보수 및 발전소용 석탄 공급 확대 등을 추진해 왔으나 여전히 만성적인 전력난을 겪고 있는 것으로 알려져 있다. 북한의 주요 화력발전소들은 대부분 1980년대 또는 그 이전에 준공되었기 때문에 상당수 설비가 노후화되었을 것으로 추정된다. 북한의 화력발전소는 주로 평양을 중심으로 하는 평안남도와 공업지역인 함경북도 일부 지역에 집중되어 있으며, 이외의 지역은 모두 수력발전에만 의존하고 있는 상황인 것이다.

발전시설 외에 송배전망도 많은 문제점들을 안고 있다. 주력 발전설비인 수력이 전력 수요처로부터 원거리에 위치한 경우가 많고, 송배전 시스템의 노후화, 주파수 불량과 전

2_ 통계청(2021) 재작성

3_ 2019년 기준 수력을 포함한 남한의 신재생에너지 발전비율이 8.9%(재생에너지 8.3%)인 데 비해, 북한의 경우는 수력 발전 비중이 46.2%로 재생에너지 발전 비중은 북한이 남한보다 훨씬 높은 상태임.

4_ 남한의 발전설비 이용률은 전체 51.3%, 수력 10.9%, 화력 53.3%, 원자력 71.6%, 신재생 25.1%임(통계청, 2021).

[그림 5-13] **북한 발전설비 추이**(2000~2019년)

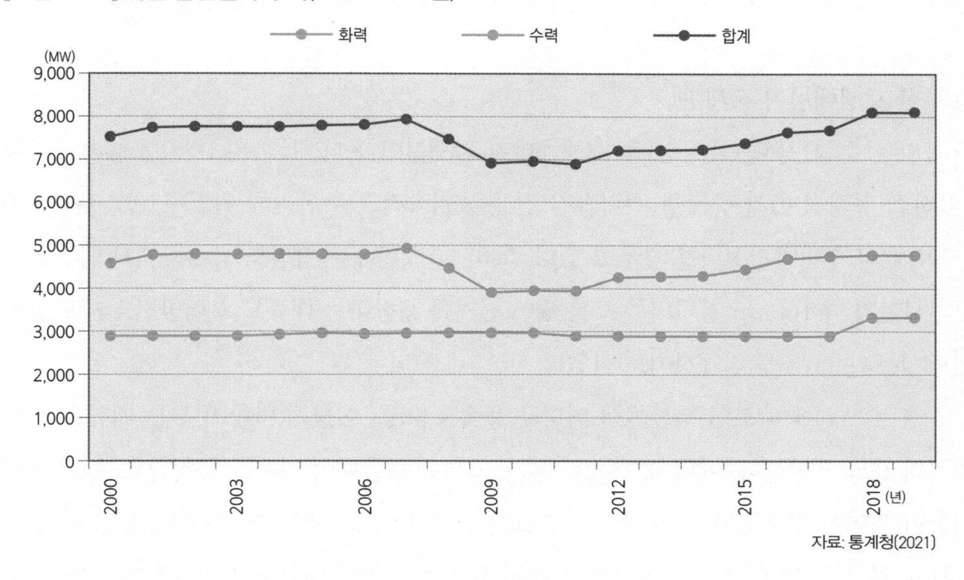


자료: 통계청(2021)

[그림 5-14] **북한 발전량 추이**(2000~2019년)

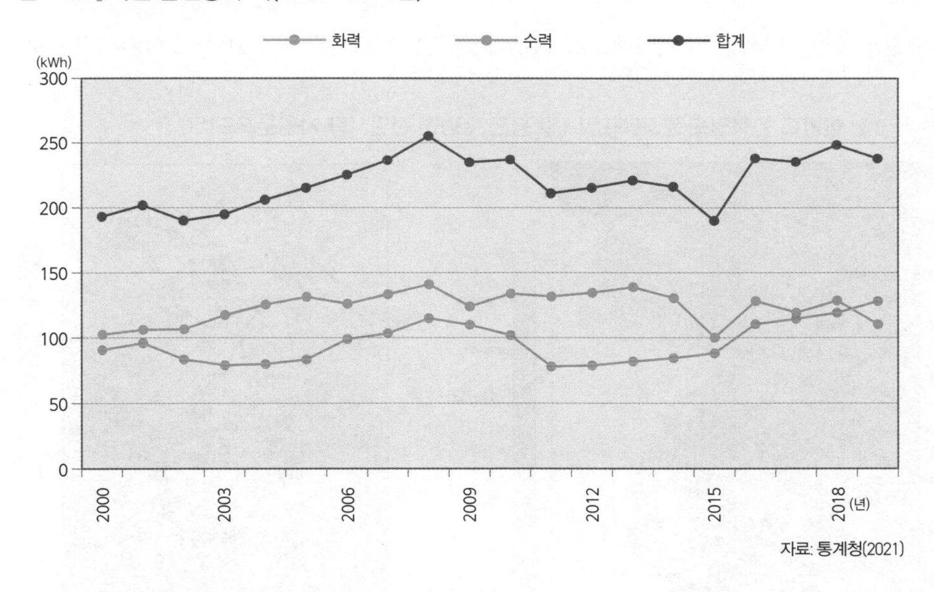


자료: 통계청(2021)

압 불균형, 전선 절도와 도전(盜電) 등으로 인해 송배전 과정에서의 전력 손실률이 최소 20%, 많게는 50%에 달하는 것으로 보고된 바 있다(김홍우, 2018). 전력망 보완 및 확충에는 많은 시간이 소요되기에, 북한에서 대규모 발전소가 건설되더라도 최종수요자에게로의 전력공급은 원활하지 않을 수도 있다.

### 2) 북한 재생에너지 잠재량

북한은 수력, 풍력, 태양광 등 재생에너지 잠재량이 높다. 북한은 1990년 이후 1지역 1발전소 정책에 따라 중소형 수력발전 건설을 지속적으로 독려해 왔으며, 2019년 기준 4.79GW의 수력발전설비를 갖추고 있다. 특히 2017년에는 양강도 삼수군에서 함경남도 단천시까지 약 160km 길이의 수로를 뚫어 전기를 생산하는 대규모 수력발전소인 단천발전소(발전규모 2GW)를 착공하기도 하였다.

손충렬(2006)에 따르면 북한에서 연평균 풍속 4.5m/s 이상의 바람이 부는 지역은 북한 면적의 18%에 달한다. 에너지기술연구원(2014)은 풍력발전이 가능한 풍력밀도 300W/m$^2$ 이상인 지역을 기준으로 한 북한의 풍력발전 잠재량(43.6GW)을 남한(25.5GW)의 1.7배 수준으로 파악하고 있다. 특히 개마고원 일대와 서해안 지역이 대규모 풍력발전에 적합한 풍황자원을 보유하고 있는 것으로 나타났다.

북한의 연간 일사량은 약 1,300kWh/m$^2$, 연간 일조시간은 2,280~2,680시간으로 유

[그림 5-15] **한반도 풍력밀도 분포(좌) 및 1일 평균 수평면 전일사량 자원분포도(우)**

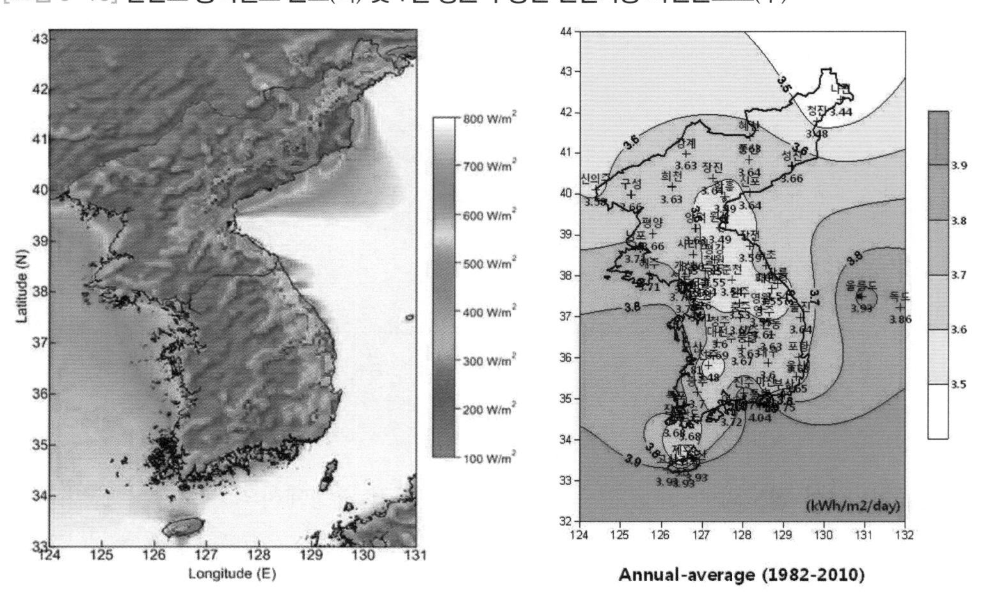


자료: 에너지기술연구원(2014: 7-8)

럽의 프랑스·독일보다는 많고, 남한보다는 약간 적다. 이는 대규모 태양광발전소 건설에 무리가 없는 비교적 양호한 조건으로 볼 수 있다. 북한 태양광발전의 경제적 잠재량은 발전설비 용량 기준 약 1,173GW로 추정되는데(산업통상자원부, 2019), 이는 2019년 북한 발전설비 총량의 144배에 이르는 막대한 양이다. 풍력과 달리 모든 지역에 비교적 고르게 분포하며, 건설기간이 짧은 장점을 가진 태양광발전은 북한의 에너지 대안으로서 많은 가능성을 내포하고 있다.

앞서 기술했듯이 북한의 화력발전소는 평안남도와 함경북도에서만 건설·운영되고 있다. 화력발전소의 수가 적고 특정 지역에 편중되어 있는 한편, 송배전시설 또한 매우 열악한 북한의 상황은 수력과 풍력, 태양광과 같은 재생에너지를 기반으로 하는 분산형 전력시스템이 중앙집중식보다 더 적합할 수도 있음을 보여 준다.

## 2. 경제특구 에너지수요 전망

특구의 조성에 따른 에너지수요를 전망할 때 면적과 인구, 특구에 들어서는 산업단지와 배후도시의 특성들이 먼저 고려되어야 한다. 산업단지 내에 어떤 업종의 기업이 얼마만큼의 규모로 입주하는가에 의해 에너지수요는 크게 영향을 받는다. 배후도시 또한 기본적인 주거기능 외에 금융·물류·유통·관광 등 다양한 기능과 특성이 조합될 수 있다. 남북공동경제특구의 총 개발규모는 99.1km$^2$(3,000만 평)이며, 이 중 북한 측 면적은 79km$^2$(2,400만 평)이다. 북한 측 특구는 산업단지 26.4km$^2$(800만 평), 배후도시 52.9km$^2$(1,600만 평) 규모로 조성될 계획이며, 수용인구는 약 30만~45만 명 정도로 예상된다.

에너지 수요는 전력·유류·LNG·LPG 등 에너지원별로 고려해야 하지만, 본고에서는 주로 전력을 중심으로 에너지수요를 전망하였다. 이는 전망에 필요한 자료의 부족에 기인하기도 하지만 전 지구적인 기후위기 대응을 위해서는 모든 부문의 에너지원을 전기화하고 그 수요를 재생에너지를 포함한 무탄소 전력으로 생산하는 것이 탄소중립의 핵심이기 때문에 미래 트렌드와도 일치한다. 북한 측 경제특구 규모를 산업단지 800만 평, 배후도시 1,600만 평, 인구 40만 명 기준으로 전망한 결과, 필요한 전력 공급설비 규모는 총 1,000MW(산업단지 800MW, 배후도시 200MW)로 분석되었다. 전력공급설비 1,000MW는 대략 석탄화력발전소 1기에 해당하는 규모이며, 북한의 전체 발전설비용량은 2019년 기준 8,150MW이다.

한편 정부는 2020년 대비 2024년까지 국가 에너지효율 13%를 개선하는 등(관계부처 합동, 2020) 에너지 절약 및 효율화 정책을 지속적으로 추진하고 있다. 2030 국가 온실가스감축목표 상향 및 2050 탄소중립 시나리오에 따라 앞으로 건설되는 신도시 또한 계획단계부터 저탄소도시로 설계·운영될 가능성이 높으며 관련 규제도 강화될 전망이다. 따라서 경제특구의 에너지수요는 현재 기준보다 낮아질 가능성이 높지만 본고에서는 비교 및 평가 용이성을 고려하여 향후 에너지 절약과 고효율화에 따른 에너지 수요 감축 효과는 고려하지 않았다.

#### 1) 개성공단 에너지수급 분석

2000년 8월 현대아산과 북한의 합의로 시작된 개성공단 사업은 2003년 6월 1단계 공단부지 100만 평의 개발에 착수하여, 2007년부터 본격적으로 운영되기 시작했다. 원래는 2012년까지 3단계에 걸쳐 공단 800만 평, 생활·상업·관광구역으로 구성된 배후도시 1,200만 평 등 총 2,000만 평의 부지를 개발할 계획이었다. 개성공단은 2004년 6월 15개 업체가 입주한 이래 2016년 2월 폐쇄될 때까지 섬유(72개), 기계금속(23개), 전기전자(13개) 등 총 124개 업체가 입주하여 연간 약 6,000억 원 규모의 제품을 생산하였다.

개성공단의 에너지원으로는 전기·LPG·LNG·경유 등이 사용되었으며, 모두 남한에서 공급되었다. E1과 SN에너지가 월 평균 약 660톤의 LPG를 입주기업들에게 공급했고, 경유는 현대오일뱅크에서 공급하였다. 한국가스공사가 탱크로리로 조달하는 연간 약 300톤 가량의 LNG는 집단에너지 시설에서 열로 전환되어 증기·온수 형태로 공단 내 시설들로 공급되었다(한국에너지공단, 2017).

개성공단의 전력공급은 2007년 6월부터 남측 문산변전소와 북측 평화변전소[5]를 연결한 100MW 규모의 154kV 송전선로 및 22.9kV 배전선로를 통해 본격적으로 이루어졌다.

5_ 한국전력공사가 개성공단 내에 건설하였으며, 평화변전소에서 공장 등으로 연결되는 배전 설비는 총 6회선이고 개폐기와 변압기는 각각 101대와 151대임. 남측과 북측의 선로길이는 각각 11.6㎞와 5.2㎞이며, 철탑은 총 48기로 남측 33기와 북측 15기임.

[그림 5-16] 북한 개성공단 송전선로 연결 모식도

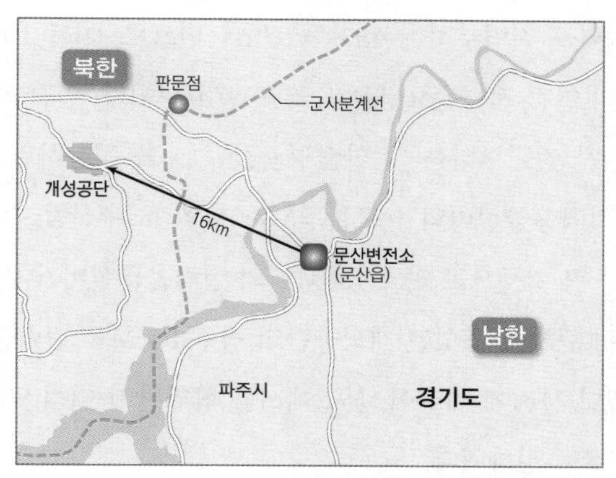


자료: 연합뉴스(2013.5.6.)

대북 직접 송전방식을 통해 2015년 기준 연간 약 1억 9,050만kWh의 전력이 개성공단에 공급되었으며, 공급된 전력은 대부분 산업용(95.3%)으로 판매되었다.[6]

개성공단의 유치업종은 면적 기준으로 섬유·봉제·의복 분야가 25.7%, 복합업종 19.2%, 음식료·기타제조업 19.1%, 기계·금속 14.6%, 가죽·가방·신발 9.9%, 전기·전자 7.3%, 화학·고무·플라스틱 4.2% 순으로 나타났으며, 비교적 다양한 업종이 분포되어 있었다. 전력 수급 측면에서 개성공단은 총 100만 평 규모의 면적에 100MW의 전력공급 시설을 갖추었으며, 공급가능한 전력량은 연간 8억 7,900만kWh, 실제 전력소비량은 연간 2억~3억kWh 수준이다.

### 2) 산업단지 업종별 에너지 원단위 분석

산업공단에 입주하는 기업의 업종별 에너지 사용량은 상이할 것이다. 한국에너지공단(2015)은 '에너지사용계획 협의업무 운영규정'을 통해 산업단지의 단위면적당 업종별 전력 및 에너지 원단위를 제공하고 있는데, 실제로 각 업종별 전력부하의 편차는 큰 것으로 나타났다. 음식료품제조업 등 총 23개 업종 중 담배제조업이 28kWh/$m^2$·년으로 전력부하가 가장 낮았고, 펄프, 종이 및 종이제품 제조업이 1,975kWh/$m^2$·년으로 가장 높은 전력

6_ 산업통상자원부(2016).

부하를 나타냈다.

23개 업종의 산술평균 전력부하는 482kWh/m$^2$·년으로, 이를 100만 평 규모의 산업단지에 적용할 경우의 연간 전력수요량은 1,589GWh/년이다. 연간 최대전력부하를 고려하기 위해 업종별 연간 전력부하율[7]의 산술평균값(0.584)을 적용하면 100만 평 산업단지 전력수요에 필요한 전력공급설비의 규모는 약 300MW[8]로 추산할 수 있다. 북한 측 특구 산업단지 면적 800만 평 기준으로 약 2,400MW의 전력공급설비가 필요하다는 계산이다. 하지만 실제 100만 평 규모로 조성된 개성공단의 경우 100MW 전력공급설비로 전력수요를 여유 있게 충족했던 사례에 비추어, 본고에서는 산업단지 면적 800만 평에 대한 전력공급설비를 800MW로 추정하였다.

### 3) 배후도시 에너지수요 분석

특구는 제조업 중심의 산업공단 조성에 그치지 않고 주거, 금융, 서비스, 관광, 물류 등 여러 기능을 갖춘 복합도시로 조성할 가능성이 더 높다. 계획수립 시 에너지수요를 파악하기 위해서는 일반적으로 토지용도별 에너지사용 특성에 따라 주택용지와 상업 및 업무시설, 공공용지로 구분하고 표준부하, 과거의 실적 또는 유사 건물의 데이터 등 다양한 기준과 방법을 활용하여 토지용도별 전기수요를 예측한다. 본고에서는 특구 배후도시의 전력소비 수요가 현재 남한과 동일하다고 가정하고, 용도별 전력판매량 중 '산업용을 제외한 가정용과 업무용(공공용 및 서비스업 포함) 전력판매량'에 의거한 '1인당 비(非)산업용 전력소비량'을 기준으로 전기수요를 전망하였다.

「한국전력통계」에 따른 2020년 기준 가정용과 업무용 연간 판매전력량 합계(24만 2,141GWh)를 남한 인구수(51,829,023명)로 나누어 1인당 비산업용 전력소비량 4,672kWh을 산출하였다.[9] 이 값을 기준으로 특구 배후도시의 인구를 40만 명으로 가정하면 전력수요는 연간 약 1,869GWh이며, 전력공급을 위해 213.3MW 규모의 전력설비가 요구된다. 계산의 편의를 위해 배후도시 인구 40만 명 기준, 200MW의 전력설비가 필요한 것으로 간

7_ 연간 최대전력부하에 대한 연간 평균전력부하의 비율

8_ 1,589GWh ÷ 0.584 ÷ 365 ÷ 24 = 310,919kW

9_ 가정용과 업무용 외에 산업용을 합한 1인당 전력소비량은 2020년 기준 9,826kWh임.

주하였다.

## 3. 경제특구 에너지자립 방안

에너지자립을 이루려면 에너지 공급에 앞서 에너지수요 자체를 줄일 수 있는 에너지 절감 및 효율화 방안이 선행되어야 하지만, 여기서는 재생에너지 공급에 초점을 맞추었다. 기본적으로는 건축물 상부 등 유휴부지에 태양광 발전시설을 설치하고 평야, 목장, 저수지, 간척지 등 재생에너지 자원이 풍부한 부지를 선정하여 비교적 대규모의 태양광 및 풍력발전단지를 건설하는 접근 방식을 취하였다.

### 1) **건축물 상부**(태양광발전)

산업단지 또는 도시계획 수립단계에서 검토할 수 있는 재생에너지원은 다양하지만, 현재의 기술력과 경제성을 고려할 경우 가장 현실적이고 설치가 용이한 대안으로는 태양광 발전을 꼽을 수 있다.

태양광발전의 단점은 에너지밀도가 낮아 상대적으로 넓은 부지를 필요로 한다는 것인데, 공장 지붕·건물 옥상 등 건축물 상부 또는 주차장 등 유휴부지에 태양광발전 시설을 설치함으로써 부지 확보에 대한 부담을 줄일 수 있다. 건축물의 방향, 주변 건축물의 높이, 경관, 옥상 활용방안 등을 종합적으로 고려해야 하기에, 당연히 계획 수립단계부터 체계적으로 추진했을 때 재생에너지시설의 효율성과 경제성을 높일 수 있다. 우리나라는 '에너지사용계획 수립 및 협의절차 등에 관한 규정'(산업통상자원부고시 제2018-19호), '저탄소 녹색도시 조성을 위한 도시·군계획수립 지침'(국토교통부훈령 제1126) 등을 통해 이를 제도화하고 있다.

특구 내 산업단지(800만 평)와 배후도시(1,600만 평)의 건축물을 활용한 태양광발전시설 설치방안 검토 결과, 2,240MW(산업단지 1,600MW[10], 배후도시 640MW[11]) 규모의 태양광시설 설치가 가능할 것으로 파악되었다. 단 태양광발전시설의 이용률은 약 15% 수준이기에 화

10_ 산업단지 총 면적 800만 평 ÷ 2,500평/MW × 50% = 1,600MW

11_ 배후도시 총 면적 1,600만 평 ÷ 2,500평/MW × 10% = 640MW

력발전(이용률 100%) 기준으로 환산하게 되면 산업단지 240MW, 배후도시 96MW 등 총 336MW(이용률 100%)의 발전설비 용량을 확보하게 되는 셈이다. 이는 건축물 및 유휴부지 태양광만으로도 특구 전력수요(1,000MW)의 약 34%가량을 충족시킬 수 있다는 의미이다.

[그림 5-17] **경제특구 재생에너지 발전사업 대상부지**

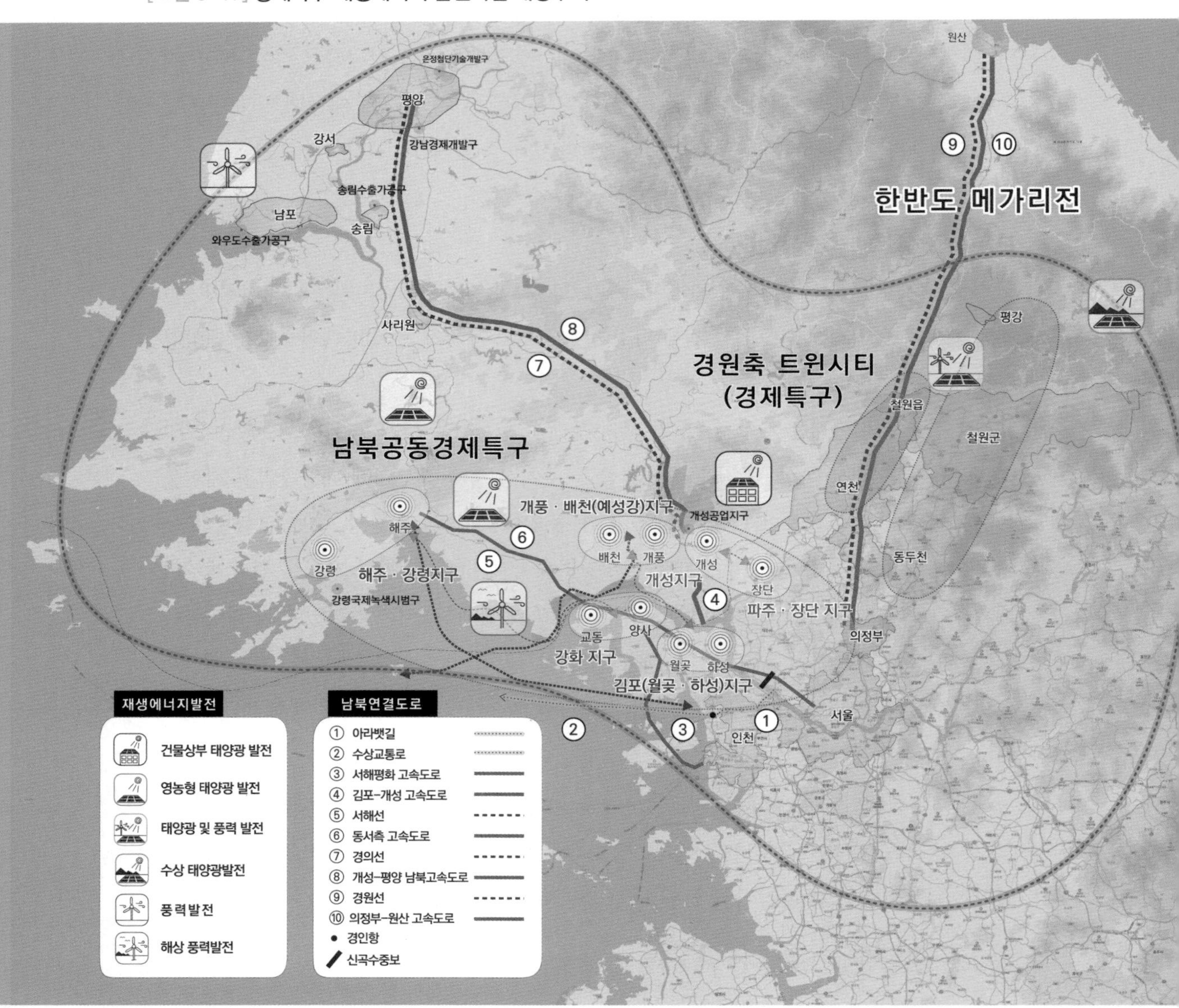

가정사항으로는 태양광 소요부지 MW당 2,500평, 태양광 이용률[12] 15%, 산업단지 총 면적 대비 태양광 설치 면적 50%, 배후도시 총 면적 대비 태양광 설치 면적 10% 등을 적용하였다. 기술발전에 따라 탠덤 태양전지 개발 등 태양광 효율이 높아지고 있어 설치에 필요한 부지는 훨씬 줄어들 가능성이 높다.

참고로 개성공단 면적(100만 평)의 50%에 태양광 발전시설을 설치했을 경우를 가정하면, 200MW 규모의 태양광 발전설비에서 연간 약 2억 6,280만kWh의 전력생산이 가능한 것으로 추산된다(이용률 15% 기준). 이 값은 개성공단의 전력 소비량 1억 9,050만kWh(2015년)를 초과하는 수치로서, 개성공단 또한 설계 단계부터 재생에너지원을 고려했을 경우 에너지자립을 이룰 수 있었음을 알려주는 사례이다.

### 2) 재령 · 연백평야(영농형 태양광발전)

황해남도 재령평야(1,350$km^2$)와 연백평야(1,150$km^2$)는 호남평야에 버금가는 대규모 평야로서 북한의 대표적인 곡창지대이다. 특구 조성 지역과 가깝고, 대규모 태양광발전이 가능하다. 하지만 농지를 다른 용도로 전용(轉用)하는 일반적인 태양광발전 방식은 농지의 비가역적 감소로 이어진다. 한정된 자원인 토지를 놓고 식량 생산과 에너지 생산이 충돌

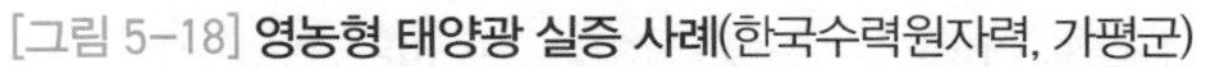
[그림 5-18] **영농형 태양광 실증 사례**(한국수력원자력, 가평군)

자료: 일렉트릭파워(2018. 7. 19)

12_ 태양광발전설비 이용률이 15%라면, 발전량 측면에서 태양광 100MW는 석탄화력발전 15MW에 해당함

하는 상황이 벌어지는 것이다. 이에 대한 대안으로 태양광 발전과 영농활동을 병행하는 영농형 태양광이 주목받고 있으며, 우리나라에서도 2017년을 기점으로 활발한 시범사업과 함께 제도화 논의가 진행 중에 있다.[13]

영농형 태양광발전은 태양광패널의 음영으로 인해 작물 생산량이 10~20% 정도 줄어든다. 작물 재배를 고려해야 하기에 태양광발전에 소요되는 부지도 일반 태양광보다 약 2배 정도 더 소요된다. 하지만 농지가 전용되지 않은 상태에서 식량과 에너지의 동시 생산이 가능하며, 영농활동 대비 높은 경제성이 장점으로 부각되고 있다. 특히 평지가 적고 상시적인 식량부족에 시달리는 북한 지역에서 태양광발전을 추진하기 위한 좋은 대안으로 평가받고 있다.

본고에서는 황해남도 재령·연백평야의 10% 면적에 영농형 태양광을 설치하는 시나리오를 검토하였다. 재령평야와 연백평야의 합계 면적은 2,500km$^2$로 경기도 면적(10,171km$^2$)의 1/4 수준이다. 일반 육상태양광의 소요면적은 약 2,500평/MW이지만, 작물을 재배해야 하는 영농형 태양광은 그 2배인 5,000평/MW이 소요된다고 가정하였다.

그 결과 태양광발전 설비 규모는 1만 5,125MW로 산출되었다. 태양광발전 이용률 15%를 가정할 때 이는 화력발전소 2,269MW 규모에 해당하며, 특구에 필요한 전력설비(화력발전 기준 1,000MW)의 2배가 넘는 규모이다. 즉 재령·연백평야 면적의 5%만 영농형 태양광을 설치하더라도, 특구에 필요한 모든 전력을 공급할 수 있는 것이다.

전 세계적으로 광범위하게 보급되어 있고, 시공기간이 짧으며, 자재 조달, 시공 및 운영, 관리가 용이한 태양광발전의 특성을 고려하면, 재령·연백평야는 특구 에너지자립화의 실현가능한 대안이 될 수 있을 것이다. 또한 연백평야는 접경지역에 인접해 있어, 필요시 대남 송전이 용이하다. 개성공단의 전력을 남한에서 직접 송전 방식에 의해 해결했던 것처럼, 접경지역 또는 이와 인접한 북한 지역에 대규모 재생에너지발전단지를 조성하여 생산된 전력의 일부를 남쪽으로 송전하는 방식은 기술적으로 큰 어려움이 없다.

13_ 일본의 경우는 농지를 전용하지 않고 영농 행위를 지속하되 영농형 태양광발전을 할 수 있도록 2013년에 농지법을 개정한 바 있음.

### 3) 세포지구 축산기지(태양광 및 풍력발전)

세포지구 축산기지는 북한이 세계 최대규모로 조성했다고 홍보하는 북강원도 지역의 대규모 축산단지이다. 2012년부터 2017년까지 약 5년간 북강원도 세포군, 평강군, 이천군에 걸친 평균 해발 600m의 고원지대를 개간하여 목장 및 축산단지를 조성한 것이다. 면적이 약 500$km^2$에 달하는 대규모 목장으로 대관령 삼양목장의 25배 수준이다. 방목 및 축사 사육을 통해 약 10만 마리 이상의 가축을 키울 수 있는 초지와 사료·고기 가공공장, 축산연구소, 방역소 등 각종 축산 인프라가 구축되어 있다.

세포지구는 구릉지대로 지면이 평평하고, 주변지역을 포함하는 평균풍속 또한 초당 5~6m 이상이어서 GW급의 대규모 태양광 및 풍력발전단지 건설이 가능하다. 태양광 및 풍력발전 모두 세포지구 면적의 10%에 설치하는 시나리오를 적용하였다. 대부분 초지와 목장으로 구성된 세포지구의 10% 면적에 일반태양광을 설치할 경우 태양광발전 설비규모는 6,050MW(화력발전 기준 환산 시 908MW)에 달한다. 이는 특구에 필요한 전력설비(화력발전 기준 1,000MW)의 90.8%에 달하는 규모이다. 풍력발전 소요부지 MW당 1만 평, 풍력발전 이용률[14] 25%를 가정했을 때 설치가능한 풍력발전 설비규모는 1,513MW[15](화력발전 기

[그림 5-19] 세포지구 축산기지 전경

14_ 풍력발전설비 이용률이 25%라면, 발전량 측면에서 풍력 100MW는 석탄화력발전 25MW에 해당함. 반대로 석탄화력발전 100MW는 풍력발전 400MW와 같은 발전량을 가짐.

15_ 151,250,000평 ÷ 1만 평/MW × 0.1 = 1,513MW

준 환산 시 378MW)로 파악된다. 이는 화력발전 기준 특구 필요전력의 37.8%에 해당하는 양이다.

세포지구에 태양광 및 풍력발전 시나리오를 모두 적용하면, 화력발전 이용률 100% 기준으로 전력공급설비 규모가 1,286MW에 달하며, 이는 특구에 필요한 전력설비(화력발전 기준 1,000MW)를 초과하는 규모이다. 넓은 부지와 빠른 풍속, 축산분뇨 등 재생에너지자원이 풍부한 세포지구는 재생에너지 복합발전단지로서 매우 양호한 조건을 갖추고 있다. 또한 휴전선과 인접해 있어 필요시 전력계통 연계를 통한 다양한 방식의 전력 활용이 용이하다. 철원군 바로 위쪽의 접경지역이며 군사분계선까지 약 1km, 서울까지 직선거리는 약 40km에 불과하다.

#### 4) **임남저수지**(수상 태양광발전)

임남저수지는 2003년 완공된 북한 임남댐(금강산댐)으로 인해 만들어진 거대한 저수지이다. 유역면적 2,394km²[16]로 남한의 소양호와 파로호를 합한 크기와 비슷하다. 임남저수지 또한 세포지구처럼 휴전선과 인접해 있으며, 대규모 수상태양광 건설이 가능한 지역이다. 저수지 유역면적의 5%에 수상태양광을 설치한다고 가정하면, 태양광발전 설비규모는 14,484MW(화력발전 기준 환산 시 2,173MW)에 달한다. 이는 특구에 필요한 전력설비(화력발전 기준 1,000MW)의 2.17배에 달하는 규모이다. 임남저수지 또한 세포지구와 마찬가지로 접경지역과 인접해 있어 잉여전력의 대남송전이 용이한 장점을 가지고 있다.

#### 5) **온천지구**(풍력발전)

(사)남북풍력사업단은 2007년 6월 한국에너지기술연구원, 한국풍력에너지학회 등 남측 풍력발전 전문가 10여 명과 함께 12일간 방북하여 북측 담당기관인 삼천리총회사와 공동으로 평안남도 온천지구와 북강원도 마식령지구에 각각 1기씩의 풍황계측타워를 설치한 바 있으며, 현재 추가 계측사업과 풍황자료 공동분석을 추진 중이다. 당시 추가 계측 대상에는 온천과 마식령 외에도 치마대·지초덕·대홍단·삼지연·백두산 지구 등이 포함

16_ 기상청 수문기상 가뭄정보 시스템. hydro.kma.go.kr/obs/damInfo.do?areacode=1009710 (검색일: 2021.11.4.)

[그림 5-20] **온천지구 1호기(좌) 및 마식령지구 2호기(우) 풍황계측타워 전경**

자료: (사)남북풍력사업단(2007)

되어 있었다. 북한의 풍황자원이 양호한 지역에 남북 공동으로 풍황조사사업을 지속적으로 실시하고, 한전·한국에너지기술연구원 등이 참여하여 북한 풍력단지 건설을 위한 전력 계통 연계와 송배전, 발전단지 규모 및 재원조달 방안 등에 대해 협의하는 전력실무회의 또한 향후 의제로 선정되어 있는 상태이다.

평안남도 온천군의 온천지구는 주로 간척지와 염전으로 이루어졌으며, 평균 풍속이 초당 6~8m 수준으로 풍력발전단지 적합 지역이다. 해안선을 따라 길이 40km, 폭 1km 구간에 풍력발전단지를 조성할 경우, 풍력발전 소요부지 MW당 3.3만$m^2$(1만 평), 풍력 이용률[17] 25%를 적용 시 설치가능한 풍력발전 규모는 1,210MW[18](화력발전 기준 환산 시 303MW)

17_ 풍력발전설비 이용률이 25%라면, 발전량 측면에서 풍력 100MW는 석탄화력발전 25MW에 해당함. 반대로 석탄화력발전 100MW는 풍력발전 400MW와 같은 발전량을 가짐.

18_ 12,100,000평 ÷ 1만 평/MW = 1210MW

이다. 이는 특구 내 전력 수요의 30.3%에 해당하는 양이다.

### 6) 대연평도 인근(해상풍력)

인천 옹진군의 인근 해상에는 현재 남한에서 대규모(GW급) 해상풍력 발전사업이 활발히 추진 중에 있다. 북한협력사업과 별개로 남한에서 먼저 해상풍력발전단지를 구축하고, 남북 관계 개선 시 북한 지역으로 확대하는 방안이 검토되고 있다. 남한 사업자가 북한 영해에 해상풍력발전단지를 건설·운영하고 생산된 전력과 수익을 북측과 분배하는 등 다양한 운영방안이 존재한다.

## 4. 한계와 전망

본 절의 특구 에너지자립 방안은 대상지역의 태양광, 풍력 등 재생에너지를 활용한 전력공급을 중심으로 검토하였다. 검토 결과 특구 내 재생에너지 자원이 풍부한 부지에 발전단지를 대규모로 건설하는 경우, 특구의 에너지 수요를 충분히 감당할 수 있는 수준인 것으로 나타났다. 태양광이나 풍력발전은 온실가스 배출이 없고 연료비 소모가 없어 유지관리비용이 적게 소요되며 건설 기간이 짧아 신속하고 경제적으로 전력을 공급할 수 있다. 나아가 특구의 에너지 수요보다 초과 생산된 전력은 북한 내 타 지역 또는 남한으로 송전할 수도 있을 것이다.

하지만 특구 내 재생에너지 발전단지에서 생산된 전력을 수요지역(공단, 배후도시 등)으로 송배전하는 경우, 기존 북한 전력망을 이용하기는 어려울 것으로 보인다. 북한 송배전 설비는 낡고 노후화되어 전면적인 신규 설비투자가 필요한 상황이다. 송배전 설비 구축에는 많은 비용과 시간이 소요되므로, 단시간 내에 전력 공급을 추진하기 위해서는 지역단위의 분산형 전력망을 우선 구축할 필요가 있다. 특구 내 전력망 설계 시 독립형시스템과 남북한 연계형 등 대안별로 구체적 조건에 기반한 면밀한 검토가 선행되어야 할 것이다.

특구 내 전력수급을 재생에너지를 기반으로 하는 독립형으로 설계하려면 전력의 불안정성을 해결해야 한다. 풍력·태양광 등 재생에너지 발전량이 풍속·일조량 등 기후조건에 따라 크게 변화하는 '간헐성'은 재생에너지원이 주요 전력원이 될 경우 필연적으로 발생하는 주요한 문제이다. 에너지저장장치(ESS)·양수발전·수소전환 등의 대안들이 존재하지만, 비용 증가와 전력 손실을 피하기는 어렵다. 수력·바이오매스·해상풍력 등 다양한 에너지원을 확보하는 것 또한 필요하다. 재생에너지 비중이 커지면서 필연적으로 나타나는 간헐성 문제는 각종 대안들에 대한 기술 진보 추이와 환경적·경제적 비교 분석을 통해 최적 대안을 도출해 나가되, 재생에너지 비중이 이미 높은 수준에 도달한 유럽 국가들의 선행 사례를 참고할 수 있을 것이다.

특구의 전력망 설계 시, 간헐성 문제를 포함하여 가장 안정적이고 경제적인 대안은 남북 전력망 연계 방식이다. 대북 송전 방식은 이미 개성공단의 필요 전력을 남한에서 직접 송전했던 경험과 인프라를 보유하고 있다. 2016년도 개성공단 폐쇄로 인해 대북 송전은 중단된 상태이지만, 변전소 등 인프라가 존속해 있으므로 향후 남북관계 개선 시 빠른 시일 내에 재가동될 수 있는 조건을 갖추고 있다. 전력 공급지역이 남측에서 멀지 않을 경우 송전선의 직접적인 연결은 가장 단기간에 안정적으로 전력을 공급할 수 있는 방안이다. 북한의 재생에너지 발전단지에서 생산된 전기를 남한으로 송전하거나, 남한의 전기를 개성공단 등 북한 지역으로 송전하는 등 특구 내 에너지자립화 방안들의 교차·병행을 통한 다양한 설계가 가능하다. 접경 이북지역의 재생에너지 발전단지로부터 생산된 전력을 남한 전력망으로 송전하는 것 또한 기술적으로 큰 무리가 없으며, 송전거리가 짧은 것 또한 장점이다. 남북한이 서로 생산한 전기를 주고받는 것은 일종의 구상무역으로 볼 수 있기에 비현금성 거래로 현재의 유엔제재를 피하는 데 유리하게 작용할 수도 있다.

청정개발체제(CDM)사업, 신재생에너지 공급의무화 제도(RPS) 및 국내외 배출권거래제와 연계하여 북한지역의 재생에너지 개발을 외부감축사업으로 인정하면 국내 배출권 거래시장과 접목도 가능하다. 전지구적인 문제로 떠오른 기후변화에 대응하기 위한 탄소중립 목표 달성을 위해 남북한이 재생에너지 개발협력을 추진할 경우 온실가스 감축, 탄소시장 확대, 국내 재생에너지 산업 활성화 등 윈윈 효과를 거둘 수 있을 것이다.

남북 관계 개선 및 평화체제 전환 이후 북한의 경제성장을 위해서는 에너지 공급이 열악한 북한에 대해 풍력, 태양광 등 재생에너지 중심의 전력 공급기반 확충이 필요하다. 특구의 재생에너지 단지 조성을 바탕으로 남북 에너지 협력을 추진하는 것은 상호 윈윈 전략이 될 수 있다. 전력 공급 확충이 필요한 북한과 새로운 에너지산업 성장동력이 필요한 남한의 경제 상황이 적절한 조화를 이룰 수 있을 것이다. 이를 위해 정부는 다양한 방법을 통해 남북 에너지협력에 대한 국민적 공감대를 형성할 필요가 있다.

에너지 수입의존도가 높고 중앙집중형 에너지 공급 구조를 가진 남한과 달리 북한의 에너지 개발·이용은 대내외적 제약하에서 자력갱생 원칙을 바탕으로 에너지안보와 에너지자립을 높이는 방식으로 이루어져 왔다. 시설이 낙후되어 효율이 낮고 전력원이 편향되어 있기는 하나 지역의 부존자원을 적극적으로 활용하는 재생에너지와 에너지저장 수단이 결합된 분산형 에너지는 새로운 시스템으로의 전환에 보다 유리한 조건이기도 하다(이정훈 외, 2019: 287). 따라서 남북공동경제특구를 비롯한 남북경제협력 사업 초기 단계에 북한, 나아가 통일에 대비한 한반도 에너지체제의 지속가능성을 검토하는 절차와 가이드라인을 마련할 필요가 있다.

에너지 시스템은 단지 에너지원의 문제가 아니라 수십 년 동안 경로의존성에 의해 사회·기술체제를 고착화시키는 효과가 있으므로 에너지 인프라 구축은 중장기적인 접근을 통해 미래지향적 가치를 반영한 방향 설정이 이루어져야 한다. 이를 위해서는 특구에 입주할 업종과 기업을 먼저 결정한 후에 이들이 필요로 하는 에너지를 어떻게 공급할 것인가 하는 기존의 접근 방식이 아니라 지속가능한 분산형에너지 공급을 제약조건으로 놓고 재생에너지의 생산과 이용, 에너지 효율, 수소와 에너지 저장, 스마트 그리드, 물질과 에너지 흐름의 순환이 단지 내에서 이루어지도록 최적의 업종과 기업을 유치하는 전략으로 발상을 전환해야 할 것이다. 최근에 활발하게 논의되고 있는 RE100 산단 및 생태산업단지를 예로 들 수 있다.

# 제 6 장

## 국제화·제도적 기반 마련 및 기대효과

# 제1절
# 남북공동경제특구의 국제화 전략과 동북아 협력체계

**이성우**(경기연구원 연구위원)

## 1. 들어가는 말

한반도의 평화와 번영이라는 공동의 대의에는 남북한은 물론 주변의 당사국이라고 할 수 있는 미국과 중국, 일본과 러시아도 동의하지만, 방법론에 있어서는 모두의 입장이 다르다. 문제는 비핵화의 목표에 대한 합의가 아니라 비핵화를 실천하는 방법론과 순서에 있다. 북한은 소련 등 사회주의 국가의 붕괴로 인한 체제생존의 수단으로 1980년대 말이나 1990년 초부터 핵무기 개발을 본격적으로 시작했다. 북한의 핵 개발 시도가 세상에 알려진 것은 프랑스의 상업용 정찰위성 스팟(SPOT)이 촬영한 영변 핵시설 사진을 1990년 2월 7일 일본 도카이 대학(東海大學) 정보기술센터가 공개하면서 본격화되었고, 실질적 위협으로 등장한 것은 2006년 10월 1차 핵실험을 단행하면서이다.

북한의 지도부는 국내정치적 목적과 경제 실패로 인한 재래식 군비에서 대응력을 갖춘 군사적 대응이 불가능하기 때문에 비대칭 균형전략의 일환으로 핵무기의 개발을 시작했다. 그러나 이에 대응하는 미국은 북한의 체제생존을 위협할 의지가 없지만, 경제력 격차와 미군의 자체로 북한에 대해서 체제위협이라는 점을 인정한다. 하지만 실제로 비핵화를 추진하는 과정에서 남북은 서로를 신뢰할 수 없으므로 상대방에게 먼저 행동의 변화를 요구하고 있다. 북한의 비핵화에 대해서 미국은 제재 완화와 관계 정상화를 서로 교환해야 하는데, 미국은 완전하고 검증 가능하며 돌이킬 수 없는 폐기(Complete Verifiable Irreversible Dismantling: CVID) 또는 트럼프 행정부가 요구한 최종적이고 완전히 검증된 비핵화(Final, Fully Verified Denuclearization: FFVD)에 상응하여 제재 해제와 국교 정상화를 완성하겠다고 한다. 이에 반해서 북한은 비핵화의 단계적 추진에 상응하는 단계적 제재완화와 관계 개선의 단계를 동시에 추진하는 '말 대 말, 행동 대 행동'의 원칙을 주장하고 있다. 요약하자면, 미국은 비핵화의 입구 단계에서 CVID를 요구하고 출구 단계에서 관계 정상화를 추진하는 반면, 북한은 입구 단계에서 제재 완화를 요구하고 출구 단계에서 CVID를 완성할 것을 각각 주장하고 있다.

한반도에서 군사적 긴장 고조와 전쟁 위협에 대한 대안으로 남북한이 제시하는 대안의 차이도 이에 못지않게 상당하다. 우리 정부는 보수와 진보를 막론하고 기능주의적 접근을 선호하는 반면, 북한은 기능주의 접근을 비본질적인 것으로 규정하고 군사적 위협을 해소하기 위해 정전협정을 평화협정으로 대체하고 비핵화에 앞서 체제안전을 확보하는 것이 중요하다고 판단한다. 남한의 보수 정부의 대북정책인 '비핵·개방 3000'이나 '한반도 신뢰프로세스' 그리고 문재인 정부가 제시한 "평화는 경제다"라는 평화경제론은 비정치적 경제와 문화 분야에서 교류·협력을 통해 신뢰를 구축하고 정치적 통합으로 나아간다는 계획이다(이일영, 2020: 201). 문재인 정부는 2018년 평창올림픽을 거치면서 조성된 남북한의 화해 분위기와 이어서 열린 남북정상회담과 북미정상회담에 따른 신뢰 회복으로 위험수위에 달했던 남북한의 군사적 긴장을 완화하는 데는 성공했지만, 비핵화와 협력의 심화·확대로 나아가지 못했다. 그 이유는 북한의 입장에서 비본질적인 경제와 문화 협력이 체제의 위협이 될 수 있다고 판단했기 때문이다.

본 연구는 남북관계의 해법을 모색하는 남북한이 직면한 구조적 제약 속에서 우리의 역대 정부가 북한을 상대로 지속적으로 제안하는 기능주의적 협력의 최신판인 한반도 메가리전의 추진을 위한 핵심 변인을 국제화로 규정하고 이에 필요한 핵심 방안을 논의한다.

## 2. 남북한에 협력이론의 적용

한반도 메가리전(The Korean Mega Region)은 남북한이 분단된 상태로 존재하는 지리적 위치로서 한반도에서 평화와 번영을 구현하기 위한 정책 제안이다. 남북한 당사자가 경제협력에 기초한 협력의 확산을 통해 한반도의 정치적 통일과 사회적 통합을 위한 로드맵을 구현한다는 점에서 지리적 개념을 넘어 정치, 경제, 사회적으로 남북한을 포괄하는 한반도의 평화와 번영을 위한 중장기 구상을 의미한다. 남북한의 경제적 발전을 견인하는 핵심지대이자 성장의 거점을 의미하고, 장기적으로 국제법적인 통일을 달성한 한반도 통합시대에 남북한의 공존과 공영으로 한반도의 정치적 미래를 담보하고 나아가 남북한의 사회적 통합을 위한 미래 계획의 청사진이다.

한반도 메가리전의 공간적 범위는 서울특별시, 경기도, 인천광역시, 강원도 서부, 그리고 충청남북도의 북부를 포괄하는 남한의 광역수도권을 포함한다. 북한은 수도이자 해양관문인 평양직할시와 남포특별시는 물론 평안남도의 평성시와 강서군 황해남도의 해주시, 옹진군, 강령군, 연안군, 배천군 그리고 황해북도의 송림시, 사리원시 개풍군, 장풍군과 개성특별시를 포함한다. 한반도의 중심에 위치한 한강하구와 서해에 접하는 남북한의 주요 도시를 포괄하는 광역수도권이 연계되는 한반도 중핵지대를 구성한다.

인구 측면에서는 2020년 기준으로 북한은 전체인구 2340만 명의 40%에 해당하는 약 890만이, 남한은 전체인구 5170만 명의 51%에 해당하는 2600만이 수도권 일대에 각각 거주하고 있다. 남북한의 통합경제권이 형성되면 한반도 인구 절반에 육박하는 3500만이 수도권에 거주하고, 경제적 측면에서 남북한 합계 GDP의 절반 이상을 생산하는 잠재력이 시너지 효과를 내어 한반도 메가리전은 한반도를 넘어서 베이징지역, 상하이지역, 도쿄지역과 더불어 동아시아 경제의 중심축으로 부상하게 된다.

한반도 메가리전의 부상은 남북한의 경제협력에 그치는 것이 아니라 산업, 무역, 교통, 물류, 에너지, 문화, 관광 등 경제의 전체 분야에 장기적인 시너지 효과를 가져올 것이다. 한반도 메가리전으로 추진되는 남북공동경제특구의 미래비전은 기대할 수 있는 긍정적 효과가 많으므로 관심을 끌고 있다.

남북한의 경제협력을 추진하는 데 이론 차원의 결정적인 문제는 경제특구의 건설이 가져올 절대적 이익(absolute gain)의 크기가 중요한 자유주의(liberalism) 이론과 상관없이 남북한은 여전히 구조적으로 휴전협정이라는 군사적 대치를 유지하기 때문에 상대적 이익(relative gain)의 크기가 더 중요한 현실주의(realism)의 안보딜레마에 직면해 있다는 것이다. 국제정치 현실주의 이론에 따르면 남북한의 양자관계에서 협력이 가능한 조건은 협력의 당사자가 획득할 수 있는 이익의 절대적 및 상대적 크기가 우선 변수가 아니라 이익의 안전한 확보를 통한 체제생존의 보장이다.

북한의 입장에서는 남북한 협력을 통한 경제특구에서 경제적 측면만 고려하여 상대방

[그림 6-1] 한반도 메가리전

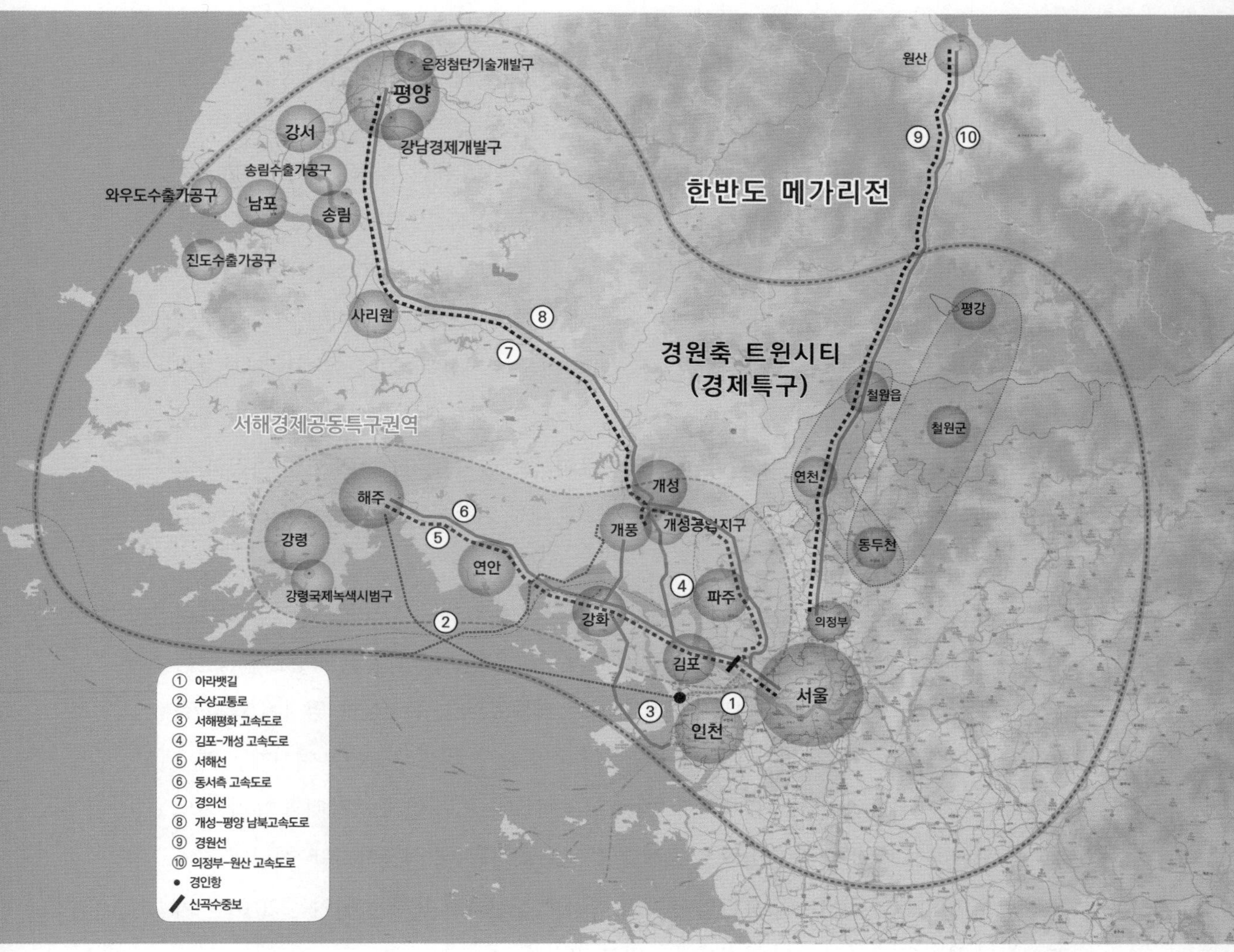


자료: 이정훈 외(2020b)

인 남한보다 더 큰 이익이 발생할 수 있다고 해도 북한 정권의 생존과 체제의 안보에 위협이 된다면 협력을 고려하는 것 자체가 무의미해진다. 객관적으로 남북협력을 통한 경제특구를 통해 기능주의 통합이 진행된다면 남북한 인식 차이 없이 남한의 상대적 이익은 무한대가 되고 북한의 상대적 이익은 0이 된다. 대북정책에서 진보정권이 주장했던 화해협력 정책과 보수정권이 주장했던 통일대박의 결과는 기능주의 협력을 통한 남북 통합으로 북한 정권의 생존에 절대적 위협이라는 점에서 동일하다. 차이점은 북한을 협력의 장으로 유인하기 위한 정책수단이 온건한 햇볕정책과 강경한 압박정책이라는 것 뿐이다.

남북관계의 발전을 논의할 때, 남북한의 평화와 번영에 대하여 합의된 내용이 없어서가 아니라 내용을 추진할 수 있는 정책 여건이 이루어지지 않아서라는 비판이 나오는 이유가 여기에 있다. 알려진 바와 같이 남북한의 교류와 협력을 통한 평화와 공영에 대한 합의는 평화공존의 원칙을 선언한 1972년 7·4 남북공동성명과 1972년의 6·23 선언서나 경제협력에 구체적 실천 방안을 명시한 1992년의 「남북기본합의서」가 추진되지 못하는 것은 북한이 느끼는 체제생존의 위협 때문이다. 북한의 핵 위협이 구체화된 이후 이루어진 2000년 정상회담에서 6·15 공동선언과 2007년 10·4 정상선언의 경우에는 남북경제협력을 통해 북한이 얻게 되는 현금자산이 핵무기 개발에 전용된다는 이유로 남한이 개성공단을 선제적으로 폐쇄하는 소극적인 태도를 보이기도 했지만, 구조적으로는 여전히 북한이 남북경제협력으로 직면하게 되는 체제 안보에 대한 위협이 최대의 장애물로 남아 있다(황지환, 2017: 31-32).

북한의 6차 핵실험으로 북미 간 전쟁 위기가 최고조에 달했던 2018년, 문재인 정부의 2018년 4월 27일 정상회담을 통한 판문점 선언과 9월 19일 발표한 9월 평양공동선언은 군사적 충돌의 위기를 방지하는 데 일정한 효과를 거두었지만, 선언문에 명시된 합의 결과가 구체적으로 추진되기 위한 북한의 비핵화와 국가 간 협력의 제도화는 여전히 과제로 남아 있다. 북미관계와 남북관계가 안고 있는 구조적 모순으로 인해 긴장의 확대가 어느 수준에 도달하면 일정 수준의 협력을 통해 긴장을 완화하는 데 성공하지만, 협력의 기조가 새로운 합의를 추진하는 남북한의 평화적 질서로 진전하지 못하는 원인은 2018년 이후 남북과 북미의 정상이 합의 과정에서도 반복되었다.

2018년 6월 역사적인 싱가포르 북미정상회담에서 한반도의 완전한 비핵화와 북미 적대관계 종식에 합의하면서 실제로 비핵화의 진전을 통한 성과를 거두지 못했다. 이를 만회하는 한반도 비핵화의 역사적 전환을 위해 2019년 2월 하노이에서 2차 북미정상회담을 가졌지만, 합의 없이 무산되었다. 세 번째 시도로 같은 해 6월 말 문재인 대통령의 중재로 판문점에서 북미 정상이 만나는 역사적인 3자 회동이 성사되어 비핵화의 진전에 대한 기대가 고조되었지만, 3개월 후 스톡홀름에서 개최된 북미 고위급 실무회담이 성과 없이 끝나고 미국은 대선 일정에 들어가면서 비핵화 협상의 교착상태가 시작되었다. 한반도에서 완전한 비핵화를 달성하고 더 이상의 전쟁은 없다는 선언적 약속으로 대의와 명분에 동의할 수 있었지만, 목표를 달성하는 방법론에서 남북 그리고 북미는 서로의 이해관계와 신뢰의 문제를 극복하지 못했다(김주삼, 2007: 77-78).

남북관계의 합의를 추진하고 이를 구체화하는 과정에서 나타난 차이가 한반도 메가리전이 추구하는 협력을 달성하는 관건이다. 남한은 비정치·비군사 분야에서 교류와 협력을 누적하는 과정에 신뢰를 축적하여 정치적 통합을 달성할 수 있을 것이라는 기능주의 입장을 고수하고 있다. 이에 반해 북한은 군사·안보 차원에서 남북은 물론 북미 간의 적대관계 해소 없이 경제협력과 인적교류는 북한의 체제 안전에 위협이 된다는 태도다. 북한은 대내외적 차원에서 체제생존을 위한 정책도구로 핵무기와 미사일 개발을 선택했는데, 남한이 북한의 체제와 정권 안보에 대한 제도적 보장 없이 교류협력을 강조하는 데 대해서 북한은 이를 비본질적 문제로 규정하고 남측의 제안을 부정적으로 판단하고 있다. 이를 인지하는 남한의 진보세력은 북한이 핵무기를 포기하지 않는 상황에서 국제사회의 대북제재를 고려하여 우회적인 인도적 지원과 교류협력을 제안하고 있다.

남북관계 개선을 위한 양측의 노력에 있어서 남북은 전제조건에서부터 명확한 견해 차이가 존재하고 여전히 평행선을 달리고 있다. 북한은 국제사회의 대북제재로 직면하게 된 내핍을 해소하기 위한 대안으로 관광사업과 단계적 제재완화를 요구하고 있으나, 우리 정부가 이를 수용할 수 있는 여지는 사실상 차단되어 있다.

바이든 정부가 출범하고 미북관계 개선의 실마리를 풀기 위한 미국의 대한반도 정책의 전환이 기대되었지만 지난 2021년 3월 18일 한미 외교 국방부 장관의 2+2 회담에서 유엔안보리 결의 이행의 중요성을 확인하고 대북정책에서 한미 양국이 완전하게 조율할 것을 전제조건으로 명시했다. 이런 점에서 선 비핵화 이후 제재 완화에 대한 정책 기조는 유지될 것으로 보이지만 변화는 나타나고 있다. 최근 바이든 행정부의 동아시아 정책이 미국의 경제적 번영과 안보의 이익을 위해서 동아시아의 핵심 파트너로 한국을 포함하여 다자주의 질서를 구축하는 것을 중요한 정책수단으로 선택하고 있다는 점은 긍정적 변화이다. 지난 5월 21일 문재인-바이든 정상회담에서 바이든 행정부는 한미동맹을 안보동맹이라는 기존의 역할에서 경제동맹으로 확대 및 격상하는 조처를 했다.

바이든 행정부는 한미동맹의 역할 강화와 확대를 통한 이익의 공유를 위해 문재인 정부의 대북정책에 대한 포괄적 신뢰와 지지를 언급하며 1979년 한미가 합의한 미사일의 사거리와 탄두 중량 제한을 완전히 해제하였다. 미국의 세계전략 차원에서 동아시아에 다자협력의 중심축의 하나로 한국의 지지가 필요하다는 점에서 한국 정부에 협력을 요청했다. 이러한 정황을 파악한 문재인 정부는 기존의 입장을 수정하여 북한의 비핵화 추진에 상응하는 단계적 제재 완화를 통한 남북 경제협력을 추진하려 시도했다. 하지만 문재인 정부의 정책 추진은 북한의 요구를 수용한다는 점에서 미국의 트럼프 행정부와 후임 바이든 행정부 그리고 국내에서 안보를 우선시하는 보수 정치세력의 반대로 추진이 쉽지 않다는 현실에 직면했다.

국내 및 국제정치적 의견 차이에도 불구하고 한반도 메가리전은 현재 주어진 국제정치적 현실과 남북관계의 제약 아래에서 최선이라고 할 수 없지만, 남한이 선택할 수 있는 유일한 대안적 접근이다. 북한의 비핵화를 위해서는 제한적이나마 남한과 유엔제재를 우회할 수 있는 정치적 접근을 시도하면서 국내정치적으로 체제안전을 적극적으로 관리해야 한다.

국제정치의 양자관계에서 현안 의제에 대해 당사자가 한발씩 양보해서 합의점에 다가오는 이익의 균형이 합리적인 협상 과정이지만 한반도 문제와 같이 양자의 입장과 이해가 상충해서 타협을 도출하기 어려운 경우에는 서로의 입장 차이에 대해서 상대방을 이해하고 이해시키는 과정이 필요하다. 이 과정에서 남한의 기능주의 전략과 북한의 안보 우선 전략의 상충을 완화하기 위한 대안을 모색해야 한다.

## 3. 한반도 메가리전의 비교분석과 이론적 설명

남북관계는 2000년 6·15 정상회담을 통해 상호신뢰를 단계적으로 축적하면서 교류협력을 확대하여 개성공단과 금강산관광과 같은 경제적 교류협력 자체에 상당한 성과를 거두었다(김낙중, 2001: 11-12). 당초 기능주의 접근의 일환으로 비정치·비군사적 분야의 협력을 통해 신뢰를 축적하여 군사와 정치 분야로 협력을 확대하는 확산효과를 기대했지만, 외부적 충격을 견디지 못하고 협력은 후퇴하게 되었다. 2008년 7월 11일 우리 관광객을 조준사격으로 살해한 피격사건 직후 금강산 관광이 중단되고, 2010년 3월 26일 천안함 침몰 사건 이후 우리 정부가 발표한 대북 제재조치인 5·24 조치로 인도적 목적의 교역도 정부와 사전협의를 요구하게 되면서 남북교역이 중단되었다. 북한의 핵실험과 미사일 도발에 대한 대응으로 2016년 2월 10일 개성공단 가동을 전면 중단하기로 결정한 후 남북관계의 경색 국면은 현재까지 이어지고 있다.

문재인 정부는 한반도의 경색을 해소하기 위한 정책적 대안으로 한반도 메가리전 또는 서해경제공동특구라는 남북을 중심으로 하는 다자협력을 추진하고 있다. 한반도 메가리전의 국제정치적 특성은 탈냉전을 극복하고 경제적 발전을 달성하고 정치적인 안보 위협을 해소하는 다국적협력 모델로 정의할 수 있다. 한반도 메가리전의 비전으로 해안에 인접한 지리적 특성을 강조한 중국의 광둥-홍콩-마카오를 포함하는 웨강아오 대만구(粤港澳大湾区), 미국의 샌디에이고와 멕시코 티후아나를 연계하는 캘리포니아만, 그리고 미국의 시애틀과 캐나다 브리티시컬럼비아의 북태평양 캐스캐디아 사례를 들고 있다. 그리고 강안을 따라서 다국적 협력의 사례로 북한-중국-러시아의 광역두만강개발계획이나 중국에서 발원해서 인도차이나 반도를 흐르는 메콩강 강안 국가들의 메콩 델타 개발계획이 있다(이정훈 외, 2020: 11).

지리적·외형적 특성보다 참여국의 특성을 고려할 때, 웨강아오 대만구는 현재 중국의 지방정부라는 점에서 국제협력이라고 보기 어렵다. 캘리포니아만 협력의 당사자인 미국과 멕시코, 캐스캐디아 협력의 경우 미국과 캐나다는 정치적으로 민주주의라고 하는 정치적 다원주의와 자본주의 시장경제체제를 역사적으로 건국 초부터 공유해 왔다는 점에서 한반도 메가리전과 비교하기에 적절성이 부족하다. 광역 두만강 개발사례의 당사자는 접경 국가인 북한, 중국, 러시아와 함께 이해당사자라고 할 수 있는 한국과 몽골이 참여하고 있다(전일수, 1991; 김수진, 1992; 이성우, 2015). 메콩 델타 개발계획의 사례는 중국에서 발원하여 동남아시아의 5개국을 거쳐 남중국해로 흘러가는 국제하천인 메콩강 강안국들이 참여하는 국제협력의 경제개발 사례로(Nguyen, 1996: 201-202), 두만강의 실패와 메콩강의 성공, 두 사례를 결합하면 한반도의 서쪽 해안에서 남북의 수도인 서울과 평양을 포괄하는 서해경제공동특구의 틀에서 접경 주변국인 중국과 러시아 그리고 일본과 몽골 등 태평양과 중앙아시아로 협력의 지리적 범위를 확대할 수 있다.

한반도 메가리전의 활성화를 위해 다양한 의견이 제시되었지만 가장 핵심적인 정책은 남북한 협력을 국제화 및 다자화를 통해 일단 협력의 성과를 달성하면 후퇴(spill back)를 방지하는 안전장치로 (1) 남북만이 아니라 주변국이 참여하는 국제화, (2) 단순히 다수의 국가가 참여하는 것이 아니라 이를 제도화하는 다자화, 그리고 (3) 정부 기관만이 아니라 지방자치단체, 기업, 민간단체, 국제기구가 참여하는 분권화를 제안하고 있다.

한반도 메가리전을 국제화, 다자화, 제도화, 분권화의 틀로 추진하는 것은 적절하지만 시작 단계에서 각국의 이해관계가 조율되어야 하는 것은 여전히 과제로 남아 있다. 본 연구에서는 국제정치의 분석수준에 따라서 남북 다자협력 정책인 한반도 메가리전을 추진하는 과정에 발생하는 다양한 장애 요인과 촉진 요인을 논의하고자 한다.

### 1) 세계체제 변수: 미중대결 구도

미중의 패권경쟁으로 요약되는 세계 체제는 양강의 대결 구도이지만 대결과 경쟁뿐만 아니라 협력과 교류도 동시에 진행되고 있다는 점에서 과거 냉전시기와 다른 주도권 경쟁으로 요약된다. 세계 차원에서 미국과 중국의 패권경쟁이 지속되는 상황으로 트럼프 행정부의 미국 우선주의, 예외주의, 일방주의의 오류를 바로잡고 전통적인 동맹국에 대한 존중을 바탕으로 국제사회에서 미국의 리더십을 회복하기 위한 전통적 동맹과 협력 정책을 추진하고 있다. 바이든 행정부의 세계 전략은 트럼프 행정부 이상으로 세련된 대중 압박 정책을 구사하고 있다.

중국은 미국의 압박에 대해서 수세적인 입장으로 전환하여 기회를 모색하고 있지만, 중국을 G2로 격상시켜야 하는 시기로 판단하고 있다. 시진핑 주석은 바이든 행정부 출범 초기 "양측이 충돌과 대결을 피하고 상호존중, 상생협력의 정신으로 갈등을 관리하고 협력에 집중해서 중미 관계의 건강하고 안정적인 발전과 세계의 평화와 발전을 추진할" 것을 제안했다. 이러한 배경에는 중국이 2021년이 백 년만의 대변화기에 상당한 위험에 직면했다고 판단하고, 미국과의 대립과 충돌을 우회하거나 지연시키면서 내부 체제 안정과 역량 강화에 집중할 수 있는 시간과 공간을 확보하기 위해서 수세적 입장으로 전환하는 전략적 계산이 깔려 있다. 이런 점에서 미중패권 경쟁의 세계체제는 미국의 공세와 중국의 방어로 요약될 수 있다.

첫째, 경제와 기술의 주도권 확보를 위해 미국은 경제적으로도 기술과 지적 재산권에 대한 중국의 해적행위를 지적하고 미래기술과 산업에서 미국의 우위를 유지하기 위해 강경한 대응으로 중국의 기술 굴기를 견제하고 있다. 바이든 행정부는 반도체, 전기차 배터리 등 첨단 제조업 공급망 협력과 인공지능(AI), 차세대 이동통신(6G) 네트워크, 바이오 기술, 항공, 우주 탐사 등 핵 첨단산업 분야에서 미국의 주도권 확보를 위해 한국과의 동맹을 안보동맹에서 경제동맹으로 확대전환하려는 노력을 기울이고 있다.

둘째, 미국은 공공외교 차원에서 권위주의 국가인 중국의 인권과 민주주의 개선의 필요성을 계속해서 지적하고 있다. 미국의 공공외교는 홍콩, 티베트, 위구르 등 소수민족의 인권탄압을 비판하고 이를 바로잡아야 한다고 주장하는데 '하나의 중국'이라는 중국 대외정책의 원칙에 대한 심각한 도전으로 받아들이고 미중 갈등을 격화시키는 문제로 등장하게 되었다.

중국은 미국의 일방주의와 강압 외교를 돌파하기 위해 일대일로를 통해 중국과 이해를 공유하는 이익의 연합을 확대하여 미국의 봉쇄를 돌파하려고 했지만, 결과는 만족스럽지 못하다. 일대일로에 참여한 주변국에 과도한 부채의 함정을 이용해 상대국의 대외정책을 중국의 의지대로 주도하려고 하자 일대일로 참여국들이 중국의 지도력에 대한 존경과 지지를 철회하면서 사업이 중단되고 반중 정서가 확대되고 있다. 일대일로 참여국 중 파키스탄, 몽골, 몰디브 등 8개국은 국가부채가 '매우 위험' 수준에 도달했고 아프가니스탄, 이집트, 우크라이나 등 15개국은 '위험' 수준에 도달했다.

바이든 행정부는 민주주의 동맹이라는 공공외교를 중심으로 아시아에서 한국과 일본은 물론 범위를 태평양으로 확대하여 호주와 인도를 포함하고 유럽의 북대서양조약기구까지 포괄하여, 중국을 포위하는 군사적 압박으로 확대하여 중국을 봉쇄하고 있다.

셋째, 미국은 궁극적으로 중국에 대한 군사적 공세를 강화하여 미국의 영향력을 확대하고 중국을 봉쇄하려고 한다. 이에 대해서 미국은 세계질서 차원에서 중국에 대한 지속적인 공세를 이어가고 있다. 미국은 전통적으로 남중국해에서 중국의 영유권에 대하여 '항행(航行)의 자유'를 근거로 군사작전을 수행하면서 중국의 '무해통항(無害通航) 제한'과 '영해 주장'을 부정하며 동맹의 결속으로 중국을 봉쇄하고 있다.

최근 바이든 행정부는 한국과 대만을 포함하여 동맹국에 대한 역할의 조정으로 중국에 대한 압박을 강화하고 있다. 2021년 5월 21일 문재인-바이든 한미 정상회담을 통해 미국이 한국에 대한 미사일 기술의 이전에 대한 대가로 1979년 합의한 한국의 미사일 사거리와 탄두 중량 제한을 해제하여 자주국방을 위한 미사일 개발을 가능하게 했다. 트럼프 행정부 시기인 2020년 미국은 대만에 신형 F16 블록 70기종 전투기 66대와 24억 달러로 예상되는 보잉사의 하푼 대함미사일 판매를 승인했고 바이든 행정부는 2021년 8월 4일 대만에 자주포인 M109A6 팔라딘 40문, M992A2 야전포병 탄약 보급차 20대, 야전포병전술 데이터 시스템(AFATDS) 1기, M88A2 허큘리스 전차 5대와 관련 무기 체계, 발사된 포탄을 목표 지점으로 정밀 유도하는 GPS 키트 1,700개에 대한 7억 5000만 달러(약 8580억 원)로 예상되는 무기 판매를 승인했다. 중국은 미국이 하나의 중국 원칙에 반하여 내정간섭을 하며, 이는 중국의 주권과 안보 이익을 해치는 국제법 위반이라고 반발하면서 철회를 요구하고 반격 조치를 하겠다고 경고했다.

결과적으로 미국의 입장에서도 미중 대결, 코로나19 위기, 그리고 한반도 비핵화는 대외정책에 환경적 제약으로 작용했다고 인식하고 있다. 중국은 미국의 외교적 공세에 대응하며 자신의 국익을 지키는 것이 가장 중요한 외교적 목표라는 점에서 한반도에서 북한의 위상 변화에 따라 현상이 변경되어 중국의 이익이 위협받는 상황을 원하지 않는다.

전통적인 국제정치이론의 시각에서 한국의 국제적 위상이 종속변수로 처리되던 시기에 세계의 힘의 배분에 따른 국제체제가 절대적인 영향력을 발휘했다. 전통적인 시각에 따르면 미중 세력경쟁의 양강 구도 또는 양극 구도는 한반도에서 남한이 주도적으로 비핵화와 다자협력을 통한 현상 변경의 가능성이 작고 한국이 주도하는 대북 비핵화와 한반도 통합 정책에 불리하게 작용하는 것으로 결론지을 수 있다. 하지만 현재 국제관계에서 한국의 위상은 과거와 다르게 향상되었기 때문에 미중의 세력경쟁에 영향을 미칠 수 있는 수준은 아니라고 할지라도 세력경쟁 구도에서 상황을 활용하여 비핵화를 추진하고 한반도의 평화와 번영을 달성하는 방향에서 상황을 관리하는 적극적인 대응을 추진할 수 있다.

현재 미국의 바이든 행정부가 한국의 경제력과 군사력을 활용하여 중국에 대한 군사적 봉쇄와 경제적 압박을 강화하려고 한다는 점에서 남한 정부는 미국을 활용하여 한반도 평화협력, 비핵화, 정전체제를 평화체제로 전환에 적극적 대안을 마련할 수 있다. 물론 수세에 있는 중국에게는 불확실성의 증가로 이어지면서 바람직하지 않다고 판단할 수 있고 중국 시장이 우리 최대 무역상대국이라는 점에서 경제적 부담이 따르지만, 세계체제의 변화가 한반도 평화체제와 다자협력의 부정적 요인은 아니다.

### 2) 지역질서 변수: 6자 협력 구도

남북한 당사자를 제외하고 주변국인 미국, 중국, 러시아, 일본 모두 한반도의 비핵화와 평화적 교류협력 그리고 이에 대한 국제화라는 원칙에 동의하고 있지만 한반도 평화협력을 위한 메가리전의 추진전략을 구성하는 세부 사항에 대해서 각국의 이해관계에 기초해 전제조건에 이견을 보이고 있다. 각국이 요구하는 한반도 다자협력의 전제조건은 각국의 국익에 대한 안전장치로서 역할을 하고 있다. 현상 변경에 긍정적인 참가자는 전제조건보다는 협력의 추진을 강조하는 반면, 협력을 통해 전개되는 미래에 대한 불확실성에 부정적인 참가자는 복잡하고 실현되기 어려운 전제조건을 요구하는 행태를 보이고 있다.

강대국으로 한반도의 현재의 세력균형에 따라서 군사안보 측면에서 얻는 기득권과 경제협력을 통해 얻게 되는 이익의 형량을 통해서 한반도 다자협력에 대한 기본입장이 정해지는 것으로 볼 수 있다. 기본적으로 한반도 메가리전은 비핵화를 전제로 남북한의 경제협력을 추진하고 이를 발전시켜 남북한의 협력에 주변국이 경제협력에 참여한다는 점에서 현재 한반도의 국제질서에 상당한 변화를 예상하고 있다.

#### (1) 미국

미국은 한반도에서 한반도 메가리전이 추진되기 위해서는 비핵화의 추진이 우선되어야 북한에 대한 경제제재를 완화하고 이를 추진할 수 있다고 판단하고 있다. 2019년 하노이 북미정상회담이 사실상 결렬 이후 한반도의 비핵화와 평화 프로세스의 재시동을 준비하는 현시점에서 바이든 행정부는 새로운 문제의식을 제기하고 있다. 한반도 비핵화를 해결하는 데 한국이 주도권을 행사할 의지와 능력을 갖추어야 한다는 요청에도 한반도 비핵화의 추진방안과 한미동맹의 미래지향적 방향 설정을 구체적으로 제시해야 한다. 한국은 이미 일본 및 호주와 더불어 동아시아에서 중견국으로 손색이 없는 국력을 갖추고 있으며, 이러한 정체성에 부합하는 동맹국으로서 미국의 보조적 역할이 아니라 현실을 반영하는 역할 전환이 필요하다.

미국의 바이든 행정부는 코로나19 이후 한국을 확고한 선진국으로 고려하여 실용주의 외교차원에서 대북정책에서 한국 정부의 자율성을 존중하는 한편, 동아시아 정세에 한국의 적극적 역할을 요구하고 있다. 유엔안보리 제재의 원칙적 범위 안에서 북한에 대한 인도적 지원과 교류협력에 대한 미국 정부의 지지를 기본으로 워킹그룹의 사전 조율보다 남한 자율성을 인정하고, 트럼프 행정부에서 이루어진 남북 및 북미 합의를 존중하는 기초에서 북미관계에 대한 외교적 접근으로 비핵화와 남북협력을 추진하고 있다.

미국은 한반도 비핵화가 우선되어야 하지만 최대의 유연성을 발휘하여 완전한 비핵화를 의미하는 CVID(complete, verifiable, irreversible denuclearization)나 FFVD(final, fully verified denuclearization)와 같은 북한에 대한 압박과 관여에서 벗어나 북한 비핵화의 진전 상황을 판단하여 이에 상응하는 대북제재 완화 조처를 하겠다는 방향으로 정책을 선회하였다. 한국의 문재인 정부는 한미 정상회담 직후 남북대화와 협력에 대한 미국의 지지를 바탕으로 남북관계 개선을 통해 북미대화의 선순환을 견인하겠다고 대북정책 로드맵을 밝혔다.

미국의 우려는 두 가지로 요약된다. 첫째, 한반도에서 평화와 협력이 가능한 상황에서 한미동맹의 미래, 즉 미국의 전략적 이익을 어떻게 보장할 것인가에 대한 구체적 방안제시가 필요하다는 것이다. 둘째, 미국의 바이든 정부가 현재 문재인 정부의 대북정책에 대한 신뢰와 지지를 보내고 있지만, 역대 한국 정부 대북정책의 연속성에 대한 우려가 있다. 한국의 정치 구도상 대북정책에 대한 견해차가 선거의 진보와 보수를 가르는 쟁점 의제로 부상하게 되면서 국내정치 요인에 따라 대북정책에 급격한 변화가 불가피하다고 보고 있다.

나아가서 북한에 대한 미국의 인식은 국익을 위한 기회라기보다는 해결해야 하는 골칫거리로 인식하는 상황에서 미국의 부정적 인식을 완화시켜 줄 수 있을 만큼 한국 정부가 북한의 부정적 요인을 관리할 수 있는 역량을 보여주기를 기대한다. 미국은 동아시아에서 확보한 전략적 이익을 지속할 수 있는 차원에서 한국의 외교적 역량 강화를 추진하면서 한반도의 비핵화와 지역질서의 안정을 추구할 것으로 판단하고 있다.

#### (2) 중국

중국은 한반도 정책의 핵심을 핵, 전쟁, 혼란이 없는 3무 정책을 근간으로 하지만 한국과 미국이 비핵화를 위한 대북한 제재에 중국에 대한 과도한 압박으로 중국이 전략적 유연성을 통해 북한을 비핵화로 유도할 여지가 축소되었다고 판단한다. 중국은 미국이 북한의 완전한 비핵화(CVID)를 선행조건으로 요구하며 북한의 단계적 또는 동기화된 제재완화를 거부하고 있다고 전제하고, 미국이 리비아식 비핵화를 요구하기 때문에 중국이 한반도 비핵화에 동의할 수 없다는 것이다.

미국이 요구하는 비핵화는 북한의 체제안전에 대한 보장이 없는 일방적 조치로 중국의 전략적 이익의 관점에서 한반도에 친중 정부가 사라지고 친미 정부가 동북아 국제관계를 주도하는 상황은 바람직하지 않은 것으로 판단한다. 이런 평가 속에 중국은 현재 한반도에서 비핵화보다 전쟁 방지와 북한의 체제 붕괴로 북중 국경에 난민이 유입되는 비상사태 발생에 따른 혼란 방지를 현실적 목표로 설정하고 비핵화는 장기적 목표로 전환하였다.

한반도 문제에 대한 중국의 인식에 주목할 점은 북한의 비핵화 및 한반도 평화협력과 관련해 한국은 주도적 역할을 수행하는 데 한계가 있는 약소국이라고 규정한다. 이는 중국은 한반도 비핵화에 한국의 역할과 의지를 확대하는 상황을 선호하지 않는다는 것을 의미한다. 한반도 비핵화와 관련해 미국을 주요 변수로 취급하고 한국은 종속변수로 남기를 기대하면서 한국의 운전자론에 대해서 한국의 주관적 의지와 무관하게 객관적으로 진전된 조정자의 역할을 수행할 가능성이 축소되었다고 평가하고 있다.

중국의 이러한 한국의 운전자론에 대한 부정적인 평가는 역내에 강력한 국가의 등장에 대한 억제심리와 함께 미중 양강의 현 상황을 고착시키려는 의도로 보인다. 그러나 중국의 의도대로 한국이 제한적 역할을 넘어 적극적인 역할을 수행할 수 있는 객관적 조건으로서 국력이라는 능력과 운전대를 잡겠다는 주관적 정책 의지와 함께 미국의 정책적 지지의 3박자가 갖추어진 상태라고 할 수 있다.

중국은 한반도 상황에서 한국의 역할 확대에 대한 우려 속에서도 책임 있는 국가로서 북한과 전통적인 우호협력 관계를 유지하면서 북한이 국제사회에 정상국가로 참여할 수 있는 기회를 만드는 데 동의하고 있다. 장기적으로 중국은 미국이 주도하는 금융제재나 일본의 납치자 문제를 부차적인 의제로 핵심의제인 북한의 비핵화에 초점을 흐리는 문제라고 판단하고 비핵화 자체에 집중하기 위해서 창의적인 계획과 로드맵을 마련할 것을 요구한다. 이 과정에 중국은 정전협정을 평화협정으로 전환하고 북한이 핵확산금지조약(NPT)에 복귀하는 과정과 같이 비핵화의 기술적 문제를 해결하는 것이 핵심이라고 판단한다.

중국은 한반도에 대한 자국의 이익을 명확하게 규정하고 있다. 북한의 핵 보유는 중국의 안보 이익에 심각한 위협을 가하고 있으며, 체제가 붕괴된 북한은 한반도에서 혼란을 의미하므로 중국은 이를 둘 다 원하지 않는다. 그 결과 통일되고 강력한 친미 국가가 등장하여 중국에 완전히 적대적인 태세로 전환되는 것은 중국에게 최악의 상황이다. 이런 과정에 중국은 동아시아의 문제에 관하여 스스로 강대국을 자임하고 미국과 중국의 협력을 강대국 간 협력 구도로 북핵 문제 해결의 핵심이며, 강대국 협력이 이루어지지 않으면 북핵 문제는 더 어려워질 것이라 주장한다.

요약하면 강대국인 중국의 지위에 위협이 될 수 있는 한반도 정세의 변화를 원하지 않는 것이 주요 입장이다. 북핵 문제를 해결하는 과정에 미중 간 새로운 냉전 상황이 발생하는 것도 허용할 수 없다. 그리고 북한이 미국을 군사적으로 자극해 한반도에서 미국이 주도하여 전쟁과 혼란으로 이어질 수 있는 군사적 수단 사용에 반대한다.

북핵 문제를 해결하는 과정에 중국이 확보하고 있는 기존의 이익을 보장할 수 있는 제도로서 서로 다른 이해관계에 대한 균형을 맞출 필요가 있다고 요구한다. 북핵 문제가 장기간 해결되지 않으면 중국의 전략적 비전의 이행을 더디게 하고 중국의 정치, 경제, 사회, 경제, 안보에 위협을 가하게 될 것이다. 반대로 북핵 문제의 완전하고 급격한 해결은 기존의 동북아 질서에 심각한 영향을 미칠 것으로 판단한다. 결과적으로 중국은 비핵화가 달성된 한반도에서 중국의 기득권이 보장되지 않는다면 현상유지가 바람직하며 이는 관리할 수 있다고 판단한다.

결과적으로 중국은 북한의 비핵화에 대해서 대북제재에 적극적인 역할을 요구하는 것에 부정적인 입장을 가지고 있고 나아가서 한반도 메가리전을 추진하는 과정에 중국의 인프라 투자나 기업의 참여와 같은 적극적 역할을 기대하는 것은 현실적으로 어렵다. 다만 중국은 남북경협에서 국제화·다자화의 필요성에 대해서는 동의하는데 이는 한반도 문제에서 중국의 배제에 대한 우려를 방지하려는 차원의 대응이라고 판단된다.

#### (3) 일본

일본은 한반도에서 항구적인 평화가 구축되고 경제협력을 강화하는 협력관계의 복원이 남북한의 미래에 필수적인 목표라고 전제한다. 이를 위해서 한반도에 안정과 지속가능한 평화가 보장되는 것을 전제로 하며 한반도 메가리전을 훌륭한 대안으로 평가한다. 일본은 원칙적으로 한반도의 항구적 평화구축이라는 공동의 과제에 적극적으로 동참해야 하고, 이를 위해서 미일동맹의 틀을 활용해야 한다. 그리고 북일 사이 소통의 채널도 확보해야 한다는 정책의 당위적 목표에는 동의를 표시하지만, 실질적으로 한반도에서 남북관계의 개선에는 극복해야 할 외교 현안이 산재해 있다고 진단한다. 현실적으로도 일본이 한반도 평화와 번영의 공유를 위한 다자협력의 추진에는 넘어야 할 장애가 있다.

가장 중요한 것은 역사갈등에서 시작한 외교 교착상태이다. 일본은 한반도 문제에서는 미일동맹 및 한미동맹의 틀 안에서 협력을 지속적으로 강화하면서 긴밀하고 우호적인 관계를 맺어왔다. 그러나 최근에 한일관계는 역사문제로 갈등을 겪고 있어서 한반도 메가리전에 대한 발전적 접근에 방해가 되고 있다.

무라야마 도미이치 총리 재임 시기였던 1995년은 일본의 경제 상황이 그다지 나쁘지는 않았는데 당시 8월 15일 '종전 50주년 담화'를 통해 "일본은 식민 지배와 침략으로 많은 나라 국민에게, 특히 아시아 국가들에 막대한 피해와 고통을 주었다"라는 역사 인식에 일본의 다수 여론이 동의했다. 그러나 2010년 이후 일본의 대내외적 한계상황에서 보수우경화가 진행되면서 역사문제에 대한 반성과 사과에 대한 수정주의 시각을 보수 정치세력이 이용하고 이에 대한 일본 여론의 동조가 이어지고 있다.

이와 연결되어 일본은 국내경제 위기가 2000년대 이후 "잃어버린 20년"으로 확대되면서 경제적 회복이 지연되고 2011년 동일본 대지진으로 후쿠시마 원자력 발전소의 방사능 오염에 따른 환경, 정치, 사회, 경제 등 다면적 위기 상황이 장기화하면서 경제회복이 우선 해결해야 할 국가적 과제로 떠올랐다. 이런 상황에서 일본은 동아시아 평화와 공동의 번영에 관심을 기울일 정치적 여유가 없다. 도리어 일본의 보수 정치세력은 위기의 장기화·상시화로 인해 북한의 군사적 위협과 납치자 문제 그리고 남한의 역사 및 영토갈등을 포함한 한반도 문제는 일본의 보수민족주의 정서를 자극해 국내정치의 실정에 대한 여론의 비판을 회피하고 정치적 지지를 확보하는 속죄양이 되었다. 한반도 관련 의제는 국가의 안보와 무역과 같은 정상적인 외교정책의 과제가 아니라 국내정치적 문제를 해결하는 대외적 정책 수단으로 전락해 버렸다.

일본은 북한과의 관계에서도 진전을 보였던 2002년 9월 북일 정상회담 이후 역주행을 계속해서 지금은 돌이킬 수 없는 상태이다. 당시 고이즈미 총리가 북한을 방문하여 김정일 위원장과 정상회담 이후 발표한 「평양선언」을 통해 일본 측은 식민 통치로 조선 민족에게 막대한 피해와 고통을 가한 데 대해 반성과 진심 어린 사죄의 뜻을 표명했고 북한도 납치자 문제를 인정하는 양자관계에 진일보가 있었다. 이를 통해 북일 국교정상화가 기대되기도 했지만 신뢰 형성의 문제로 일본 측은 국교정상화 이후 경제협력을 제공하겠다고 입장을 변경했고 북일 양측은 관계국 간 대화를 촉진하여 핵·미사일 문제를 비롯한 안보 문제 해결의 필요성을 확인하는 데 그쳤다. 이후 일본은 북한의 미사일 발사실험에 대한 본토 안보 위협과 납치자 문제로 인한 불신의 확대로 독자 제재가 장기화하면서 소통 채널이 단절된 상태가 지속되고 있다.

마지막으로 일본의 전략적 이익 차원에서는 한반도에 통일되고 강력한 국가가 출현하는 것이 국익과 동아시아 전략에 바람직한 상황이 아니라고 판단한다. 일본은 중국의 세력확장 저지를 통해 역내 지역질서를 주도하는 지역 패권국으로 미국의 동아시아 패권전략에 편승(bandwagon)하는 현상유지 속에서 단계적이고 점진적인 자체 군사력 강화를 가장 선호한다.

동아시아에서 지역질서를 주도하는 국가로 역할을 수행하기 위해서는 군사력 증강과 자체 핵무장을 고려하지만, 「평화헌법」 9조 "전쟁과 무력에 의한 위협 또는 무력의 행사를 영구적으로 포기"하는 조항과 "육해공군과 그 밖의 전력을 보유하지 않고 국가 교전권을 부인"하는 조항을 개헌하는 데 정치적 역점을 두고 있다. 자민당은 개헌을 위한 「국민투표법」 개정안을 2018년 발의하여 2021년 5월에 입헌민주당과 합의 처리하였다. 일본은 정상국가로서 동아시아 패권경쟁에서 미일동맹을 활용하더라도 한반도에 단일국가의 부상에 대해서는 경계하기 때문에 현상유지를 선호한다. 이러한 일본의 선호를 바탕으로 한반도 비핵화 과정에도 본질과 관계없는 북한의 일본 납치자 문제를 선결조건으로 북미정상회담 이전에 트럼프 대통령에게 요구하고 최근에는 한국과 역사 및 영토 문제와 관련한 외교 갈등을 한반도 비핵화를 위한 선제 해결과제로 요구한다.

### (4) 러시아

러시아는 한반도의 비핵화, 다자간 경제협력과 발전, 그리고 이를 바탕으로 점진적이고 평화적인 절차에 의한 평화체제의 작동과 장기적인 통일에 지지를 표명하고 있다. 표면적으로 다른 국가와 공식적 의사 표명에는 큰 차이가 없지만, 러시아는 장기적으로 한반도에 통일된 국가가 출현하더라도 러시아의 국익과 충돌이 없다고 판단한다. 그뿐만 아니라 한반도에 친미국가가 등장하더라도 유럽국가인 러시아는 극동 러시아에 에너지와 철도협력을 통한 경제적 측면에서 발전에 긍정적인 측면이 있다고 판단한다.

러시아의 국익을 안보, 경제, 중러관계의 관점에서 평가하면 입장은 더욱 명확해진다. 우선 군사안보 차원에서 한반도 비핵화가 완성되고 통일된 국가가 출현해도 러시아의 국가안보나 극동 및 시베리아 지역의 안정과 평화를 훼손할 우려가 없어야 한다는 태도를 유지하고 있다. 러시아 중앙정부인 모스크바 지도부의 현실적인 판단은 미군이 두만강 러시아 국경에 배치되는 것을 방치하지 않겠지만 그렇다고 하더라도 통일된 한국이 러시아에 군사적 위협이 될 가능성은 작다고 본다(Baklanov et al, 2004: 231-232; 김우준, 2004: 33-34).

군사안보와 달리 극동의 경제발전을 원하는 러시아 중앙정부는 한반도에서 남북한의 평화적 관계 설정과 경제협력을 통한 발전으로 극동 및 시베리아 지역의 경제발전과 연계할 경우 상보적이며 시너지 효과를 기대할 수 있다고 판단한다. 다만 러시아는 한반도 문제에 대해 급격한 변화보다는 스스로 대응할 수 있는 정책적 공간확보를 위해서 북한에 대한 중국과의 대응계획에 명시한 군사적 안보, 정치적 안정, 인도주의적 지원 등 3대 기본 분야의 원칙을 유지하면서 점진적 해결을 지지한다. 이는 동아시아의 정체성을 강조하는 러시아의 국제관계 차원에서 한반도 문제에 대한 이견으로 중국과의 긴밀한 연대가 손상될 가능성은 피해야 한다는 데 우선순위를 두고 있다. 미국의 한반도에 대한 직접적인 개입이나 영향력 확대는 경계하면서 미국과 군사적 대치가 확대되는 상황에서 냉전기의 전통적인 동맹이었고 그 전통을 이어서 현재 안보에 있어 잠재적 파트너로 역할을 하는 북한의 활용 가치에 주목하고 있다.

러시아는 남·북·러 3자 경제협력에 대한 기대가 있는 만큼 적극적인 역할을 모색하고 추진할 의지를 표명함으로써 현 단계에 남한에 하산에서 나진으로 연결되는 철도의 현대화와 나진항을 이용한 경제협력의 추진을 주문하고 있다. 러시아는 오히려 경협추진에 대해서 한국의 진정성에 회의적인 시각을 드러내고 있다. 러시아는 남·북·러 경제협력 의제를 유엔 제재 대상에서 제외시켜 협력 추진의 장애 요소를 제거했으나 한국 정부가 미국과의 동맹에 매몰된 상태로 스스로 경협을 중단한 것을 지적하며, 경제협력이 성사되어도 장기적으로 지속성을 유지하는 데 한국의 의지가 장애요인으로 작용할 수 있을 것이라는 우려를 표하고 있다.

푸틴 대통령은 2019년 4월 25일 북러 정상회담 후 기자간담회에서 한국에 대해 자율적 주권 행사가 필요하다고 언급한 점에 비추어 한반도 경제협력에서 가장 중요한 행위자와 변수는 한국이 이를 추진하고 유지하고자 하는 자율적 의지라고 판단하고 있다. 이런 맥락에서 러시아는 한반도에서 경협에 적극적이라는 점을 강조하고 있다. 알렉산드르 크루티코프(Alexander Krutikov) 러시아 극동개발부 차관은 "남·북·러 3개국 모두가 관심을 두고 있는 산업 분야로 농업, 의학, 관광 분야를 구체적으로 지적하여 3국의 기대가 접점을 이루는 분야에서 소규모 3국 협력 프로젝트로 정책적 시도를 시작해 성공 사례를 만들어 나갈 것"을 제안한 바 있다.

러시아는 북한 핵 문제를 해소하기 위해서는 제재와 압박으로 북한의 비핵화를 달성할 수 없다고 판단하며, 북한을 막다른 길로 몰아서 핵 포기를 강제하는 것에서 북한에게 인센티브를 제공하여 핵과 미사일 실험 중단 상태를 계속하는 한 협상의 틀이 유지되는 것으로 판단하고 미국이 북한의 노력에 대한 작은 보상 차원에서 단계적 제재 완화의 접근이 중요하다고 보고 있다. 한반도 평화를 위해서 비핵화가 전제되어야 하며 유라시아 철도연계를 통해 한국이 대륙과 연계되고 러시아가 극동지방의 경제발전을 달성하는 것으로 한러관계에서 장기적이고 일관된 정책이 추진 되어야 한다. 러시아는 사업과 투자는 물론 교육과 문화 협력에 있어서 국제협력과 통합의 중심을 만들어 나가는 데 구체적인 협력을 할 의지가 있으며 이러한 정책 의지는 이고르 모굴로프(Igor Morgulov) 외교부 차관이 발표한 광역 유라시아 파트너십(Greater Eurasian Partnership)에서도 표명한 바 있다.

### 3) 한반도 메가리전에 대한 다자협력의 입장 차이

한반도의 평화와 번영을 비전으로 구상된 한반도 메가리전은 동아시아 다자협력을 통한 한반도의 비핵화와 이를 바탕으로 종전협정, 북미 및 북일 외교관계 정상화, 그리고 경제협력으로 이어지는 일련의 평화와 협력의 프로세스를 의미한다. 지역에서 국경을 접하고 있는 일본과 중국은 기본적으로 한반도 메가리전에 부정적 자세를 유지한다는 의미에서 붉은색으로 표시하고, 일본은 한반도의 평화와 번영에 대해서 원심력이 작용하는 반면에 중국은 원심력에 비해서 구심력도 어느 정도 작용하는 것으로 판단한다. 일본이 평화헌법을 개정하여 전쟁할 수 있는 나라로 전환하기 위해서는 한반도에 북한에 의한 핵개발과 미사일 발사실험으로 가시적인 분쟁의 가능성이 지속되는 것이 유리할 수 있다. 나아가서 한반도에 통일되고 단일한 경제권역의 국가가 출현하는 것은 상대적 국력을 기준으로 일본의 국익에 있어서 일관된 긍정적 작용을 기대할 수 없다고 판단하기 때문이다.

러시아는 극동에서 북한 및 중국과 국경을 접하고 있지만, 수도인 모스크바는 유럽에 있고 정치적 정체성은 아시아 국가가 아니라는 점에서 미국과 러시아는 역외 국가로 규정할 수 있다. 우선 러시아는 한반도에 비핵화의 진전에 따라서 북한이 붕괴하여 한반도에 친미국가가 수립되는 최악의 상황을 상정해도 미국에 의해서 극동 러시아에 대한 군사적 위협을 우려할 만큼 직접적이고 임박한 국익 손실은 없다. 다만, 러시아는 중국과의 전통적인 우호관계를 고려하여 중국의 전략적 이익에 침해가 되는 상황을 적극적으로 유발하는 동아시아 지역의 역학관계를 원하지는 않는다.

경제적으로 러시아는 시베리아와 연해주 지역의 지하자원과 철도연결을 통한 협력에

[그림 6-2] **한반도 메가리전에 대한 각국의 대응 방향**

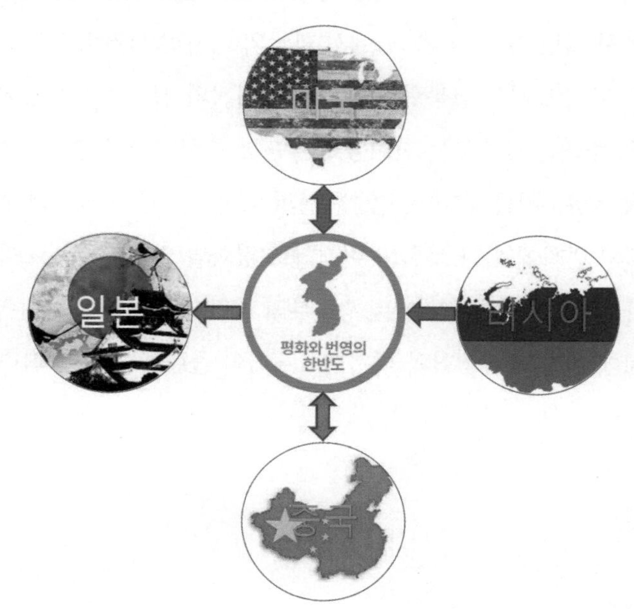

적극적으로 참여함으로써 얻게 되는 이익이 상대적으로 크다고 판단한다. 이러한 판단의 근저에는 현재 분단상황을 유지함으로써 러시아가 확보하는 기득권이 실질적으로 존재하지 않는다고 판단하기 때문에 현상 변경을 선호하여 북한의 비핵화와 남북경제협력을 통한 한반도 메가리전에 긍정적으로 대응하게 된다.

마지막으로 한반도 메가리전의 추진 과정에 한반도 비핵화와 유엔을 중심으로 추진해온 대북제재와 미국의 단독 제재와 같은 정책수단을 독점하고 있는 미국의 선택이 가장 중요하다는 점에는 재론의 여지가 없다. 트럼프 행정부는 2017년 9월 북한의 6차 핵실험과 11월의 대륙간탄도탄인 화성15형 발사로 미국의 동부 해안까지 공격하겠다는 위협에 대해 북한과 정상회담을 통한 비핵화 프로세스를 추진했지만, 북미 양자 간 신뢰구축의 한계로 2019년 2월 하노이 2차 북미정상회담의 합의무산을 의미하는 노딜로 비핵화의 성과를 거두지 못했다. 이후 6월 30일 판문점에서 남·북·미 정상의 3차 회동 이후 10월 17일의 스톡홀름에서 개최된 북미 고위급 실무회담도 미국의 선 비핵화와 북한의 단계적 제재완화의 요구가 충돌하면서 종료되고, 바이든 행정부 출범 이후 가시적 성과 없이 소강상태를 이어가고 있다.

바이든 행정부는 미중의 패권경쟁에 집중하고 한미동맹의 중심을 안보에서 경제로 확장하여 대중 기술 패권경쟁에서 기선을 장악하려고 한다. 이를 위해 미국은 2021년 5월 21일 워싱턴에서 열린 한미 정상회담에서 한국의 미사일 사거리 제한을 해제하고 남북관계에 대해 한국이 주도하는 남북협력에 미국의 지지의사로 동맹을 강화하는 전략을 선택하였다. 미국의 바이든 행정부는 한미동맹을 통해 주한미군이 중국을 봉쇄하는 전통적인 전략적 이익에 우선순위를 두지만, 미중대결의 격화와 한국의 국가적 위상의 변화와 같은 동아시아 질서의 변화에 따라 북한의 비핵화로 평화와 번영의 한반도를 통한 기대이익이 증가하고 있다. 이를 종합하면 바이든 행정부의 판단은 한반도 평화협력에 대한 원심력은 감소하는 동시에 한반도 비핵화와 다자협력체제의 출현에 대한 구심력이 증가하는 상태에 있다.

## 4. 결론: 한반도 메가리전의 성공을 위한 핵심

한반도 메가리전은 남북한 경제협력을 통한 한반도 평화의 확산과 변영의 공유라는 점에서 주변 국가의 기본적인 지지를 받고 있지만 세부 실행계획에 들어가면 각국의 이해관계에 따라서 입장 차이가 명확하다는 것을 확인했다.

한반도의 군사적 대결의 당사자인 남북은 평화로운 한반도의 질서 확립에 따른 이익이 크지만, 세계체제 수준의 미중 패권경쟁이나 러시아와 일본의 국익의 선호체계에 직접적인 영향력을 행사할 수 없는 것이 현실이다. 하지만 남북한이 상호협력을 추진하는 과정에 국제협력을 기본으로 국제화를 추진하는 것은 한반도 평화협력의 지속성과 항상성을 담보하는 중요한 대응 방안이다. 이전 연구에서 논의한 바와 같이 두만강 개발계획과 메콩델타 개발계획의 비교연구에서 상대적으로 성공적인 결과(정재완, 2003: 63-64; 송병웅, 2012: 32-35)로 이어진 메콩협력과 구체적인 협력으로 결실을 맺지 못한 두만강 사례의 가장 큰 차이점은 국제기구의 참여와 다자화라고 지적한 바 있다.

과학적 및 논리적 기준으로 '다자화·국제화'가 접경지역 협력의 성공과 인과관계를 정확하게 분리하여 설명하는 것은 어려움이 따른다. 사회과학적 논의이기 때문에 변수를 통제하는 것이 불가능하고 해당하는 관련 사례도 많지 않기 때문이다. 하지만 접경지역 다자협력의 성공에 다자화·국제화가 원인이든 결과이든 상호관련성이 높다는 것은 부인할 수 없다. 남북한의 협력에도 금강산관광이나 개성공단의 사례에서 기능주의적 접근을 추

[그림 6-3] **한반도 메가리전을 위한 평화프로세스의 추진과정**

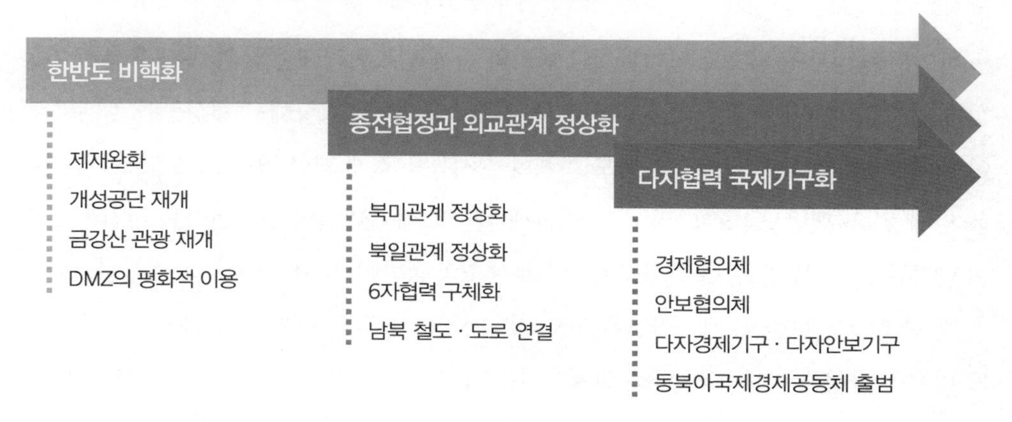

[그림 6-4] **한반도 메가리전 다자협력 거버넌스 구도**

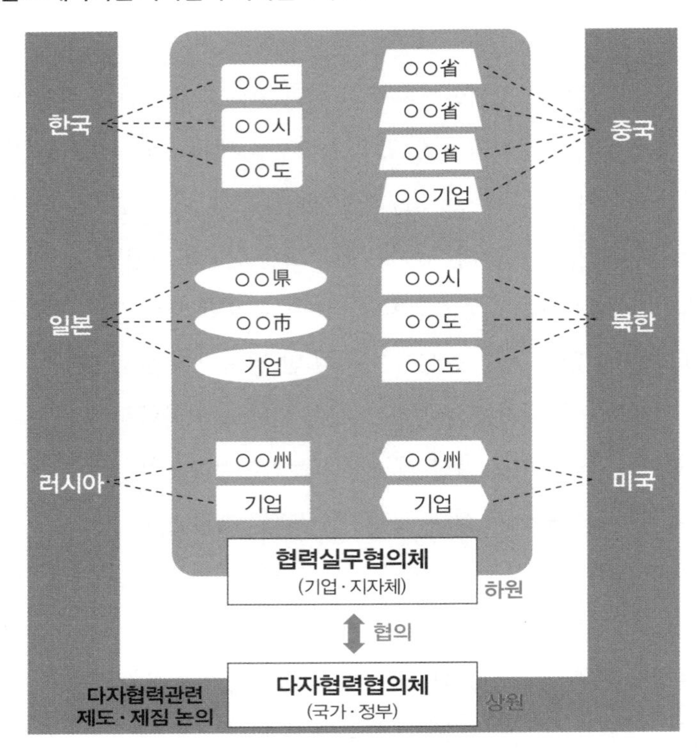


진했지만, 국제화·다자화로 이어지지는 못하고 남북의 양자협력에 머물렀기 때문에 중간에 국내정치적 상황이 적용하여 협력이 중단되는 과정을 거치게 되었다. 이를 종합하면 향후 한반도 평화협력의 성공과 지속성을 보장하기 위해서는 주변국의 선호와 무관하게 국제화·다자화를 추진해야 한다(이성우, 2011: 15-16).

바이든 행정부 출범으로 한미관계의 변화와 함께 남북협력에 한국의 독자적 추진 가능성이 커지고 북미관계에도 전환점이 나타나기를 기대하는 상황에서 개성공단 재개와 같이 대북제재 완화를 시작으로 한반도 비핵화가 시동을 걸게 되면 평화 프로세스가 추진력을 얻게 된다. 한반도 비핵화의 추진과 함께 한반도 메가리전의 경제협력을 추진하는 것이 남북관계의 진전을 통한 한반도 평화프로세스의 출발이다(조민, 2006: 202).

첫 단계에서 한반도 메가리전은 UN, UNESCO와 같은 세계적인 국제기구가 한반도 비핵화 과정을 담보하고, 다음 단계에서는 동아시아 지역기구인 ASEAN, ARF, EAS,

ESCAP 등이 남북 경제협력에 함께 참여하는 한반도 메가리전 국제화를 추진한다(정혜련, 2014: 11). 이와 함께 장기적으로 북한을 국제관계에서 정상국가로 편입시키기 위한 노력으로 종전협정을 평화협정으로 대체하면서 북미 및 북일관계를 정상화하고 비핵화의 진전에 따라 남북철도와 도로를 연결하여 평화협력과 비핵화를 동시에 추진하고 미국, 중국, 러시아, 일본이 참여하는 6자 협력체제를 기본으로 한반도 메가리전의 국제협력 제도화를 추진한다.

국제협력의 제도화는 국제기구로 가는 전 단계로 유관국의 중앙정부가 기본적인 제도에 합의하지만 실제 협력 절차를 추진하는 주체는 기업, 지방자치단체, 국제기구 등이다. 이 과정에서 협력의 의제와 국가 범위의 확대를 추진하여 도로와 철도 및 에너지 협력과 참여대상국으로 몽골을 포함한 중앙아시아와 유럽의 제3국 참여를 유도한다. 경제협력을 위한 국제기구로는 중앙아시아 협력기구, 아시아 철도협력, 아시안 하이웨이 협력체 등을 동시에 추진한다. 경제협력의 추진이 성과를 거두면 이를 국제기구로 추진하여 경제협의체와 안보협의체로 발전시킨다. 또한 한반도 메가리전을 다자경제 및 안보의 통합기구로 발전시켜 동북아 국제경제공동체를 출범하여 북한의 체제안전을 보장하고 평화와 번영을 공유하는 다자협력체를 다자안보협의체로 업그레이드한다.

다자협력기구의 거버넌스 체계는 2원 구조를 유지하여 제도를 설계하는 국가 간 협의체와 실제 협력을 추진하는 실무협의체로 분리한다. 더욱 많은 협력 지자체와 기업이 참여하는 경우 높은 수준의 대표성을 인정함으로써 한반도 메가리전의 다자협력을 촉진하는 거버넌스 구조를 유지한다. 국제기구가 한반도 메가리전의 구성과 발전에 지속적인 역할을 수행하는 경우에는 협력실무협의체는 물론 다자협력협의체에 대표성을 인정하여 한반도 메가리전에 기관 간 협력을 통한 다자협력의 상호의존성을 높여 한반도 메가리전의 지속성을 확보한다.

## 제2절
# 북한의 국제경제 편입과 체제 전환 과제

**조성택**(경기연구원 연구위원)

### 1. 체제 전환의 개념

일반적으로 경제적 체제 전환은 워싱턴 컨센서스(Washington Consensus)와 수정·확장된 워싱턴 컨센서스(Augmented Washington Consensus) 기준을 통해 설명될 수 있다. 이는 경제적 체제 전환을 엄밀한 의미에서 정의하기 어렵기 때문에 경제 및 재정정책의 개혁방향을 제시한 컨센서스가 통상적인 체제 전환의 기준으로 활용되는 것이다.

워싱턴 컨센서스는 미국과 국제통화기금(IMF), 세계은행(World Bank) 등이 체제 전환국과 개도국 등에 경제성장을 위한 기준을 제시한 것이며 이는 미국의 시장경제체제를 대상국가에 이식하고자 하는 목적으로 재정, 무역, 조세 등의 정책 제안을 담고 있다. 그러나 일부 남미 및 아프리카 국가들에서 초기 워싱턴 컨센서스를 통한 성과가 나타나지 않았으며 이에 따라 추가적인 조건이 제시되었다(Rodrik, 2006). [표 6-1]은 초기 워싱턴 컨센서스와 확장된 컨센서스의 주요 내용이 제시되어 있다.

확장된 워싱턴 컨센서스는 초기 컨센서스에서 보다 정책목표와 내용, 그리고 제도가 발전할 수 있는 사회적 안전까지를 포함하고 있다. 통상적으로 체제 전환을 워싱턴 컨센서스를 기초로 이해하고 있지만 사실 컨센서스는 체제전환의 정의 또는 기준이라기 보다 서구식 체제 전환의 방향을 의미하고 있다고 할 수 있다. 컨센서스의 기준과는 다른 형태로 경제체제를 변화시킨 사례들도 존재하기 때문이다. 따라서 국제기구에서 논의된 체제전환국의 정의도 살펴볼 필요가 있다.

예컨대, 유럽부흥개발은행(EBRD)은 자원의 분배와 생산부문의 시스템 변화에 초점을 맞추고 있으며 IMF는 시장의 자유화와 이를 작동할 수 있게 하는 법·제도적 인프라 구축을 강조하고 있다. 세계은행은 체제 전환 전후의 경제시스템 간의 생산성 차이가 없어지

[표 6-1] **워싱턴 컨센서스의 주요 내용**

| 워싱턴 컨센서스 | 수정된 워싱턴 컨센서스 |
|---|---|
| 1. 재정건전성 | 11. 기업의 지배구조 개선 |
| 2. 재정지출 방향 전환 | 12. 부패 척결 |
| 3. 세제개혁 | 13. 유연한 노동시장 |
| 4. 이자율 자유화 | 14. WTO 합의 준수 |
| 5. 통합적이고 경쟁적인 외환시장 | 15. 국제금융 규범 및 기준 준수 |
| 6. 무역자유화 | 16. 신중한 자본시장 개방 |
| 7. 외국인직접투자에 대한 개방 | 17. 자율적 환율체제 |
| 8. 민영화 | 18. 중앙은행의 독립성과 인플레이션 관리 |
| 9. 규제완화 | 19. 사회안전망 |
| 10. 재산권보호 | 20. 빈곤완화 |

자료: 경기연구원(2021)

게 되는 상태를 체제 전환으로 정의하고 있다. 국제기구의 체제 전환 정의는 이처럼 강조하는 부분에 따라 다소 차이를 보이며 유럽과 아시아의 전환 양상에 차이가 존재하지만 보편적으로는 시장경제지향을 목표로 정책을 추진하는 국가들을 경제적 체제 전환국으로 이해할 수 있다.

각 국가들의 체제 전환 과정과 양상이 달라서 보편적 원칙을 적용하여 체제 전환의 정의를 내리는 데 어려움 있지만 계획경제에서 시장경제로의 변화에 초점을 맞춘다면 각 국가의 추진정책의 목표와 내용을 통해서 체제 전환에 대한 이해를 할 수 있을 것이다. 특히 동아시아 체제 전환국의 대표적 사례인 중국, 베트남, 라오스의 정책 내용을 통해 서구와는 다른 동아시아 체제 전환의 특징을 살펴볼 수 있다.

동아시아 체제 전환 정책은 사유화, 자유화, 개방화, 안정화로 요약될 수 있다(강성진, 2018; 2019). 구체적으로 살펴보면 중국의 경우 1970년대 후반인 개혁개방 초기에 기업의 소유권과 운영권을 분리하여 생산성 증대를 유도하였으며 1999년 무렵 주식제 개혁을 추진하였다. 국영기업의 개혁과 주식제 개혁 이후 정부조직을 축소하고 대대적인 권한 이양을 추진하여 민간영역의 확대를 꾀하였다. 가격제도에 있어서도 1980년대 도입된 이중가격제를 개혁하고 1990년대 초에 이르러 시장을 통해 결정된 가격을 단일가격제로 하여 시장의 기능을 강화하였다. 대외개방에 있어서도 외자 유치 3법[1]을 제정하여 적극적으로 해외투자유치에 나섰으며 1979년에는 경제특구를 지정하면서 적극적 개방정책을 추진하였다. 또한 중국은 1990년대 중반에 이르러 단일은행 중심제도를 개혁하여 서구와 같은 중앙은행과 상업은행을 분리 설치하면서 금융개혁에도 박차를 가하였다.

베트남의 경우 「외국인투자법」 제정(1987)을 계기로 해외투자유치를 꾀하였다. 이후 경제특구와 산업단지의 지정 및 설치를 통해 다양한 형태의 외자유치를 시도하였다. 중국의 경우처럼 베트남도 개방초기에 국영기업의 구조조정을 통해 민영화에 착수하였으며 국영기업의 소유권과 운영권 분리도 추진하였다. 가격제도에 있어서도 국가기간산업을 제외한 대부분 품목의 가격을 시장 단일가격으로 설정함과 동시에 이원적 은행제도를 도입하는 등 중국보다 상대적으로 급격한 전환을 이루었다.

라오스도 1980년대 후반부터 국영기업의 개혁을 추진하면서 급진적인 사유화를 진행하였다. 가격결정에 있어서도 베트남과 마찬가지로 국가 기간산업을 제외한 모든 품목에 대해 가격이 자유화되었으며 「외국인투자법」(1988) 제정을 계기로 해외투자유치를 추진하였다. 금융개혁에도 속도를 내면서 이원적 은행제도를 도입하였으며 1990년대 중반 관리변동환율제를 도입하였다. 지금까지 논의된 내용을 요약하면 [표 6-2]와 같다.

[표 6-2] **동아시아 경제체제 전환국들의 주요 정책**

| 정 책 | 내 용 |
|---|---|
| 사유화 | 농업 및 국영기업의 사유화, 규제완화, 사적재산권 보장 등 |
| 자유화 | 가격(임금, 물가 등)의 자유화를 통한 시장기능 활성화 정책 |
| 개방화 | 무역자유화, 외국인직접투자 유인정책 등 |
| 안정화 | 세제개혁, 은행개혁, 환율개혁, 인플레이션 등 재정건전성 확보 |

자료: 강성진(2018) 재작성

이처럼 동아시아는 사유화, 자유화, 개방화, 그리고 안정화 정책으로 체제 전환을 설명할 수 있으며 높은 성과를 달성하였다. 근본적인 체제를 유지하면서 경제적 성과를 달성하고자 하는 북한도 위 사례와 같은 형태의 체제 전환을 이룰 것으로 예상된다. 북한은 현

1_「중외합자경영기업법」(1979), 「중국외자기업법」(1986), 「중외합작경영기업법」(1988)

재 일부 부문에서 시장거래를 용인하고 있으며 각 기업소의 책임경영제를 통해 생산성 향상 증진을 유도하고 있다고 알려져 있다. 그러나 장기적 경제성장을 위해서는 현 상황보다 더욱 진전된 개혁을 추진해야 할 것이다. 결국 그 핵심은 국제통상체제로의 편입이며 WTO 가입으로 시작될 수 있을 것이다.

## 2. 국제체제편입과 북한경제

공산권 국가들은 체제 전환을 하는 과정에서 다양한 개혁 개방정책을 추진하였다. 각 국가들은 사유화, 시장화 정책을 통해 대내적인 개혁을 추진하였으며 대외적으로는 미국 및 서방과의 관계정상화, 국제무역시장의 편입을 위한 준비를 진행하게 되었다. 미국은 그동안 잭슨-배닉 수정조항을 근거로 비시장경제국가들에 대한 최혜국 대우 지위를 인정하지 않았으며 무역 및 투자보증을 제한하고 있었다. 체제 전환국가들은 미국과의 관계개선을 시작으로 신용공여, 투자자금 확보, 국제무역시장의 안정적 참여를 위해 WTO 가입을 위한 노력을 기울였다.

체제 전환국가들은 WTO 가입 이후 무역과 투자규모가 확대되기 시작하였다. 이는 중국과 러시아, 그리고 베트남의 사례를 통해서 구체적으로 파악할 수 있다. 중국의 무역규모는 GATT에 가입신청을 한 1987년도에 750억 달러 수준에 불과하였으나 WTO 가입이 확정된 2001년부터 급증하여 2020년에는 4조 6,000억 달러까지 증가하였다. 러시아의 경우도 1993년에 700억 달러 규모에서 2012년 WTO 가입 승인 이후 8,500억 달러까지 증가하였다(최장호·최유정, 2018). 해외투자규모도 WTO 가입 이후 급증하여 고용증가 및 자본확충 그리고 기술이전을 통해 체제 전환국들은 높은 경제성장률을 달성하였다.정치체제를 유지하면서 국제시장 편입을 통해 경제성장을 달성한 베트남 및 라오스와 같은 체제전환국의 사례는 북한에게 시사하는 바가 크다.

이는 정치체제의 근본적인 변화 없이 경제성장을 달성하려는 북한에게 이와 유사한 목표로 체제 전환을 시도했던 동아시아 국가들의 경험이 향후 대외개방에 대한 함의를 줄 수 있기 때문이다. 북한의 초기조건(initial condition)과 북미관계 향방이 확실하지 않은 상황에서 북한에게 대외개방과 성장경로에 관한 구체적 방안을 제시하는 것은 무리가 있지만 국제무역체제로의 편입은 북한에게 필수적이며 바람직한 목표가 되어야 한다. 즉, WTO 가입을 통해 국제무역체제로 편입되어 정상교역관계(Normal Trade Relation, NTR)로 인정받고 경제성장을 이루는 것이 북한의 정치적 선택 대안 중 가장 우선해야 할 것이다. 그러나 북한의 WTO 가입을 위해서는 평화협정체결, 북미관계 정상화와 함께 경제제재 해제 등이 선행되어야 하며 정책의 투명성과 예측가능성 확보를 위한 개혁이 수반되어야 한다. 또한 WTO 가입은 그 준비에서 완료까지 10년 이상의 기간이 소요되기 때문에 북한의 WTO 가입 논의를 하는 것은 현실성과 적시성이 부족하다는 비판이 있을 수 있다. 그러나 많은 기간이 소요되는 만큼 지금부터 WTO 가입에 대해 논의하여 장기적 경제성장과 남북분업구조 형성을 통한 남북경제통합을 위한 기틀을 마련해야 할 것이다.

## 3. 북한의 WTO 가입 의미

WTO 가입은 국제무역체제 편입과 함께 국제통상규범과 의무를 준수한다는 것을 의미한다. 이는 곧 북한의 대외개방 및 국내정책에 대한 개혁 수반을 의미한다. 북한은 과거 공산권 국가들 간에 교역 수행을 통해 원자재 및 중간재 등을 수입하고 북한 생산품을 수출하였지만 근본적으로는 '자립적 민족경제 건설 노선'에 따른 공업화 전략이 우선되어 왔다. 북한의 국산화 전략은 김정일과 김정은 통치하에도 이어지는 일관된 정책이라 할 수 있다.[2]

따라서 그동안 북한이 추진했던 정책기조를 포기하고 국제적 표준에 부합하는 정책을 마련하고 추진하는 것은 북한에게 다소 무리가 따를 수 있으며 이를 위해서는 많은 준비와 시간이 필요할 것이다. 북한에 대한 경제제재가 해제되고 북미관계가 정상화되어 WTO 가입 논의가 시작된다면 가입조건과 가입협상에 있어서 북한은 많은 어려움에 직면할 것이다. 북한은 WTO 규범과 의무를 이행해야 하고 투명하고 예측가능한 양허 스케줄을 작성해야 하는데 이 과정에서 개방 수준 또는 의무사항에서 유예 및 배제항목에 대

2_ 김정은은 2014년 11월 내각 전원회의에서 '수입병은 망국병'이라고 발언, 2015년 신년사에서는 "우리의 것을 사랑하고, 우리가 만든 소비품을 이용하는 것이 최대의 애국"이라고 발표함. 2015년 2월 10일 노동당 정치국회의 '공동구호'에서는 "수입병을 없애고 원료, 자재, 설비의 국산화를 실현하라"고 요구한 것으로 알려졌다(최장호 외, 2017).

해 북한은 내부적으로 많은 논란에 직면할 것이다.

그러나 이러한 문제를 해결하고자 하는 내부적인 의지가 있다는 전제하에 WTO에 가입이 완료된다면 북한은 최혜국대우(Most Favored Nations, MFN)와 내국민대우(National Treatment, NT)를 준수해야 한다. 이는 WTO가 제시하는 규범 중에 가장 기본이 되는 원칙으로서,[3] 특정국가의 상품에 특혜를 부여했다면 다른 WTO 회원국에게도 같은 수준으로 대우해야 함을 의미한다.

물론 인도와 파키스탄(GATT Article XXIV), 동서독 내독거래(Article XII에 근거) 등과 같은 예외적 사례가 있을 수 있지만 최혜국 대우는 WTO 회원국으로서 반드시 준수해야 하는 기본적인 원칙이라 할 수 있다.

내국민대우는 수입품과 자국 생산품을 동등하게 취급해야 한다는 원칙(GATT 제3조, GATS 제17조, TRIPS 제3조)으로 수입 상품과 국산품을 차별하고자 하는 국내 제도 및 정책을 방지하고자 하는 목적을 갖고 있다. 북한은 이에 따라 기회균등 원칙과 국내상품과 수입상품 간의 공정경쟁 원칙을 모두 준수해야 한다(이광은, 2005).

협상주의 원칙도 준수해야 한다. 이는 시장개방은 오직 협상을 통해서만 진행되어야 한다는 원칙으로 북한이 개방과정에서 교역 상대국과 분쟁 발생 시 그동안 해 오던 것처럼 일방적 조치가 아닌 협상주의 원칙에 따라 해결해야 한다는 것을 의미한다. 또한 북한은 투명성과 예측가능성 보장 원칙도 준수해야 한다. 이는 무역 및 투자관련 법과 제도 등을 대외적으로 투명하고 예측가능하도록 공개하고 WTO를 통해 정기적으로 검토받아야 한다는 것을 의미한다.

WTO 회원국들은 각국의 통상정책들을 공개하고 공식적으로 검토를 받아야 한다. 예측가능성 원칙은 또한 각국은 WTO에 제출한 양허스케줄을 준수한다는 약속을 함으로써 예측가능성 원칙 의무를 이행해야 한다. 이를 통해 모든 회원국은 상대국 간 교역 시 투명하고 예측가능하게 교역장벽 완화를 전망할 수 있게 된다. WTO 가입은 가입작업반과의 다자 및 양자 협상을 통해 진행되며 정형화된 가입형식은 없다. 이는 가입신청국이 처한 경제상황이 반영되기 때문이며 따라서 국가마다 양허안에 차이를 보일 수 밖에 없다. 이

3_ GATT 제1조, GATS 제2조, TRIPS 제4조에 명시되어 있다. 최혜국 대우 원칙은 자유무역협정에 대해서는 예외로 하고 있다.

러한 특징으로 인해 가입 신청 후 정식회원국이 되기까지 10년 이상의 긴 시간이 소요되는 것이 일반적이다.[4]

WTO는 개도국에 대해 규범 및 의무 준수에서 일정기간 동안 유예를 허용하고 있다. 경제제재가 해제되면 북한은 최빈개도국 지위를 인정받을 수 있으며 WTO 회원국에 부과되는 의무 규정에 대한 유예가 허용될 가능성이 높으며 일반특혜관세제도(General System of Preferences: GSP)의 대상이 될 수 있다. 아울러 비시장경제체제 국가들에 대해서 최혜국대우 지위 유보 가능성도 존재하기 때문에 이와 관련한 법적 준비도 필요하다.

4_ WTO 가입신청 후 가입이 완료되기까지 중국은 15년, 러시아는 19년, 베트남은 12년, 라오스는 16년이 소요되었다(최장호·최유정, 2018).

## 제3절
# 인력양성 등 민간협력 프로그램 구축

**박진아**(경기연구원 연구위원)

## 1. 인력양성 등 민간협력 프로그램 정의 및 필요성

인력양성을 위한 민간협력 프로그램 구축에 관한 논의에 앞서, 본 연구에서의 남북교류를 통한 인력양성의 개념을 정의하고자 한다. 특구 조성을 통해 향후 북한 경제발전에 기여할 인력을 양성하기 위해서는 단기적 인적교류가 아닌 장기적 인력양성에 초점을 두는 것이 바람직하다. 또한, 장기적 관점에서 인력양성 프로그램을 구축함에 있어서는 여러 운영 방식이 있을 수 있으나, 국제 정세나 정치적 상황으로부터 상대적으로 자유로운 민간부문이 주도적 역할을 하는 민간협력 프로그램을 중심으로 논의를 전개한다.

### 1) 인력양성의 개념과 방향

한반도 메가리전 발전을 위한 제도적 기반 마련 차원에서 인력양성 중심의 한 민간협력 프로그램을 구축하는 방안을 제안해 볼 수 있다. 남북 간 교류를 통한 인력양성은 단기적이고 일회적인 단순 '교류'를 넘어서 장기적 관점에서의 '양성'을 의미한다. 즉, 남북 간 인적 접촉면을 확대하여 문화적 장벽을 완화하거나 단순 직업훈련 수준의 인적 교류협력을 넘어, 교육훈련과 인재 양성에 초점을 두어 기술 전수, 장기 교육 등의 측면에서 북한의 경제사회적 발전을 위한 '인적자원'을 개발하는 개념에 가깝다고 볼 수 있다(이성우 외, 2020: 102-103).

한편, 장기적 차원의 인력양성을 위해서는 우선적으로 단기적이고 일시적인 인적교류가 활발히 이루어지도록 하여, 교류에 대한 친숙도를 높일 필요가 있다. 중국과 대만 사례를 보면 오랜 단절로 인해 생겨나는 문화적 이질성을 감소시키기 위해 친인척 방문, 여행, 장기 체류 등의 인적교류부터 정책을 시행하였으며, 지속적이고 안정적인 정책 집행을 위해 관련 법제로 이를 뒷받침하고 있다(양효령, 2017). 한반도 메가리전 추진 과정에서 인력 양성 프로그램을 구축함에 있어서도 장기적 관점에서의 인력양성을 위해서는 남북 간의 오랜 단절로 인한 사회문화적 이질성을 완화할 수 있는 인적교류가 필수적이다.

서해-경기만 접경권 남북공동경제특구 조성을 통한 북한의 경제발전을 위해서는 우선적으로 주요 산업부터 근로자를 양성할 필요가 있다. 경제발전을 위한 산업 육성 과정에 필요한 인력 양성은 기술개발을 위한 R&D 인력 양성과, 생산과정에 투입되는 근로 인력 양성으로 크게 구분할 수 있다.

그러나 장기적 관점에서 경제발전을 위한 인력을 양성한다면, 저숙련 노동자에 대한 교육프로그램을 다수 운영하는 것은 북한 경제발전에 실질적 도움이 되지 못할 뿐만 아니라, 북한의 기술인력이 지닌 혁신성을 극대화하지 못할 가능성이 있다. 따라서 인력양성을 위한 민간협력 프로그램은 단기적인 경제성장에 필수적인 노동인력 양성과 더불어, 장기적인 경제성장 동력을 확보하기 위해 기술인력에 대한 교육을 통해 혁신 역량을 배양하는 두 가지 방식으로 이루어져야 한다.

아울러 높은 수준의 교육을 필요로 하는 기술인력 양성과 더불어, 남북이 오랜 시간 단절되면서 강해져 온 문화적 이질성을 완화하고, 향후 북한 경제개방 시 개방된 경제사회에 필요한 문화적 소양을 함양하기 위한 사회문화적 교류 프로그램을 함께 추진한다. 경제특구 내 스포츠와 각종 문화예술 활동을 통해 교류협력을 강화한다면, 오랜 분단으로 생겨난 문화적 이질성을 극복하고 통일 이후에도 문화적 충돌을 경감할 수 있는 완충적 역할을 기대할 수 있다.

### 2) 인력양성을 위한 민간협력의 필요성

인력양성을 위해서는 남북 정부가 직접 양성 프로그램을 운영하거나, 인력양성을 위해 양국이 모두 참여하는 방식의 별도의 기관을 설립할 수 있다. 민간부문이 주가 되어 인력 양성 프로그램을 운영하는 방안도 고려해 볼 수 있다. 각각의 방식은 모두 장단점이 있으나, 본 소절에서는 '장기적' 관점의 인력양성을 위해 가능한 국제 정세나 정치적 상황으로부터 영향을 덜 받을 수 있는 민간협력 위주로 인력양성 프로그램을 구축할 것을 제안한다. 한편 민간협력 위주로 인력양성 프로그램을 구축할 경우 프로그램의 안정성을 확보하기 위해 민간사업자가 경제적 상황 등을 이유로 불시에 프로그램을 중단할 경우 정부 지원을 통해 교육과정을 유지할 수 있도록 관련 법제도적 정비가 이루어져야 할 것이다.

## 2. 민간협력을 통한 인력양성 프로그램 구축 방안

민간협력을 통해 북한의 인력양성 프로그램을 구축하기 위해, 경제분야에서는 산업 발전을 위한 장기적 교육 및 인재양성 프로그램을 운영하고, 사회문화분야에서는 남북 간 문화적 이질성을 해소하며 경제개방 시대에 적응할 문화적 소양을 함양하도록 다양한 문화예술 프로그램을 운영하는 쌍방향적 접근을 구상해 볼 수 있다.

보다 구체적으로 인력양성 프로그램을 구축하는 방안을 살펴보면, 먼저 전술한 바와 같이 인력양성 프로그램의 안정성을 담보하기 위해서는 가능한 정치적 상황의 변동으로부터 자유로운 형태의 프로그램이 구축되어야 할 것이다. 경제분야에서는 남북한 정부와 관련 기업, 국제기구 등 다자가 참여하는 다자협력 방식의 고등교육기관 설립과, 단기 인력양성을 위한 직업전문학교 설립 방안을 고려해 볼 수 있다. 한편 사회문화분야 인력양성을 위해서는 남북 간 자유로운 인적 교류가 이루어질 수 있도록 민간 차원의 네트워크를 수립하고 이를 지원할 제도적 기제를 마련해야 할 것이다.

**1) 경제분야 인력양성 프로그램:** ICT, 기계산업 분야 인력양성 및 경제특구 운영 인력양성

경제분야 인력양성의 경우 산업 발전을 위한 장기적 교육을 토대로 인재양성을 위한 프로그램을 구축해야 한다. 특히 산업 분야 중에서도 장기적 관점에서 북한의 기술개발 수준을 향상시킬 수 있는 ICT(정보통신기술) 산업과, 북한이 현재 보유하고 있는 노동자원을 활용하여 숙련 노동자를 양성할 수 있는 기계산업을 중심으로 논의하고자 한다.

먼저 ICT 산업 부문에서는 평양 은정첨단기술개발구를 중심으로 기술집약분야 합작기업을 설립·운영하는 방안과 연계하여, 해당 기술집약분야 합작기업의 필요 인재를 양성하는 프로그램을 구축해 볼 수 있다. 특히 ICT 산업 부문 인력을 양성하는 것은 향후 북한의 안정적인 경제성장 동력을 확보한다는 측면에서 중요성을 갖는다. 빅데이터, 모바일, 사물인터넷, 각종 웨어러블 기기 등 적용 범위가 광범위하고 적용 가능성 또한 무궁무진

하다는 점에서 북한의 지속적인 경제성장을 위해 북한 자체적인 ICT 전문 인력 양성이 필수적이다. 기술집약분야에 있어 남북 간의 합작기업을 설립할 경우, 해당 기업에서 활용할 인재 풀이 뒷받침되어야 하며, 한반도 메가리전 내에 이러한 인재 풀을 지원할 수 있도록 인력양성 프로그램이 마련되어야 한다.

ICT 산업 분야 인력양성을 위해 공공부문, 민간부문, 국제사회가 참여하여 교육기관을 설립하여 인력양성 프로그램을 운영할 수 있다. 공공부문, 민간부문, 국제기구 등 다자가 참여하는 방식으로 교육기관을 설립·운영할 경우 정치적 불확실성으로 인한 인력양성 프로그램의 중단 가능성을 경감할 수 있다. 일례로 한국국제협력단(KOICA)에서는 LG전자, 굿네이버스와의 협력으로 캄보디아에서 지역 내 공립 직업훈련센터의 시설을 개선하고, 전자·전기·ICT 분야의 교육프로그램을 운영하여, 산학연계 취업연결시스템을 통해 센터에서 배출한 인력이 일자리를 구할 수 있도록 지원하는 방식의 사업을 수행하고 있다.[5]

이러한 사례를 참고하여 우리 정부와 한반도 메가리전에 진출하려는 민간기업, 국제기구 및 NGO 등과의 협력을 기반으로 메가리전 내에 대학을 설립하고, ICT 분야 인력을 교육·양성할 수 있는 학과를 운영해야 할 것이다. 아울러 활발한 산학협력을 통해 해당 학과 졸업생이 관련 기업에 일자리를 구할 수 있도록 다양한 채용 연계 프로그램을 운영해야 한다.

기계산업의 경우 현재 북한이 보유하고 있는 노동자원을 활용한다면 비교적 빠른 시일 내에 교육훈련을 마치고 실무에 투입할 수 있다는 점에서 중요성을 갖는다. 기계산업 분야 인력을 양성하기 위해서는 저숙련 노동자들에 대한 교육을 실시하여 기계산업 분야의 지식을 함양하고 실무에 투입하는 직업전문학교를 설립하는 방안을 고려할 수 있다. 직업전문학교의 경우 ICT 인재 양성을 위한 대학에 비해 상대적으로 교육기간이 짧고, 현재 북한의 교육 인프라를 고려할 때 투입 대비 높은 효과를 거둘 수 있을 것으로 기대된다. 기계산업 분야 직업전문학교 설립 시 해당 직업전문학교에서 배출한 인력이 즉시 생산 현장에 투입될 수 있도록 산학연계 채용 프로그램을 운영하며, 이와 별도로 연구개발을 위한 인력양성 프로그램을 운영해야 할 것이다. 또한 한반도 메가리전 내에 대학교와 직업전문

5_ 한국경제, 2021.7.16., “코이카, LG전자·포스코건설 손잡고 개도국 직업훈련사업 진행”.

학교 등 교육기관을 설립함에 있어서는 메가리전이라는 공간적 집적도 중요하지만, 최근 코로나바이러스감염증-19 등의 감염병과, 접경지역이라는 지리적 여건을 고려하여 현장 교육과 원격교육을 병행하는 방안을 고려할 수 있다.

ICT, 기계산업 등 개별 산업 분야 외에도, 한반도 메가리전이라는 경제특구를 개발하고 운영하는 전문 인력양성 프로그램도 수립되어야 한다. 경제특구 사업의 성공을 위해서는 경제특구의 설립과 운영 전 과정에 걸쳐 이를 관리할 수 있는 전문 인력 양성이 매우 중요하다(양문수 외, 2015). 특히 현지 인력에 대한 교육은 경제특구의 운영뿐만 아니라 양성된 인재들이 북한의 경제성장에 기여하는 핵심역량으로 기능할 수 있다는 점에서 중요성을 갖는다. 우리나라의 경우 다양한 경제특구를 운영해 본 경험을 북한과 공유하여, 경제특구 설립 및 운영에 대한 노하우를 전달하는 방식으로 남북공동경제특구의 인력양성 프로그램을 운영할 필요가 있다.

#### 2) **사회문화분야 인력양성 프로그램**: 문화예술

전술한 경제분야 인력양성 프로그램이 북한의 경제성장 동력을 확보하는 데 기여한다면, 사회문화분야 인력양성 프로그램은 남북이 오랜 시간 단절되면서 심화되어 온 문화적 간극을 메우는 데 기여할 수 있다. 공공부문과 민간부문의 협력을 통해 남북이 오랜 시간 단절되면서 강해져 온 문화적 이질성을 완화하고, 향후 북한 경제개방 시 개방된 경제사회에 필요한 문화적 소양을 함양하기 위한 사회문화적 교류 프로그램을 추진해야 한다.

사회문화분야 인력양성에 있어서는 먼저 오랜 분단으로 심화된 문화적 이질성을 극복할 수 있는 민간주도의 협력 프로그램 운영을 고려할 수 있다. 음악과 미술, 체육 등 문화예술분야의 교류를 통해 남북 간 언어와 생활방식의 차이를 자연스럽게 파악하고, 향후 경제개방 사회에서 북한 주민들이 개방된 사회에 적응할 수 있는 문화적 소양을 함양할 수 있을 것이다. 이를 위해 문화예술분야 비영리단체의 활동을 정부에서 적극 지원하도록 하여, 문화예술을 매개로 한 인적 교류가 활발히 이루어질 수 있도록 지원해야 한다. 특히 문화예술분야의 경우 북한의 청소년들까지 교류의 범위를 넓혀, 청소년들의 문화예술 소양 함양과 함께 장기적으로는 진로탐색을 지원할 수 있도록 다양한 프로그램을 운영해야 할 것이다.

## 3. 접경지역에서의 민간협력을 통한 인력양성 해외사례

### 1) 접경지역에서의 민간협력을 통한 인력양성 해외사례[6]

중국 당국에서는 1992년 대만과의 양안교류 시범지로 접경 도서를 지정, 상호 개방하는 소삼통 정책의 구상을 제시한 바 있다.[7] 중국과 대만의 접경지역인 진먼다오(金門島)[8]가 대표적 사례인데, 진먼다오에서는 탈냉전 이후 중국의 개혁개방이 심화되면서 홍콩을 매개로 한 대만자본의 중국 간접투자 등 중국과 대만 양안 간의 경제·사회교류가 활발히 진행되었다. 중국과 대만이라는 문화권 차이가 있음에도 불구하고 혈연, 민족적 유사성 등의 공통점을 중심으로 교류가 활발히 이루어졌다.

진먼다오에서는 다양한 방식의 민간협력을 통한 양안 간 교류로 인력양성에 기여하고 있다. 먼저 진먼다오에서는 국립진먼대학을 설립하여 연구와 교육, 산학협력의 기본 인프라를 조성하였다. 1997년 설립된 국립진먼대학의 경우 해외에 거주하는 화교들의 기부로 단과대 및 건물·강의실 등 인프라를 구축하였다. 대학에서는 접경지역의 관리에 관한 인재를 양성할 수 있는 특수학과를 설립하는 등 접경지역이라는 진먼다오의 특색을 살린 교육 프로그램을 운영하고 있다. 또한 국립진먼대학 내의 민난문화연구소 등에서는 진먼화교에 대한 조사와 자료집 발간 등을 통해 역사·문화의 동질성을 확보하고자 노력을 기울이고 있다.

한편 진먼다오에서는 중국과 대만 간 종친회가 활발히 운영되어 사회문화적 교류 활성화에 기여하고 있다. 혈연관계를 바탕으로 한 종친회의 경우 진먼다오의 주력산업인 관광산업과 고량주 생산에도 관여하고 있으며, 종친회를 통한 문화적 교류도 활발히 하고 있다. 2000년대 이후 통행증만 있으면 개인이 진먼다오를 자유롭게 왕래할 수 있게 되면서 종친회의 교류가 더욱 활발해졌으며, 종친회가 진먼다오 내에서 중요한 사회적 교류의 창이 되고 있다. 혈연관계와 민족적 유사성을 기반으로 종친회라는 채널을 통해 정부 주도

---

6_ 김수한(2021)

7_ 인천투데이, 2020.7.27., "양안 접경 진먼에서 남북 접경 인청의 미래를 찾다 ④ 대만 진먼도, 양안을 잇는 가교가 되다".

8_ 진먼다오는 151.7의 면적에 인구는 약 14만 명의 섬으로, 중국 샤먼시와 불과 10km 떨어진 지역에 위치하며, 타이완섬과는 약 200km 떨어진 지역에 위치한다. 진먼섬과 소진먼섬, 남서쪽에 위치한 작은 섬으로 이루어진 우추 제도로 이루어져 있다.

가 아닌 민간 주도의 자유로운 교류가 이루어지고 있으며, 이를 통해 자연스럽게 문화적 이질성을 극복하고 있다. 또한 진먼다오에서는 민간단체와의 협력을 통해 공동 전시회 등 각종 문화예술 프로그램을 운영하는 등 문화예술 분야의 교류도 활발히 이루어지고 있다.

### 2) 한반도 메가리전에 주는 시사점

국립진먼대학은 국립대이기 때문에 기업과의 협력을 통한 인력양성보다는 접경지역에 특화된 인력양성프로그램을 운영하였으나, 한반도 메가리전의 경우 공공-민간-국제기구 등 다자간 협력을 통해 기업과 연계된 인력양성 프로그램을 운영할 수 있다. 특히 민간부문과 함께 국제기구의 참여를 유도함으로써 국내 정치적 상황 변동에 따르는 남북관계 변화의 위험을 최대한 경감하는 방향의 인력양성 프로그램을 구축함이 바람직하다. 보다 구체적으로는 경제분야 인력양성을 위해 대학교와 직업전문학교 등 전문교육기관을 설립하고, 기업과의 MOU를 체결하여 인력양성과 채용이 가능한 산학연계 거버넌스를 형성한다. 사회문화분야 인력양성의 경우 진먼다오 사례와 같이 문화적 이질성을 극복할 수 있는 민간주도의 협력 프로그램을 운영한다.

진먼다오 사례에서 나타난 바와 같이, 접경지역을 통한 중국-대만 간 활발한 교류는 양안 간 동질성을 회복하는 데 기여할 뿐만 아니라, 진먼다오 자체의 경제적 성장에도 기여하고 있다. 또한 진먼다오의 경우 정치적 요인으로 인해 중국-대만 간 양안관계가 악화되는 경우에도 진먼다오를 통한 교류협력이 일상적으로 이루어지고 있어 교류의 안정성이 상당 부분 확보된 상황이라는 점에서 한반도 메가리전에 주는 시사점이 크다. 이와 같이 한반도 메가리전이라는 공간을 통한 남북 간의 활발한 인적 교류는 남북의 문화적 동질성 회복뿐만 아니라 북한의 경제성장과 인적 역량 강화에 기여할 수 있다.

## 제4절
# 경제파급 효과

**조성택**(경기연구원 연구위원)

### 1. 산업연관분석

산업연관분석은 일국의 경제를 구성하는 산업 각 부문 사이의 상호관계를 수량적으로 파악하여 최종수요의 변화가 개별 및 전 산업에 미치는 영향을 분석하는 방법이다. 이를 통해 국가경제의 구조분석뿐만 아니라 특정 정책효과 등을 분석하여 다양한 분야의 정책 결정과정에서 유용한 수단으로 활용될 수 있다. 산업연관분석은 다음과 같은 강한 가정을 전제로 하고 있다. 먼저 각 상품과 산업부문은 1대 1의 대응관계에 있으며 생산물은 동질적이며 외부경제의 효과는 존재하지 않는다는 것이다. 또한 대체생산방법은 존재하지 않으며 규모에 대한 수익불변의 가정을 상정하고 있다.

이는 산업연관표의 생산함수가 레온티에프 생산함수 형태를 갖고 있음을 의미한다. 레온티에프 생산함수는 규모에 대한 수익불변(constant returns to scale, CRS)과 투입계수가 고정되어 있다는 가정을 하고 있으며 이같은 가정을 통해서 어떤 재화와 서비스를 산출하기 위해서는 최소투입요구량을 만족해야 하며 이보다 요소가 적게 투입되면 산출이 불가하다. 산업연관분석에서 규모에 대한 수익불변과 생산물 동질성 가정은 각 산업의 투입계수 안정성과 필연적으로 연결될 수 밖에 없다.

투입계수가 고정되어 있지 않으면 생산과 부가가치를 포함한 각종 유발계수가 변동할 수 있기 때문에 분석결과의 신뢰성을 담보할 수 없다. 산업연관분석은 이렇듯 강한 가정을 상정하고 있기 때문에 분석방법으로써 활용하는 데 신중을 기해야 하며 분석결과를 해석할 때에도 과장된 의미를 부여하는 것을 경계해야 한다. 본 장에서는 산업연관분석을 통해 생산 및 부가가치 파급효과를 분석하고자 하며 이에 앞서 분석방법론을 간략하게 서술하고자 한다. 산업연관표의 기본구조는 [표 6-3]과 같이 나타낼 수 있다.

[표 6-3] **산업연관표의 기본구조**

| 구분 | | 중간수요(중간투입) | | | | 최종 수요 | 수입 (공제) | 총 산출액 |
|---|---|---|---|---|---|---|---|---|
| | | 1 | 2 | ⋯ | $n$ | | | |
| 중간투입 (중간수요) | 1 | $X_{11}$ | $X_{12}$ | ⋯ | $X_{1n}$ | $Y_1$ | $M_1$ | $X_1$ |
| | 2 | $X_{21}$ | $X_{22}$ | ⋯ | $X_{2n}$ | $Y_2$ | $M_2$ | $X_2$ |
| | ⋮ | ⋮ | ⋮ | ⋮ | ⋮ | ⋮ | ⋮ | ⋮ |
| | $i$ | $X_{i1}$ | $X_{i2}$ | ⋮ | $X_{in}$ | $Y_i$ | $M_i$ | $X_i$ |
| | ⋮ | ⋮ | ⋮ | ⋮ | ⋮ | ⋮ | ⋮ | ⋮ |
| | $n$ | $X_{n1}$ | $X_{n2}$ | ⋯ | $X_{nn}$ | $Y_n$ | $M_n$ | $X_n$ |
| 부가가치 | | $V_1$ | $V_2$ | ⋯ | $V_n$ | | | |
| 총 투입액 | | $X_1$ | $X_2$ | ⋯ | $X_n$ | | | |

n개 산업이 존재할 때 행(行)은 산업의 중간수요, 최종수요, 수입과 총산출액으로 나열되어 있으며 이는 생산구조를 나타낸다. 열(列)은 중간투입, 부가가치, 총투입액으로 투입구조를 의미한다. 이를 각 부문 간 산업의 관계식으로 나타내면 식(1)과 같다.

$$\begin{aligned} &X_{11} + X_{12} + \cdots + X_{1j} + \cdots + X_{1n} + Y_1 - M_1 = X_1 \\ &\qquad \vdots \\ &X_{i1} + X_{i2} + \cdots + X_{ij} + \cdots + X_{in} + Y_i - M_i = X_i \\ &\qquad \vdots \\ &X_{n1} + X_{n2} + \cdots + X_{nj} + \cdots + X_{nn} + Y_n - M_n = X_n \end{aligned} \tag{1}$$

여기서 각 부문별 중간투입을 총 투입으로 나눈 값을 $a_{ij} = X_{ij}/X_j$ 로 나타내면 식(2)로도 표현할 수 있다. 이때 $a_{ij}$ 를 투입계수라고 하며 $i$부문의 생산물 한 단위를 생산하기 위해 필요한 각 산업부문의 생산물을 의미한다.

$$\begin{aligned} &a_{11}X_1 + a_{12}X_2 + \cdots + a_{1j}X_j + \cdots + a_{1n}X_{1n} + Y_1 - M_1 = X_1 \\ &\qquad \vdots \\ &a_{i1}X_1 + a_{i2}X_2 + \cdots + a_{i,j}X_j + \cdots + a_{i,n}X_{1n} + Y_i - M_i = X_i \\ &\qquad \vdots \\ &a_{n1}X_1 + a_{n2}X_2 + \cdots + a_{n,j}X_j + \cdots + a_{n,n}X_n + Y_n - M_n = X_n \end{aligned} \tag{2}$$

분석의 편의를 위해 식(2)를 행렬(Matrix)형태로 전환하면 식(3)과 같이 나타낼 수 있으며 $AX + Y - M = X$와 같은 행렬식으로 표현할 수 있다.

$$\begin{bmatrix} a_{11} & a_{12} & \cdots & a_{1j} & \cdots & a_{1n} \\ \vdots & \vdots & \cdots & \vdots & \cdots & \vdots \\ a_{i1} & a_{i2} & \cdots & a_{ij} & \cdots & a_{in} \\ \vdots & \vdots & \cdots & \vdots & \cdots & \vdots \\ a_{n1} & a_{n2} & \cdots & a_{nj} & \cdots & a_{nn} \end{bmatrix} \begin{bmatrix} X_1 \\ \vdots \\ X_j \\ \vdots \\ X_n \end{bmatrix} + \begin{bmatrix} Y_1 \\ \vdots \\ Y_j \\ \vdots \\ Y_n \end{bmatrix} - \begin{bmatrix} M_1 \\ \vdots \\ M_j \\ \vdots \\ M_n \end{bmatrix} = \begin{bmatrix} X_1 \\ \vdots \\ X_i \\ \vdots \\ X_n \end{bmatrix} \quad (3)$$

$AX+Y-M=X$를 $X$에 대해서 정리하면 $X=(I-A)^{-1}(Y-M)$과 같이 나타낼 수 있으며 $M$=0이라고 가정하면 $X=(I-A)^{-1}Y$로 나타낼 수 있다. 이 식을 변동모형으로 전환하면 식(4)와 같이 표현 가능하며 이를 통해 최종수요변화에 따른 각 산업부문의 산출액 변화량을 구할 수 있다.

$$\Delta X=(I-A)^{-1}\Delta Y \quad (4)$$

이때 $(I-A)^{-1}$를 레온티에프 역행렬(Leontief Inverse Matrix)이라 하며 행렬을 구성하는 각 원소($a_{ij}=\partial X_i/\partial Y_j$)는 최종수요 한 단위 증가로 인해 직간접적으로 요구되는 산업의 산출 변화분을 의미한다. 요약하면 식(4)는 특정 부문의 최종수요가 변화할 때 각 산업 산출에 미치는 생산파급효과를 나타낸다.

생산파급효과에 이어 [표 6-3]를 통해서 최종수요 변화가 유발하는 각 산업 부문의 부가가치 변화도 산출할 수 있다. [표 6-3]에서 부가기치는 $V=[V_1,\ V_2\ \cdots, V_i,\cdots,V_n]$ 벡터로 나타낼 수 있으며 이를 통해 부가가치율($v=V_i/X_i$)을 구할 수 있다. 그러나 $(I-A)^{-1}$과 부가가치율의 연산을 위해서는 행렬의 차원을 새롭게 적용해야 한다. 각 산업부문별 부가가치변화는 최종수요 $Y$와 마찬가지로 $(n\times1)$ 차원을 나타내야 하기 때문이다.

따라서 $(n\times n)$ 차원을 구성하기 위해서 부가가치행렬을 대각행렬로 전환이 필요하다. 즉, $\hat{A}=diag[V_1, V_2,\cdots,V_i,\cdots,V_n]$을 생성하고 이를 동 차원의 $(I-A)^{-1}$와 연산하여 부가가치 유발계수를 산출해야 한다. 이같은 방법으로 부가가치 유발계수를 나타내면 $\hat{A}(I-A)^{-1}$와 같이 표현할 수 있으며 최종수요 변화에 따른 각 산업부분별 부가가치 변화는 식(5)와 같이 나타낼 수 있다.

$$\Delta V=\hat{A}(I-A)^{-1}\Delta Y \quad (5)$$

이제 식(5)를 통해 산출물 1단위가 변화할 때 부문별 부가가치 변동량을 구할 수 있게 된다. 이와 같이 산업연관분석을 통해서 레온티에프 역행렬을 기초로 생산 및 부가가치 파급효과를 산출할 수 있으며 이외에도 취업유발계수를 도출하여 취업유발효과를 분석할 수도 있다. 취업유발효과는 생산 및 부가가치 유발계수 도출과 동일하게 수요방정식을 통해 산출할 수 있다.

## 2. 파급효과 분석

남북경제공동특구는 한반도 메가리전 역내에 남북 양측 3개 축으로 조성하는 것을 가정한다. 경제제재가 해제되고 국제 정치환경이 한반도에 긍정적으로 변화한 후 남북의 교역재개는 상대국 산업의 최종수요 증가로 이어질 것이다. 북한은 개방초기에는 유형자산의 부족으로 외부 시설 및 건설투자를 통한 산업 정상화가 이루어질 것이다. 남한의 경우는 벨류체인에서 노동집약적 부문에 해당되는 생산 단계가 우선적으로 북한내에 위탁 또는 현지 가동될 것이다. 이후 북한의 경제성장률이 높아지고 자본축적이 진행되면서 다양한 부문에서 생산 파급이 발생할 것이고 남한의 투자유형도 단순한 생산 단계의 이전과 함께 해외시장을 공략할 수 있는 수출플랫폼 투자형태가 이루어질 가능성이 있다.

북한은 대규모 소비지가 인접해 있고 북한 구매력이 증대됨에 따라 산업 수요창출도 예상되기 때문에 남한의 투자와 함께 국제적인 대외원조와 해외투자 유치 가능성을 고려한다면 높은 경제성장률 달성도 기대할 수 있다. 파급효과 분석을 위해서는 이러한 점을 염두해 두고 시나리오 설정을 해야 할 것이다. 본 장에서는 파급효과를 분석하기 위해 전 장에서 언급했듯이 산업연관분석 방법을 사용할 것이며 시간이 지남에 따라서 변동하는 북의 경제구조를 반영할 것이다. 남한의 경우 현재의 산업연관표를 사용하면 분석이 가능하지만 북한의 산업연관표는 공식 발표자료가 존재하지 않기 때문에 선행연구에서 추정된 것을 활용할 것이다. 즉, 북한 개방시의 분석자료는 산업연구원(2014)에서 추정한 북한 산업연관표를 사용하였고 남한은 2019년 산업연관표를 사용하여 분석하였다.

분석순서는 다음과 같다. 각 산업연관표에서 각 산업별 부가가치 계수를 산출한 후 부가가치 파급효과를 산출한다. 본 분석에 사용된 자료들은 부가가치 유발계수가 제공되지 않기 때문에 직접 산출해야 한다. 산출방법은 다음과 같다. 어떤 국가의 투입산출표의 차원이 n×n이라고 한다면 부가가치액은 1×n이다. 즉, 다음식과 같이 나타낼 수 있다.

$$v=[v_1, v_2, \cdots, v_i, \cdots v_n], \quad X=[X_1, X_2, \cdots, X_i, \cdots, X_n] \qquad (6)$$

$v_i$와 $X_i$를 각각 $i$부문의 부가가치액과 총 투입이라면 각 벡터의 원소를 다음식과 같이 두 항의 비율로 나타내어야 한다.

$$\hat{v}=[\frac{v_1}{X_1}, \frac{v_2}{X_2}, \cdots, \frac{v_i}{X_i}, \cdots \frac{v_n}{X_n}] \qquad (7)$$

$\hat{v}$을 총투입과 부가가치액의 비율 벡터라고 하면 이는 1×n차원이다. 레온티에프 계수가 n×n이므로 $\hat{v}$의 차원을 정방행렬로 전환시키기 위해서는 다음식과 같이 대각화를 통해 n×n차원으로 만들 수 있다.

$$\hat{v}^* = \begin{bmatrix} \widehat{v_{11}} \cdots \widehat{v_{n1}} \\ \vdots \quad\quad \vdots \\ \widehat{v_{1n}} \cdots \widehat{v_{nn}} \end{bmatrix} \qquad (8)$$

$\hat{v}^*$는 정방행렬화된 부가가치 계수이며 레온티에프 계수와 행렬연산이 가능하게 된 것이다. 이제 다음식과 같이 최종수요 변화에 따른 부가가치 변화는 다음식과 같이 나타낼 수 있다.

$$\Delta v = \hat{v}^* (I-A)^{-1} \Delta Y \qquad (9)$$

$\hat{v}^* (I-A)^{-1}$가 부가가치 유발계수이며 이를 통해 변화된 최종수요에 대응되는 부가가치 변화량을 산출할 수 있다. 산출된 부가가치 파급효과의 누적액은 각 단계의 GDP에 산입된다. 이를 통해 경제성장률을 도출할 수 있으며 1단계(10년)와 2단계(10년)의 기간을 가정하면 인구변화율을 고려하여 1인당 GDP도 산출된다. 물론 여기서 최종수요로 인한 파급영향은 각 단계에 모두 완료된다는 매우 강한 가정(Strong assumption)이 필요하다. 파급효과의 누적액은 효과가 완료되는 시점에서의 GDP 증분량이 되며 투자액은 모두 생산액

으로 전환된다는 가정을 고려한다. 최종수요는 식음료(C01), 섬유 및 가죽(C02), 목재 및 종이, 인쇄(C03), 화학제품(C05), 비금속광물제품(C06), 컴퓨터, 전자 및 광학기기(C09), 전기장비(C10) 등의 부문에서 발생하며 이들 산업을 하나의 부문으로 생성하여 분석한다.

앞서 언급했듯이 남북공동경제특구는 북측에 79.2km$^2$(특구 26.4km$^2$, 도시 52.8km$^2$), 남측에 19.8km$^2$(특구 19.8km$^2$)씩 총 99km$^2$ 면적을 대상으로 조성하는 것을 가정하며 건설부문(F)의 최종수요인 특구 조성비용은 LH의 단지개발사업 조성비 및 기반시설설치비 추정자료의 기타시설공사를 제외한 기본시설공사 단위공사비 산업단지 기준을 적용하였다(한국토지주택공사, 2019). 즉, 조성비는 기본시설공사 단위공사비 중 산업단지 조성비 총합인 599,919(원/m$^2$)를 가정하였다. 또한 면적당 생산액은 시화반월공단과 개성공단의 평균값을 사용하였다. 이와 관련한 자세한 사항은 다음표에 제시되어 있다.

[표 6-4] **면적당 생산액 가정**

| 면적 | | 산업용지비율<br>(산업/지정) | 생산액 | |
|---|---|---|---|---|
| 지정 | 산업 | | 기준 생산액(백만 원) | 면적당 생산액(천 원/m$^2$) |
| • 시화반월공단: 16,121(천m$^2$)<br>• 개성공단: 4,330(천m$^2$) | • 시화반월공단: 10,506(천m$^2$)<br>• 개성공단: 3,300(천m$^2$) | • 시화반월공단: 65%<br>• 개성공단: 76%<br>• 평균: 70.7% | • 시화반월공단: 29,950,340<br>• 개성공단: 660,469 | • 시화반월공단 : 2,852<br>• 개성공단: 200<br>• 평균: 1,530 |

표에서 볼 수 있듯이 최종수요변화에 해당되는 면적당 생산액은 153만 원이며 산업용지비율은 70.7%로 산출되었다. 또한 1인당 GDP 산출을 위해서 필요한 인구예측치는 UN의 인구예측통계[9]를 사용한다. 북한의 2020년의 GDP는 34조 원[10]이며 특구조성효과는 크게 건설과 운영 파급효과로 구분된다. 최종수요변화분은 건설부문에서 앞서 언급한 대로 79km$^2$ 면적에 대해 599,919(원/m$^2$)을 가정하여 산출하였다.[11] 또한 운영은 지정면적

9_ UN인구예측 시나리오에 따르면 북한의 인구는 2030년에 2,625만 명으로 현재의 2,548만 명보다 소폭 상승하며 2040년에는 2,649만 명으로 증가하는 것으로 나타났다. UN Population Division. www.un.org/development/desa/pd (검색일: 2021.11.25)

10_ 한국은행, '북한통계 명목국내총생산'. 한국은행, 북한통계 명목국내총생산. www.bok.or.kr/portal/main/contents.do?menuNo=200091(검색일: 2021.11.25.)

11_ 북한 측 개발규모는 특구 26.4km$^2$, 도시 52.8km$^2$를 가정하였으나 특구, 도시 모두 산업단지 조성비 기준으로 건설비를 산출하였음.

[표 6-5] GDP 증대효과

| 구분 | 내용 | |
|---|---|---|
| 북한 | GDP | 초기값(2020년 GDP)+특구조성효과(건설 · 운영) |
| | | 34조 원(초기값)+75조 원(건설 · 운영) = 109조 원 |
| | 1인당 GDP | 4,151,216원(3,568달러) |
| | 인구 | 26,257,367명 |
| | 예상 고용인원 | 58만 명 예상[12] |
| | 비교 | 판교테크노밸리 총면적 454,964m², 2020년 매출액 110조 원[13] |
| 남한 | GDP | 1,924조 원+25조 원(건설 · 운영) = 1,949조 원 |
| | 1인당 GDP | 37,690,969원 (32,396달러) |
| | 인구 | 51,710,000명 |
| | 예상 고용인원 | 9만 명 예상[14] |

주: 환율은 2021년 원달러 매매기준율 1,163.44(원/달러)를 사용하였으며 초기값은 2021년 기준 UN stat 자료임(unstats.un.org). 인구는 북한의 경우 UN stat 자료를 사용하였으며 남한은 통계청 자료를 사용하였음(kosis.kr).

에 산업용지비율을 적용한 55.9km²(79km²×70.7%)를 대상으로 앞서 산출한 153만 원을 기준으로 산출하였다.

산출된 최종수요변화분에 대해 부가가치 파급효과를 산출하면 75조 원(653억 달러)이 되며 초기 GDP인 34조(292억 달러)와 기 산출된 부가가치 파급효과를 합산하면 109조 원(945억 달러)이 된다. 이를 UN 인구전망 자료에서 제시한 2030년 북한 인구를 26,257,367명으로 가정하여 1인당 GDP로 산출하면 4,151,216원(3,568달러)이 된다. 남한의 경우는 동일한 가정하에 초기값과 특구조성효과를 합하여 총 1,949조 원이 되며 1인당 GDP는 약 3,769만 원(32,396달러)로 나타났다.

12_ 시화반월공단의 2020년 면적당 고용인원은 26.04명/m²이며 개성공단은 2015년 기준 면적당 고용인원이 19.20명/m²임. 두 공단의 평균값인 45.25명/m²을 예상 면적당 고용인원으로 산출하였으며 북한 특구의 총 면적인 26.4km²를 고려하면 총 예상 고용인원은 583,415명으로 산출됨.

13_ 판교테크노밸리, 판교테크노밸리 입주기업 실태조사. www.pangyotechnovalley.org/html/community/dataroom.asp?skey=&sword=&category=&size=6&page=1&no=74248 (검색일: 2021.11.25.)

14_ 2020년 일반산업단지 면적당 고용량은 0.00457명/m²으로 나타남. 이를 남한 측 면적 19.8km²를 고려하여 산출하면 90,659명으로 도출됨.

# 제 7 장

## 실천 방안 및 정책적 시사점

## 제1절
# 남북공동경제특구 조성 방안 요약

**이정훈**(경기연구원 선임연구위원)

본 연구는 2020년도에 수행한 『한반도 메가리전 발전 구상: 경기만 남북 초광역 도시경제권 비전과 전략』의 후속연구이다(이하 발전 구상 I). 발전 구상 I에서는 한반도 메가리전의 개념 정의, 필요성과 조성의 단계별 전략을 전체적으로 제시하였다. 본 연구는 발전 구상 I에서 정의한 한반도 메가리전을 구성하는 공간 중 서해-경기만 남북 접경지역의 남북공동경제특구 조성에 초점을 맞추어 특구 조성의 배경, 지향점과 콘셉트, 입지와 개발 여건, 특구를 둘러싼 인프라 등에 대해 구체적으로 제시하였다.

### 1) 남북공동경제특구 조성의 배경

한반도 메가리전과 남북공동경제특구 조성의 배경은 그동안 남북한 당국의 합의사항으로부터 찾아볼 수 있다. 한반도 메가리전은 '서해평화협력특별지대' 설치, '한강하구' 남북 공동 활용, '한반도 신경제구상' 구현, '서해경제공동특구'와 '동해관광공동특구' 설치 운영 등의 남북협력사업들을 모두 담아내고 나아가 이를 한반도 중서부 일대로 확대하여 실현하고자 하는 것이다. 서해경제공동특구는 한반도 메가리전 조성의 초기-중기 단계를 구성한다. 우선 한강하구와 DMZ의 평화적 활용 단계를 거쳐 남북한 접경지역에 남북공동경제특구를 조성하며, 상호 신뢰가 형성된 이후 특구 배후의 대도시권으로 사회경제적 협력을 확산할 수 있다.

### 2) 특구의 지향점과 콘셉트

남북공동특구의 조성에서 중요한 원칙은 남북한이 서로 윈윈하는, 공동번영의 프로젝트가 되어야 한다는 것이다. 따라서 개성공단 모델보다는 북한의 산업생태계와 연결성이 더욱 강화된 형태의 투자와 기업의 유치가 필요하다. 또한 최근 국제적 화두로 떠오르는 탄소중립과 기후변화 대응과 같은 흐름에 부합하도록 함으로써 프로젝트 추진의 명분과 동기를 높일 수 있을 것이다.

아울러 북한은 특구를 북한에 새로운 기술을 도입하는 통로로 삼아 산업 발전을 촉진하고자 할 것이다. 이러한 관점에서 전통산업 분야뿐만 아니라 ICT, 전기전자, 바이오 등 첨단기술산업과 관광, 물류, 농업도 유치 업종에 포함될 수 있다.

특구 조성의 전략적 콘셉트는 남북공동경제특구에 대한 남북한의 기대와 특구의 지리적 특성, 포스트코로나 시대의 시대정신 등을 감안하여 동북아 통합 그린&디지털 시티로 설정하였다. 남북경제공동특구가 남북공동이익을 실현하는 경제통합의 실험적 공간으로서 자리매김하기 위해서는 4차산업혁명과 그린에너지 시대를 뒷받침하는 디지털기술에 기반한 산업과 도시운영 방식을 도입할 필요가 있다.

### 3) 특구의 입지와 개발 여건

남북공동경제특구의 입지로는 서해–경기만의 접경지역이 적합하다. 그 이유는 이 지역이 갖는 지정학적 이점, 만과 하구의 생태적 이점, 남북한 수도권에 근접해 있다는 외부경제 이점 그리고 접경지역이라는 점에서 전력, 도로, 항구, 공항, 철도 등 발전에 필수적인 인프라와 자원을 활용하기에 용이하다는 점을 들 수 있다. 특히 한강하구가 예부터 한반도로 진입하는 관문으로서 지정학적 역할을 해 왔다는 점도 주목할 필요가 있다.

서해–경기만의 남북한 접경지역 중 북한지역은 낮고 평탄하며 너른 평야지대로 농업적 토지이용이 대다수를 차지하고 있다. 개풍군 남부 한강하구와 예성강 하류 좌안에는 면적이 110km$^2$에 이르는 풍덕벌이 있으며 예성강의 우안인 배천군에는 서쪽의 연안군에 이르는 연백벌이 펼쳐져 있다. 황해도 지역에는 금속 및 비금속 광물이 많이 매장되어 있어 중요한 협력의 자원이 될 수 있다.

서해–경기만 접경권 남북공동경제특구는 남한의 수도권과 인접해 있고 평양대도시권을 배후지로 하고 있다. 이로부터 서해–경기만 남북공동경제특구는 남북한 수도권의 규모의 경제, 도시적 어메니티를 누리면서 동시에 풍부한 자연환경과 상대적 저렴한 지가의 입지적 장점을 갖는다.

입지 후보권역 선정을 위해 개발 가용지 규모, 자연생태환경 보전, 주변 교통·용수·공공시설 인프라 활용, 남북 정부의 정책 방향 반영 등 네 가지 기준을 설정하였다. 평가 결과를 종합하면 남한지역에서는 파주 장단 일원, 고양 일원, 김포 월곶하성 일원, 강화 일원 등이 좋은 점수를 얻었으며, 북한지역에서는 개성 개풍·배천(예성강) 일원, 해주 청단 일원이 좋은 점수를 얻었다.

#### 4) 유치업종 및 도입기능

북한의 산업기반을 감안하여 남북공동경제특구에 유치해야 하는 주요 업종으로는 농업, 섬유·의류 및 신발공업, 전기전자부품, ICT 소프트웨어산업, 일반 및 공작기계 부문, 화학산업, 환경산업 등을 중요하게 고려하였다.

남북공동경제특구의 특성과 그동안 다양한 계획을 종합하여 설정한 특구 도입기능으로는 첨단기술 및 R&D를 포함하는 경제산업기능, 공원녹지 등 환경·생태 기능, 남북 교류와 소통을 위한 평화·교류, 문화, 교육기능, 특구에 도입되는 민간 기능을 지원할 상업·업무, 생산자서비스, 의료, 주거, 국제회의 등 복합기능, 휴식과 여행을 위한 관광·휴양 기능 등이다.

파주·장단-개성축은 남북한을 연결하는 전통적 발전축이며 서울과 평양의 일직선상에 있다. 또한 기존의 개성공단을 운영했던 진전된 협력의 경험을 가지고 있는 곳이다. 이러한 측면에서 개발 콘셉트는 전통과 미래산업이 공존 발전하는 도시(Future City)로 설정할 수 있다. 주요 유치 부문으로는 제조업, 서비스업, 관광, 교육이며 스마트시티 조성을 통해 미래도시로서의 발전 잠재력을 키워나갈 수 있을 것이다.

김포-개풍·배천(예성강)축은 디지털과 녹색산업으로 구성된 남북교류협력의 중핵산업지구, 그린텍시티(Green Tec City)로 육성한다. 주요 유치부문은 디지털 및 바이오산업, 스마트 농업, 물류, 건재, 광물·소재, 관광산업 등이다.

강화-해주·강령축은 해양생태산업지대(Marine Eco City)로 관광, 레저, 농업, 해양, 건재, 항만물류, 해양산업, 관광 등의 부문을 중심으로 육성할 수 있다.

#### 5) 개발 면적 및 지구 범위/수

남북공동경제특구의 3대 축에 대한 남북한의 산업단지와 도시 개발 면적은 우선 남한측의 파주·장단지구, 김포(월곶·하성)지구, 강화지구의 산업단지형 특구는 각각 6.6km², 3

개 지구 총 20km$^2$를 개발 면적으로 설정한다. 북한의 경우는 산업단지와 함께 지원기능을 수행할 배후도시의 개발이 필요하다. 개성지구와 개풍·배천(예성강) 지구는 각각 특구 6.6km$^2$, 도시 16.5km$^2$를 개발하고 해주·강령지구는 각각 특구 6.6km$^2$, 도시 9.9km$^2$를 개발 면적으로 설정한다. 남북경제공동특구 총 개발규모는 99.1km$^2$이며 그중 산업단지가 46.2km$^2$이다. 북한은 79km$^2$, 남한은 20km$^2$이다.

### 6) 남북연계 항만물류 인프라 구축

연근해 항로와 한강을 묶어서 육상에 치우친 한반도 메가리전 물류체계를 해륙복합형의 친환경 물류체계로 전환할 필요가 있다. 부산항–평택당진항–경인항–북한 예성강의 벽진–김포항과 서울항 등 한강하구를 활용하는 연근해피더네트워크를 구축하여 환경 파괴를 최소화하고 반대로 도로에서 운송되는 화물을 서해 연안해운과 한강하구로 전환해서 과밀지역인 수도권 물류체계 개선과 환경오염, 사고 등의 사회비용을 절감한다. 또한 이 해륙복합루트를 남북이 동시에 활용함으로써 북한의 대외개방 경제정책 지원과 함께 환경친화적 물류망을 확보할 수 있도록 한다.

### 7) 남북경제공동특구 남북연결 육상 교통인프라 구축

파주·장단–개성지구 연결을 위해 서울–문산고속도로를 연장하여 문산–개성고속도로 신설이 필요하며, 해주·강령–강화지구 연결을 위해 강화–교동도–북한 연안 연결도로 신설, 개풍·배천(예성강)지구와 김포 연결을 위해 김포 조강과 개풍군 연결을 고려할 수 있다.

### 8) 환경친화특구의 조성 및 특구의 에너지 자립

남북경제공동특구는 완충과 제한적 접근의 원칙을 준수하여 연안에 최소한으로 접해야 한다. 특구의 에너지자립을 위해서는 건축물 상부 등 유휴부지에 태양광 발전시설을 설치하고, 평야·목장·저수지·간척지 등 재생에너지 자원이 풍부한 부지를 선정하여 비교적 대규모의 태양광 및 풍력발전단지를 건설하는 접근 방식을 채택한다. 특구 건축물 상부에 태양광발전, 재령·연백평야에 영농형 태양광발전, 세포지구 축산기지 태양광 및 풍력발전, 임남저수지에 수상 태양광발전, 온천지구에 풍력발전 시설을 설치한다.

### 9) 국제협력 다자 거버넌스 구축

남북공동경제특구와 한반도 메가리전에 대한 주변 국가의 협력을 얻기 위해 다원적 국제협력 거버넌스 구축을 추진한다. 다자협력기구의 거버넌스 체계는 2원구조를 유지하여 제도를 설계하는 국가 간 협의체와 실제협력을 추진하는 실무협의체로 분리하여 보다 많은 협력 지자체와 기업이 참여하는 경우 높은 수준의 대표성을 인정함으로써 한반도 메가리전의 다자협력을 촉진시키는 거버넌스 구조를 유지한다. 국제기구의 경우에는 한반도 메가리전의 구성과 발전에 지속적인 역할을 수행하는 경우 협력실무협의체는 물론 다자협력협의체에 대표성을 인정하여 한반도 메가리전에 기관 간 협력을 통한 다자협력의 상호의존성을 높여 한반도 메가리전의 지속성을 확보한다.

### 10) 북한의 체제 전환 준비

북한의 체제 전환을 제도적으로 발전시키기 위하여 WTO 가입의 효과와 사전 준비작업의 필요성을 제시하였다. 러시아, 중국, 베트남 등 공산국가에서 개방경제로 전환한 국가의 사례를 참고할 필요가 있다. 북한이 원활하게 체제 전환을 하기 위해서는 대북제재의 해제가 필요하며, WTO 가입에 장시간 소요되는 것을 감안하면 남북교류협력을 보다 증대하고 경제협력의 수준을 한 단계 높여 이를 통한 국제교역에 대한 실무능력과 북한 당국의 정책수립능력을 학습하는 것이 필요하다.

### 11) 인력양성프로그램 구축

남북공동경제특구가 원활하게 작동하기 위해서는 특구의 운영과 육성산업 부문에 숙련된 인력을 공급하는 것이 중요하다. 이를 위해 ICT, 기계산업 등 특구의 주력 산업분야의 인력양성을 위한 프로그램을 운영할 필요가 있다. 또한 남북 분단의 이질성 극복을 위한 사회문화분야 프로그램 운영도 필요하다.

### 12) 경제파급효과

향후 10년 동안 남북공동경제특구의 조성 1단계에 성공할 경우를 가정하여 특구 조성의 파급효과를 산출하였다. 북한 측 경제특구 26.4km$^2$의 부가가치 효과는 75조 원으로 나타났다. 이는 2020년 북한 GDP 34조 원의 2배가 넘는 규모이다. 즉 10년 계획을 수립하고 남북공동경제특구를 실행에 옮긴다면 북한의 1인당 GDP가 현재의 2배가 넘는 3,566달러가 된다. 현재 한국 IT산업의 본거지인 판교 테크노밸리의 2020년 매출액이 110조 원이라는 점을 생각해 보면 판교보다 규모가 훨씬 큰 남북공동경제 특구의 부가가치효과를 75조 원 정도로 추정하는 것은 현실성이 있다고 판단된다. 남한 측 남북공동경제특구 구역에서의 부가가치는 25조 원으로 추정되었다. 그러나 이것은 1단계의 경제적 파급효과이며 2단계, 3단계로 나아가 하나의 메가리전이 된다면 남북공동경제특구에서의 부가가치 효과는 보다 큰 폭으로 증가할 것임에 틀림이 없다. 대부분의 체제 전환국들이 개방 초기에 고도성장을 하고 있는 경험으로부터 보아도 잘 알 수 있다. 이상의 연구결과를 종합한 '한반도 메가리전과 남북경제공동특구 구상도'는 [그림 7-1]과 같다.

[그림 7-1] 한반도 메가리전과 남북경제공동특구 구상도

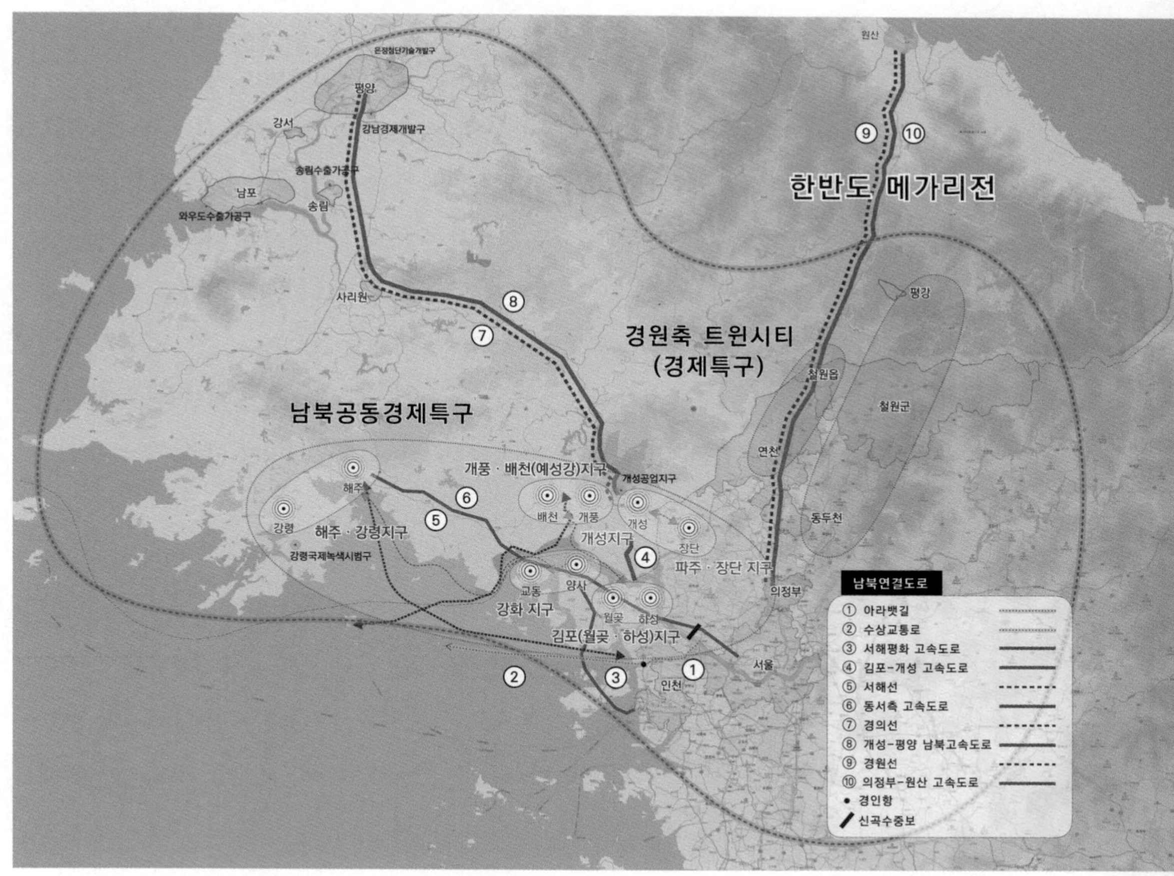

## 제2절
# 정책적 함의 및 실천 방안

**이정훈**(경기연구원 선임연구위원)

### 1. 남북공동경제특구와 한반도 메가리전 구상의 함의

본고에서 제시하고 있는 남북경제공동특구와 한반도 메가리전 구상은 현재 남북관계를 고려할 때 현실적이기보다는 이상적으로 받아들여질 것이다. 당장 할 수 있는 작은 일들을 기획하고 실행에 옮기는 것이 보다 실질적이라고 생각할 수 있을 것이다. 물론 이러한 측면이 없는 것은 아니다. 그러나 한반도 메가리전의 비전이 남북공동 번영을 실현하는 매우 구체적 협력방안이라는 점에 대해 남과 북이 이해를 같이한다면 이는 남과 북이 평화협력의 길로 나아가는 단초를 제공할 수도 있을 것으로 판단된다.

현실론적 접근을 조금 더 직접적으로 이야기하자면 '지금 당장은 할 수 있는 일이 아무것도 없으니, 남북관계가 개선될 때까지 너무 앞서나간 이야기하지 말고 기다리자'는 것으로 나타난다. 이때 할 수 있는 일은 북한을 설득하여 대화와 개방으로 나서도록 하는 것이다. 여기에서 중요한 문제는 북한을 어떻게 설득하느냐는 것이다. '비핵화를 하면 제재도 완화하고 지원도 해서 잘 살 수 있게 해주겠다'는 것일텐데, 그 내용이 그다지 구체적이지 않다. 교통인프라 구축, 개성공단과 금강산 관광재개 등에 대해서는 비교적 구체적인 이야기가 나오기는 했지만 북한이 이 정도의 이슈로는 남북경제협력에 아주 적극적으로 나오지 않고 있다는 점은 확인이 된 것으로 볼 수 있다.

이러한 점에서 남북공동경제특구와 한반도 메가리전 구상은 북한을 대화와 개방의 장으로 나오도록 설득하는 구체적인 카드가 될 수 있는 점에 중요한 의의를 찾을 수 있다. 당장 실현할 수 있는 작지만 실질적 이야기, 인도적 지원 등 구체적 교류협력사업 수준으로는 현재 남북관계를 크게 변화시킬 수 있는 계기를 만들기 어렵다는 점을 직시할 필요가 있다. 현재의 남북관계를 근본적으로 변화시킬 수 있도록 북한의 입장을 확립하기 위해서는 그럴 만한 동기와 명분이 필요하다. 그리고 남한과 미국의 제안에 대한 신뢰가 필요함은 물론이다.

한강하구–경기만의 남북공동경제특구와 한반도 메가리전 구상을 실행에 옮겼을 때 10년 후 나타날 수 있는 부가가치 효과는 75조 원으로 나타났다. 이는 2020년 북한 GDP 34조 원의 2배가 넘는 규모이다. 즉 10년 계획을 수립하고 남북공동경제특구를 구상하고 실행에 옮긴다면 북한의 1인당 GDP가 현재의 2배가 넘는 3,566달러가 된다.

남북공동경제특구는 경제적 성장과 함께 북한이 추진하고 있는 탄소중립 및 기후변화 대응을 위한 녹지축의 조성과 신재생에너지를 활용한 에너지 자립, 친환경 도시 모빌리티, 스마트 도시운영 등의 사업 프로그램을 추진함으로써 북한의 미래 발전 모델로서 또 남북경제협력의 모델로서 의미를 갖는다.

## 2. 남북공동경제특구와 한반도 메가리전 구상 실천 방안

### 1) 한강하구 중립수역의 평화적 활용 추진

남북 공동번영을 위한 빅 프로젝트에 관한 논의의 물꼬를 틀 수 있는 파일럿 프로젝트 구축이 필요하다. 한강하구의 평화적 활용이 이야기를 풀어갈 수 있는 가장 직접적 장소이다.

한강하구의 평화적 활용 방안은 민간항행 개방, 수로 및 포구복원, 생태 조사 및 보전계획 논의, 어업협력, 장터 개설, 다리 건설 논의 등을 들 수 있다. 경기도, 김포시, 인천시 등 한강하구에 인접한 지자체들은 한강하구의 항행 및 조사연구 사업을 꾸준히 준비하고 실행에 옮겨나가고 있다.

경기도와 김포시는 한강하구의 핵심프로젝트로 김포–개풍 연결 한강 평화 도보다리 건설 계획을 구체화하고 있다. 경기도가 계획하고 있는 도보다리는 남한의 월곶면 조강과 개풍군 조강을 연결하고자 한다. 이를 남북 교류와 서해 조망 등 평화 관광의 거점으로 활용하고자 한다(경기도, 2019). 아울러 한강의 민간 항해 재개, 조강포구 복원 및 선박 운항 등의 사업을 추진하고 있다. 또한 DMZ와 한강하구 UNESCO 생물권보전지구 지정을 준비하고 있다.

경기도와 김포시 등 기초지자체가 계획하여 수행하고 있는 한강하구의 평화적 활용이 원활하게 추진될 수 있도록 정부차원의 관심과 지원이 요구된다. 나아가 추가적으로 계획하고 추진해야 할 사업은 다음과 같다.

첫째 남북 공동으로 한강하구 수로조사사업을 추진하고 실질적 활용 및 보존 방안을 마련하는 것이 필요하다. 검토되어야 할 활용 사업으로는 한강하구 항만물류 시스템 구축을 위한 수로개발, 준설 및 골재채취 방안을 들 수 있다. 한강하구의 교량 건설, 항만 조성 등 인프라 사업은 남북공동경제특구 및 한반도 메가리전에 관한 기초 구상 속에서 그 규모와 용도, 기능 등을 정할 필요가 있다. 그렇지 않고 개별적으로만 계획을 해서 진행한다면 전체 구상과 맞지 않는 경우가 발생하여 방향을 수정하는 비용이 유발될 수 있다.

둘째 한강하구 연안의 포구 등 역사적 현장을 복원하고 현재 상황에서 운행할 수 있는 유람선 운항을 시작하여 한강하구의 역사성과 세간의 관심을 되찾을 필요가 있다.

셋째, 한강하구와 경기만 연안에 접해 있는 남북한 마을들 간 선상의 작은 교류를 시작할 수 있을 것이다. 농수산물과 공산품 간 물물교환 등을 통해 임시 선상장터를 마련하는 등 본격적인 교류를 시작하기에 앞서 주민 차원이 일상적 교류의 경험을 축적할 필요가 있다.

### 2) 국가/지자체 공동 남북공동경제특구 및 한반도 메가리전 구상 추진 TF 설치 운영

통일부/국토부/산업부/해수부와 경기도, 서울시, 인천시, 강원도 등 국가와 지자체 그리고 관련 연구기관이 공동으로 남북공동경제특구 및 한반도 메가리전 구상 추진 TF를 설치, 운영한다. 효율적 조정을 위해 대통령직속위원회의 특별추진단 형태로 설치함으로 해서 조직의 공식성과 추진력을 높일 필요가 있다. 추진 TF에서는 본고의 논의를 포함한 그동안의 논의를 정리하고 보완 발전시켜 한국 정부의 남북경제협력의 추진 시안 정도로 확정할 필요가 있다.

작업의 과정 혹은 초안이 만들어진 이후에는 북한, 중국, 일본, 러시아, 미국 등 관련국 당국과 전문가들의 의견을 수렴하는 국제포럼을 정례화할 필요가 있다. 이러한 과정에서 북한 측 입장, 관련 국가들의 입장을 확인하여 계획을 수정보완하고 구체화한다.

### 3) 남북접경 공동관리위원회 구성 및 제도 확립

한강하구 등 남북이 공유하고 있는 하천, 자원의 활용 및 발생 이슈에 대응하여 책임 있는 의사결정이 가능하도록 남북접경 경제특구 공동관리위원회 출범 논의를 시작할 필요가 있다. 북중접경지대의 공동관리위원회와 두만강, 메콩강의 다자 간 국제협력 거버넌스 시스템, 개성공단관리위원회의 경험을 참고로 하여 공동관리위원회의 체계와 주요 안건에 대해 논의를 시작할 수 있을 것이다.

이와 함께 남북협력에서 남북한의 참여 주체와 외국의 투자자가 행위와 판단의 기준으로 삼을 수 있는 법과 제도의 확립이 필요하다. 일단 북한 측 특구에 대한 투자의 경우는 「경제개발구법」에 기초를 둘 수 있으며, 남한 측 특구의 경우는 현재 국회에 계류 중인 「평화(통일)경제특구법」 및 「남북교류협력법」을 기본으로 고려해야 한다. 그러나 차후 현재의 법률체계를 토대로 한 「남북공동경제특구에 관한 법률」을 남북한이 공동운영할 수 있도록 별도 제정할 필요가 있다.

### 4) 남북 인적자원교류 프로그램 운영

남북공동경제특구의 출범을 위해서는 기존 개성공단 수준을 넘어서는 양측의 긴밀한 운영 체제가 마련되어야 한다. 남북접경공동관리위원회가 이러한 미션을 수행해야 하며, 그를 위해서는 실무인력의 준비가 필요하다. 북한은 아직 국제적 대형 개발프로젝트를 성공적으로 추진한 경험이 적은데다가 시장경제의 규칙이 형성되어 있지 않아서 실제 특구에서 글로벌 기업의 투자를 유치하고 운영하기 위한 실무적 준비를 미리 해나갈 필요가 있다.

현재 옌볜대학 등 북중 접경지역의 중국 도시에 있는 대학이 이러한 인력훈련 역할을 수행하고 있다. 특구를 통한 남북협력의 성공을 위해서는 남한도 투자기업과 함께 훈련프로그램을 수립하고 운영할 필요가 있는 것이다.

### 5) 다원적 국제협력거버넌스 및 글로벌 북한투자 펀드 설립 추진

남북공동경제특구와 한반도 메가리전은 남북한뿐만 아니라 미·일·중·러 등이 참여하는 글로벌 협력 차원에서 접근할 필요가 있다. 미·일·중·러 등의 한반도 메가리전 형성과 같은 남북한 통합경제권 확립에 대한 입장과 이해관계는 서로 상이하다. 구심력도 있지만 원심력도 존재한다. 그러나 초기 구상 단계부터 참여의 문을 열어 두고 북한투자 펀드 설립 등에 대해 논의하고 참여를 유도해야 한다. 이 거버넌스에 참여하지 않으면 글로벌 협력이 필요한 수준의 메가프로젝트 참여가 어렵게 될 수 있다는 점에서 이러한 방식은 효과를 가질 것이다. 서로 다른 이해관계를 불식하고 북한의 개방과 체제 전환 과정에서 북한에서의 다양한 비즈니스 기회를 가질 수 있다는 공동의 이익이 더 강조될 필요가 있는 것이다.

이상의 주요 실천 방안 중 우선 대북제제 국면이라고 하더라도 실천에 옮길 수 있는 사업으로 1) 한강하구 중립수역의 평화적 활용 추진, 2) 국가/지자체 공동 남북공동경제특구 및 한반도 메가리전 구상 추진 TF 설치 등이 있다. 이 사업들 외에 북한과 공동으로 심층적 논의가 필요한 남북접경공동관리위원회 구성, 남북 인적자원교류 프로그램, 다원적 국제협력거버넌스 및 글로벌 북한투자펀드 설립 추진 등의 사업은 중장기적으로 준비해 나가야 할 과제로 판단된다.

# 참고문헌

## 참고문헌

### 1. 국내 문헌


강성진(2018). 『경제발전론』, 박영사.

강필순 외(1988). 『조선지리전서: 운수지리』, 교육도서출판사.

경기도(2012). 『경기도 종합계획 2012-2020』.

경기도(2013). 『제2차 경기도 도로정비기본계획(2011~2020)』.

경기도(2019). 『한강하구 남북공동수역 평화적 활용을 위한 연구』.

경기도의회(2016). 『생태도시 개념적용 사업 사례와 경기도 시사점』.

경기연구원(2018). 『경기도 발전 전략과제』.

경기연구원(2018). 『통일경제특구 기본구상』.

고양시(2013). 『JDS 지구 장기발전 기본구상(안)』.

고양시(2016). 『2030고양도시기본계획』.

고용노동부(2009-2019). 『사업체노동실태현황』.

관계부처 합동(2020). 『제6차 에너지 이용 합리화 기본계획』.

교육도서출판사(2006). 『도로리정도』.

국토교통부(2021). 『2021년 국가교통안전시행계획(안)』.

국토연구원(2017). 『통일대비 남북 접경지역 국토이용 구상 : 남북협력 추진과제를 중심으로』.

김낙중(2001). 「6·15 '남북공동선언'과 평화협정·군축에 관하여」, 『노동사회』, 55, 4-13.

김성애(2021). 「2020년 중국 31성·시 지역별 경제실적」, 코트라 베이징무역관.

김수진(1992). 「두만강개발계획과 남북한경제협력」, 『국방연구』, 35(2), 97-127.

김수한(2021). 「탈냉전기 대만 진먼다오의 평화 지향 장소마케팅: 역사·맥락 및 시사점」, 경기연구원 워크숍 발표자료.

김영봉·박영철(2009). 『남북한 접경지역의 발전전략』.

김우준(2004). 「두만강유역 개발 및 환경보호를 위한 다자협력의 현황과 과제: 동아시아 지역 거버넌스 모델분석」, 『동서연구』, 16(1), 31-48.

김종선·이춘근·남달리·박진희(2014). 『북한 환경기술 연구현황과 남북 과학기술 협력방안』, 과학기술정책연구원.

김주삼(2007). 「2·13 북핵합의와 한반도평화체제구축의 과제」, 『한국동북아논총』, 42, 69-94.

김포시(2015). 『2020년 김포도시기본계획 변경』.

김홍우(2018). 「남북 풍력발전 협력전망과 북측 풍황자원조사 재개 방안」, 남북 풍력에너지 협력을 위한 전략세미나 발표자료.

나희승(2014). 「남북·유라시아 철도사업의 의의 및 협력과제」, 『나라경제』, 16(2), 20-34.

남정호·장원근·최지연·육근형·최희정·이원갑(2005). 『서해연안 해양평화공원 지정 및 관리방안 연구』, 한국해양수산개발원.

대한국토·도시계획학회(2018). 『통일경제특구 조성 기본방향 및 타당성 연구』, 통일부.

대한국토·도시계획학회(2020). 『판문점-개성 평화협력지구 기본구상 및 추진전략 수립 연구용역』, 통일부.

대한국토·도시계획학회·서울연구원(2021). 『서울-평양 간 경제발전축 형성과 연계한 미래 공간 발전전략 수립』, 서울시.

동북아북한교통연구센터(2020). 『동북아 세관 기초자료: 중국 편』, 한국교통연구원.

류우익(1996). 「통일국토 기본구상」, 『대한지리학회지』, 31(2), 44-59.

류우익(2003). 「한반도의 지정학적 꿈 – 한강하구(漢江河口)」, 『미래한국』.

류우익(2004). 『장소의 의미 II : 류우익의 국토기행』, 삶과꿈, 181-187.

리명숙(2019). 「경제개발구의 중요 특징과 개발 비용」, 김일성대학 논문집.

림금숙(2013). 「장길도(長吉圖) 선도구와 나선특별시 간 경제협력의 새로운 동향」, 『나라경제』, 15(1).

림금숙(2016). 「북한 경제발전 현황 및 추세」, 중국 난징대학교에서 열린 북한 경제현황 세미나 발표자료.

박은숙(2008). 『시장의 역사』, 역사비평사.
서울연구원(2018). 『장래 남북한 통합경제권 형성에 대비한 서울·평양 상생발전의 필요성과 전략(2차년도)』.
서울지방국토관리청(2003). 『국도1호선 남북연결도로 건설지』.
서종원·박민철·한은영·양하은(2017a). 『유라시아 국제운송로 물류여건 및 수요조사 분석』, 한국교통연구원.
서종원·양하은·최성원·장동명·안국산(2017b). 『중국 동북지역과 연계한 남북중 신(新)인프라 전략 연구』, 대외경제정책연구원.
서종원·양하은·최성원·한은영·장동명·안국산(2018). 『동북아(남·북·중·러) 철도 관광벨트 구축방향 연구』, 대외경제정책연구원.
서종원 외(2019). 『교통물류분야 남북협력 구상』, 한국교통연구원.
서종원·최성원(2019). 「남북협력 확대 대비 교통물류 협력 여건 및 전망: 6. 개성-해주권」, 『동북아·북한 교통물류 이슈페이퍼』, 2019-22, 한국교통연구원 동북아·북한교통연구센터.
서종원·최성원(2020). 『북한 경제개발을 위한 교통물류체계 구축 방안』, 한국교통연구원.
성한경(2014). 『남북한 경제통합의 효과』, 대외경제정책연구원 보고서.
손충렬(2006). 「풍력발전의 남북 공동기술 개발 및 협력사업」, 『북한과학기술연구』, 4, 109-124, 한국과학기술정보연구원.
송병웅(2012). 「베트남 메콩델타의 현황소개」, 『지반환경』 13(6), 31-35.
쉬밍치(2017). 「경제 특별구에서 자유 무역 시범구까지」, 상하이 사회과학원 세계경제연구소.
신의주지구개발총회사(2015). 『조선민주주의인민공화국 신의주국제경제지대 투자안내서』.
심완섭·이석기·이승엽(2015). 『북한의 화학산업 역량 재평가와 남북경협에 대한 시사점』.
양문수·이석기·김석진(2015). 『북한의 경제 특구·개발구 지원방안』, 대외경제정책연구원, 88-99.
양효령(2017). 「중국과 대만 양안 간의 경제교류 협력 법제의 특성과 남북경협 법제 확립의 시사점」, 『동북아법연구』, 11(2), 40.
연변대 동북아연구원·민화협 정책위원회(2013). 동북아평화협력 구상과 초국경 협력 방안 세미나 자료.
오수대(2019). 「북·중 국경 관리실태와 남북 접경 관리에의 적용 가능성 연구」, 통일부 신진연구자 최종보고서.
오수대·이정희(2018). 「북·중 국경통상구의 현황과 시사점」, 『아태연구』, 25(3), 129.
우명제(2021). 『서울-평양 메가리전 구상과 도로인프라에 대한 시사점』, 『남북도로 Brief』, 19, 2-5.
우영자(2011). 「최근 중·북 경제협력의 실태와 전망」, 『나라경제』, 13(11).
원산지구개발총회사(2015). 『투자제안서: 원산-금강산철도(개건대상)』.
원주지방국토관리청(2004). 『국도7호선 남북연결도로 건설지』.
윤명철(2014), 『한국해양사』, 학연문화사.
윤명철(2021). 「경기도의 '동아시아 해륙문명 공동체' 역할을 위한 이론과 모델 제언」, 2021 경제학 공동학술대회 발표집.
윤인주·이성우·김민수·김엄지(2021). 「해양수산과 남북협력」, 해양수산전망대회 발표자료, 한국해양수산개발원.
윤재웅(2015). 「북한의 전기전자 산업현황」, 딜로이트.
이광은(2005). 「WTO 시대 국제통상 운영의 기본원리」, 『국제지역연구』, 9(1), 171-200.
이석기·주현·빙현지(2019). 『한반도신경제구상 실현을 위한 남북한 산업협력 전략』, 산업연구원.
이성우(2011). 「동아시아 다자공동체 구상의 현실적 장애와 대안:동아시아 다자협력체를 중심으로」, 『동아시아 다자협력의 제도화: 동아시아 다자협력과 한반도 통일환경 조성』, 도서출판오름, 13-38.
이성우(2015). "환동해권을 중심으로 한 유라시아 이니셔티브 다자협력 추진방안 연구: 광역두만강개발계획(GTI)의 활성화와 확대 가능성을 중심으로", 대외경제정책연구원. 『러시아·유라시아』 전략지역심층연구논문집 II 15-15, 세종시: 대외경제정책연구원 출판부.
이성우(2019). 「한강하구의 평화적 이용을 통한 서울신물류체계 구상」, 『나라경제』, 21(8).
이성우(2020). 『나는 커피를 마실 때 물류를 함께 마신다』, 바다위의정원, 185.
이성우 외(2020). 『남북협력 추진에 따른 북한 인적자원개발 마스터플랜 연구 II: 지방자치단체 분야』, 경기연구원·한국직업능력개발원. 102-103.
이성현(2016). 「리수용 방중과 북중관계의 지정학적 관성」, 세종논평, 317.
이성현(2020). 「김정은·시진핑 다섯 차례 정상회담 복기(復棋)를 통해 본 당대 북중관계 특징과 한반도 지정학 함의」, 세종정책브리프, 2020-05.

이승율 · 정경영 · 김재효 · 한명섭 · 박상중 · 문선혜 · 박종수 · 이갑준 · 이성우 · 이중구 · 조봉현 · 전수미 · 정용상 · 정일영(2020). 『린치핀 코리아』, 동북아공동체문화재단.

이양주 · 박경미(1999). 『경기도 습지 현황 기초조사』, 경기개발연구원.

이요셉(2020). 「북한 무역의 추이와 전망」, 『KMI 북한해양수산리뷰』, 2, 3.

이일영(2020). 「평화경제론 재검토: 한반도 경제론의 관점에서」, 『동향과 전망』. 108. 177-206.

이장희(2019). 「한강하구 자유항행을 위한 군사적 조처와 군사정전위」, 한강하구의 복원과 평화적 활용을 위한 3차 공동 워크숍, 경기연구원.

이정훈 · 김동성 · 이상대 · 지우석 · 이양주 · 이성우 · 김영롱 · 조성택 · 강태호 · 정성희 · 조진현(2020a). 「남북통합 신성장엔진 한반도 메가리전」, 『이슈&진단』, 432.

이정훈 · 김동성 · 이상대 · 지우석 · 이양주 · 이성우 · 김영롱 · 조성택 · 옥진아 · 최서윤 · 정성희 · 장누리 · 이혜령 · 조진현 · 강태호 · 이성우 · 김세원 · 양효령(2020b). 『한반도 메가리전 발전구상: 경기만 남북 초광역 도시경제권 비전과 전략』, 경기연구원.

이정훈 외(2019a). 『트윈시티모델에 기반한 남북한 접경지역 분석과 발전 전망』, 경기연구원.

이정훈 외(2019b). 『한반도 신경제구상과 경기북부 접경지역 발전 전략』, 경기연구원.

이창주(2020). 「훠얼궈쓰 특구가 단둥-신의주 개발에 주는 시사점」, 『북한 토지주택리뷰』, 4(2), 17.

이현주(2020). 「남북경제공동특구 조성방안」, 『국토정책 Brief』, 793, 국토연구원.

이현주 · 서연미 · 김민아 · 유현아 · 임을출 · 이석기 · 김두환(2019). 『한반도 신경제구상의 실현을 위한 남북 산업협력지대 구축방안 연구: 남북경제공동특구를 중심으로』, 국토연구원.

인천광역시(2002). 『인천광역시 접경지역계획』.

인천광역시(2015). 『2030 인천도시기본계획』.

임강택 · 박형중 · 손승호 · 이종무 · 장형수 · 조봉현(2010). 『북한 경제개발계획 수립방안 연구: 베트남 사례를 중심으로』, 통일연구원.

전일수(1991). 「이슈진단 두만강 개발계획과 우리의 대응방향」, 『월간 해양한국』, 11, 46-51.

정재완(2003). 「메콩강 유역개발의 최근동향과 시사점: 제12차 Ministerial Conference를 중심으로」, 『세계경제』, 2003-10, 62-70.

정지현 · 최원석 · 박진희 · 최지원 · 최재희(2020). 『중국 주요 지역의 핵심 정책과제 및 전망』, 대외경제정책연구원, 19.

정혜련(2014). 「TPP 및 RCEP 논의 동향」, 『세계농업』, 165, 한국농촌경제연구원, 1-12.

조민(2006). 「평화경제론: 남북경제공동체 형성의 이론적 틀」, 『통일정책연구』, 15(1), 183-206.

조선민주주의인민공화국 · 외국문출판사(2018). 『조선민주주의인민공화국 주요경제지대들』.

조중공동지도위원회 계획분과위원회(2011). 『조중라선경제무역지대와 황금평경제지대 공동개발 총계획요강』.

참여연대(2004). 『[남북기본합의서]의 부속합의서(국문)』.

최성원 · 서종원(2019a). 「북한 경제개발구 지정 현황」, 『동북아 · 북한 교통물류 이슈페이퍼』, 2019-8, 한국교통연구원 동북아 · 북한교통연구센터.

최성원 · 서종원(2019b). 「북한 서부축 교통물류인프라 현황 분석」, 『동북아 · 북한 교통물류 이슈페이퍼』, 2019-9, 한국교통연구원 동북아 · 북한교통연구센터.

최성원 · 서종원(2019c). 「남북협력 확대 대비 교통물류 협력 여건 및 전망: 1. 평양-남포권」, 『동북아 · 북한 교통물류 이슈페이퍼』, 2019-15, 한국교통연구원 동북아 · 북한교통연구센터.

최성원 · 서종원(2019d). 「남북협력 확대 대비 교통물류 협력 여건 및 전망: 3. 신의주권」, 『동북아 · 북한 교통물류 이슈페이퍼』, 2019-17, 한국교통연구원 동북아 · 북한교통연구센터.

최장호 · 임수호 · 이석기 · 최유정 · 임소정(2017). 『북한의 무역과 산업정책의 연관성 분석』, 대외경제정책연구원.

최장호 · 최유정(2018). 『체제전환국의 WTO 가입경험과 북한 경제』, 대외경제정책연구원.

통계청(2021). 『2020 북한의 주요통계지표』.

통일부(2008). 『개성공단 Q&A』.

통일부 남북회담본부(2000). 「제1차 남북장관급회담」

통일연구원(2009). 『접경지역의 평화지대 조성을 통한 남북교류 활성화 방안 : 접경지역 평화적 이용을 위한 기존제안 검토』.

파주시(2017). 『2030 파주도시기본계획』.

한국교통연구원(2006-2015). 「국가교통통계」.
한국교통연구원(2020). 「북한 주요 권역별 사회경제 및 교통물류현황 자료집」.
한국도로공사(2017). 「다자간 협력사업 사례를 통한 통일 도로사업 시행방안 연구」.
한국무역협회(2001-2019). 「북한무역통계, 남북반출입통계」.
한국에너지공단(2015). 「에너지사용계획 협의업무 운영규정」.
한국에너지공단(2017). 「개성공단 폐쇄, 에너지업계에 미치는 영향은?」.
한국토지주택공사(2019). 「단지개발사업 조성비 및 기반시설설치비 추정자료(안)」.
한반도대운하연구회(2007). 「한반도대운하는 부강한 나라를 만드는 물길이다」, 경덕출판사.
함수연(2016). 「김정은 체제 북한 강성국가 건설의 전략 및 한계」, 코트라 난징무역관.
행정안전부(2013). 「접경지역발전종합계획」.
행정자치부(2017). 「접경지역 발전종합계획 변경(안)」.
홍순직(2011). 「북중 접경지역 개발 현황과 파급 영향」, 현대경제연구원.
황지환(2017). 「진보 대 보수의 대북정책, 20년 이후」, 「통일정책연구」, 26(1), 29–49.
KDB미래전략연구소(2015). 「북한의 산업」, KDB미래전략연구소.
KDB미래전략연구소(2020). 「북한의 산업」, KDB미래전략연구소.

2. 외국 문헌

Baklanov, P. Ya., K. S. Lee, V. V. Ermoshin, S. S. Ganzei, O. H. Lee, H. S. Choe, and J. S. Ahn(2004). "Issues on Sustainable Development in the Lower Tumen River, Southwest Primorskii Krai of the Russian Federation", *Journal of the Korean Geographical Society.* 39(2), 229-240.

Ducruet, César, Sung-Woo Lee, and Stanislas Roussin(2019). "Geopolitical and logistical factors in the evolution of North Korea's shipping flows", in César Ducruet(ed), Advances in Shipping Data Analysis and Modeling.

ECORYS(2007). *Evaluation of the Marco Polo Programme 2003-2006.*

European Commission(2020). *Marco Polo II Programme 2007-2013.*

Florida, R. et al(2008). *The Rise of the Mega-Region,* Cambridge Journal of Regions Economy and Socitey, 1(3).

Jesus Cañas et al(2011). *The Impact of the Maquiladora Industry on U.S. Border Cities,* Federal Reserve Bank of Dallas.

Nguyen, Mark(1996). "Laos, Back to the Land of Three Kingdoms?", Daljit Singh and Harish Mehta eds. *Southeast Asian Affairs 1996,* Institute of Southeast Asian Studies, 197-214.

Richard Heeks and Brian Nicholson(2004). "Software Export Success Factors and Strategies in Follower Nations", *Competition and Change,* 8(3).

Robert W. Dalrymple et al(1992). "Estuarine facies models; conceptual basis and stratigraphic implications", *Journal of Sedimentary Research,* 62(6), 1130–1146.

Rodrik(2006). "Goodbye Washington Consensus, Hello Washington Confusion? A Review of the World Bank's Economic Growth in the 1990s: Learning from a Decade of Reform", *Journal of Economic Literature,* 44(4), 973–987.

3. 신문기사

경향신문, 2018.9.19., "[전문]9월 평양공동선언문".
교도통신, 2016.5.14., "당 대회 이후 北 과제는 경제와 외교".
국민일보, 2001.2.4., "인천—개성 경제개발구 추진… 이산가족면회소 설치도".
국민일보, 2002.4.6., "南北 , 동해선 철도·도로 연결 합의… 경의선·문산~개성도로도 조기개통".
노동신문, 2021.1.18., "철도현대화를 다그치며 수송사업을 혁명적으로 개선하여 철도수송수요를 원만히 보장하겠다 - 장춘성대의원–".
노컷뉴스, 2014.8.13., "北 원산특구 개발, 주민들 강제 이주…"본격 공사에 나선 듯"".

뉴시스, 2008.12.1., "北 출입 인원·시간, 오늘부터 대폭 축소".
데일리NK, 2012. 9.11. "중국, 北청진항에 눈독 들였던 이유 있었네".
대한민국 정책브리핑, 2007.10.5., "서해 평화협력특별지대 어떻게 조성되나".
대한민국 정책브리핑, 2007.11.16., "'남북관계 발전과 평화번영을 위한 선언' 이행에 관한 제1차 남북총리회담 합의서".
동아일보, 2002.9.19., "신의주 경제특구 의미-배경".
매일경제, 2018.5.14., "北 전력망·관광 산업에 美민간기업 '통 큰' 투자 길 터준다".
매일경제, 2021.1.27., "경기도, '김포 조강포구 복원·개성간 다리 건설' 용역".
세계일보, 2018.6.30., "중국서 귀국한 김정은 첫 공개활동은? 북중 접경지역 시찰".
시사매거진, 2021.6.30., "제4차 국가철도망 구축계획 확정".
연합뉴스, 2003.6.14., "경의.동해선 철도 연결(종합)".
연합뉴스, 2004.10.12., "김일성-덩샤오핑 최후의 만남 뒷얘기".
연합뉴스, 2010.8.27., "지린성 창춘 난후호텔 정상회담장에서 악수하는 후진타오 주석과 김정일 위원장".
연합뉴스, 2011.9.6., "김정일, 나선특구는 3대산업으로 부흥시켜야".
연합뉴스, 2012.8.14., "2012년 8월 장성택-천더밍 합의, 나선·황금평 개발 북중 합의 주요내용".
연합뉴스, 2013.5.6., "개성공단 전기공급 1/10로 줄여…하루 3천㎾수준 공급".
연합뉴스, 2013.6.7., "[그래픽] 북한 나선경제특구 지역".
연합뉴스, 2014.3.11., "경기도 인천~김포~개성 63㎞ 한강평화로 정부 건의".
연합뉴스, 2015.11.18., "북한 '나선특구 종합개발계획' 확정…'홍콩식 모델 지향'".
연합뉴스, 2016.6.2., "시진핑 주석이 리수용 부위원장 등 북한 노동당 대표단 일행을 접견하고 있다".
연합뉴스, 2017.10.27., "북한 세포지구 축산기지 전경".
연합뉴스, 2018.4.27., "[판문점 선언] 문재인 대통령 발표 전문".
연합뉴스, 2018.11.16., "조선 중앙통신, 김정은 북한 국무위원장 신의주 현지지도".
연합뉴스, 2018.12.2., "도로 남북경협도 속도낸다...남북잇는 고속도로 경제성조사 면제".
연합뉴스, 2019.6.19., "[그래픽] 김정은-시진핑 정상회담 1~4차 현황 및 5차 전망".
연합뉴스, 2021.1.26., "영종도~신도 4㎞ 연륙교 내일 착공…2025년 완공 목표".
이투데이, 2021.3.18., "'서울~양주' 고속도로 '본궤도'…교통 개선 호재에 양주시 집값 '들썩'".
인천일보, 2021.9.1., "GTX A·B·C 내년 예산 대폭 확대…구축에 속도 낸다".
인천투데이, 2020.7.27., "양안 접경 진먼에서 남북 접경 인청의 미래를 찾다 ④ 대만 진먼도, 양안을 잇는 가교가 되다".
일렉트릭파워, 2018.7.19., "[현장을 찾아서]한수원 신·재생에너지 발전시설을 가다".
자유아시아방송, 2016.5.19., "고려항공, 제재 불구 국내선 항로 신설".
조선일보, 2010.8.31., "[김정일 訪中 결산] 김정일 마지막까지 '金왕조 성지순례' '무단장' 유적지 방문".
조선일보, 2021.9.16., "제2차 국가도로망종합계획 최종 확정...남북·동서 축 10×10으로 재편".
중부일보, 2020.10.22., "김포~개성 2.48㎞ '평화도보다리'로 연결".
중앙일보, 2010.9.6., "김정일, '중국 개혁·개방 경험 배우겠다'".
중앙일보, 2011.5.23., "김정일, 양저우서 장쩌민 만났다".
중앙일보, 2011.5.24., "20년 전 김일성·장쩌민 회동처럼 남북 대화 분수령 될까".
통일뉴스, 2011.10.16., "[단독입수] 북 대풍그룹 '2010-2020 북한 경제개발 중점대상'".
통일뉴스, 2016.5.13., "36년만에 열린 조선노동당 7차대회 전경".
통일뉴스, 2016.5.25., "북중, 7.27에 '신의주-개성 고속도로' 착공식 예정".
통일뉴스, 2016.12.10., "北 황해남도 강령군 '국제녹색시범지대' 개발 사업 추진".
통일뉴스, 2018.11.16., "北 김정은, 신의주 건설계획 지도…국가지원으로 '공원 속 도시' 건설".

한겨레, 2018.4.27., "'판문점 선언' 어떤 내용 담길까…다시 보는 6.15와 10.4 선언문".
한국경제, 2021.7.16., "코이카, LG전자·포스코건설 손잡고 개도국 직업훈련사업 진행".
홍콩 봉황TV, 2013.5.8., "우젠민 원장 대담 프로그램".
CEO뉴스, 2018.6.18., "북한의 변화상 이해하기 시리즈 – ① 북한 가계의 경제활동 변화".
JTBC, 2012.5.11., "[단독] 북한 왜 단천항에 목매나…광산 내부 들여다보니".
NK경제, 2020.11.3., "북한, 방직공장 실시간 데이터 처리 시스템 구축" .
SPN 서울평양뉴스, 2019.1.9., "김정은–시진핑 제4차 정상회담과 북중 '新밀월'이 주는 함의".
VOA, 2010.11.16., "북–중, 청진항과 중국 남방 잇는 해상항로 합의".
VOA, 2017.1.7., "중국 훈춘·허룽,새해 대북사업 적극 추진".
YTN, 2007.12.11., "남북 화물열차 첫 정기운행".
Asia Fund Managers, 2019.3.31., "China Greater Bay Area: Infrastructure is key, Hong Kong "core city"".

4. 인터넷 사이트

국토환경성평가지도. ecvam.neins.go.kr/contents/rating.do (검색일: 2021.11.25.)
기상청 날씨누리. www.weather.go.kr/weather/climate/average_regional.jsp (검색일: 2021.11.4.)
기상청 수문기상 가뭄정보 시스템. hydro.kma.go.kr/obs/damInfo.do?areacode=1009710 (검색일: 2021.11.4.)
랴오닝성 인민정부 홈페이지. www.ln.gov.cn/zfxx/jrln/wzxx2018/201809/ t20180910_3308127.html (검색일: 2011.11.4.)
북한정보포털. nkinfo.unikorea.go.kr(검색일: 2021.7.29.)
통계청, 도로 총연장 및 고속도로 길이. kosis.kr/statHtml/statHtml.do?orgId=101&tblId=DT_1ZGA84&conn_path=I2 (검색일: 2021.11.4.)
통계청, 전철 총연장 및 전철화율. kosis.kr/statHtml/statHtml.do?orgId=101&tblId=DT_1ZGA82&conn_path=I2 (검색일: 2021.11.4.)
통일부 홈페이지, 남북교류협력-교역 및 경협-개관. www.unikorea.go.kr/unikorea/business/cooperation/status/overview/ (검색일: 2021.9.14.)
통일부 홈페이지, 주요사업통계. www.unikorea.go.kr/unikorea/business/statistics (검색일: 2021.9.14.)
판교테크노밸리, 판교테크노밸리 입주기업 실태조사. www.pangyotechnovalley.org/html/community/dataroom.asp?skey=&sword=&category=&size=6&page=1&no=74248 (검색일: 2021.11.25.)
한국은행, 북한통계 명목국내총생산. www.bok.or.kr/portal/main/contents.do?menuNo=200091 (검색일: 2021.11.25.)
행복발전소 K-water. blog.daum.net/xingfudewater/19 (검색일: 2021.11.28.)
환경정책평가연구원 데이터공개. ecvam.neins.go.kr/api/apiWrite.do (검색일: 2021.11.25.)
KOTRA 해외시장뉴스. news.kotra.or.kr (검색일: 2021.7.29.)
Allaboutwatersheds. allaboutwatersheds.org//groups/KYW/Watershed_Poster2.pdf/image_view_fullscreen (검색일: 2021.11.4.)
Constantinealexander. www.constantinealexander.net/2012/03/new-report-questions-hard-edged-living-shorelines-in-estuaries.html (검색일: 2021.11.4.)
European Commission. ec.europa.eu/inea/en/marco-polo/connecting-europe-facility/motorways -sea- one-stop-help-desk/mos-financial-support/marco-polo (검색일: 2021.5.21.)
Government of Tamil Nadu Department of Environment. www.environment.tn.gov.in/cdrrp (검색일: 2021.11.4.)
Hong Kong Census and Statistic Department. www.censtatd.gov.hk/en/ (검색일: 2021.11.4.)
Instituto Nacional de Estadistica Geografia e Informatica. www.inegi.org.mx (검색일: 2021.11.4.)
Map of Hong Kong. www.china-mike.com/wp-content/uploads/2010/08/hong_kong_shenzhen_map.jpg (검색일: 2021.11.4.)
Office of the Historian. history.state.gov/milestones/1830-1860/gadsden-purchase (검색일: 2021.9.1.)

PRINCIPLES AND PREMISES. www.fao.org/3/T0708E/T0708E05.htm (검색일: 2021.11.4.)

Reaserchgate. www.researchgate.net/figure/The-cartoon-shows-deltaic-and-beach-environment-variation-controlled-by-coastal_fig6_321759459 (검색일: 2021.11.4.)

Regional Plan Association, America 2050 Prospectus. rpa.org/work/reports/america-2050-prospectus(검색일: 2022.3.8.).

Shenzhen Statistical Yearbook. www.sz.gov.cn (검색일: 2021.11.4.)

Stopcanamex. stopcanamex.blogspot.com/2014/05/filling-in-i-11canamex-gaps.html (검색일: 2021.11.4.)

Tusan. tucson.com/news/local/imagine-tucson-in-the-sun-corridor/article_e0d1cd18-6c4f-5405-8d06-4f4c14f9e713.html (검색일: 2021.11.4.)

UNESCAP, "Asian Highway Route Map".

UNESCAP, "Trans-Asian Railway Network Map".

UN Population Division. www.un.org/development/desa/pd/ (검색일: 2021.11.25.)

US Census Bureau. www.census.gov (검색일: 2021.11.4.)

YESLAW.COM. www.yeslaw.com/lims/front/layout.html?pAct=template_contents_view&pGubun=FT_LAW&pUrlGubun=searchView&pPromulgationNo=157654 (검색일: 2021.11.4.)

**한반도 메가리전 발전 구상 Ⅱ:**
서해-경기만 접경권 남북공동경제특구 조성

초판 1쇄 발행 2022년 8월 24일
지은이 이정훈 외
엮은이 경기연구원
펴낸이 김선기
펴낸곳 (주)푸른길
출판등록 1996년 4월 12일 제16-1292호
주소 (08377) 서울시 구로구 디지털로 33길 48 대륭포스트타워 7차 1008호
전화 02-523-2907, 6942-9570-2
팩스 02-523-2951
이메일 purungilbook@naver.com
홈페이지 www.purungil.co.kr

ISBN 978-89-6291-980-6 93980